Bibliografische Information der Deutschen Nationalbibliothek
Die Deutsche Nationalbibliothek verzeichnet diese Publikation in der Deutschen Nationalbibliografie; detaillierte bibliografische Daten sind im Internet über http://dnb.ddb.de abrufbar.

Tabea Böcking:
Strategisches Framing.
Gesellschaftliche Akteure und ihre Einflussnahmeversuche auf die mediale Debatte über die embryonale Stammzellforschung in Deutschland 2000 bis 2002
Köln: Halem, 2009

Tabea Böcking ist in der Marktforschung tätig. Ihre Forschungsschwerpunkte sind u.a. mediale Themenkarrieren, Rezeptionsforschung und Online-Forschung.

Die vorliegende Arbeit wurde von der Sozialwissenschaftlichen Fakultät der LMU München im Wintersemester 2008/09 auf Antrag von Prof. Dr. Heinz Pürer und Prof. Dr. Helmut Scherer als Dissertation angenommen.

ISBN 978-3-86962-002-2

Den Herbert von Halem Verlag erreichen Sie auch im Internet unter http://www.halem-verlag.de
E-Mail: info@halem-verlag.de

SATZ: Herbert von Halem Verlag
DRUCK: FINIDR, S.R.O. (Tschechische Republik)
GESTALTUNG: Claudia Ott Grafischer Entwurf, Düsseldorf
Copyright Lexicon ©1992 by The Enschedé Font Foundry.
Lexicon® is a Registered Trademark of The Enschedé Font Foundry.

Tabea Böcking

Strategisches Framing

Gesellschaftliche Akteure und ihre Einflussnahmeversuche auf die mediale Debatte über die embryonale Stammzellforschung in Deutschland 2000 bis 2002

Herbert von Halem Verlag

Inhalt

Tabellenverzeichnis

Abbildungsverzeichnis

Abkürzungsverzeichnis

AS-Zellen	adulte Stammzellen
BMBF	Bundesministerium für Bildung und Forschung (ehemals Bundesministerium für Forschung und Technik)
BVerfG	Bundesverfassungsgericht
DBK	Deutsche Bischofskonferenz
DFG	Deutsche Forschungsgemeinschaft
DRZE	Deutsches Referenzzentrum für Ethik in den Biowissenschaften
EKD	Evangelische Kirche in Deutschland
ESchG	Embryonenschutzgesetz
ES-Zellen	embryonale Stammzellen
GenTG	Gentechnikgesetz
IVF	In-vitro-Fertilisation
NGO	Nichtregierungsorganisation (nongovernmental organization)
PID	Präimplantationsdiagnostik
SMO	soziale Bewegung (social movement organization)
StZG	Stammzellgesetz

Danksagung

Die vorliegende Arbeit entstand während meiner Zeit als wissenschaftliche Mitarbeiterin am Institut für Kommunikationswissenschaft und Medienforschung (IfKW) der LMU München. Wie so viele andere Dissertationen wäre sie ohne die Unterstützung zahlreicher Personen nicht zustande gekommen. Ich möchte den Betreffenden deshalb meinen Dank aussprechen.

Allen voran danke ich von Herzen meinen beiden Doktorvätern Prof. Dr. Heinz Pürer und Prof. Dr. Helmut Scherer. Beide haben auf ihre Weise zum Gelingen dieser Arbeit beigetragen und mich mit ihrer Unterstützung immer wieder ermutigt, auch in schwierigen Phasen nicht das Handtuch zu werfen.

Für fruchtbare Diskussionen sowie theoretische, methodische und datenanalytische Hinweise und Hilfe möchte ich mich bei zahlreichen Kolleginnen und Kollegen bedanken. Insbesondere Bertram Scheufele, Jörg Matthes, Benjamin Krämer und Veronika Karnowski haben mir mit ihren Anregungen und Tipps sehr weitergeholfen.

Ganz besonderer Dank gebührt zudem den Codiererinnen, ohne deren Einsatz die Fertigstellung dieser Arbeit in weite Ferne gerückt wäre. Jennifer Dean, Heike Müller und Cindy Richter haben sehr viel Zeit investiert und nicht nur kompetent und zuverlässig das sehr umfangreiche Erhebungsmaterial codiert, sondern auch in zahlreichen Diskussionen wertvolle Anregungen zur Verbesserung des Codebuchs gegeben. Ich hoffe, dass sie mittlerweile wieder eine Zeitung lesen können, ohne dabei automatisch nach Akteuren und Frame-Elementen zu suchen.

Ein dickes Dankeschön geht zudem an meine Schwester Saskia sowie an Heike Jägel und Jella Hoffmann für ihr geduldiges und aufmerksames Korrekturlesen in der Endphase. Darüber hinaus danke ich von ganzem Herzen meiner Familie und meinen Freunden für ihre moralische Unterstützung, ihre Aufmunterungen und – glücklicherweise meist gelungenen – Ablenkungsversuche. Es würde den Rahmen sprengen, hier alle ihre Namen zu nennen. Schließlich möchte ich mich ganz besonders bei Saskia und Martin bedanken, die beide hoffentlich ungefähr erahnen können, was sie für mich getan haben.

München, im September 2009
Tabea Böcking

»Am Anfang stehen Erschrecken, Empörung, vehementer Protest; als nächstes bleibt zwar immer die Ablehnung, doch schon tritt die Empörung zurück, die emotionalen Barrieren werden niedriger; dann kommt die Neugier auf, eine erste Bereitschaft, noch mit Vorsicht gemischt; schließlich folgen Gewöhnung und Normalisierung auf leisen Sohlen.«
(BECK-GERNSHEIM 1998: 11)

1. EINLEITUNG

Am 11. April 2008 änderte der Deutsche Bundestag den Stichtag, vor dem embryonale Stammzellen hergestellt sein mussten, um für die deutsche Stammzellforschung importiert werden zu dürfen, vom 1. Januar 2002 auf den 1. Mai 2007 (Frische Stammzellen für deutsche Forscher 2008). Damit endete die öffentliche Diskussion um die embryonale Stammzellforschung vorläufig zum zweiten Mal. Das erste Ende lag zu diesem Zeitpunkt fast auf den Tag genau sechs Jahre zurück: Am 25. April 2002 hatte der Bundestag das Stammzellgesetz verabschiedet, das den Import und die Forschung an embryonalen Stammzellen erlaubte, die vor dem 1. Januar 2002 gewonnen worden waren (GRAUPNER 2002). Vorausgegangen war eine heftige parlamentarische Debatte am 30. Januar 2002, die als eine der »Sternstunden im Parlamentsalltag« (BEER 2006a: 35) in die Geschichte einging. Ihr Ausgang war völlig offen gewesen, da die Abgeordneten bei der anschließenden Abstimmung keinem Fraktionszwang unterlagen, sondern ausdrücklich nur ihrem persönlichen Gewissen folgen sollten.

Nahezu zeitgleich war die embryonale Stammzellforschung auch in Großbritannien Gegenstand der gesellschaftlichen und politischen Debatte gewesen. Dort nahm die Diskussion jedoch einen anderen Ausgang als in Deutschland. Im Dezember 2000 genehmigte das britische

Unterhaus zunächst generell das therapeutische Klonen und die Forschung an bis zu 14 Tage alten Embryonen (Britische Entscheidung ein ethischer Dammbruch 2000). Am 5. September 2007 erlaubte die zuständige Aufsichtsbehörde dann auch die in anderen Ländern überwiegend verbotene Bildung von Mensch-Tier-Mischwesen, sogenannten ›Chimären‹, zur Gewinnung von embryonalen Stammzellen (CHARISIUS 2007).

Wie die beiden Beispiele zeigen, führte die im Prinzip gleiche Ausgangslage in Deutschland und Großbritannien dennoch zu sehr unterschiedlichen Ergebnissen. Neben einer möglicherweise grundsätzlich verschiedenen gesellschaftlichen Grundhaltung spielte dabei das Handeln gesellschaftlicher Akteure eine wichtige Rolle. Sowohl in Deutschland als auch in Großbritannien versuchten verschiedene Interessengruppen, Einfluss auf die politische Entscheidung zu nehmen, um eine für ihre jeweiligen Interessen günstige Regulierung durchzusetzen (Ärzte lehnen Forschung an Embryonen ab 2001; Bischöfe schreiben an Abgeordnete 2002; GÖTTLER 2001; DFG 2001a; MULKAY 1995a, 1995b). In öffentlichen Appellen, aber auch in der direkten Ansprache der Politik äußerten sie ihre persönlichen Sichtweisen und Präferenzen.

Zumindest in Deutschland war die Debatte auch von einer hohen Medienaufmerksamkeit begleitet, die v. a. rund um die zentralen Bundestagsentscheidungen noch einmal an Intensität zunahm. Wie die Forschung zeigt, ist dies nicht ungewöhnlich. Bei kontroversen, gesellschaftlich besonders relevanten Themen, zu denen auch die Stammzellforschung zu zählen ist, ist das Ausmaß der Medienberichterstattung per se bereits erhöht (z. B. GERHARDS/NEIDHARDT/RUCHT 1998), und in politischen Entscheidungsphasen steigt es normalerweise noch einmal an (JARREN/DONGES/WESSLER 1996). Die Medien übernehmen damit wesentlich die öffentliche Ver- und Aushandlung des gesellschaftlichen Diskurses (vgl. FRANZ 2000; GERHARDS/NEIDHARDT 1991). Dadurch, dass sie mit ihrer Kommunikation die gesamte Gesellschaft erreichen, bilden sie die zentrale gesellschaftliche Vermittlungsinstanz zwischen den Diskursbeteiligten und ihren Sichtweisen. Gleichzeitig beeinflussen sie auf der einen Seite das Medienpublikum generell, das sich in den meisten Fällen nur mithilfe der Medien eine eigene Meinung zum Diskursgegenstand bilden kann, und auf der anderen Seite spezifisch die Politik, die genau aus diesem Grund die Medienmeinung mit der – ihr unbekannten – Publikumsmeinung gleichsetzt. Genau diese beiden Aspekte machen die Medien zum zentralen Ziel der weiter oben erwähnten gesellschaftlichen

Akteure, die Einfluss auf die politische Entscheidung nehmen wollen. Diese Akteure gehen interessengeleitet vor und artikulieren ihre Sichtweisen in den Medien mit dem größeren Ziel, den politischen Prozess zu beeinflussen. Allerdings besteht für sic keine Garantie, dass die Medien ihre Sichtweisen tatsächlich auch kommunzieren. Neben der Medienberichterstattung spielen zudem auch andere Prozesse, u. a. das Geschehen auf der politischen ›Hinterbühne‹ mit direkten Kontakten zwischen gesellschaftlichen Akteuren und Politikern, eine Rolle für politische Entscheidungen.

Die mediale Vermittlung eines gesellschaftlichen Diskurses ist demnach ein zentrales Element für die politische Entscheidung über den Diskursgegenstand und damit verbunden für dessen gesetzliche Regulierung. Das Ziel der vorliegenden Arbeit besteht deshalb darin, den Verlauf des medial vermittelten gesellschaftlichen Diskurses über die embryonale Stammzellforschung genauer unter die Lupe zu nehmen. Der Fokus liegt dabei auf den inhaltlichen Beeinflussungsversuchen gesellschaftlicher Akteure auf den Mediendiskurs und deren Erfolg oder Misserfolg. Da die Akteure, wie angedeutet, nicht automatisch mit ihren Sichtweisen in den Medien präsent sind, sind solche gezielten Einflussnahmeversuche für sie von großer Bedeutung, um überhaupt die Chance auf mediale und in der Folge gesellschaftliche Wahrnehmung und die Beeinflussung der politischen Regulierung zu haben. Strategische Einflussnahmeversuche auf den gesellschaftlichen Meinungsbildungsprozess sind also unmittelbar mit medialen Themenkarrieren und deren Beeinflussung verknüpft.

Als allgemeiner theoretischer Rahmen für die Analyse dient der Framing-Ansatz. Dieser beruht auf der Erkenntnis, dass eine Thematik aus verschiedenen Perspektiven dargestellt werden kann und dadurch unterschiedliche Schlussfolgerungen bzw. Handlungen impliziert werden. Die Perspektiven stellen nämlich Interpretationsrahmen dar, die die Thematik mit einer bestimmten Bedeutung versehen, d. h., sie sorgen für ein bestimmtes ›Framing‹. Beispielsweise kann die embryonale Stammzellforschung mit einem ethisch-christlichen Interpretationsrahmen versehen und deshalb abgelehnt oder in einem fortschrittsorientierten Interpretationsrahmen betrachtet und deshalb befürwortet werden. Die einzelnen Interpretationsrahmen, in denen das Thema präsentiert wird, werden als ›Frames‹ bezeichnet. Sie strukturieren den Diskurs und tragen dadurch wesentlich zur Beeinflussung seiner öffentlichen Wahrnehmung bei. Von Framing kann allerdings nur bei wertgeladenen Themen gesprochen werden. Es beinhaltet per se eine wertende Komponente, die die Grundvoraussetzung dafür darstellt, dass überhaupt unterschiedliche Sichtweisen existieren (vgl. ENTMAN 1993; MATTHES 2007b).

Da an einem gesellschaftlichen Diskurs verschiedene Akteure mit i.d.R. unterschiedlichen Interessen beteiligt sind, existieren zwangsläufig auch verschiedene, miteinander konkurrierende Frames. Der Diskurs kann daher als Frame-Wettbewerb verstanden werden (vgl. GERHARDS/NEIDHARDT 1991). In diesem versuchen die Akteure, ihre Frames strategisch in den Medien zu platzieren. In der bisherigen Forschung finden sich zahlreiche Analysen medial vermittelter gesellschaftlicher Diskurse (z.B. ARETZ 1999; FRANZ 2000; GERHARDS/SCHÄFER 2006; KLIMENT 1994; SEIFERT 2002). Diese fokussieren aber i.d.R. nur auf den Mediendiskurs selbst oder sind in ihrer empirischen Vorgehensweise aus Sicht des Framing-Ansatzes kritisierbar. Eine gezielte Verknüpfung von Mediendiskurs und strategischen Einflussnahmeversuchen gesellschaftlicher Akteure aus Framing-Perspektive fehlt bislang. Die vorliegende Arbeit hat sich zum Ziel gesetzt, diese Forschungslücke zu schließen. Sie greift dazu, wie erwähnt, auf das Fallbeispiel der embryonalen Stammzellforschung zurück. Konkret geht es dabei um die Fragen, wie sich das mediale Framing in der deutschen Stammzelldebatte entwickelt, welchen Einfluss gesellschaftliche Akteure mit strategisch an die Medien herangetragenen Frames darauf nehmen können und wie sich das mediale Framing rückwirkend wiederum auf das strategische Framing der gesellschaftlichen Akteure auswirkt. Die Stammzelldebatte erfüllt alle wichtigen Voraussetzungen für eine solche Analyse: Erstens handelt es sich bei ihr um eine Wertedebatte, die die Anwendung des Framing-Ansatzes überhaupt erst möglich macht. Zweitens ist sie gegen andere Thematiken und auch zeitlich gut abgrenzbar. Beides ist die Voraussetzung dafür, eine sinnvolle empirische Analyse durchführen zu können. Und drittens sind die für die Debatte zentralen Aspekte – d.h. insbesondere die beteiligten Akteure und ihre Sichtweisen – gut darstellbar. Aus forschungspragmatischen Gründen beschränkt sich die Analyse auf die erste der beiden eingangs genannten Phasen in der deutschen Debatte. Weil strategische Einflussnahmeversuche immer von Akteuren ausgehen, wird dabei ein akteurstheoretischer Zugang gewählt.

Vorbereitend für die empirische Analyse wird im Folgenden zunächst deren theoretisches Grundgerüst ausführlicher erläutert. Um dem Leser dabei den Überblick und die Nachvollziehbarkeit zu erleichtern, wird am Ende jedes Kapitels die zentrale Argumentationslinie in einem kurzen Fazit zusammengefasst. In Kapitel 2 geht es in einem ersten Schritt darum, die oben skizzierten Beziehungen zwischen Medien, von spezifischen Interessen geleiteten gesellschaftlichen Akteuren und Politik in ein allgemeines theoretisches Modell zu fassen, das den generellen Analyserahmen bildet. Dieses Modell wird anschließend mit bestehenden empirischen Erkenntnissen inhaltlich weiter ausgeführt. Danach werden spezifisch auf das Verhältnis von Medien und gesellschaftlichen Akteuren bezogene theoretische Modelle erläutert, die ein vertieftes Verständnis der wechselseitigen Beeinflussungsprozesse ermöglichen. Kapitel 3 wendet sich dann den Medien als zentraler inhaltlicher Vermittlungsinstanz in einem gesellschaftlichen Diskurs zu. Der Fokus liegt dabei einerseits auf ihrer grundlegenden Leistung, einen gesellschaftlich relevanten Sachverhalt überhaupt zu thematisieren, und andererseits spezifischer auf dem damit verbundenen Framing des Sachverhaltes. Für Ersteres werden kurz die journalistischen Selektionsmechanismen und die sich daraus ergebenden Grundmerkmale medialer Berichterstattung skizziert. Im Rahmen von Letzterem wird mit dem Framing-Ansatz der zentrale theoretische Ansatz erläutert, welcher der vorliegenden Arbeit zugrunde liegt. Da es sich dabei um einen interdisziplinären Ansatz handelt, der zwangsläufig ganz verschiedene Sicht- und Herangehensweisen widerspiegelt, wird – auch mit Blick auf den aktuellen Forschungsstand – das für diese Arbeit relevante kommunikationswissenschaftliche Verständnis des Ansatzes herausgearbeitet. Andere Sichtweisen werden dabei insofern integriert, als sie das kommunikationswissenschaftliche Verständnis um wichtige, dort bislang nicht berücksichtigte Aspekte ergänzen. Im vierten Kapitel wird mit dem strategischen Framing durch gesellschaftliche Akteure die für die vorliegende Arbeit zentrale akteurstheoretische Komponente des Framing-Ansatzes genauer beschrieben. Da diese in enger Beziehung zur Public-Relations-Forschung (PR-Forschung) steht, wird in diesem Rahmen auch auf Erkenntnisse der PR-Forschung eingegangen, die zu einem vertieften Verständnis des strategischen Framings beitragen. Das folgende Kapitel 5 widmet sich ausführlicher dem konkreten Analysegegenstand, der medialen Stammzelldebatte. Um die für die Analyse relevanten Besonderheiten des Fallbeispiels zu verstehen und ein Grundverständnis der Debatte zu ermöglichen, werden dort im Einzelnen das besondere Verhältnis zwischen Wissenschaft und Medien sowie Hintergrund, Verlauf, Akteure und Positionen der deutschen Stammzelldebatte thematisiert. Kapitel 6 leitet dann zum empirischen Teil der Arbeit über, indem es die theoretischen Überlegungen zusammenfasst und daraus die analyseleitenden Forschungsfragen ableitet. In Kapitel 7 wird die methodische Anlage der Untersuchung erläutert. Besondere Berücksichtigung finden dabei die methodischen Anforderungen an eine Framing-Analyse. Kapitel 8 schließlich schildert die Ergebnisse. Dabei wird zunächst auf die für die Beantwortung der Forschungsfragen zentrale Bildung und Interpretation der Frames eingegangen. Im Anschluss daran werden die Erkenntnisse zum Medienbild der deutschen Stammzelldebatte sowie zum strategischen Framing der wichtigsten beteiligten Akteure beschrieben. Jedes der drei Unterkapitel schließt dabei mit einer kurzen Diskussion der gewonnenen Erkenntnisse. Diese soll es dem Leser ermöglichen, sich überblicksartig über die jeweils zentralen Ergebnisse und deren Bedeutung im Kontext der gewählten theoretischen Herangehensweise zu informieren. Das abschließende Kapitel 9 fasst die theoretische Argumentation und die empirischen Befunde nochmals zusammen, diskutiert Letztere im Hinblick auf theoretische und methodische Aspekte und geht auf Implikationen für die weitere Forschung ein.

2 MEDIEN UND GESELLSCHAFT: BEZIEHUNGEN UND WECHSELWIRKUNGEN ZWISCHEN MEDIEN, POLITIK UND GESELLSCHAFTLICHEN AKTEUREN

Gesellschaftliche Diskurse sind Ausdruck eines Spannungsverhältnisses zwischen verschiedenen gesellschaftlichen Akteuren und ihren jeweiligen Interessen und Sichtweisen hinsichtlich einer spezifischen Thematik bzw. eines problematischen Sachverhalts. Je nach Diskursgegenstand können dabei sehr unterschiedliche Akteure mit sehr verschiedenen Sichtweisen am Diskurs beteiligt sein. Das Ziel der Akteure besteht immer darin, ihre eigene Sichtweise des Problems gesellschaftlich durchzusetzen. Das bedeutet in einem ersten Schritt, die übrigen Gesellschaftsmitglieder von dieser Sichtweise zu überzeugen. In einem zweiten Schritt geht es jedoch vor allem darum, die politische Regulierung des Problems und damit auch den gesellschaftlichen Umgang damit im eigenen Sinn zu beeinflussen. Eine starke Unterstützung der eigenen Sichtweise in der Gesellschaft stärkt dabei die eigene politische Verhandlungsposition und legitimiert zugleich die Sichtweise (PAN/KOSICKI 2003). Um dieses Ziel zu erreichen, versuchen die Akteure, den inhaltlichen Diskursverlauf strategisch zu beeinflussen. Allerdings unterliegen solche strategischen Einflussnahmeversuche auf gesellschaftliche Diskurse komplexen Rahmenbedingungen. Dies ist einerseits dadurch bedingt, dass die Akteure bei ihrem Handeln fortwährend die Politik im Auge behalten müssen, da ihre Einflussnahme – wie gesehen – letztlich auf die politische Durchsetzung ihrer Interessen zielt. Andererseits sind sie für den Erfolg ihres Handelns existenziell auf die Vermittlungsleistung der Massenmedien angewiesen. Nur diese sind in der Lage, die für die Beeinflussung der Politik und der Gesellschaft notwendige gesamtgesellschaftliche Sichtbarkeit für die Sichtweisen der Akteure herzustellen, weil zu ihnen zumindest prinzipiell jeder Zugang als Publikum hat (vgl. HABERMAS 1962: 52f.). Die Massenmedien sind jedoch nicht nur Vermittler für die Sichtweisen der gesellschaftlichen Akteure, sondern ganz generell gesellschaftliches Öffentlichkeitsforum. In ihnen können die gesamte Gesellschaft bzw. ihre einzelnen Mitglieder sich selbst und die anderen umfassend beobachten (GERHARDS/NEIDHARDT 1991; KOHRING 1997; LUHMANN 1996; MARCINKOWSKI 1993; SCHOLL/WEISCHENBERG 1998). Indem die Medien über gesellschaftlich relevante Ereignisse, Themen und Sachverhalte berichten, ermöglichen sie es dem Einzelnen, sich über seine zwangsläufig beschränkte, eigene, unmittelbare Wahrnehmung hinaus ein umfassenderes Bild von seiner Umwelt zu machen und sein eigenes Handeln entsprechend anzupassen. Auf diese Weise synchronisieren sie die Gesellschaft sachlich, sozial und temporal und werden so zum integrierenden Element (vgl. u. a. GÖRKE 1999; KOHRING/HUG 1997; MARCINKOWSKI 1993).[1]

Dies hat unmittelbare Konsequenzen für gesellschaftliche Diskurse. Als zentrales gesellschaftliches Öffentlichkeitsforum übernehmen die Medien die Funktion einer Arena: In ihnen werden gesellschaftlich relevante Informationen, Meinungen und Interessen aufgenommen, verarbeitet und artikuliert (GERHARDS/NEIDHARDT 1991) bzw. – kurz gesagt – die gesellschaftlichen Kontroversen ausgetragen. Die Arena konstituiert sich dabei diskursiv: Sie entsteht und besteht durch die Kommunikation der Akteure (LUHMANN 1996; vgl. auch GERHARDS/NEIDHARDT 1991; HILGARTNER/BOSK 1988; ROGERS/DEARING/CHANG 1991).

Aus Sicht der Akteure stellt sich die Frage, wie sie ihre Sichtweisen in die Massenmedien bringen können. Unmittelbar damit verbunden ist die Frage, in welchem Ausmaß die Massenmedien überhaupt beeinflussbar sind. Letzteres soll in diesem Kapitel geklärt werden. Für ein genaueres Verständnis des Beeinflussungsprozesses ist es dabei zunächst notwendig, die allgemeinen strukturellen und inhaltlichen Beziehungen zwischen den beteiligten Akteuren aufzuzeigen. Dazu wird in Kapitel 2.1 ein gesellschaftliches Arenenmodell entworfen, das die Medien als zentrale

1 Für eine kritische Diskussion der gesamtgesellschaftlichen Integrationsfähigkeit der Massenmedien siehe z. B. Weßler (2002).

Vermittlungsinstanz und unmittelbares Ziel von Beeinflussungsversuchen in den Mittelpunkt stellt. Anschließend wird in Kapitel 2.2 spezifischer auf das Verhältnis zwischen strategisch handelnden gesellschaftlichen Akteuren und Medien eingegangen. Für die theoretische Beschreibung der inhaltlichen und z.T. auch strukturellen Einflussbeziehungen zwischen diesen beiden existieren mittlerweile zahlreiche Ansätze, die das Verhältnis in einen größeren modelltheoretischen Rahmen einbetten. Diese werden mit Blick auf ihre empirische Bestätigung und theoretische Brauchbarkeit für die vorliegende Arbeit dargestellt.

2.1 Gesellschaftliche Arenen und ihre inhaltlichen Agenden

Gesellschaftliche Diskurse lassen sich als Kommunikationsprozesse verstehen, bei denen zwischen und in verschiedenen Diskursarenen Argumente ausgetauscht werden (vgl. FRANZ 2000; GERHARDS/NEIDHARDT 1991). Wie bereits erwähnt, nehmen die Massenmedien dabei eine zentrale Rolle ein, indem sie gesamtgesellschaftliche Öffentlichkeit herstellen. In besonderer Weise gilt diese integrative Leistung für die massenmediale Vermittlung von Politik. Die Massenmedien informieren einerseits die Bevölkerung über die Vorgänge und Entscheidungen im politischen System, andererseits aber auch das politische System über die Interessen, Meinungen und Einstellungen der Bevölkerung (BUNDESVERFASSUNGSGERICHT 1966; RONNEBERGER 1974). Neben der Politikvermittlung von ›oben‹ nach ›unten‹ tragen sie also auch gezielt Interessen aus dem vorpolitischen Raum ans politische Entscheidungssystem heran (vgl. u.a. COBB/ELDER 1983; COBB/ROSS/ROSS 1976; CRACKNELL 1993; VON BEYME 1994).

Die beschriebenen Beobachtungs- und Vermittlungsleistungen der Massenmedien machen sie für gesellschaftliche Akteure interessant. Sie eröffnen diesen grundsätzlich die Möglichkeit, sowohl die allgemeine Bevölkerung als auch die Politik mit ihren Meinungen und Interessen zu erreichen und unter Umständen auch zu beeinflussen (JARREN/RÖTTGER 2004). Aufgrund ihrer gesellschaftlichen Aufgabe ist die Politik besonders offen für solche externen, medial vermittelten Anregungen. Dies kommt wiederum den Interessen der gesellschaftlichen Akteure entgegen, da ihr Ziel letztlich darin besteht, politische Prozesse und darüber schließlich politische Regelungen zu ihrem eigenen Vorteil zu beeinflussen. Allerdings sind die Interessen verschiedener Akteure oft nicht miteinander vereinbar. Das führt zu Konkurrenzkämpfen, die sich insbesondere im massenmedialen Beobachtungsforum manifestieren. Denn in dem Maß, wie Akteure Einfluss auf die Berichterstattung der Medien nehmen können, bestimmen sie deren Realitätsdarstellung mit (HOLTZBACHA/SCHERER/WALDMANN 1998; SCHULZ 1989, 1997) und beeinflussen damit indirekt die Wahrnehmungen und Handlungen bzw. Handlungsmöglichkeiten anderer Akteure. Die Medien werden damit zum zentralen Schauplatz, an dem verschiedene Akteure ihre konkurrierenden Deutungen zu platzieren versuchen. Dieser ist allerdings in spezifischer Weise mit weiteren Diskursschauplätzen verknüpft, was sich auch in vielfältigen thematischen Beziehungen zwischen ihnen widerspiegelt. Im Folgenden soll der Gesamtprozess mithilfe eines Arenenmodells dargestellt werden, das die Analyse von solchen inhaltlichen Einflussbeziehungen in der Stammzelldebatte systematisch zugänglich macht. Dazu werden die verschiedenen Diskursarenen und ihr Verhältnis zueinander sowohl strukturell als auch inhaltlich herausgearbeitet. In einem ersten Schritt wird dabei ein generelles Arenen-Grundmodell entwickelt, das verschiedene gesellschaftliche Bereiche umfassend einbezieht und zu dem Arena-Gedanken in Beziehung setzt (Kap. 2.1.1). In einem zweiten Schritt geht es um die Frage, welche allgemeinen strukturellen Beziehungen zwischen den verschiedenen Arenen existieren und welchen Rahmen diese für die Einflussnahmeversuche der Akteure setzen (Kap. 2.1.2). Damit strategische Einflussnahmeversuche auf den Inhalt gesellschaftlicher Diskurse überhaupt Aussicht auf Erfolg haben, müssen neben den strukturellen auch inhaltliche Einflussbeziehungen zwischen den Arenen bestehen. Auf diese wird in einem dritten Schritt ausführlicher eingegangen. Aufgrund der zentralen Vermittlerposition der Massenmedien liegt der Fokus dabei auf den inhaltlichen Einflussbeziehungen zwischen den Massenmedien auf der einen und den übrigen Arenen auf der anderen Seite (Kap. 2.1.3).

2.1.1 *Diskursarenen und ihre gesellschaftliche Verortung: Medien, Politik, Interessengruppen und Publikum*

Der Vorteil eines grundlegenden Arenenmodells zur Beschreibung der Einflussbeziehungen in der Stammzelldebatte besteht darin, dass es aus akteurstheoretischer Perspektive systematisch die Beziehungsstrukturen aufzeigt, in die gesellschaftliche Akteure bei dem Versuch, über die Medien politische Entscheidungen zu beeinflussen, eingebunden sind. Es ist weder auf bestimmte Akteure festgelegt noch vernachlässigt es den prozessualen Charakter der Einflussnahmeversuche. Insgesamt bietet es einen allgemeinen Rahmen für die Analyse gesellschaftlicher Einflussprozesse auf die Massenmedien, der in der angewandten PR-Forschung und in PR-Modellen i.d.R. vernachlässigt wird. Zum Verständnis des Modells wird im Folgenden zunächst grundlegend definiert, was unter einer Arena zu verstehen ist. Anschließend werden die gesellschaftlichen Bereiche identifiziert, in denen die Arenen grundsätzlich verortet werden können, und darauf aufbauend das Arenenmodell mit seinen Kernelementen beschrieben.

Der Arenengedanke findet sich bei verschiedenen Autoren (z.B. BAUER 2001; BAUMGARTNER/JONES 1993; FRANZ 2000; GERHARDS/NEIDHARDT 1991; HILGARTNER/BOSK 1988; OTTO 2001; ROGERS et al. 1991; vgl. auch KINGDON 1984). Meist wird der Begriff jedoch eher metaphorisch verwendet und es wird nicht klar definiert, was genau unter einer Arena zu verstehen ist und wie verschiedene Arenen gegeneinander abgegrenzt werden können. Stattdessen werden exemplarisch einige Arenen genannt, wobei teilweise sogar nur die Massenmedien explizit als Arena erwähnt werden. Hinzu kommt, dass auch die gesellschaftlichen Bereiche, denen die Arenen zuzuordnen sind, und damit verbunden die Beziehungen der Arenen zueinander oft unklar bleiben. Dennoch bieten einige der genannten Autoren Ansatzpunkte für die Entwicklung eines systematischen und umfassenden Arenenmodells. Hilfreich sind hier zunächst die vorhandenen Definitionsansätze. Hilgartner und Bosk (1988) konzipieren alle Akteursgruppen, die organisationell als eine Einheit betrachtet werden können, als einzelne Arenen. Gerhards und Neidhardt (1991) sowie Franz (2000) zufolge ist eine Arena diskursiv konstituiert, d.h., es handelt sich um eine Art ›Raum‹, in dem »interessierte Akteure mit ihren Darstellungen agieren« (GERHARDS/NEIDHARDT 1991: 57). Die beispielhafte Nennung von kollektiven Akteuren verdeutlicht dabei, dass sich eine Arena im Grunde nicht allein diskursiv konstituiert, sondern darüber hinaus auch eine gewisse soziale Verbindung zwischen den beteiligten Akteuren vorhanden sein muss, wie sie Hilgartner und Bosk (1988) ansprechen. Für das Arenenkonzept bedeutet das, dass sich eine Diskursarena in erster Linie nicht über den Diskurs selbst konstituiert, sondern über die in ihr befindlichen Akteure. Diese stehen dann in einem kommunikativen Zusammenhang, der die Arena spezifisch zur Diskursarena macht. Um verschiedene Arenen eindeutig gegeneinander abgrenzen zu können, ist es darüber hinaus sinnvoll, auch von einer sozialen Verbindung zwischen den Akteuren einer Arena auszugehen. Diese kann dann als gegeben angesehen werden, wenn die Akteure unmittelbar miteinander kommunizieren können, ohne auf externe Vermittlungshilfen angewiesen zu sein. Insgesamt besteht eine Diskursarena also aus verschiedenen Akteuren, die in einem sozial-kommunikativen Zusammenhang stehen, d.h. ohne die Zuhilfenahme externer Medien miteinander kommunizieren können. Diese können, müssen aber nicht zwangsläufig identisch sein mit kollektiven Akteuren. Damit ist zwar der Arenenbegriff an sich geklärt, nicht aber die Frage nach der Systematisierung der Arenen oder ihrer Beziehungen untereinander. Da Letzteres sich aus Ersterem ergibt, soll zunächst die Systematisierung geklärt werden.

Auch hierzu finden sich hilfreiche Überlegungen in der genannten Arenenliteratur. Darüber hinaus sind jedoch auch in der Agenda-Setting-Literatur zahlreiche Ansatzpunkte vorhanden. Letztere ist umso mehr von Bedeutung, als die Agenda-Setting-Forschung eine erkennbare Nähe zum Arena-Konzept aufweist und teilweise auch explizit darauf zurückgreift (z.B. MCCARTHY/SMITH/ZALD 1996; OTTO 2001; ROGERS et al. 1991). Anschaulich verdeutlicht Otto (2001) den Zusammenhang bzw. Unterschied zwischen ›Arena‹ und ›Agenda‹. Ihr zufolge sind inhaltliche bzw. thematische Agenden das Ergebnis von Arenen-Interaktionen. Die Arena kann somit als der ›Ort‹ verstanden werden, an dem eine Thematisierung stattfindet. Sie ist dabei weniger räumlich definiert, sondern vielmehr über die größere Akteursgruppe, innerhalb derer die Thematisierung erfolgt. Demgegenüber bezieht sich die Agenda auf die konkreten Inhalte einer Arena, also das, *worüber* in der jeweiligen Arena gesprochen wird. Eine Arena bildet damit den strukturellen Rahmen für eine inhaltliche Agenda. Letztere entsteht aus Interaktionen zwischen den und innerhalb der verschiedenen Arenen. Die Autoren, die explizit mit dem Arena-Konzept arbeiten, nennen teilweise neben der Massenmedienarena weitere Arenen, die sich jedoch nicht immer auf dem gleichen Abstraktionsniveau befinden. Die Bandbreite reicht mit dem Publikum und der Politik auf der Makroebene bis hin zu spezifischen gesellschaftlichen Akteursgruppen – beispielsweise Religionsgemeinschaften oder Gerichten – auf der Mesoebene. Vergleichbares lässt sich auch für die Agenda-Setting-Forschung konstatieren. Unter den Begriff der Agenda werden i.d.R. die drei klassischen Makroagenden Massenmedien, Politik und Öffentlichkeit bzw. Publikum gefasst. Je nach Autor werden einige davon jedoch inkonsistent zu den anderen auf der Meso- oder sogar Mikroebene konzipiert (z.B. BAUMGARTNER/JONES 1993; ROGERS et al. 1991; ZHU 1992) oder auch um weitere Agenden ergänzt (z.B. BAUMGARTNER/JONES 1993; BERKOWITZ 1992; KENNAMER 1992). Die ausgereiftesten und zugleich in sich konsistentesten Konzeptionierungen finden sich bei Berkowitz (1992) und Kennamer (1992). Beide führen auf der Makroebene neben den klassischen drei Agenden mit der Interessengruppenagenda eine vierte Makroagenda ein. Auch andere Autoren verweisen auf die eigenständige Bedeutung von Interessengruppen, ohne diese jedoch in ein kohärentes Gesamtkonzept zu integrieren (z.B. BAUER 2002; BERENS 2001; HUCKINS 1999). Insgesamt legen die genannten Konzeptionierungen vier Makrobereiche nahe, in denen sich gesellschaftliche Arenen und ihre inhaltlichen Agenden verorten lassen: (1) Massenmedien, (2) Politik, (3) Öffentlichkeit bzw. Publikum[2] und (4) Interessengruppen. Zu betonen ist, dass es sich bei diesen nicht um eigenständige Makroarenen handelt, auch wenn die Arenenliteratur insbesondere bei den Massenmedien davon ausgeht. Diese Sichtweise ist jedoch mit der weiter oben erarbeiteten Arenendefinition unvereinbar, denn genauso wie es nicht nur eine

2 Um das Modell nicht unnötig zu verkomplizieren, werden Öffentlichkeit und Publikum im Folgenden gleichgesetzt, auch wenn sie streng genommen nicht identisch sind. Generell ist jedes Gesellschaftsmitglied in irgendeiner Form auch Mediennutzer und damit ganz allgemein Teil des Publikums. Insbesondere bei spezifischen Zielgruppenmedien und Themen kann sich das Publikum allerdings erheblich von der allgemeinen gesellschaftlichen Öffentlichkeit unterscheiden. Weßler (2002) spricht in diesem Zusammenhang von Gruppenöffentlichkeiten und situativen Themenöffentlichkeiten. Letztere umfassen jeweils alle Akteure, die sich aktiv zu einem bestimmten Thema in den Massenmedien äußern oder dieses zum Zweck der eigenen Meinungsbildung aktiv als Publikum mitverfolgen (vgl. auch den Begriff der »attentive public« bei KENNAMER 1992: 3 bzw. das »Elite-Publikum« bei EICHHORN 1996: 177). Das bedeutet, dass die tatsächlich relevante Öffentlichkeit je nach Thema anders zusammengesetzt ist und damit im Prinzip jedes Mal auch eine andere Akteursbasis für die Ermittlung der ›wirklichen‹ öffentlichen Meinung relevant ist. Nicht nur Politiker tendieren jedoch dazu, diesen Punkt zu übersehen und fälschlicherweise davon auszugehen, dass die gesamte Gesellschaft per se in ihrer Eigenschaft als Medienpublikum für sie von Bedeutung ist (vgl. HERBST 2002; SOROKA 2003). Dies unterstützt die hier vorgenommene Gleichsetzung von Publikum und Öffentlichkeit. Da es sich insgesamt um ein medienzentriertes Modell handelt, wird im Folgenden der Begriff des Publikums verwendet. Zu den konkreten Konsequenzen der Gleichsetzung von Publikum und Öffentlichkeit für das Handeln der Akteure vgl. Kapitel 2.1.2.

politische Partei gibt, gibt es auch nicht nur ein Medium oder eine Mediengattung. Die Medien in einer übergreifenden Arena zusammenzufassen, widerspräche zudem dem Anspruch, ein konsistentes und systematisches Arenenmodell zu entwickeln, das verschiedene Abstraktionsebenen nicht miteinander vermischt.

Zusammenfassend lässt sich das Arenenmodell mit seinen Kernelementen folgendermaßen beschreiben: Gesellschaftliche Diskurse wie die Stammzelldebatte entstehen über die Interaktion zwischen verschiedenen Diskursarenen. Dabei spannt das Thema den allgemeinen Rahmen auf, der die einzelnen Diskursarenen miteinander verbindet. Im Einzelnen kann es sich sowohl um ein sehr spezifisches Thema – wie bei der Stammzellforschung – als auch um ein eher allgemeines Themengebiet – z.B. Politik – handeln. Die verschiedenen Diskursarenen selbst konstituieren sich über die in ihnen aktiven Akteure. Diese stehen in einem sozial-kommunikativen Zusammenhang: Eine Arena besteht aus Akteuren, die ohne die Zuhilfenahme externer Medien miteinander kommunizieren können. Damit ist die Anzahl möglicher Diskursarenen theoretisch unbegrenzt. Strukturell lassen sich diese vier verschiedenen gesellschaftlichen Bereichen zuordnen: den Massenmedien, der Politik, dem Publikum und den Interessengruppen. Dabei haben die Akteure jeweils spezifische Rollen, die die Bereiche und Arenen als solche mitbestimmen. Die massenmedialen Arenen beispielsweise nehmen als Vermittlungsinstanzen und Austragungsorte gesellschaftlicher Kontroversen eine zentrale Stellung innerhalb der übrigen Arenen ein. Die Politikarenen wiederum befassen sich mit der gesetzlichen Regulierung der Gesellschaft und umfassen das entsprechende Handeln aller in das politische System eingebundenen Akteure. Die verschiedenen Bereiche bilden demzufolge den Rahmen für das konkrete Handeln einzelner Akteure.

Die Tatsache, dass die Bereiche und ihre Arenen grundsätzlich über das Diskursthema miteinander verbunden sind, führt dazu, dass zwischen ihnen ein vielschichtiges Beziehungsgeflecht entsteht. Dieses beeinflusst die Handlungsmöglichkeiten der Akteure strukturell und bestimmt dadurch mit über ihren Diskurserfolg. Im Einzelnen macht es sich sowohl auf struktureller Ebene als auch in inhaltlicher Hinsicht bemerkbar. Im Folgenden sollen zunächst die grundlegenden strukturellen Beziehungen erläutert werden (Kap. 2.1.2), da sie die Basis für die inhaltlichen Beziehungen bilden. Auf diese wird dann in Kapitel 2.1.3 ausführlicher eingegangen.

2.1.2 *Strukturelle Beziehungen zwischen Medienarenen und gesellschaftlichen Arenen*

Wie bereits erwähnt, stellen die Massenmedien den zentralen Arenenbereich dar, in dem spezifische gesellschaftliche Akteure ihre Themen und Interessen artikulieren mit dem Ziel, darüber die Akteure und Arenen in den anderen gesellschaftlichen Bereichen zu beeinflussen. Bei der Beschreibung der strukturellen Beziehungen zwischen den verschiedenen Arenen in diesem Kapitel steht deshalb das Verhältnis der Massenmedienarenen zu den übrigen Arenen im Mittelpunkt. Beziehungen zwischen den anderen Arenenbereichen werden insofern berücksichtigt, als sie ein vertieftes Verständnis für die Einflussnahmeversuche auf die Massenmedienarenen ermöglichen. Aus Gründen der Übersichtlichkeit erfolgt die Beschreibung auf der Ebene der im vorangegangenen Unterkapitel identifizierten vier gesellschaftlichen Bereiche. Im Folgenden wird zunächst allgemein auf den Bereich der Massenmedienarenen und die in diesem handelnden Akteure eingegangen. Anschließend werden die strukturellen Beziehungen zwischen dem Bereich der Massenmedienarenen und den anderen drei Arenenbereichen ausführlicher erläutert. Zum Abschluss werden direkte Beziehungsstrukturen zwischen den nichtmedialen Arenenbereichen beschrieben, die den größeren Rahmen für Einflussnahmeversuche auf die Massenmedienarenen bilden.

Die Medien stehen insgesamt im Zentrum der Beziehungsstruktur und vermitteln wesentlich zwischen den verschiedenen anderen Arenenbereichen: Als zentrales Öffentlichkeitsforum in gesellschaftlichen Kontroversen ist der Bereich der Medienarenen Ziel verschiedenster gesellschaftlicher Akteure aus den anderen Arenenbereichen und ihrer Anliegen. Sofern es sich bei diesen Akteuren um Politiker bzw. Repräsentanten des politischen Systems handelt, können sie dem Politikbereich zugerechnet werden; alle weiteren Akteure (z.B. Bürgerbewegungen, Gewerkschaften, Unternehmen, religiöse Gruppierungen) sind Teil der Interessengruppenarenen (vgl. EICHHORN 1996: 177). Die Angehörigen beider Arenenbereiche vertreten in den Massenmedienarenen jeweils ihre eigenen Partikularinteressen mit dem Ziel, diese politisch durchzusetzen. Das bedeutet, dass sie nur bei den Themen an einer Einflussnahme interessiert sind, in deren Kontext ihre eigenen Handlungsmöglichkeiten und Interessen betroffen sein könnten (vgl. u.a. RÖTTGER 2001; ZERFASS 1996). Je nach Thema sind deshalb sehr unterschiedliche gesellschaftliche Akteure am Diskurs beteiligt. Während sich beispielsweise in der Stammzelldebatte neben politischen Akteuren v. a. Wissenschaftler und Kirchenvertreter zu Wort melden dürften, ist zu vermuten, dass an einer Kontroverse über die Wochenarbeitszeit primär Wirtschaftsunternehmen, Gewerkschaften und Sozialverbände teilnehmen. Neben den Akteuren aus den Politik- und Interessengruppenarenen sind aber auch die Journalisten als Akteure mit durchaus eigenen Interessen am medialen Diskurs beteiligt (GAMSON 1988a; KEPPLINGER 1989b; WALGRAVE/MANSSENS 2005).

Das zielgerichtete Handeln der Akteure in Bezug auf die Medienarenen bedingt, dass deren Bereich strukturell in vielfacher Weise mit den übrigen Arenenbereichen verknüpft ist. Ausschlaggebend dafür ist die Rolle der Medien als gesellschaftliche Vermittlungsinstanz (vgl. auch REINHARDT/JÄCKEL 2002). Was in den Medienarenen thematisiert wird, spiegelt sich zumindest teilweise auch in den Themen der anderen Arenen – aber auch umgekehrt. Die Medienarenen bilden dabei die allgemeine Zugangsbarriere zu den übrigen Arenen (vgl. NEIDHARDT 1994a; SCHERER 1995). Für intentional handelnde Akteure in einer Kontroverse wie der Stammzelldebatte werden die Medien so zum Schlüsselinstrument bei der Beeinflussung der politischen Regulierung. Einerseits können sie über die Medienarenen direkt die politischen Arenen beeinflussen. Andererseits ermöglichen die Medien ihnen jedoch auch eine indirekte Beeinflussung der Politikarenen, indem sie die Publikumsarenen beeinflussen, die dann wiederum in Form von z.B. Wahlen Einfluss auf die Politikarenen nehmen. Für die Akteure gilt es deshalb zunächst, die Zugangsbarriere zu den Medienarenen zu überwinden, bevor eine Beeinflussung der anderen Arenen möglich wird. Diese Barriere besteht in verschiedenen Selektionsregeln (ausführlicher dazu Kap. 3.1), anhand derer die die Medienarenen überwachenden Journalisten darüber entscheiden, welche Geschehnisse berichtet werden und welche Akteure aus dem Interessengruppen- oder Politikbereich mit medienöffentlichen Äußerungen Zugang zu den anderen Arenen erhalten. Genauer betrachtet, nehmen die Journalisten dabei eine Doppelrolle ein: Sie regeln nicht nur den Zugang der Akteure aus dem Interessengruppen- und Politikbereich zu den Medienarenen, sondern treten selbst auch als Akteure auf, die z.B. in Form von Kommentaren Stellung beziehen (vgl. z.B. GERHARDS et al. 1998; NEIDHARDT 1994a).[3]

3 Wie verschiedene Autoren zeigen, äußern die Medien allerdings nicht nur in Kommentaren eigene Meinungen, sondern auch in nachrichtenbetonten Stilformen (vgl. z.B. SCHÖNBACH 1977).

Dem Bereich des Publikums kommt in diesem Kontext eine besondere Rolle zu. Er liegt quer zu den übrigen Bereichen, da er grundsätzlich alle Akteure – unabhängig von ihrer sonstigen Bereichs- und Arenenzugehörigkeit – umfasst: Sowohl Politiker als auch Interessengruppen und Journalisten sind zugleich auch Teil des Publikums. Solange sich die Akteure weitgehend passiv verhalten, können sie dabei vereinfacht nur den Publikumsarenen zugerechnet werden. Sobald sie jedoch selbst aktiv werden und andere Akteure oder Arenenbereiche zu beeinflussen versuchen, gehören sie nicht nur zu den Publikumsarenen, sondern müssen auch ihrem strukturell übergeordneten Bereich zugerechnet werden. In der Realität sind diese Arenenwechsel fließend, da sich Akteure je nach eigenem Interesse und Diskursstand eines Themas phasenweise aktiv oder passiv verhalten können.[4] Damit sind die Publikumsarenen das zentrale Verbindungselement zwischen den verschiedenen Diskursakteuren in den Medienarenen. Ebenso wie diese stellen sie ein intermediäres System dar, über das die Akteure im medienöffentlichen Diskurs miteinander verknüpft sind. Ein solcher Diskurs ist überhaupt nur deswegen möglich, weil die in den Medienarenen aktiven Akteure punktuell immer wieder in den Bereich der Publikumsarenen wechseln und dadurch auch die Kommunikation der anderen Akteure wahrnehmen können. Die Publikumsarenen sind darüber hinaus, obwohl nur ›virtuell‹ vorhanden, die zentrale Bezugsgröße für die Beeinflussungsversuche auf die Medienarenen vonseiten der Politik- und Interessengruppenarenen. Als »Träger der Bevölkerungsmeinung« kommt ihnen eine »›statistische‹ Bedeutung« (EICHHORN 1996: 178) zu, die sich in der Responsivität von Politik und Interessengruppen auf die (vermeintliche) Bevölkerungsmeinung äußert. Beide agieren immer mit Blick auf reale oder auch nur vermutete zukünftige Reaktionen der Publikumsarenen (vgl. KENNAMER 1992) und erzeugen damit gemäß dem klassischen Thomas-Theorem (vgl. THOMAS/THOMAS 1928: 572) reale Konsequenzen. In Ermangelung spezifischer Umfrageergebnisse setzen sie dabei i.d.R. die vorherrschende Sichtweise in den Medienarenen mit der Meinung der Öffentlichkeit bzw. des gesamten Publikums gleich (vgl. HERBST 2002; PRITCHARD 1992; SOROKA 2003). Dieses Vorgehen berücksichtigt allerdings nicht, dass nur ein Teil des Publikums und der gesellschaftlichen Akteure – nämlich die bereits

4 Vgl. Dahrendorfs (1993) Unterteilung der Öffentlichkeit in latente, passive und aktive Öffentlichkeit.

genannten situativen Themenöffentlichkeiten (WESSLER 2002) – überhaupt für ein bestimmtes Thema aufmerksam ist und sich aktiv am Diskurs beteiligt (vgl. auch EICHHORN 1996). Insofern sind Meinungen ›der Öffentlichkeit‹ nicht zwangsläufig mit denen der tatsächlich involvierten Akteure gleichzusetzen. Die einflussnehmenden Akteure gehen jedoch davon aus, dass immer auch ein in seiner absoluten Größe nicht bekanntes, passives Publikum berücksichtigt werden muss. Dessen Mitglieder nehmen selbst nicht aktiv am Geschehen teil, beobachten – zunächst themenunspezifisch – die in den Medienarenen aktiven Akteure aber mehr oder weniger kritisch. Je nach Situation können sie ein themenspezifisches Interesse entwickeln; in diesem Moment werden sie Teil der situativen Themenöffentlichkeit und damit unmittelbar relevant für das Handeln einflussnehmender Akteure. Allein aufgrund seiner generellen Existenz wird dieses imaginäre Publikum also zu einer wichtigen Bewertungsinstanz und animiert die gesellschaftlichen Akteure zum Handeln. Denn da diese i.d.R. keine Informationen über die tatsächliche Größe des Publikums haben, müssen sie im Zweifelsfall davon ausgehen, dass es groß genug ist, um bei einer Beeinflussung durch andere Diskursbeteiligte die Durchsetzung der eigenen Interessen zumindest zu erschweren. Das hat insgesamt zur Folge, dass die in den Medienarenen aktiven Akteure ihre Sichtweisen und Interessen in jedem Fall fortwährend äußern, selbst wenn dies angesichts des tatsächlich vorhandenen Publikums u.U. wenig sinnvoll ist.

Auch wenn die Medienarenen zentrale Vermittlungsinstanzen zwischen den verschiedenen Arenenbereichen sind, gibt es daneben auch direkte, wenn auch häufig weniger ausgeprägte bzw. institutionalisierte Beziehungsstrukturen zwischen den übrigen Arenenbereichen, über welche ihre Akteure miteinander in Kontakt treten können. So kann grundsätzlich jeder Akteur aus einem Arenenbereich auch direkten Kontakt mit Mitgliedern der anderen Arenenbereiche aufnehmen und versuchen, diese zu beeinflussen oder Informationen von ihnen zu erhalten. In bestimmten Situationen bewirken solche direkten Kontakte eine stärkere Beeinflussung als der indirekte Weg über die Medienarenen. Da der Fokus dieser Arbeit jedoch nicht auf diesen direkten Kontakten liegt, sei an dieser Stelle nur exemplarisch auf einige von ihnen verwiesen. Unmittelbare Kontaktmöglichkeiten zwischen Politik- bzw. Interessengruppen- und Publikumsarenen bieten beispielsweise Meinungsumfragen und Direktmarketing, aber auch schriftliche Korrespondenz. Zwischen Interessengruppen- und Politikarenen bestehen direkte Kontaktmöglichkeiten z. B. in Form von Lobbying, persönlichen Gesprächen und ebenso von schriftlicher Korrespondenz.

Zusammenfassend lässt sich damit Folgendes für die strukturellen Beziehungen zwischen den verschiedenen Arenenbereichen festhalten: Die Akteure aus den Politik- und Interessengruppenarenen versuchen, die Publikumsarenen zu beeinflussen, da deren Reaktion und Sichtweise ihre Handlungsmöglichkeiten beeinflusst. Für die Akteure der politischen Arenen äußert sich dies darin, ob sie bei der nächsten Wahl (wieder) gewählt werden und so die Möglichkeit erhalten, die Ausrichtung der Gesellschaft mitzubestimmen. Für die Akteure der Interessengruppenarenen äußert sich der Publikumseinfluss in erster Linie in den politischen Regelungen, die die Politik in Reaktion auf die (vermeintliche) öffentliche Meinung verabschiedet, aber auch in der mehr oder weniger direkten Unterstützung ihrer Anliegen durch verschiedene Akteure und Akteursgruppen aus dem Publikum. In diesem Beziehungsgeflecht nehmen die Massenmedienarenen die zentrale Vermittlungsposition ein, da sie zumindest theoretisch die gesamte Gesellschaft als Publikum erreichen und damit über die Geschehnisse in den einzelnen Bereichen informieren können. Was in ihnen thematisiert wird, spiegelt sich zumindest teilweise auch in den Themen der Gesellschaft und der Politik wider (und umgekehrt) und ermöglicht darüber indirekt deren Beeinflussung. Diese thematischen Rückkopplungen zwischen den Arenenbereichen sind die Ursache dafür, dass gesellschaftliche Akteure überhaupt gezielt versuchen, Einfluss auf die Medienberichterstattung zu nehmen. Ohne sie wäre jeglicher Einflussnahmeversuch reine Zeit- und Ressourcenverschwendung. Die Publikumsarenen stellen dabei die funktionale Voraussetzung für den Mediendiskurs dar: Die Diskursakteure können nur aufgrund ihrer punktuellen Zugehörigkeit zu den Publikumsarenen das Geschehen in den Medienarenen wahrnehmen und dann in diesen wiederum darauf reagieren. Konkret werden also einzelne Akteure aus den Interessengruppen- oder Politikarenen infolge ihrer Wahrnehmungen in der Publikumsrolle aktiv und versuchen, andere Akteure als Publikum der Massenmedienarenen zu beeinflussen. Daneben gibt es aber auch Einflussmöglichkeiten über direkte Kontakte zwischen Angehörigen der verschiedenen Arenenbereiche. Einen grafischen Überblick über die Beziehungsstrukturen zwischen den vier genannten Arenenbereichen, ihren Arenen und Akteuren gibt Abbildung 1.

Dadurch, dass die Akteure der einzelnen Arenen mit ihren Themen und Meinungen in gemeinsame Diskurse eingebunden sind, schlagen sich die beschriebenen strukturellen Beziehungen zwischen den Arenenbereichen auch in inhaltlichen Beziehungen nieder. Diese bilden – wie gesehen – die Grundvoraussetzung für das Gelingen von Einflussnahmeversuchen auf die Medienarenen durch die beteiligten Akteure in der Stammzelldebatte und werden deshalb im folgenden Kapitel ausführlicher erläutert. Aufgrund der zentralen Vermittlerposition der Medien liegt der Darstellungsschwerpunkt dabei auf den inhaltlichen Beziehungen zwischen den Medienarenen und den übrigen drei Arenenbereichen.

ABBILDUNG 1
Gesellschaftliche Arenen und ihre Beziehungsstrukturen

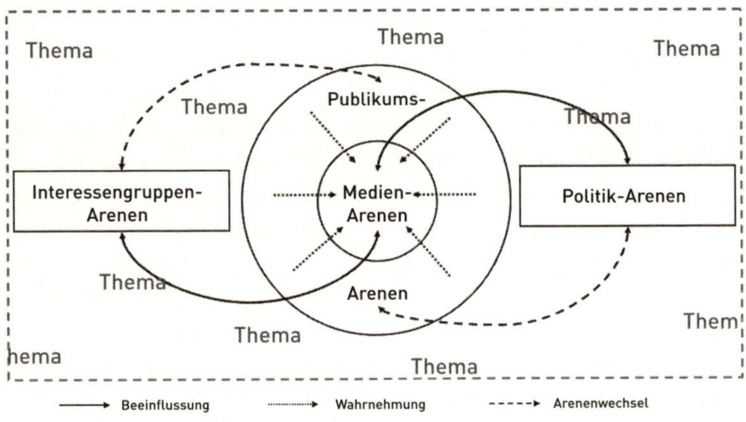

Quelle: Eigene Darstellung

2.1.3 *Inhaltliche Beziehungen zwischen Medienarenen und Politik-, Interessengruppen- und Publikumsarenen*

Im Rahmen eines medial vermittelten Diskurses wie der Stammzelldebatte ergeben sich zwangsläufig inhaltliche Rückkopplungen zwischen den einzelnen Arenen, die zu thematischen Veränderungen des Diskurses führen oder auch neue Diskurse anstoßen können. In der Forschung sind solche thematischen Rückkopplungen allgemein unter dem Begriff des

›Agenda Setting‹ bekannt. Im Folgenden sollen diese inhaltlichen Rückkopplungen zwischen den zuvor entworfenen Arenenbereichen detaillierter dargestellt werden. Im Rahmen der Entwicklung des Arenenmodells war bereits darauf hingewiesen worden, dass eine Arena den strukturellen Rahmen für eine inhaltliche Agenda bildet. Insofern bietet sich für die Darstellung die Verwendung des Agendenbegriffs an. Von diesem ausgehend wird zunächst eine Nomenklatur entwickelt, mit deren Hilfe sich inhaltliche Einflussbeziehungen zwischen den vier Arenenbereichen systematisch unterscheiden lassen. Den Abschluss des Kapitels bildet ein Überblick über bisherige Forschungserkenntnisse zu inhaltlichen Wechselbeziehungen zwischen den zentralen Medienarenen und den übrigen Arenenbereichen. Dieser greift in gewisser Weise den theoretischen Modellen zu den inhaltlichen Einflussbeziehungen zwischen Medien und gesellschaftlichen Akteuren vor, die im anschließenden Kapitel 2.2 erläutert werden. Aus Gründen der Darstellbarkeit und damit verbunden auch der Verständlichkeit der Argumentation lässt sich dies jedoch nicht vermeiden.

Sofern es sich bei den inhaltlichen Einflussbeziehungen zwischen den Arenenbereichen um die Beziehungen zwischen Medien-, Politik- und Publikums- bzw. Öffentlichkeitsagenden handelt, ist dies Gegenstand der klassischen Agenda-Setting-Forschung. Zusammenhänge zwischen den Interessengruppenagenden und den übrigen Agenden untersucht dagegen primär die PR-Forschung. Einige wenige Studien verbinden beide Forschungszweige miteinander, indem sie beispielsweise mit einem PR-theoretischen Hintergrund den Einfluss politischer PR – die dem Politikbereich zuzurechnen ist – auf die Medien untersuchen (z.B. RÜDIGER 2002). Insgesamt existieren beide Forschungsrichtungen jedoch relativ zusammenhangslos nebeneinander. Dies mag auch dadurch bedingt sein, dass es sich beim Agenda-Setting originär um einen Ansatz aus der politischen Kommunikationsforschung handelt (vgl. MCCOMBS/SHAW 1972; COHEN 1963), dessen Schwerpunkt traditionell auf den Beziehungen zwischen der Massenmedienagenda, der Publikums- bzw. Öffentlichkeitsagenda und der politischen Agenda liegt. In den letzten Jahren haben einige Autoren das klassische Agenden-Modell jedoch um die Interessengruppen erweitert (z.B. BERKOWITZ 1992; KENNAMER 1992; vgl. auch HUCKINS 1999) und damit eine Grundlage für die systematische Verbindung von PR- und Agenda-Setting-Forschung geschaffen. Gleichzeitig spiegelt dieses Modell die in Kapitel 2.1.1 entwickelte Bereichsvierteilung und macht damit die inhaltlichen Einflussbeziehungen zwischen den Arenenbereichen systematisch zugänglich. Allerdings besteht in der Literatur eine uneinheitliche Nomenklatur für diese Einflussbeziehungen, welche die Systematisierung und Nachvollziehbarkeit bisheriger Forschungserkenntnisse erschwert. Insbesondere die Einflussbeziehungen der Interessengruppen sind zudem ungenügend in die Nomenklatur integriert. Auf der Basis der bereits bestehenden Begrifflichkeiten wird deshalb im Folgenden eine einheitliche Nomenklatur entwickelt, die als Grundlage für die Bezeichnung der verschiedenen inhaltlichen Einflussbeziehungen zwischen den vier Arenenbereichen des zuvor entwickelten Arenenmodells dient.

Nomenklatur der inhaltlichen Einflussbeziehungen

Die begriffliche Uneinheitlichkeit ist durch die Ausweitung der Agenda-Setting-Forschung entstanden, die sich von der ursprünglichen Frage, ob die Medien die Bevölkerungsagenda beeinflussen (vgl. MCCOMBS/SHAW 1972), weiterentwickelt hat zur Erforschung von Einflüssen auch zwischen Medien- und politischen Agenden bzw. politischen und Publikumsagenden sowie der systematischen Differenzierung zwischen beeinflussender und beeinflusster Agenda. Während der Begriff des Agenda-Setting von Anfang an relativ einheitlich für den Einfluss der Medienagenda auf die Publikumsagenda gebraucht wurde, existieren für die anderen Einflussbeziehungen z.T. sehr unterschiedliche Bezeichnungen (für einen Überblick vgl. z.B. BERKOWITZ 1992; KOLB 2006; RÖSSLER 1997; vgl. auch ROGERS/DEARING 1988; OTTO 2001). Insbesondere in der Tradition der politisch orientierten Agenda-Setting-Forschung, aber auch generell bei der Analyse von Einflüssen, die nicht von den Massenmedien ausgehen, findet sich häufig auch der Begriff des Agenda-Buildings (vgl. u.a. BERKOWITZ 1987; COBB/ELDER 1983; MCCOMBS/GILBERT 1986; WEAVER/ELLIOTT 1985). Insgesamt lassen sich drei Ursachen für die begrifflichen Uneinheitlichkeiten ausmachen: (1) das generelle Fehlen einer begrifflichen Differenzierung zwischen beeinflusster und beeinflussender Agenda, (2) die Verwendung der gleichen Bezeichnung für verschiedene beeinflussende Agenden sowie (3) je nach beeinflusster Agenda unterschiedliche Bezeichnungen für den Einflusseffekt. Erste Ansätze für eine konsistente Terminologie, in der z.T. auch die Interessengruppen mit berücksichtigt werden, finden sich bei Rogers und Dearing

(1988), Berkowitz (1992), Zhu (1992), Rössler (1997) und Otto (2001). Diese sind jedoch nur teilweise systematisch und/oder vermischen Mikro- und Makroebene miteinander. Eine erste umfassende Systematisierung der Einflussbeziehungen findet sich bei Kolb (2006). Dieser erarbeitet auf der Basis der bestehenden Überlegungen eine eigene, systematische Terminologie, die auf der Makroebene alle neun möglichen Effekte zwischen den drei klassischen Agendenbereichen der Medien, der Öffentlichkeit und der Politik berücksichtigt. Dabei bezieht er die beeinflusste Agenda jeweils in die Benennung mit ein und bezeichnet den Effekt der beeinflussenden Agenda konsequent mit ›Setting‹ bei der Medienagenda, mit ›Building‹ bei der Politikagenda und mit ›Influencing‹ bei der Öffentlichkeitsagenda. Die Thematisierungen von Interessengruppen fasst er nicht als eigenständigen Agendenbereich, sondern ordnet sie der Öffentlichkeitsagenda unter mit dem impliziten Argument, dass die Öffentlichkeit als beeinflussende Agenda i.d.R. aus als Interessengruppen auftretenden »organisierte[n] Kommunikatoren« (KOLB 2006: 109, Fußnote 103) besteht. Dieses Vorgehen vernachlässigt allerdings, dass die Interessengruppenagenden – unabhängig von der allgemeinen Öffentlichkeit – ebenfalls inhaltlich von den anderen Agenden beeinflusst werden können, und wird damit ihrer eigenständigen Bedeutung innerhalb der thematischen Einflussbeziehungen nur unzureichend gerecht. Analog zum im vorangegangenen Kapitel entwickelten Arenenmodell werden hier deshalb die Agenden der Interessengruppenarenen als eigenständiger Bereich konzipiert. Insgesamt ergeben sich damit 16 mögliche inhaltliche Einflussbeziehungen zwischen den einzelnen Arenenbereichen. Um weitere begriffliche Verwirrung zu vermeiden, wird dabei für die drei klassischen Bereiche die Terminologie von Kolb (2006) übernommen; der bei Kolb nicht separat modellierte Effekt der Interessengruppenagenden auf die anderen Agenden wird als ›Affecting‹ bezeichnet (vgl. Tab. 1).

Weiter oben (vgl. Kap. 2.1.2) war als eine notwendige Bedingung dafür, dass sich in der Stammzelldebatte Einflussnahmeversuche auf die Medienarenen seitens der Akteure aus den Interessengruppenarenen überhaupt lohnen, ein inhaltlicher Einfluss der Massenmedienagenden auf die Agenden der übrigen Arenenbereiche genannt worden. Andersherum ist aber auch die generelle Beeinflussbarkeit der Medienagenden die Voraussetzung dafür, über diese die anderen Agenden beeinflussen zu können. Nur wenn beide Bedingungen erfüllt sind, ist es für die Akteure sinnvoll, Ressourcen zur Beeinflussung der Medienagenden einzusetzen. Verkompliziert wird die Situation allerdings dadurch, dass generell wechselseitige Einflussströme zwischen den verschiedenen Agendenbereichen existieren können. Diese können die Handlungsmöglichkeiten der an der Stammzelldebatte beteiligten Akteure bei der Beeinflussung der Medienagenden einschränken und müssen deshalb ebenfalls berücksichtigt werden. Im Folgenden soll untersucht werden, inwieweit die beiden genannten Voraussetzungen als gegeben betrachtet werden können und in welchem Ausmaß Wechselwirkungen zwischen den relevanten Agendenbereichen bestehen. Dazu wird auf Ergebnisse der Agenda-Setting-, aber auch der Framing- sowie der PR-Forschung zurückgegriffen.[5] Da in dieser Arbeit die gesellschaftliche Vermittlungsleistung der Massenmedien im Mittelpunkt steht, wird nur auf die bestehenden Einflussbeziehungen zwischen Medienagenden und den drei in Kapitel 2.1.2 ebenfalls als bedeutsam identifizierten Agendenbereichen des Publikums, der Politik sowie der Interessengruppen eingegangen. Direkte Einflussbeziehungen zwischen den nichtmedialen Agendenbereichen werden an dieser Stelle ausgeklammert. In Tabelle 1 sind die für die folgende Darstellung relevanten Einflussbeziehungen fett markiert.

Bevor die bestehenden Forschungserkenntnisse zu den inhaltlichen Einflüssen ausführlicher geschildert werden können, sind einige methodische Überlegungen notwendig. In der Literatur existiert eine nahezu unüberschaubare Fülle an Studien, die sich in der einen oder anderen Form mit der Frage der inhaltlichen Einflussbeziehung zwischen zwei oder mehreren der genannten Agendenbereiche befassen. Viele dieser Studien weisen jedoch methodische Probleme auf, die die Vergleichbarkeit der Ergebnisse erschweren und/oder die Validität der Ergebnisse bzw. der gezogenen Schlussfolgerungen fragwürdig erscheinen lassen. Im Einzelnen lassen sich vier solcher methodischen Probleme identifizieren: (1) unterschiedliche Abstraktionsniveaus der untersuchten Agenden, (2) Rückschlüsse von Individualdaten auf die allgemeine Agenda, (3) die Unterstellung einer aus der Untersuchungsanlage nicht klar ableitbaren Einflussrichtung sowie (4) aus der Untersuchungsanlage nicht ableitbare

5 Trotz zahlreicher Klärungsversuche in den letzten Jahren besteht nach wie vor Uneinigkeit darüber, ob Framing nur eine Spielart des Agenda-Setting oder ein eigenständiger theoretischer Ansatz ist (vgl. z. B. CARRAGEE/ROEFS 2004; EDY/MEIRICK 2007; MAHER 2003; MCCOMBS/GHANEM 2003; PRICE/TEWKSBURY 1997; SCHEUFELE/TEWKSBURY 2007; VAN GORP 2007; WEAVER 2007). Für die hier vorgenommene grundsätzliche Darstellung der Einflussbeziehungen ist diese Diskussion allerdings nicht relevant. Auf die Abgrenzung von Agenda-Setting und Framing wird ausführlicher in Kapitel 3.2.1 eingegangen.

TABELLE 1

Bezeichnung der inhaltlichen Einflussbeziehungen zwischen den Arenenbereichen

	Beeinflussender Arenenbereich			
Beeinflusster Arenenbereich	Medien	Politik	Publikum/ Öffentlichkeit	Interessengruppen
Medien	**Media-Agenda-Setting (1)**	**Media-Agenda-Building (2)**	**Media-Agenda-Influencing (3)**	**Media-Agenda-Affecting (4)**
Politik	**Policy-Agenda-Setting (5)**	Policy-Agenda-Building (6)	Policy-Agenda-Influencing (7)	Policy-Agenda-Affecting (8)
Publikum/ Öffentlichkeit	**Public-Agenda-Setting (9)**	Public-Agenda-Building (10)	Public-Agenda-Influencing (11)	Public-Agenda-Affecting (12)
Interessengruppen	**Interessengruppen-Agenda-Setting (13)**	Interessengruppen-Agenda-Building (14)	Interessengruppen-Agenda-Influencing (15)	Interessengruppen-Agenda-Affecting (16)

Die für die vorliegende Arbeit relevanten Einflussbeziehungen sind fett markiert.
Quelle: Eigene Darstellung in Anlehnung an Berkowitz (1992), Kennamer (1992), Kolb (2006), Rössler (1997), Rogers und Dearing (1988)

Aussagen über das Beeinflussungspotenzial spezifischer Akteure. Diese Probleme haben Konsequenzen dafür, welche Studien in der folgenden Darstellung der Einflussbeziehungen zwischen den Medienagenden und den anderen Agendenbereichen einbezogen werden.[6] Die ersten beiden Aspekte stellen generelle Probleme der Agenda-Setting-Forschung dar, die hier nicht weiter berücksichtigt werden sollen. Zwar ist die Frage, ob möglicherweise Einflüsse unterstellt werden, die bei genauerer Betrachtung gar nicht vorhanden sind, durchaus relevant. Allerdings würde der Verzicht auf entsprechend fragwürdige Untersuchungen ebenso wie das Beharren auf vergleichbare Abstraktionsniveaus an dieser Stelle dazu führen, dass praktisch alle bestehenden Studien von der Darstellung ausgeschlossen wären. Beiden Aspekten vorgelagert ist zudem die Frage der Einflussrichtung bzw. der Kausalität, die der dritte Problempunkt anspricht. Da Erkenntnisse über Einflüsse auf die Medienagenden für die vorliegende Untersuchung zentral sind, ist außerdem auch der vier-

6 Zu den Konsequenzen für die methodische Konzeptionierung der vorliegenden Studie vgl. Kapitel 7.

te Problempunkt von Bedeutung. Letztlich werden daher nur die Studien berücksichtigt, die den folgenden beiden Kriterien entsprechen. Zum einen müssen sie aufgrund ihrer Untersuchungsanlage oder der verwendeten Auswertungstechnik valide Aussagen über die Einflussrichtung zulassen. Dabei handelt es sich i.d.R. um Untersuchungen, die in der Auswertung auf (mehrfach) zeitversetzte (Kreuz-)Korrelationen, Vektorautoregressionen oder auf Granger-Kausalität beruhende statistische (Zeitreihen-)Analysen zurückgreifen oder aber durch ihre methodische Anlage (Experiment, Leitfadeninterviews mit Medientätigen) eindeutige Aussagen über die Einflussrichtung erlauben. Eingeschränkt brauchbar sind zudem Studien, die auf grafischen Zeitanalysen mit Plausibilitätsargumentationen basieren. Zum anderen werden mit Blick auf die Einflüsse auf die Medienagenden nur solche Studien einbezogen, bei denen die verschiedenen Agenden nicht anhand des gleichen Untersuchungsmaterials ermittelt wurden. Im Folgenden werden zunächst die Einflüsse der Medienagenden auf die übrigen Agendenbereiche betrachtet; anschließend liegt der Fokus auf der umgekehrten Einflussrichtung.

Einflüsse der Medienagenden auf Politik-, Publikums- und Interessengruppenagenden

Werden die Medien als beeinflussende Arenen betrachtet, stehen die inhaltlichen Einflussbeziehungen 1, 5, 9 und 13 (vgl. Tab. 1) im Mittelpunkt. Das Media-Agenda-Setting nimmt dabei eine besondere Rolle ein, da die Medienarenen beeinflussende und beeinflusste Arenen zugleich sind. Etliche Studien (z.B. BOYLE 2001; LEE/LANCENDORFER/LEE 2005; MATHES/CZAPLICKI 1993; LIM 2006; LÓPEZ-ESCOBAR/LLAMAS/MCCOMBS 1998; PROTESS/LEFF/BROOKS/GORDON 1985; PROTESS et al. 1987; SONG 2007; TRUMBO 1995) belegen solche intermedialen Beeinflussungsprozesse. Da allerdings davon ausgegangen werden kann, dass Medien bzw. Journalisten – im Gegensatz zu Interessengruppen – zumindest nicht primär gezielt andere Medien zu beeinflussen versuchen, wird hier nicht ausführlicher auf Media-Agenda-Setting-Prozesse eingegangen.

Die Mehrzahl der Studien konzentriert sich auf das Public-Agenda-Setting und damit auf den Einfluss der Medienagenden auf die Publikums- bzw. Öffentlichkeitsagenden. Zum Policy-Agenda-Setting finden sich weniger Studien, und das Interessengruppen-Agenda-Setting der Medien untersuchen lediglich eine Handvoll Autoren. Gemeinsam ist fast allen Untersuchungen, dass sie einen wie auch immer gearteten Einfluss der Massenmedienagenden nachweisen. Nur sehr wenige Studien können keinen Einfluss aufzeigen (z. B. Sohn 1978; Walker 1977). Insgesamt fällt je nach Studie der konkrete Einfluss aber sehr unterschiedlich aus: Die Bandbreite reicht für alle drei beeinflussten Agendenbereiche von nur geringfügigen bis hin zu starken sowie von kurzfristigen bis hin zu mittel- oder sogar langfristigen Einflusseffekten.

Für die sehr unterschiedlichen Effektstärken können verschiedene Faktoren verantwortlich gemacht werden. Wesentliche Ursachen sind v. a. die Erhebungs- und Analyseebene (Mikro- vs. Makro-Ebene, Individual- vs. Aggregatdaten) sowie das analysierte Thema. Aber auch subtilere methodische Entscheidungen wie die vorhergehende Festlegung des Time-Lags bei zeitreihenanalytischer Auswertung können die Stärke des Effekts beeinflussen. Darüber hinaus existieren aufseiten des Rezipienten sowie hinsichtlich der analysierten Medien eine Vielzahl weiterer intervenierender Variablen, die z. T. indirekt mit dem Thema zusammenhängen, beispielsweise das Ausmaß der Mediennutzung, interpersonelle Kommunikation, Persönlichkeitseigenschaften, das politische Interesse, die individuell erfahrene ›obtrusiveness‹ eines Themas sowie dessen Abstraktionsgrad oder auch der Medientyp und die Glaubwürdigkeit des Mediums.[7] Dass der Berücksichtigung des Zeitaspektes dabei generell eine besondere Bedeutung zukommt, zeigt die Forschung zu Themenkarrieren, beispielsweise bei der Frage nach der gesellschaftlichen oder politischen Resonanz eines Themas (ausführlicher dazu Kap. 3.2.3). Je nach aktueller gesellschaftlicher und/oder politischer Situation kann sich die Einflussstärke der Medienagenden im Zeitverlauf ändern. Dabei spielen neben den zuvor genannten intervenierenden Variablen v. a. auch die aktuelle Ereignislage sowie das Auftauchen von Konkurrenzthemen eine wichtige Rolle.

Im Folgenden soll ausführlicher auf die Ergebnisse der Studien, die mit kausalen Strukturgleichungsmodellen arbeiten, sowie der zeitreihenanalytisch angelegten Studien eingegangen werden. Aufgrund ihrer strengen Kausallogik können insbesondere Letztere als ›Königsweg‹ bei der Ermittlung der Einflussrichtung gelten. Darüber hinaus erlauben sie aufgrund ihrer prozessbezogenen Analyse genauere Aussagen über die

7 Für einen umfassenderen Überblick vgl. z. B. Kunczik und Zipfel (2005) oder Pürer (2003) sowie zu einzelnen Aspekten die weiter oben genannten Studien.

spezifische Effektstärke und die zeitliche Verzögerung des Effekts sowie je nach Studie auch über deren zeitliche Veränderungen. Beide Aspekte ermöglichen eine genauere Einschätzung des Einflussprozesses und stellen daher zentrale Grundlagen für die ebenfalls prozessbezogene Analyse der vorliegenden Arbeit dar.[8] Die Ergebnisse der Studien werden hier zusammenfassend dargestellt.

Hinsichtlich des Bereichs der Politikagenden ermitteln die verschiedenen Studien insgesamt überwiegend geringe Einflüsse der Medienagenden (EDWARDS/WOOD 1999; ESHBAUGH-SOHA/PEAKE 2004; GONZENBACH 1992; JOHNSON/WANTA/BOUDREAU 2004; OTTO 2001; ROGERS et al. 1991; SOROKA 2002; TRUMBO 1995; WALGRAVE/NUYTEMANS/DE WINTER 2004; WANTA/FOOTE 1994; WOOD/PEAKE 1998). Einige Autoren können sogar überhaupt keinen oder nur einen äußerst begrenzten Einfluss der Medien auf die Politikagenden nachweisen (KLEINNIJENHUIS/RIETBERG 1995; PRITCHARD/BERKOWITZ 1993). Besonders in der frühen Thematisierungsphase, in der das Thema i. d. R. das erste Mal auf der politischen Diskussionsagenda auftaucht, ist der Einfluss der Medien jedoch deutlich höher (OTTO 2001; ROGERS et al. 1991; TRUMBO 1995). Im weiteren Thematisierungsverlauf lässt dieser Einfluss dann nach. In zeitlicher Hinsicht wirkt sich die mediale Thematisierung eher kurz- bis mittelfristig auf die Politikagenden aus. Im Schnitt greifen die Politikagenden die Medienagenden überwiegend ein bis drei Monate später auf. In der frühen Thematisierungsphase scheint sich die mediale Thematisierung dabei etwas schneller auf die politische auszuwirken.

Für die Publikumsagenden weisen die Studien insgesamt eher stärkere Einflüsse der Medienagenden nach (BROSIUS/KEPPLINGER 1990; GONZENBACH 1992; JOHNSON/WANTA 1996; JOHNSON et al. 2004; OTTO 2001; ROBERTS/WANTA/DZWO 2002; ROGERS et al. 1991; SOROKA 2002; TRUMBO 1995; WALGRAVE/DE SWERT 2004). Allerdings gibt es auch hier Untersuchungen, die keinen oder nur einen geringen Medieneinfluss belegen können (KLEINNIJENHUIS/RIETBERG 1995). Ebenso wie bei den Politikagenden gilt, dass die Medienagenden sich v. a. zu Beginn der The-

8 Studien mit einfach zeitversetzten Kreuzkorrelationen geben ebenfalls Aufschluss über die Beeinflussungsrichtung, können jedoch den umfassenderen Beeinflussungsprozess nicht abbilden. Ihre Ergebnisse werden deshalb an dieser Stelle sowie bei der folgenden Beschreibung der umgekehrten Einflussströme vernachlässigt. Der Vollständigkeit halber sei jedoch darauf verwiesen, dass diese Studien i. d. R. ebenfalls mehr oder weniger starke Einflüsse der Medienagenda auf die nichtmedialen Agenden belegen.

matisierung deutlich stärker auf die Publikumsagenden auswirken (OTTO 2001; ROGERS et al. 1991). In zeitlicher Hinsicht spiegelt sich die mediale Thematisierung sowohl kurz- als auch mittel- und langfristig in den Publikumsagenden. Die Zeitverzögerungen reichen von einer Woche bis zu zwölf Monaten, wobei der Schwerpunkt zwischen ein und drei Monaten liegt. Auch hier zeigen die Studien jedoch, dass sich die mediale Thematisierung zu Beginn deutlich schneller auf die Publikumsagenden auswirkt (OTTO 2001; ROGERS et al. 1991).

Mit dem Einfluss der Medienagenden auf die Interessengruppenagenden befassen sich nur sehr wenige zeitreihenanalytische Untersuchungen. Deren Ergebnisse zeigen einen eher mäßigen Effekt (HUCKINS 1999; OTTO 2001; ROGERS et al. 1991).[9] Nach Thematisierungsphasen aufgeschlüsselt, ist dieser sowohl in der frühen Thematisierungsphase als auch gegen Ende der Thematisierung noch einmal geringer als im Durchschnitt (OTTO 2001). In zeitlicher Hinsicht handelt es sich um einen kurz- bis mittelfristigen Einfluss. Die Effektverzögerung beträgt überwiegend drei bis vier Monate, es gibt jedoch auch kürzere und längere Verzögerungen. In den einzelnen Thematisierungsphasen ist der Einfluss mit einer Verzögerung von zwei bis drei Monaten wiederum deutlich kurzfristiger (OTTO 2001).

Die einzelnen Ergebnisse zeigen insgesamt, dass die Medienagenden die übrigen drei Agendenbereiche beeinflussen. Die Einflüsse sind allerdings unterschiedlich stark und auch je nach Phase im Thematisierungsprozess verschieden. Während der Einfluss auf die Politik- und auch die Interessengruppenagenden eher gering ist, ist der auf die Publikumsagenden deutlich größer. Abgesehen von den Interessengruppenagenden beeinflussen die Medienagenden die anderen Agendenbereiche v. a. zu Beginn der Thematisierung deutlich. Hier ist auch die zeitliche Verzögerung des Effekts kürzer als bei der Thematisierung insgesamt. Diese Ergebnisse lassen vermuten, dass sich in der Stammzelldebatte v. a. die Interessengruppen in ihrem Framing wenig von den Medien beeinflussen lassen.

Grundsätzlich beeinflussen nicht nur die Medien die anderen Agendenbereiche. Vielmehr liegen wechselseitige Einflussprozesse vor. Diese können sowohl in Form von linearen Einflüssen der anderen Agendenbe-

9 Streng genommen handelt es sich bei der Studie von Huckins (1999) nicht um eine Zeitreihenanalyse, da er nur für zwei verschiedene Zeiträume getrennt voneinander zeitversetzte Kreuzkorrelationen ermittelt. Aufgrund der insgesamt geringen Studienanzahl wird diese Arbeit hier dennoch berücksichtigt.

reiche auf die Medienagenden als auch von komplexen Wechselwirkungen beschrieben werden. Im Folgenden werden zunächst die Einflüsse der anderen Agendenbereiche auf die Medienagenden linear dargestellt. Anschließend werden die Ergebnisse zu beiden Einflussrichtungen zu einem größeren Gesamtbild verknüpft.

Einflüsse von Politik-, Publikums- und Interessengruppenagenden auf die Medienagenden

Bei den inhaltlichen Einflüssen anderer Arenenbereiche auf die Medienarenen stehen die Einflussbeziehungen 1, 2, 3 und 4 (vgl. Tab. 1) im Mittelpunkt. Dabei handelt es sich im Einzelnen um das Media-Agenda-Setting, das Media-Agenda-Building, das Media-Agenda-Influencing sowie das Media-Agenda-Affecting. Da das Media-Agenda-Setting bereits im vorangegangenen Abschnitt abgehandelt wurde, wird an dieser Stelle nicht mehr darauf eingegangen.

Studien zum inhaltlichen Einfluss anderer Agendenbereiche auf die Medienagenden finden sich v.a. in der Politik- und PR-Forschung. Oft handelt es sich dabei in der einen oder anderen Form um Input-Output-Analysen. Es existieren aber auch Studien, die einen möglichen Einfluss durch die Gegenüberstellung von Medieninhaltsanalysen mit (Leitfaden-) Interviews von Journalisten oder nur über Interviews zu klären versuchen. Im Gegensatz zu der hohen Anzahl an Studien, die sich mit dem Einfluss der Medienagenden auf andere Agendenbereiche beschäftigen, untersuchen allerdings wesentlich weniger Studien den Einfluss dieser anderen Agendenbereiche auf die Medienagenden. Auch hier zeigt sich als gemeinsames Merkmal über alle Agendenbereiche hinweg, dass sie einen mehr oder weniger starken inhaltlichen Einfluss auf die Medienagenden ausüben. Dieser wirkt sich zudem mit mehr oder weniger starker zeitlicher Verzögerung aus. Für die Unterschiede können im Wesentlichen die gleichen Faktoren wie bei der umgekehrten Einflussrichtung verantwortlich gemacht werden. Zusätzliche Bedeutung kommt hier allerdings den Eigenschaften und dem Verhalten der Akteure in den nichtmedialen Arenen zu (ausführlicher dazu vgl. Kap. 3.1.2 und Kap. 4.3.1).

Einflüsse der Politik- auf die Medienagenden (Media-Agenda-Building) untersuchen zahlreiche Studien (z.B. CALLAGHAN/SCHNELL 2001; CHRISTIE 2006; JOHNSON et al. 2004; RÜDIGER 2002). Auch inhaltliche Einflüsse der Publikums- auf die Medienagenden (Media-Agenda-Influencing) werden verhältnismäßig oft untersucht (z.B. BROSIUS/KEPPLINGER 1992; BROSIUS/WEIMANN 1996; JOHNSON et al. 2004). Anders als bei der umgekehrten Einflussrichtung gibt es zudem einige Studien zum Einfluss von Interessengruppen auf die Medienagenden (Media-Agenda-Affecting) (z.B. HUCKINS 1999; NISBET/BROSSARD/KROEPSCH 2003; OHL/PINCUS/RIMMER/HARRISON 1995; PERKINS 2005).[10] Im Folgenden werden erneut nur die Ergebnisse der kausallogisch und zeitreihenanalytisch angelegten Studien ausführlicher dargestellt.[11] Soweit nicht anders erwähnt, handelt es sich dabei um die gleichen Studien, die auch der Übersicht über die Einflüsse der Medienagenden auf die anderen drei Agendenbereiche zugrunde liegen. Zur besseren Lesbarkeit wird deshalb auf die entsprechenden Literaturverweise verzichtet. Wie schon zuvor erfolgt die Darstellung stark zusammenfassend und mit Fokus auf der Effektstärke und der zeitlichen Verzögerung des Einflusseffekts.

Für die Politikagenden belegen die verschiedenen Studien insgesamt eher geringe bis mäßige Effekte auf die Medienagenden. Einige der Autoren können auch überhaupt keinen Effekt der Politik- auf die Medienagenden nachweisen (GONZENBACH 1992; ROGERS et al. 2001; WOOD/PEAKE 1998). Nach Thematisierungsphasen aufgeschlüsselt, ist der Einfluss der Politikagenden in der frühen bis mittleren Thematisierungsphase deutlich höher und nimmt dann mit fortschreitender Thematisierung wieder ab. In zeitlicher Hinsicht wirkt sich die Thematisierung der Politikagenden überwiegend kurzfristig auf die Medienagenden aus. Die Mehrzahl der Studien belegt eine zeitliche Verzögerung von einer Woche bis etwa zwei Monaten. Einige wenige ermitteln jedoch auch deutlich längere Effektverzögerungen von bis zu 16 Monaten oder sogar eine zeitgleiche Thematisierung. Hinsichtlich der einzelnen Thematisierungsphasen lassen sich keine wesentlichen Abweichungen von diesen zeitlichen Verzögerungen erkennen.

Die Einflüsse der Publikumsagenden auf die Medienagenden sind zwar in etwa mit denen der Politikagenden vergleichbar, insgesamt sind

10 Auf den inhaltlichen Einfluss von PR im Allgemeinen verweisen darüber hinaus auch zahlreiche Interviewstudien mit Journalisten und zum Teil auch mit PR-Verantwortlichen (z.B. CROSS/LOCKYER 2006; DEACON/FENTON/BRYMAN 1999; NEVEU 2002; REICH 2006; SALLOT/JOHNSON 2006; TANNER 2004).

11 Einige der anderen Studien (z.B. CALLAGHAN/SCHNELL 2001; RÜDIGER 2002 bzw. FRÖHLICH/RÜDIGER 2006) werten selbst nicht kausallogisch bzw. zeitreihenanalytisch aus, ihre Datenbasis würde dies aber grundsätzlich zulassen. Studien mit einfach zeitversetzten Kreuzkorrelationen werden hier analog zu den Einflüssen der Medienagenda auf die nichtmedialen Agenden nicht dargestellt. Auch unter diesen gibt es jedoch Studien, die Einflüsse anderer Agenden auf die Medienagenda belegen.

die Forschungsergebnisse aber deutlich uneinheitlicher. Einige Autoren können keinen Einfluss nachweisen, andere ermitteln einen mittleren bis starken Einfluss. Teilweise belegen die Studien auch antizyklische Thematisierungen (BROSIUS/KEPPLINGER 1990; GONZENBACH 1992). Rogers et al. (1991) weisen einen etwas stärkeren Einfluss der Publikums- auf die Medienagenden für die Thematisierungsphase nach, in der das Thema die zunehmende Aufmerksamkeit einer breiteren Öffentlichkeit erfährt. Auch die zeitliche Verzögerung, mit der sich die Publikumsagenden auf die Medienagenden auswirken, ist in etwa mit der der Politikagenden vergleichbar. Insgesamt ist der Effekt eher kurz- bis mittelfristig. Die meisten Studien ermitteln eine Latenzzeit zwischen einer Woche und etwa sechs Monaten, bis sich das Thema auch auf den Medienagenden wiederfindet. Einige Studien kommen jedoch auch zu deutlich längeren Latenzzeiten von bis zu 17 Monaten. In der Thematisierungsphase, in der die Bevölkerungsaufmerksamkeit allmählich zunimmt, ist jedoch praktisch keine Effektverzögerung vorhanden: In diesem Moment reagieren die Medienagenden unmittelbar auf die Publikumsagenden.

Für die Interessengruppenagenden fällt ebenso wie bei der umgekehrten Einflussrichtung die Einflussstärke je nach Studie unterschiedlich aus. Insgesamt ist der inhaltliche Einfluss der Interessengruppen auf die Medienagenden deutlich höher als der der Politik oder des Publikums. Dies gilt insbesondere für die frühe Thematisierungsphase, in der sich das Thema medial etabliert. Hier haben die Interessengruppen einen sehr hohen Einfluss auf die Medien, während in den nachfolgenden Thematisierungsphasen kein Einfluss mehr erkennbar ist. In zeitlicher Hinsicht wirken sich die Themen der Interessengruppenagenden eher mittel- bis langfristig auf die Medienagenden aus. Die Thematisierungsverzögerung zwischen beiden Agendenbereichen beläuft sich auf drei bis 13 Monate. In der frühen Thematisierungsphase greifen die Medien die Themen der Interessengruppenagenden jedoch mit zwei bis fünf Monaten Zeitverzögerung erheblich schneller auf.

Insgesamt lässt sich damit festhalten, dass nicht nur die Medienagenden die anderen Agendenbereiche beeinflussen, sondern auch diese die Medienagenden. Den stärksten Einfluss scheinen dabei die Interessengruppen- sowie die Politikagenden zu haben. Während diese v. a. zu Beginn der Thematisierung die Medienagenden beeinflussen können, wirkt sich der Einfluss der Publikumsagenden erst etwas später aus. Die Politikagenden schaffen es jedoch schneller als die Interessengruppenagenden, sich in den Medienagenden widerzuspiegeln. Demgegenüber beeinflussen die Publikumsagenden in den Anfängen der Thematisierung die Medienagenden etwa gleich schnell wie die Interessengruppenagenden. Für die Stammzelldebatte lässt sich daher vermuten, dass insbesondere die Interessengruppen punktuell großen Einfluss auf die Medienberichterstattung haben, und zwar v. a. zu Beginn der Debatte.

Vor dem Hintergrund, dass die Medienagenden sowohl die Politik-, Publikums- und Interessengruppenagenden beeinflussen als auch umgekehrt von diesen beeinflusst werden, stellt sich zwangsläufig die Frage nach möglichen, u. U. auch komplexeren Wechselbeziehungen zwischen den Medienagenden und den übrigen Agendenbereichen. Auf diese wird im Folgenden kurz eingegangen.

Wechselbeziehungen zwischen Medienagenden und Politik-, Publikums- und Interessengruppenagenden

Aufschluss über komplexere Wechselbeziehungen zwischen den vier Agendenbereichen können nur die Studien geben, die mindestens drei von ihnen gleichzeitig in ihre Analyse einbeziehen. Dies ist bei fast allen der bereits erwähnten zeitreihenanalytisch bzw. kausallogisch angelegten Untersuchungen der Fall. Gleichzeitig erfüllen diese aufgrund ihrer prozessbezogenen Betrachtung die Voraussetzung für die Aufdeckung solch komplexer Wechselbeziehungen.

Wie zu erwarten, weisen die verschiedenen Studien insgesamt auf die Existenz inhaltlicher Wechselwirkungen zwischen den Agendenbereichen hin. Sie belegen zudem, dass die Einflüsse nicht konstant sind, sondern sich im Zeitverlauf ändern. Dies reicht von unterschiedlich starken, gleichzeitigen inhaltlichen Einflüssen zwischen den Medienagenden und den anderen Agendenbereichen über die Existenz von einseitigem Einfluss nur eines Bereichs bis hin zum zeitweise vollkommenen Fehlen von inhaltlichen Einflüssen. Welche Einflussbeziehung wann und in welcher Stärke vorliegt, hängt von zahlreichen Faktoren, beispielsweise der gesellschaftlichen bzw. medialen Etabliertheit von Akteuren oder auch der Phase im politischen Entscheidungsprozess, ab (ausführlicher dazu Kap. 3.1.2 sowie Kap. 3.2.3).

Im Einzelnen deuten die Studien darauf hin, dass v. a. zwischen Medien- und Politikagenden oft gleichzeitige, wechselseitige Einflüsse bestehen (EDWARDS/WOOD 1999; ESHBAUGH-SOHA/PEAKE 2004; JOHNSON et al.

2004; SOROKA 2002; WANTA/FOOTE 1994). Allerdings haben die Medienagenden tendenziell einen etwas stärkeren Einfluss auf die Politikagenden als umgekehrt, und auch die Thematisierungsinitiative liegt etwas häufiger aufseiten der Medien (ESHBAUGH-SOHA/PEAKE 2004; GONZENBACH 1992; SOROKA 2002; TRUMBO 1995; WOOD/PEAKE 1998; entgegengesetzt vgl. allerdings OTTO 2001). Auch für Medien- und Publikumsagenden belegen die Studien inhaltliche Wechselwirkungen. Anders als bei den Politikagenden sind diese jedoch meist zeitversetzt – allerdings ohne dass dabei eine Seite die andere klar in der zeitlichen Abfolge dominiert. Sofern sich beide Agendenbereiche nicht gleichzeitig gegenseitig beeinflussen (BROSIUS/KEPPLINGER 1990), laufen einmal die Medienagenden den Publikumsagenden zeitlich voraus, ein anderes Mal kann es umgekehrt sein (GONZENBACH 1992; ROGERS et al. 1991; SOROKA 2002; TRUMBO 1995). Dennoch deuten einige Ergebnisse darauf hin, dass die Medienagenden tendenziell häufiger die Publikumsagenden anführen als andersherum (JOHNSON et al. 2004; ROGERS et al. 1991; SOROKA 2002; TRUMBO 1995). Hinsichtlich der Medien- und Interessengruppenagenden weisen die Studien ebenfalls auf Wechselwirkungen hin (OTTO 2001; ROGERS et al. 1991). Diese existieren aber zeitlich versetzt: In der Regel beeinflussen zunächst die Interessengruppen- die Medienagenden, und erst später nehmen die Medienagenden auch Einfluss auf die Interessengruppenagenden.

Die inhaltlichen Einflussströme zwischen den Agendenbereichen bestehen allerdings nicht nur aus bilateralen Wechselbeziehungen. Vielmehr sind alle Agendenbereiche in komplexe zeitgleiche Interaktionen eingebunden. Das bedeutet, dass im Verlauf der Thematisierung die verschiedenen anderen Agendenbereiche die Medienagenden gleichzeitig beeinflussen können und umgekehrt die Medienagenden auch die verschiedenen anderen Agendenbereiche gleichzeitig beeinflussen können (OTTO 2001; ROGERS et al. 1991).[12] Welcher Agendenbereich dabei konkret die anderen anführt und wie hoch die Effektstärke ist, hängt auch stark vom jeweiligen Thema ab (EDWARDS/WOOD 1999; OTTO 2001; ROGERS et al. 1991; SOROKA 2002).

Bezogen auf den allgemeinen gesellschaftlichen Thematisierungsprozess, lassen sich aus den beschriebenen Ergebnissen Erkenntnisse über den idealtypischen Verlauf eines medial vermittelten Einflussprozesses

12 Darüber hinaus bestehen natürlich auch komplexe, medial vermittelte oder direkte Wechselbeziehungen zwischen den nichtmedialen Agenden (z.B. OTTO 2001; ROGERS et al. 1991; TRUMBO 1995). Letztere werden hier zugunsten der medialen Wechselbeziehungen vernachlässigt.

zwischen den verschiedenen Agendenbereichen ableiten. Demnach beeinflussen zu Beginn der Thematisierung v. a. die Interessengruppenagenden die Medienagenden. Zeitgleich und im weiteren Verlauf spiegeln sich Letztere in den Publikums- und teilweise auch in den Politikagenden. Dabei reagieren die politischen Agenden in dieser Anfangsphase insbesondere auf die Thematisierung in Wissenschafts- bzw. Fachmedien. Ein deutlicher Einfluss der Medien- auf die Publikumsagenden ergibt sich meist erst in einer fortgeschritteneren Phase der gesellschaftlichen Thematisierung und kann im weiteren Verlauf auch in eine Beeinflussung der Medien- durch die Publikumsagenden umschlagen. In der Hochphase, in der i.d.R. wichtige politische Entscheidungen anstehen, ist wiederum ein deutlicher Einfluss der Medien auf die Publikumsagenden vorhanden. Außerdem übernehmen zunächst die Medienagenden die Führung für die Politikagenden und nach der Entscheidung dann umgekehrt die Politikagenden für die Medienagenden. Damit ist zugleich die Abschwungphase des Themas eingeleitet, in der die Politikagenden weiterhin leicht die Medienagenden beeinflussen, während Letztere wiederum Auswirkungen auf die Interessengruppenagenden haben (JOHNSON et al. 2004; OTTO 2001; ROGERS et al. 1991; TRUMBO 1995).

Insgesamt betrachtet, handelt es sich bei den Einflüssen zwischen den verschiedenen Agendenbereichen um einen sehr dynamischen Wechselwirkungsprozess, der durch viele verschiedene Faktoren bestimmt wird. In erster Linie sind hier das Thema sowie aktuelle Ereignisse bzw. die Ereignislage zu nennen, die sich auch im Einfluss sogenannter ›Real-World-Indikatoren‹ auf den Thematisierungsverlauf bemerkbar machen (z.B. ROGERS et al. 1991). Insofern ist zu erwarten, dass ein medial vermittelter, gesellschaftlicher Thematisierungsprozess in den seltensten Fällen genau dem beschriebenen Idealmuster folgt. Dennoch ist dieses hilfreich für ein grundsätzliches Bild von den Einflussströmen. Mit Blick auf die weiter oben beschriebenen Einflussstärken darf allerdings nicht vernachlässigt werden, dass die wechselseitigen Einflüsse zwischen den verschiedenen Agendenbereichen oftmals eher gering sind. Dazu passend, zeigen nicht nur die erwähnten Zeitreihenanalysen, sondern auch etliche andere Studien, dass alle Agendenbereiche i.d.R. wesentlich stärker durch ihre vorherige Eigenthematisierung bestimmt werden als durch externe Einflüsse von anderen Agendenbereichen (z.B. BROSIUS/WEIMANN 1996; EDWARDS/WOOD 1999; GONZENBACH 1992; KLEINNIJENHUIS/RIETBERG 1995; TEDESCO 2001, 2005; WALGRAVE et al. 2004; WOOD/PEAKE 1998).

Dies gilt ganz besonders für die Medienagenden und bedeutet zugleich, dass gesellschaftliche Akteure in ihrem Einflusspotenzial (nicht nur) auf die Medienagenden strukturell beschränkt sind.

Abschließend lässt sich festhalten, dass die Medienagenden sowohl die Politik-, Publikums- und Interessengruppenagenden beeinflussen als auch umgekehrt die drei genannten Agendenbereiche die Medienagenden. Dabei bestehen zwischen den Bereichen komplexe Wechselwirkungen, die sich in zeitlicher Hinsicht in Veränderungen der Einflussrichtung und Schwankungen der Einflussstärke bemerkbar machen. Tendenziell führen die Medienagenden jedoch die anderen Agendenbereiche an, bevor diese dann rückwirkend Einfluss auf Erstere nehmen. Vor allem Interessengruppen können aber auch schon in der Frühphase der gesellschaftlichen Thematisierung die Medienagenden beeinflussen. Aufgrund ihrer doppelten Rolle und ihrer verhältnismäßig starken Beeinflussbarkeit zu Beginn einer Thematisierung bilden die Medien die zentrale Adresse für die Versuche gesellschaftlicher Akteure aus den Interessengruppenarenen, die gesellschaftliche Thematisierung eines Problems und damit letztlich auch dessen politische Regulierung zu beeinflussen.

Mit den bisherigen Ausführungen ist der Rahmen dafür geschaffen, konkreter auf die Einflüsse von verschiedenen gesellschaftlichen Akteuren – die nicht zwingend nur aus den Interessengruppenarenen stammen müssen – auf die Medienagenden einzugehen. Die bestehenden Agendenbeziehungen verdeutlichen, dass es in der Stammzelldebatte zwingend im Interesse der beteiligten Akteure liegen muss, die Medienagenden zu beeinflussen. Zusätzlich weisen sie darauf hin, dass eine solche Einflussnahme durchaus auch Aussicht auf Erfolg hat. Wie die inhaltlichen Einflüsse aber genau aussehen bzw. ausgestaltet sind, ist bisher unklar. Ebenso fehlt bislang ein theoretisches Modell, das diese Einflüsse in einen größeren strukturellen Rahmen einbettet. Beide Aspekte sind Gegenstand des folgenden Kapitels.

2.2 Modelle zur Beschreibung der Einflussbeziehungen zwischen den Medien und gesellschaftlichen Akteuren

Die Tatsache, dass die Medien mit ihren Inhalten die Gesellschaft bzw. die in die verschiedenen anderen Arenen eingebundenen Akteure beeinflussen und umgekehrt auch gesellschaftliche Akteure die Medienagenden zu beeinflussen versuchen, hat in der Forschung zur Entwicklung verschiedener Modelle geführt, die die Einflussbeziehungen zwischen Medien und Akteuren strukturell darzustellen und damit einen allgemeineren Rahmen zu schaffen versuchen. Im Rahmen dieses Kapitels wird ausführlicher auf die bekanntesten dieser Modelle eingegangen, und in diesem Kontext werden auch die bestehenden Forschungsergebnisse zu deren konkreter inhaltlicher Ausgestaltung geschildert. Zuvor ist es allerdings sinnvoll, kurz ihren theoretischen Entwicklungshintergrund zu beleuchten.

Wenn es um inhaltliche Einflussbeziehungen zwischen den Medien und gesellschaftlichen Akteuren geht, findet man sich unweigerlich in der Public-Relations-Forschung wieder. Entsprechend stammen die im Folgenden dargestellten Modelle auch mehr oder weniger direkt aus diesem Forschungsbereich. Für ihr genaueres Verständnis ist es notwendig, den Begriff der Public Relations (PR) ausführlicher zu klären. Der Begriff an sich ist sehr weit gefasst und wird auf allgemeiner Ebene sowohl für Einflussnahmeversuche auf Medien und Gesellschaft als auch für die Bezeichnung des zugehörigen Berufsfeldes verwendet (BENTELE 2006b). Enger aus organisationsbezogener bzw. akteurstheoretischer Perspektive betrachtet und in Anlehnung an die mittlerweile klassische Definition von Grunig und Hunt (1984: 6), definiert Bentele (2000: 154) PR als »Management von Informations- und Kommunikationsprozessen zwischen Organisationen und deren internen und externen Teilöffentlichkeiten«. Strategisch zielt PR dabei darauf ab, günstige Rahmenbedingungen bzw. Strukturen für das eigene Handeln – sei es von Einzelakteuren oder Kollektiven – zu schaffen. Dies geschieht u.a. über Informationsvermittlung sowie das Setzen von Themen und Deutungsmustern, die wiederum gesellschaftliche und/oder politische Deutungsmuster beeinflussen (sollen) und auf diese Weise letztlich zur Entwicklung und Durchsetzung entsprechender gesellschaftlicher Regeln und Normen führen (JARREN/RÖTTGER 2004; vgl. auch die vier Basisfunktionen von PR bei BENTELE 2000). Zentral ist dabei die Beeinflussung von Diskursen, die in öffentlichen Arenen, wie den Massenmedien, ausgetragen werden (BENTELE 2000).

Die Frage, welche inhaltlichen Einflussbeziehungen zwischen den Medienarenen und den in anderen Arenen organisierten gesellschaftlichen Akteuren existieren, hat auf modelltheoretischer Ebene zu sehr verschiedenen Antworten geführt. In der Literatur existieren mittlerweile zahlreiche Ansätze und Modelle, die die Beziehung zwischen Journalismus – als ›Hüter‹ der Massenmedien – und PR zu beschreiben versuchen. Sie lassen sich in mikro-, meso- und makrotheoretische Modelle unterscheiden (für einen Überblick vgl. MERTEN 2004). Allen gemeinsam ist, dass sie PR und Journalismus als aufeinander bezogen, aber voneinander differenzierbar betrachten (SCHOLL 2004). Die meisten von ihnen sind jedoch inhaltlich kaum ausgearbeitet (MERTEN 2004). Zudem unterscheiden sie sich z.T. erheblich in der konkreten Ausgestaltung der Einflussbeziehung. Im Mittelpunkt der Diskussion steht i.d.R. die Frage danach, welche Seite stärkeren Einfluss auf die jeweils andere Seite ausübt. Mit Blick auf die Ergebnisse konstatiert Hoffjann (2001: 172) dabei nicht ohne eine gewisse Ironie, dass »bis heute jedes denkbare Machtverhältnis zwischen den beiden Systemen [Medien und PR; Anm. d. Verfasserin] einen Vertreter gefunden hat«.[13] Donsbach (1997a) geht noch einen Schritt weiter und führt die sehr unterschiedlichen Ergebnisse empirischer Studien zu dieser Frage auf die grundsätzliche Einstellung der Studienautoren zurück.

Im Kern lassen sich mit den linearen und den Interdependenz-Modellen zwei Grundtypen von Einflussbeziehungen unterscheiden. Während Erstere einen einseitigen, linearen Einfluss entweder der Medien oder von gesellschaftlichen Akteuren unterstellen, gehen Letztere von gegenseitiger Beeinflussung und Abhängigkeit zwischen den Beteiligten aus.[14] Innerhalb des zweiten Typus existieren darüber hinaus – je nach Ausgestaltung der Wechselbeziehung – verschiedene Untertypen. Die im vorangegangenen Kapitel beschriebenen wechselseitigen inhaltlichen Einflussbeziehungen zwischen den verschiedenen Arenen verweisen im Grunde bereits darauf, dass die linearen Modelle die Beziehungen unzulässig vereinfachen und deshalb nicht realitätsgerecht sind (vgl. u.a. NEIDHARDT 1994a; SCHMITT-BECK/PFETSCH 1994). Da in deren Rahmen allerdings zahlreiche empirische Studien entstanden sind, deren Ergebnisse auch für die vorliegende Arbeit von Bedeutung sind, werden sie in der gebotenen Kürze berücksichtigt. Im Folgenden werden beide Modelltypen dargestellt. Mit Blick auf die erwähnte Kritik von Merten (2004) werden dabei nur die Modelle einbezogen, die theoretisch bzw. inhaltlich stärker ausgearbeitet sind und grundsätzlich

13 Ausführlicher zum Systembegriff sowie dessen Verwendung und Bedeutung in der Literatur vgl. Kapitel 2.2.2.

14 Hoffjann (2001) verweist neben diesen beiden Typen auf einen dritten Typus, in dem die systemischen Grenzen zwischen beiden Beteiligten aufgehoben sind (vgl. z.B. das Supersystem aus Medien und Politik von PLASSER 1985). Für die akteursbezogene Frage nach inhaltlichen Einflüssen zwischen Medien und gesellschaftlichen Akteuren hat es keinen heuristischen Wert und wird deshalb hier nicht weiter berücksichtigt.

eine empirische Umsetzung erlauben. In Kapitel 2.2.1 stehen die linearen Modelle im Mittelpunkt, in Kapitel 2.2.2 die Interdependenzmodelle.

2.2.1 *Lineare Modelle: Medialisierung und Determination*

Um im Folgenden Missverständnisse zu vermeiden, ist es zunächst angebracht, den hinter den linearen Modellen stehenden Linearitätsbegriff genauer zu erläutern. Grundsätzlich geht es hier nicht um die Linearität der Beziehungsstruktur bzw. um einseitiges Handeln entweder der Medien oder der gesellschaftlichen Akteure. Vielmehr gehen sowohl die linearen als auch die Interdependenzmodelle von der Prämisse aus, dass PR-Akteure die Medien inhaltlich zu beeinflussen versuchen. Dies resultiert zwangsläufig in Interaktionen und inhaltlichen Beziehungen: Die PR-Akteure liefern den Medien Themenrohmaterial, aus dem diese dann auswählen. Der Linearitätsbegriff bezeichnet enger die Unterstellung, dass innerhalb dieser inhaltlichen Beziehung eine Seite die andere dominiert. Damit bezieht er sich letztlich auf die Frage der Einflussstärke, die auch schon in Kapitel 2.1.3 angesprochen wurde.

Innerhalb der linearen Modelle lassen sich mit der Medialisierung und der Determination zwei Modelle unterscheiden, die von einer einseitigen Dominanz der Medienarenen über die übrigen Arenen bzw. umgekehrt gesellschaftlicher Akteure über die Medienarenen ausgehen. Wie bereits angeklungen, vereinfachen beide Annahmen die komplexen inhaltlichen Wechselwirkungen zwischen den Arenen zu stark. Da aber insbesondere die Determinationsthese eine wichtige Grundlage für das Verständnis und die Entwicklung realitätsnäherer Modelle darstellt, werden sie im Folgenden in ihren für diese Arbeit relevanten Grundzügen erläutert.

Medialisierung

Die Medialisierungs- bzw. Dependenzthese geht davon aus, dass die Medien bzw. allgemeiner der Journalismus die Öffentlichkeitsarbeit der Akteure innerhalb der anderen Arenen dominieren.[15] Der Begriff

15 Ursprünglich bezog sich die Annahme, dass die Medien die Öffentlichkeitsarbeit bestimmen, nur auf das Verhältnis zur Politik bzw. ihren Arenen. Mit gewissen Einschränkungen lässt sich dieser Gedanke jedoch auch auf die übrigen Arenenbereiche übertragen.

der Medialisierung geht dabei zurück auf Westerbarkey (1995: 155). Die Medialisierungsthese unterstellt nicht, dass die Medien über sämtliche Inhalte in den anderen Arenen bestimmen. Vielmehr bezieht sie sich zunächst einmal nur auf die direkte Beziehungsstruktur zwischen Akteuren der Medienarena und Akteuren aus den anderen Arenen. Dabei geht sie allerdings nicht davon aus, dass die Öffentlichkeitsarbeit der Akteure durch den Journalismus gesteuert wird. Sie nimmt stattdessen an, dass die PR-Akteure sich in ihrem Handeln den Strukturen und der Produktionslogik der Medien aufgrund von deren gesellschaftlicher Meinungsbildungsrelevanz freiwillig unterwerfen (vgl. MARCINKOWSKI 1993; SARCINELLI 1989; SAXER 1989; gegen die Freiwilligkeit der Unterwerfung vgl. KEPPLINGER 1985b). Auch wenn sie dies der These gemäß eher selten tun, haben die PR-Akteure aber durchaus die Möglichkeit, Inhalt, Ausmaß und Zeitpunkt der von ihnen weitergegebenen Information selbst zu bestimmen. Wenn die PR-Akteure ihre Unterwerfung unter die journalistischen Rationalitäten der gesamten sie umgebenden Arena aufzwingen, können die Medien aber im Extremfall inhaltlich auch die komplette Arena bestimmen.

Insgesamt steht die Medialisierungsthese in der Tradition der starken Medienwirkungen. Reflexive Aspekte in Form von – wie gesehen durchaus vorhandenen und z.T. deutlich stärkeren – Einflüssen der gesellschaftlichen Arenen auf die Medien blendet sie aus. Dieser umgekehrte Fokus findet sich bei der Determinationsthese.

Determination

Die Determinationsthese nimmt an, dass nicht die Medien die Kontrolle über die Inhalte der Öffentlichkeitsarbeit haben, sondern umgekehrt die Öffentlichkeitsarbeit von PR-Akteuren die Inhalte in der Medienarena determiniert. Als Kernaussage der These gilt die Feststellung von Baerns (1992: 137), dass PR »Themen und Timing« der Medienberichterstattung setzt. Streng genommen geschieht dies in Form eines Nullsummenspiels: Je mehr Einfluss PR hat, desto weniger hat der Journalismus, und umgekehrt (BAERNS 1985; RUSS-MOHL 1994). Insgesamt handelt es sich bei der Determinationsthese allerdings um keine ausgefeilte Theorie, und teilweise wird ihr sogar der Hypothesenstatus abgesprochen. So bemängeln Saffarnia (1993) und Schantel (2000) ihre theoretische Ableitbarkeit, und Bentele und Nothhaft (2006: 39) bezeichnen sie lediglich als »Leitthese«.

In der Regel wird die Urheberschaft an der Determinationsthese aufgrund ihrer Forschung Baerns (1979) zugeschrieben, obwohl sie selbst diesen Begriff nie in dieser Form verwendet hat und sich selbst auch gegen eine entsprechende Interpretation ihrer Studienergebnisse wendet (BAERNS 2004). In der Literatur ist die These nicht zuletzt wegen ihrer Verankerung im Stimulus-Response-Denken stark umstritten und wird laut Löffelholz (1997) in ihrer Reinform heute nur noch von wenigen Autoren vertreten. Nach wie vor ist jedoch unklar, wie streng der Determinationsbegriff zu verstehen ist. Hoffjann (2001: 175; vgl. auch SZYSZKA 1997) konstatiert mit Blick auf die normativen Prämissen der Determinationsthese und deren Implikationen, dass »bis heute offen [ist], ob dieser Ansatz ›nur‹ von einer starken Beeinflussung des Journalismus seitens der Public Relations ausgeht oder ob er den Begriff der Determination ernst nimmt und eine Steuerung des Journalismus unterstellt«.

Die Kritik an der Determinationsthese entzündet sich zum einen an der Annahme, dass PR Journalismus einseitig beeinflusst. Dies wird als unzulässige Vereinfachung ihres Verhältnisses zueinander gesehen (z.B. BENTELE 1999; DONSBACH/JARREN/KEPPLINGER/PFETSCH 1993; RUSS-MOHL 1994; SAFFARNIA 1993; SCHANTEL 2000; SZYSZKA 1997; THEIS 1992). Der Begriff der Determination suggeriert die Fremdsteuerung des Journalismus durch PR-Akteure und vernachlässigt damit das aktive journalistische Eingreifen bei der Produktion eines Beitrags (vgl. JARREN/RÖTTGER 1999). Zum anderen richtet sich die Kritik gegen die normative Sichtweise, dass eine wie auch immer geartete Beeinflussung des Journalismus bzw. der Medien durch äußere Kräfte gesellschaftlich dysfunktional sei, weil die Medien dadurch ihre Unabhängigkeit verlören. Etliche Autoren verweisen darauf, dass der Journalismus – nicht nur bei der Politikvermittlung – per se auf Informationsquellen angewiesen ist und daher die journalistische Unabhängigkeit von PR ein wirklichkeitsfremdes Ideal darstellt (z.B. BENTELE 1999; RUSS-MOHL 1999; SCHANTEL 2000; SZYSZKA 1997). Fragwürdig ist zudem die implizit in der Determinationsthese enthaltene Annahme, dass Journalisten im Gegensatz zur PR mit ihrer Berichterstattung keine Eigeninteressen verfolgen (BENTELE 1997a; RUSS-MOHL 1999) (ausführlicher dazu vgl. auch Kap. 3.1.1).

Der zentrale Diskussionspunkt der Determinationsforschung, ab wann der PR-Einfluss auf die Medien ein kritisches Ausmaß annimmt, ist für die vorliegende Arbeit nicht von Interesse und soll daher hier nicht weiter ausgeführt werden. Entsprechend wird auch auf die Diskussion um Selektions- und Determinationsquoten, die Bedeutung journalistischer Transformationen von PR-Material sowie zusätzlicher journalistischer Eigenleistungen und Quellentransparenz nicht weiter eingegangen.[16] Erwähnt sei lediglich, dass die Forschung im Kontext der Determinationsthese zu äußerst heterogenen Ergebnissen bezüglich des PR-Einflusses kommt. Mit einer Bandbreite der Determinationswerte zwischen fünf und neunzig Prozent sind nahezu alle theoretisch überhaupt möglichen Ergebnisse in irgendeiner der zahlreichen Studien zu finden. Methodisch wird dabei üblicherweise eine Input-Output-Analyse von Pressemitteilungen und Medienberichterstattung durchgeführt. Bentele und Nothhaft (2004) zufolge führt dies allerdings generell zu einer Unterschätzung des PR-Einflusses. Die Beschränkung auf PR-Material sorgt dafür, dass nicht-manifeste PR-Einflüsse (z.B. informelle Kontakte zu PR-Tätigen) von vornherein unter den Tisch fallen. Insofern dürfte das tatsächliche Determinationsausmaß – sofern überhaupt davon gesprochen werden kann – noch höher liegen.

Die heterogenen Forschungsergebnisse und die theoretische Kritik verdeutlichen, dass so stark verallgemeinernde Aussagen über den Einfluss von PR, wie der Determinationsbegriff sie unterstellt, nicht möglich und auch nicht realitätsgerecht sind. Die pauschale Behauptung, dass PR den Journalismus instrumentalisiert, ist so nicht haltbar, weil damit der größere Kontext von Ereigniswelt, Publikum und Feedback-Prozessen vernachlässigt wird (SCHANTEL 2000). Zudem besitzen die Medien nach wie vor die Autonomie über die Selektion der an sie herangetragenen Informationen. Löffelholz (2004: 483) spricht der Determinationsthese denn auch nur noch »historischen Wert« zu. Dennoch haben die Ergebnisse von Determinationsstudien durchaus heuristische Bedeutung. Betrachtet man sie nämlich losgelöst vom normativen Rahmen, lässt sich generell festhalten, dass sich PR-Initiativen offensichtlich mehr oder weniger stark in der Medienberichterstattung niederschlagen und damit einen Thematisierungseffekt auf die Medien haben (BAERNS 1983, 1985, 1992; vgl. auch FRÖHLICH 1992; RÜDIGER 2002). Zurückzuführen sind die Unterschiede auf die Existenz von Feedback-Prozessen und verschiedenen intervenierenden Rahmenfaktoren (vgl. SCHANTEL 2000).

16 Ausführlicher dazu vgl. z.B. die Überblicke bei Bentele und Nothhaft (2006), Hoffjann (2001), Riesmeyer (2006) und Schantel (2000).

Diese können grob unterteilt werden in journalismusbezogene Faktoren (z.B. journalistische Einstellungen, Medientyp), PR-bezogene Faktoren (z.B. gesellschaftlicher Status, Ressourcenausstattung) und situative Faktoren (z.B. Krisensituation). Ausführlicher auf den Einfluss dieser Faktoren auf die mediale Durchsetzungskraft von PR wird im Zusammenhang mit der journalistischen Selektion (vgl. Kap. 3.1.1 und 3.1.2) eingegangen.

Die Kritik an der Determinationsthese und den in ihrer Tradition entstandenen Forschungsarbeiten hat zur Entwicklung umfassenderer Modelle, den sogenannten ›Interdependenzmodellen‹, geführt. Sie beschreiben die Beziehung zwischen gesellschaftlichen Akteuren und den Medien nicht einseitig linear, sondern als interaktiven Prozess mit wechselseitigen Abhängigkeiten und Einflüssen. Dass dies realitätsnäher ist als die Unterstellung eines einseitigen Einflusses entweder der Medien oder der PR, haben bereits die empirischen Ergebnisse zu den inhaltlichen Einflüssen zwischen den Medienarenen und den Politik-, Interessengruppen- und Publikumsarenen gezeigt, die in Kapitel 2.1.3 beschrieben wurden. Szyszka (1997; vgl. auch BENTELE/LIEBERT/SEELING 1997) weist allerdings darauf hin, dass damit die Ergebnisse der Determinationsstudien nicht obsolet werden oder sogar ›falsch‹ sind; sie müssen vielmehr in dem größeren Rahmen interpretiert werden, den die Interdependenzmodelle eröffnen. Dies bedeutet zum einen, dass die Feststellung eines Einflusses der PR auf die Medien nicht gleichbedeutend ist mit deren Determination durch die PR. Zum anderen weisen die sehr unterschiedlichen Einflussstärken darauf hin, dass offensichtlich verschiedene weitere Faktoren im Spiel sind, die nur von komplexeren Modellen wie eben den Interdependenzmodellen angemessen erfasst werden können. Im Folgenden wird ausführlicher auf zwei solcher Modelle eingegangen. Beide erlauben die Integration der Determinationsstudien, eröffnen jedoch zugleich einen größeren Kontext für das Verständnis des Verhältnisses zwischen PR und Journalismus.

2.2.2 *Interdependenzmodelle: Interpenetration und Intereffikation*

Anders als die linearen Modelle betrachten die Interdependenzmodelle die Beziehung zwischen Akteurs-PR und Medien nicht als einseitig von der einen Seite bestimmt. Vielmehr vereinen sie die Gedanken der Medialisierung und Instrumentalisierung. Grundannahme der Interdependenzmodelle ist, dass die beiden beteiligten Seiten zwar generell autonom voneinander sind, sich aber in wechselseitiger Abhängigkeit voneinander befinden. In der Literatur wird der Interdependenzbegriff allerdings nicht einheitlich verwendet. Während einige Autoren damit zunächst ganz allgemein das wechselseitige Verhältnis von Medien und PR beschreiben (z.B. BENTELE 1999), verwenden andere den Begriff bereits spezifischer zur Beschreibung eines konkreten Modells (z.B. HOFFJANN 2001) oder bezeichnen damit sogar nur ein Teilelement eines Modells (WESTERBARKEY 1995). Im Rahmen der vorliegenden Arbeit wird der Interdependenz-Begriff als allgemeiner Überbegriff zur Beschreibung wechselseitiger Abhängigkeiten zwischen Medien und PR gebraucht (vgl. PFETSCH/WEHMEIER 2002).[17]

Prominenteste Vertreter der Interdependenzthese sind die beiden Modelle der Interpenetration und Intereffikation. Während das Interpenetrationsmodell einen systemtheoretischen Hintergrund aufweist, ist das Intereffikationsmodell den handlungs- bzw. akteurstheoretischen Ansätzen zuzuordnen (LÖFFELHOLZ 2004). Damit stehen beide exemplarisch für die »Grundsatzfrage des theoretischen Zugangs zum Gegenstand Public Relations« (JARREN/RÖTTGER 2004: 25). Zu beiden Ansätzen finden sich in der Literatur zahlreiche Ausführungen, die meist auch deren Gemeinsamkeiten, Unterschiede und damit letztlich die Brauchbarkeit diskutieren. Dabei erscheinen die beiden Ansätze bei näherer Betrachtung in vielerlei Hinsicht nicht so gegensätzlich, wie es die Vertreter der einen oder anderen Seite oft suggerieren. Stellvertretend für andere Autoren nennt Löffelholz (2004: 484) vier gemeinsame Grundzüge beider Ansätze: Beide konzipieren Öffentlichkeitsarbeit und Journalismus auf verschiedenen Analyseebenen. Sie gehen außerdem davon aus, dass die Strukturen dieser Ebenen nicht nur die Handlungsmöglichkeiten der in ihre jeweiligen Systeme eingebundenen Akteure mitbestimmen, son-

17 In der Literatur wird das wechselseitige Verhältnis zwischen Medien und PR oftmals auch mit dem Begriff der Symbiose beschrieben. Darunter wird die wechselseitige Unterstützung verstanden; symbiotische Modelle unterstellen, dass beide Seiten von der Zusammenarbeit profitieren (vgl. FRÖHLICH 1992; HOFFJANN 2001; RUSS-MOHL 1994). Die Annahme der Symbiose ist allerdings umstritten. Verschiedene Autoren gehen eher von einer parasitären Dominanz einer der beiden Seiten als von einem symbiotischen Verhältnis aus (z.B. RUSS-MOHL 1999; WESTERBARKEY 1995). Andere lehnen den Gedanken des Parasitentums dagegen als normativ-ideologisch ab und fordern eine grundsätzlich wertfreie Beschreibung des Verhältnisses (z.B. BENTELE 1995, 1999). Aufgrund dieser begrifflichen Problematik wird hier auf den Symbiose-Begriff verzichtet und stattdessen der neutralere Interdependenz-Begriff verwendet.

dern auch die Beziehungen zwischen beiden Seiten beeinflussen. Darüber hinaus greifen sowohl Öffentlichkeitsarbeit als auch Journalismus auf die Leistungen der jeweils anderen Seite zurück, solange es ihnen selbst nutzt. Im Folgenden werden beide Ansätze in ihren Grundzügen dargestellt und hinsichtlich ihrer Brauchbarkeit für die durchzuführende Studie betrachtet. Der Fokus liegt dabei zunächst auf dem Modell der Interpenetration, gefolgt von dem der Intereffikation.

Interpenetration

Bei der Interpenetration handelt es sich um ein allgemeines Denkmodell aus der Systemtheorie, das in verschiedene sozialwissenschaftliche Disziplinen Eingang gefunden hat. In der Kommunikationswissenschaft geht der Begriff der Interpenetration auf Münch (1991) zurück. Letztlich gründet er sich aber auf die strukturell-funktionale Systemtheorie von Parsons (1952). Choi (1995) hat den Begriff zur Beschreibung der Machtverhältnisse zwischen Medien und Politik adaptiert. Im Prinzip lässt sich damit jedoch generell das Verhältnis zwischen den Medien und einem anderen gesellschaftlichen Teilsystem beschreiben.

Wie diese Ausführungen bereits verdeutlichen, handelt es sich bei der Interpenetration um ein systemtheoretisches Modell, das nach Merten (2004) sowohl auf der systemischen Makroebene als auch in der Verknüpfung von Mikro- und Makroebene verortet werden kann (ähnlich vgl. auch WESTERBARKEY 1995). Grundlegend ist dabei u. a. die Annahme, dass die beiden beteiligten Systeme, Journalismus und PR, prinzipiell autonom, in ihren Leistungen aber aufeinander angewiesen sind. Da es sich bei beiden um – im Sinne der Systemtheorie – operational geschlossene soziale Systeme handelt, ist eine Determination im herkömmlichen Sinn nicht möglich. Die gegenseitige Beeinflussung erfolgt stattdessen über Interpenetration. Der Begriff der Interpenetration bezeichnet die wechselseitige Durchdringung der beiden Systeme in einem Überschneidungsbereich: Um ihre eigene Effizienz zu erhöhen, stellen sie sich in der sogenannten ›Interpenetrationszone‹ ihre Strukturen wechselseitig zur Verfügung und übernehmen die Leistungen des jeweils anderen Systems (JARREN/RÖTTGER 2004; WESTERBARKEY 1995). Die Wechselwirkungen entstehen also nicht durch aufeinander bezogenes (Akteurs-)Handeln, sondern durch strukturelle Anpassungen der Systeme an ihre Umwelt (LÖFFELHOLZ 2004). Nach Westerbarkey (1995) erfolgen diese Anpassungen aus einer handelnden, d.h. aktiven Perspektive. Die Interpenetrationszone selbst kann dabei unterschiedlich groß sein, d.h., beide Systeme können mehr oder weniger große gemeinsame Bereiche aufweisen. Innerhalb dieser Bereiche kann die Qualität der Überschneidung durchaus unterschiedlich ausfallen. Vereinfachend lassen sich mit Blick auf die Medien drei Typen von möglichen Einflussbeziehungen unterscheiden (vgl. WESTERBARKEY 1995): Balance, Instrumentalisierung der Medien durch das Bezugssystem und Medialisierung des Bezugssystems durch die Medien. Während bei der Balance ein ausgewogenes Verhältnis zwischen Medien und dem Bezugssystem vorhanden ist, dominiert bei der Instrumentalisierung das Bezugssystem die Medien; umgekehrt dominieren bei der Medialisierung die Medien das Bezugssystem.[18] Liegt eine instrumentalisierte Beziehung vor, lenkt das Bezugssystem die Medien auf operativer und inhaltlicher Ebene durch Medienpolitik und Öffentlichkeitsarbeit. Bei einer medialisierten Beziehung passt es sich dagegen an die System- und Handlungslogik der Medien an.

Auch wenn das Interpenetrationsmodell die wechselseitige Beziehung zwischen Medien und anderen gesellschaftlichen Systemen berücksichtigt und sich damit grundsätzlich zur realitätsgerechten Beschreibung von Einflussbeziehungen zwischen ihnen eignet, besteht in der Literatur Uneinigkeit über seine konkrete Ausgestaltung. Diese beginnt bereits bei dem Begriff der Interpenetration und reicht bis hin zur Frage seiner empirischen Umsetzbarkeit. Westerbarkey (1995) ordnet den Interpenetrationsbegriff dem Interdependenzbegriff über. Interdependenzen stellen für ihn – neben normativen Widersprüchen, faktischen Konflikten und strukturellen Inklusionen – nur einen Aspekt von Interpenetration dar. Auch Weber (2004) kritisiert die Gleichsetzung von Interpenetration und Interdependenz. Er selbst sieht die Interpenetration als Beobachtungskategorie, die wechselseitige Überschneidungen bis hin zu partiellen Isomorphien zwischen verschiedenen (Sub-)Systemen untersucht. Das klassische Interpenetrationsverständnis beurteilt er als zu eingeschränkt und wenig hilfreich. Demgegenüber betrachten andere Autoren (BENTELE 1997b; SCHOLL/WEISCHENBERG 1998) Interpenetration und Interdependenz mehr oder weniger direkt als Gegensätze; Bentele (1999: 81) kritisiert den Interpenetrationsbegriff darüber hinaus als »vergleichsweise diffus«. Die begrifflichen Unschärfen und Probleme

18 Vgl. die in Kapitel 2.2.1 dargestellten Einzelthesen der Medialisierung und Determination.

sind mit bedingt durch die nach wie vor bestehende Uneinigkeit unter Systemtheoretikern darüber, wie das Verhältnis zwischen Medien und Öffentlichkeitsarbeit bzw. PR genau zu fassen ist. Im Kern geht es dabei zum einen um die Frage, ob Journalismus überhaupt als eigenständiges gesellschaftliches Teilsystem gesehen werden kann; zum anderen dreht sich die Diskussion darum, ob und wie Journalismus und PR systemtheoretisch voneinander abgegrenzt werden müssen bzw. können (ausführlicher vgl. dazu BLÖBAUM 1994; FAULSTICH 2000; HOFFJANN 2001; JARREN/RÖTTGER 2004; KOHRING/HUG 1997; LÖFFELHOLZ 1997, 2004; MARCINKOWSKI 1993; MERTEN 2004; RONNEBERGER/RÜHL 1992; SCHOLL 2004; SCHOLL/WEISCHENBERG 1998; SZYSZKA 1997).

Trotz dieser begrifflichen Probleme attestiert Hoffjann (2001) dem Interpenetrationsmodell ein sehr großes heuristisches Potenzial, da es die unterschiedlichen Beziehungen zwischen den beteiligten Systemen weitgehend normfrei und sehr umfassend betrachte. Löffelholz (2004) sieht die tiefere kausale Verortung in der Theorie der sozialen Systeme als wesentlichen Vorteil des Modells. Seidenglanz und Bentele (2004) dagegen kritisieren den – systemtheoretisch bedingten – hohen Abstraktionsgrad des Modells und verweisen damit indirekt auf das Problem der empirischen Umsetzbarkeit. Westerbarkey (1995), Merten (2004) und Löffelholz (2004) versuchen zwar, das Modell von der systemischen Ebene auch auf die Handlungsebene zu bringen. Aus empirischer Sicht sind diese Versuche jedoch wenig konkret. Letztlich lässt sich die Kritik, die an der Systemtheorie generell geübt wird, auch hier vorbringen: Im Zuge der systemischen Betrachtungsweise gerät der einzelne Akteur aus dem Blickfeld (SCHIMANK 1985; vgl. z.B. auch JARREN/RÖTTGER 2004; NEUBERGER 2004). Zwar existieren in der Kommunikationswissenschaft mittlerweile einige allgemeine Versuche, den Akteur und sein Handeln in systemtheoretisches Denken zu (re-)integrieren (z.B. BUCHER 2004; LÖFFELHOLZ 2004; NEUBERGER 2004). Diese Versuche bleiben jedoch sehr abstrakt auf theoretisch-systemischer Ebene. In der konkreten empirischen Umsetzung sind sie letztlich wieder auf detaillierter ausgearbeitete Akteursansätze angewiesen (vgl. SCHIMANK 1988).

Zusammenfassend lässt sich damit festhalten, dass das Konzept der Interpenetration – wie alle systemtheoretischen Modelle – gut die allgemeinen Strukturen beschreibt und damit generell einen brauchbaren analytischen Rahmen für die konkrete inhaltliche Einflussbeziehung zwischen den Medien und gesellschaftlichen Kräften in der Stammzelldebatte liefert. Insgesamt machen aber die uneinheitliche Begriffsverwendung, der hohe Abstraktionsgrad sowie die damit verbundene ungenügende inhaltliche Ausgestaltung und die Vernachlässigung des Akteurs die empirische Umsetzung des Modells schwierig. Selbst Löffelholz (2004: 483), als Verfechter des Interpenetrationsansatzes, räumt ein, dass das Modell »für eine genauere empirische Analyse [...] – noch – nicht genügend empirische Substanz« besitzt. Stattdessen bietet sich mit der Intereffikation ein anderes Modell an, das ebenso wie das Modell der Interpenetration die wechselseitigen Beziehungen zwischen Medien und gesellschaftlichen Akteuren beschreibt, aber in seinen Begrifflichkeiten weniger diffus ist und zudem das Akteurshandeln als zentrale Komponente in den Mittelpunkt stellt.

Intereffikation

Das erklärte Ziel bei der Entwicklung des Intereffikationsmodells bestand darin, die Einseitigkeit der Determinationsthese (vgl. Kap. 2.2.1) zu überwinden und zu einer realistischeren Beschreibung des Verhältnisses zwischen Medien und PR zu gelangen (BENTELE 1999). Dabei bezieht es sich als konzeptionelle Basis explizit auf das Arenenmodell (BENTELE et al. 1997), das auch der vorliegenden Arbeit als Grundlage dient (vgl. Kap. 2.1.1). Obwohl es auch mit dem Systembegriff arbeitet, liegt seine theoretische Grundlage in der Handlungstheorie (LÖFFELHOLZ 2004). Diese stellt nicht *soziale* Systeme, sondern *Handlungs*systeme und damit konkretes Akteurshandeln in den Mittelpunkt. Insofern darf der Systembegriff des Intereffikationsmodells nicht mit dem des Interpenetrationsmodells gleichgesetzt werden.

Ebenso wie das Modell der Interpenetration geht das Intereffikationsmodell davon aus, dass Journalismus und PR grundsätzlich autonome Systeme sind (BENTELE et al. 1997), in denen Themen erzeugt, verarbeitet und weitergeben werden (LÖFFELHOLZ 2004).[19] Im Gegensatz zum Interpenetrationsmodell bewegt es sich jedoch nicht nur auf makrotheoretischer Ebene, sondern umfasst explizit auch Meso- und Mikroebene. Im Einzelnen berücksichtigt es sowohl Einflussbeziehungen zwischen rela-

19 Die Annahme der Autonomie macht nur unter der Voraussetzung Sinn, dass die Medien per se grundsätzlich keinerlei gesetzlich festgelegten, inhaltlichen Abhängigkeiten unterliegen. Bentele (1999) nennt daher als Prämisse für die Modellgültigkeit die Existenz eines demokratischen Systems mit freien Medien.

tiv autonomen Systemen als auch zwischen Organisationen und individuellen Kommunikatoren (BENTELE 1999). Der Begriff der Intereffikation ist aus dem Lateinischen abgeleitet und beschreibt die »gegenseitige Ermöglichung« (BENTELE 1999: 177) von Journalismus und PR. Bentele et al. (1997; vgl. auch BENTELE 1999; BENTELE/NOTHHAFT 2004) verstehen darunter ein symbiotisches Verhältnis, in dem die beiden Systeme zur Erreichung ihrer eigenen Kommunikationsziele bzw. -leistungen aufeinander angewiesen sind (vgl. auch SAXER 1983). Konkret liefern die Medien der PR gesellschaftliche Publizität für ihre Themen und Inhalte. Im Gegenzug erhalten sie dafür Zulieferleistungen seitens der PR in Form eben jener Themen und Inhalte. Damit handelt es sich beim Intereffikationsmodell um ein »doppelte[s] und gleichzeitig duale[s] Kommunikationssystem« (BENTELE 1999: 183), das auf beiden Seiten von Induktionen und Adaptionen geprägt ist. Unter Ersteren verstehen Bentele et al. (1997) auf das jeweils andere System zielende, beabsichtigte Kommunikationsanregungen; in einer neueren Arbeit unterteilen Bentele und Nothhaft (2004) diese in die drei Typen Initiativinduktion (Vorgabe von Themen und Ereignissen), Textinduktion (Vorgabe von inhaltlichen Kernbotschaften und Akteuren) und Tendenzinduktion (Vorgabe von Bewertungen). Demgegenüber umfassen die Adaptionen organisatorisches Anpassungshandeln an das jeweils andere System. Beide beruhen auf Erwartungen und Erfahrungen, finden auf beiden Seiten gleichzeitig statt und können sich auch gegenseitig beeinflussen. Als Induktionen der PR nennen Bentele et al. (1997) u. a. Themensetzung, zeitliches Timing der Information und Bewertungen; Induktionen des Journalismus sind dagegen die Selektion aus dem angebotenen PR-Material, dessen Platzierung, Gewichtung, Eigenbewertung und Veränderung sowie eigenrecherchierte Themen. Adaptionen aufseiten der PR sind das Anpassen an zeitliche, sachliche und soziale Regeln und Routinen des Journalismus, beispielsweise den Redaktionsschluss; beim Journalismus erfolgen Adaptionen über die Orientierung an organisatorischen, sachlich-thematischen und zeitlichen PR-Vorgaben, beispielsweise eine geringere inhaltliche Bearbeitung von Pressemitteilungen, die kurz vor Redaktionsschluss eingehen. Das Modell unterscheidet darüber hinaus drei Dimensionen, auf denen die beschriebenen Induktionen und Adaptionen erfolgen können: die psychisch-soziale Dimension, die Sachdimension und die Zeitdimension (vgl. BENTELE 1999; BENTELE et al. 1997). Während die psychisch-soziale Dimension Induktionen und Adaptionen innerhalb und zwischen den beteiligten Akteuren (z.B. soziale Routinen, Absichten, Interessen) umfasst, stehen hinter der Sachdimension im Wesentlichen thematische Induktionen und Adaptionen. Diese betreffen u.a. die Wahl des Veröffentlichungszeitpunktes, die zeitliche Strukturierung von Kampagnen, die Entscheidung über die Veröffentlichung von Pressematerialien, die Orientierung an den journalistischen Nachrichtenfaktoren, Relevanzfestlegungen, Bewertungen sowie die Art der Themenpräsentation. Die Zeitdimension wiederum umfasst zeitliche Muster und Routinen der Anpassungsprozesse, beschreibt also den Prozesscharakter. Grundsätzlich können die genannten Aspekte sowohl in Form von Induktionen als auch von Adaptionen auftreten; was von beidem im konkreten Fall vorliegt, hängt davon ab, ob das Anpassungshandeln auf PR- oder Journalismus-Seite erfolgt. Das Ausmaß an Induktionen von der einen und gleichzeitigen Adaptionen von der anderen Seite kann dabei durchaus unterschiedlich stark sein und sich auch im Zeitverlauf verändern (BENTELE et al. 1997). Bentele (1999: 182) selbst betont, dass es sich bei der Intereffikation nicht um ein »Gleichgewichts- oder Symmetriemodell« handelt. Damit wendet er sich gegen die Interpretation anderer Autoren, die die beschriebene Beziehung als symmetrisches Verhältnis betrachten (z.B. MERTEN 2004).

Wie auch das Interpenetrationsmodell ist das Intereffikationsmodell seit seiner Entwicklung zahlreicher Kritik ausgesetzt gewesen. Was es von den Problemen, die bei der systemtheoretisch verorteten Interpenetration genannt wurden, vermeidet, macht es im Gegenzug aus systemtheoretischer Perspektive angreifbar. Auf sehr allgemeiner Ebene kritisiert Löffelholz (2004: 483) die fehlende kausale Erklärungskraft des Modells sowie die unklare Verwendung des Systembegriffs, die »aufgrund des Balanceaktes zwischen Handlungs- und Systemtheorie« entstehe. Merten (2004) bemängelt, dass bisher keine brauchbare systemische Modellierung der drei Beziehungsebenen System, Organisation und individueller Kommunikator existiert. Auch aggregierte Systemreferenzen (z.B. Strukturen öffentlicher Meinung) werden ihm zu wenig berücksichtigt. Insgesamt betrachtet das Intereffikationsmodell seiner Meinung nach nur die Interaktionen zwischen einzelnen Journalisten und PR-Tätigen und bewegt sich damit nur auf der Mikroebene individuellen Rollenhandelns. Ähnlich sieht Schantel (2000) den Geltungsbereich auf die individuelle und organisatorische Ebene beschränkt. Auch Scholl (2004) betrachtet das Intereffikationsmodell zunächst als akteurstheoretischen Ansatz auf Mikroebene. Abgeschwächter als Merten (2004) sieht er die Beeinflussungsprozesse jedoch auch auf Makroebene, indem sich nämlich PR und Journalismus als Makro-Akteure gegenseitig beeinflussen und anpassen. Seine Kritik richtet sich stärker gegen den Aspekt der Wechselbeziehungen. Diese sind für ihn zwar durchaus operationalisierbar, aber auf unterschiedlichen Ebenen verortet und deshalb schwer vergleichbar. Zudem lassen sich das Ausmaß und die Folgen der Wechselwirkungen nicht erklären, und dysfunktionale Beziehungen werden überhaupt nicht berücksichtigt (vgl. auch RUSS-MOHL 1999). Insgesamt bemängelt er, dass bisher keine angemessene Operationalisierung für die theoretische Modellierung existiert (vgl. auch RINCK 2001). Ähnlich sieht es im Übrigen auch Bentele (1999; vgl. auch BENTELE/NOTHHAFT 2004; LÖFFELHOLZ 2004) selbst. Er verweist darauf, dass das Intereffikationsmodell empirisch bisher nur ausschnitthaft mit Blick auf die Induktionen untersucht wurde. Generell betrachtet er es jedoch als für empirische Studien relativ gut geeignetes Basismodell, weil es in seinen Begrifflichkeiten weniger diffus und insgesamt konkreter ausformuliert ist als das Interpenetrationsmodell. Damit erfüllt es letztlich die Grundvoraussetzung für die empirische Umsetzung, auch wenn aus Komplexitätsgründen i.d.R. nur Teilausschnitte des gesamten Modells – nämlich die bereits genannten Induktionen – geprüft werden. Weitere Kritik am Intereffikationsmodell kommt von Hoffjann (2001) und Ruß-Mohl (1999). Ersterer stellt u.a. den Aspekt der gegenseitigen Ermöglichung in Frage. Seiner Ansicht nach könnte PR auf die Vermittlungsleistung des Journalismus verzichten und sich direkt an ihre Adressaten wenden (vgl. auch LÖFFELHOLZ 2004). Damit berücksichtigt er allerdings nicht, dass die journalistische Leistung, über die reine Informationsweitergabe hinaus, v. a. in der Erhöhung der Glaubwürdigkeit durch die vorhergehende Informationsprüfung besteht (vgl. BENTELE 1988; SZYSZKA 1997). Ruß-Mohl (1999: 163) wiederum bemängelt u.a. den Begriff der Intereffikation als »PR für PR«, der die Frage der Machtbalance ausklammere (vgl. auch KOCKS 2001), und schlägt stattdessen Intereffektivierung als sinnvollere Bezeichnung vor. Den Gedanken der wechselseitigen Ermöglichung stellt er grundsätzlich in Frage. Für ihn stehen PR und Journalismus eher in einer parasitären Beziehung zueinander, wobei beide Seiten zu Parasiten werden können. Für Bentele (1999: 188) geht der Effektivierungsbegriff mit seiner Bedeutung des »Wirksamerwerden[s]« dagegen »vollständig an der Sache vorbei«. Auch die anderen Kritikpunkte Ruß-Mohls werden seiner Ansicht nach dem Modell nicht gerecht: Dieses soll die bestehenden Beziehungen neutral beschreiben und nicht werten, wie es durch die von Ruß-Mohl verwendete Terminologie und seine Kernfrage nach der Machtbalance geschieht (vgl. auch BENTELE/NOTHHAFT 2004). In neutraler Form ist die Machtfrage bereits in der psychisch-sozialen Dimension enthalten, womit deren mögliche negative Beurteilung aber nicht per se ausgeschlossen ist.

Wie auch bereits die Gegenargumente zeigen, ist die Kritik am Intereffikationsmodell alles in allem wenig überzeugend. Das Modell bietet nicht nur einen allgemeinen Rahmen, um die Beziehung zwischen PR und Journalismus zu beschreiben, sondern gestaltet diesen inhaltlich auch sehr differenziert aus. Die vor allem von systemtheoretischer Seite vorgebrachten Kritikpunkte treffen oft nicht den Kern des Modells, sondern beziehen sich auf die grundsätzliche theoretische Herangehensweise oder spiegeln fragwürdige normative Begriffsverständnisse. Insgesamt verbirgt sich dahinter eher ein unterschiedliches theoretisches Grundverständnis als die Frage der generellen oder gar empirischen Unbrauchbarkeit des Modells. Dass im Übrigen selbst unter Systemtheoretikern keine Einigkeit über die Beurteilung des Intereffikationsmodells besteht, zeigt sich an anderer Stelle in der Argumentation von Hoffjann (2001). Anders als Merten (2004) und Scholl (2004) ordnet er das Intereffikationsmodell den systemtheoretischen Ansätzen zu. Als Grund dafür nennt er die Tatsache, dass das Modell sowohl die Systemperspektive des Journalismus als auch die der PR berücksichtigt.

Der vermeintliche Gegensatz zwischen System- und Handlungstheorie löst sich zudem auf, wenn das Akteurshandeln nicht von seinem systemischen Hintergrund losgelöst, sondern als durch diesen strukturell eingeschränkt betrachtet wird (vgl. GERHARDS 1994). In diesem Verständnis bildet das Akteurshandeln erst die notwendige Basis für die – systemisch beschreibbare – Gesellschaftsstruktur; der einzelne Akteur dient demnach als Bindeglied zum gesamten System (NEUBERGER 2004; vgl. auch SCHIMANK 1985, 1988). Aus dieser Perspektive ist Interpenetration auf Intereffikation angewiesen. Der systemtheoretischen Kritik am Intereffikationsmodell stimmen Bentele und Nothhaft (2004: 71) insofern zu, als sie selbst anmerken, dass bisher noch keine explizite Anbindung des Intereffikationsmodells an »umfassendere systemtheoretische oder kombinierte system- und handlungstheoretische Ansätze« vorhanden ist. Entsprechende Anbindungsmöglichkeiten sehen sie aber bei gesellschaftstheoretischen und Öffentlichkeitsmodellen. Erste Ansätze für eine solche Ausdifferenzierung des Intereffikationsmodells finden sich bei Seidenglanz und Bentele (2004). Die strukturellen Beschränkungen bestehen demnach sowohl in den Handlungsmöglichkeiten, die das eigene System zulässt, als auch in denen des anderen Systems sowie den gemeinsam geteilten Beschränkungen zwischen beiden Systemen. Die gegenseitige Bereitstellung von und Anpassung an die Beschränkungen erfolgt dabei auf Systemebene, während die konkreten Induktionen und Adaptionen auf der (kollektiven) Akteursebene erfolgen und über die einzelnen Handlungen beschreibbar werden. Die Adaptionen definieren Seidenglanz und Bentele (2004) als bewusste Anpassung an systemfremde Beschränkungen (z. B. Orientierung der PR an journalistischen Nachrichtenfaktoren), während die Induktionen Anpassungen an Beschränkungen des eigenen Systems sind. Für die empirische Umsetzung ordnen sie beiden Bereichen Variablenkomplexe zu, die sie analog als Adaptions- und Induktionsvariablen[20] bezeichnen. Die einzelnen Variablen, die sie unter beide Komplexe subsumieren, abstrahieren sie sowohl aus bisherigen empirischen Studien zum Verhältnis von Journalismus und PR als auch aus einer eigenen Studie. Letztlich handelt es sich bei diesen um die bereits im Kontext der Determinationsthese angesprochenen intervenierenden Variablen, die die konkrete Einflussbeziehung und das Ausmaß von Einflüssen zwischen der PR und den Medien moderieren (zu den konkreten Variablen vgl. ausführlicher die Kap. 3.1.2, 3.1.3 und 4.3).

Alles in allem betrachtet, liefert das Intereffikationsmodell damit einen geeigneten theoretischen Rahmen nicht nur für die Modellierung wechselseitiger inhaltlicher Einflussbeziehungen zwischen den Medien und strategisch handelnden gesellschaftlichen Akteuren in der Stammzelldebatte, sondern auch für die empirische Analyse dieser Einflussbeziehungen (vgl. auch BENTELE/NOTHHAFT 2004). Die bisherigen Ergebnisse der klassischen Determinationsstudien lassen sich ebenso in diesen größeren Rahmen integrieren wie die Erkenntnisse zur journalistischen Nachrichtenauswahl. In einem Wechselspiel von Induktionen und Adaptionen passen sich Akteure aus PR und Journalismus in ihrem Handeln gegenseitig aneinander an und erzeugen so die Medienrealität, die den Rezipienten dann in Form von z. B. Nachrichten erreicht. PR ist damit nichts anderes als instrumentelles, auf die Medien bezoge-

20 Für die Induktionsvariablen verwenden sie synonym auch die Bezeichnung ›Akteursvariablen‹.

nes Handeln von Interessengruppen und Politik. Im Vordergrund steht dabei mit dem manifesten Medieninhalt die Sachdimension. Diese kann aber nicht unabhängig von der psychisch-sozialen Dimension und der Zeitdimension betrachtet werden. Soziale Beziehungen oder auch eigene Wertvorstellungen der Journalisten oder PR-Tätigen sowie routinisierte Anpassungsprozesse bestimmen mit darüber, was auf der Sachebene tatsächlich in die Medien gelangt. Konkret auf die Stammzelldebatte bezogen bedeutet das, dass die gesellschaftlichen Akteure einerseits durch entsprechendes PR-Handeln ihre Sichtweisen aktiv in den Medien zu platzieren versuchen und sich dabei andererseits u.a. an den Auswahlkriterien des Journalismus orientieren. Die Journalisten wiederum bearbeiten den PR-Input der Akteure inhaltlich; das Ausmaß ihrer Bearbeitung ist jedoch u.a. abhängig davon, wie kurzfristig sie die Informationen erhalten. Auch persönliche Beziehungen zwischen den an der Debatte beteiligten Akteuren und den darüber berichtenden Journalisten spielen dabei eine Rolle. Darüber hinaus können die Einflussnahmeversuche der Akteure, deren Erfolg und umgekehrt auch ihre Reaktionen auf die Medienberichterstattung je nach dem aktuellen gesellschaftlichen Stand der Stammzelldebatte variieren.

2.3 Zusammenfassung

Die Stammzelldebatte lässt sich als gesellschaftlicher Diskurs beschreiben, an dem eine Vielzahl verschiedener Akteure mit jeweils partikularen Interessen beteiligt ist, die sie gesellschaftlich durchzusetzen versuchen. Das vorliegende Kapitel hat gezeigt, dass diese Akteure in größere Arenen eingebunden sind, die miteinander in Wechselbeziehungen stehen. Auf der allgemeinsten Ebene lassen sich die Arenen den vier Bereichen Massenmedien, Politik, Publikum und Interessengruppen zuordnen. Dabei nehmen die Massenmedien die zentrale gesellschaftliche Vermittlerposition zwischen den anderen Arenenbereichen ein. Über sie versuchen v. a. die Akteure aus den Interessengruppenarenen, die Politikarenen mit ihren Sichtweisen zu beeinflussen und Letztere in für sie günstige politische Regelungen zu transformieren. Dies ist aus Sicht der Interessengruppen-Akteure deshalb sinnvoll, weil die Akteure der Politikarenen die Ansichten in den Medienarenen als Indikator für die allgemeine öffentliche Meinung heranziehen. Zudem existieren Publikumsarenen als indirekte

Bezugsinstanzen, die den beteiligten Akteuren einerseits überhaupt erst die wechselseitige Wahrnehmung des Diskurses ermöglichen und andererseits durch ihre tatsächliche oder auch nur vermeintliche Zustimmung oder Ablehnung sowohl das Handeln der Politik- als auch der Interessengruppen-Akteure beeinflussen. Diese strukturellen Beziehungen zwischen den verschiedenen Arenenbereichen setzen den Rahmen für inhaltliche Beziehungen. Grundsätzlich steht jeder Arenenbereich in direktem Kontakt mit den übrigen Bereichen und kann insofern auch direkten inhaltlichen Einflussnahmeversuchen ausgesetzt sein. Die zentrale Position der Medien im gesellschaftlichen Diskurs rückt jedoch die inhaltlichen Beziehungen zwischen ihnen und den anderen Arenenbereichen in den Mittelpunkt. Über die Agenden der Medienarenen versuchen die verschiedenen Akteure aus den Interessengruppen- und Politikarenen, die jeweils anderen Arenenbereiche und ihre Agenden inhaltlich zu beeinflussen. Dies ist deshalb möglich, weil zwischen ihnen und den übrigen Arenenbereichen wechselseitige inhaltliche Einflussbeziehungen bestehen. Einerseits beeinflussen die Medienagenden die anderen Agenden, andererseits sind sie selbst jedoch auch von diesen beeinflussbar. Allerdings sind die wechselseitigen inhaltlichen Einflüsse nicht konstant. Vielmehr verändern sie sich – bedingt durch komplexe intervenierende Einflussfaktoren – im Zeitverlauf fortwährend in Stärke und vorherrschender Einflussrichtung. Dennoch qualifiziert die generelle Beeinflussbarkeit der Medienagenden sowie ihr Einflusspotenzial auf die anderen Agenden die Medien als zentrale Instanz, die strategisch handelnde, interessengeleitete Akteure in der Stammzelldebatte gezielt ansprechen. Konkret erfolgt dies über den instrumentellen Einsatz von PR.

Auf modelltheoretischer Ebene werden die gezielten Einflussnahmeversuche strategischer Akteure auf die Medienagenden in der Stammzelldebatte von verschiedenen Modellen aus der PR-Forschung näher beschrieben. Diese betrachten zunächst generell die Einflussbeziehungen zwischen Medien und PR-Akteuren und gestalten sie dann mehr oder weniger differenziert aus. Die linearen Modelle gehen dabei von einer einseitigen Dominanz entweder der Medien oder der strategisch handelnden Akteure aus. Diese Annahme ist jedoch angesichts der zuvor identifizierten wechselnden Einflussrichtungen und -dominanzen nicht realitätsgerecht. Solche Wechselwirkungen beschreiben die Interdependenzmodelle. Unter diesen nimmt das Intereffikationsmodell eine besondere Stellung ein. Im Gegensatz zum systemtheoretisch orientierten Interpenetrationsmodell nimmt es eine dezidiert akteurstheoretische Sichtweise ein und macht dadurch das auf die Medien gerichtete, konkrete Beeinflussungshandeln strategischer Akteure in der Stammzelldebatte einer systematischen Beschreibung und empirischen Analyse zugänglich. Mit seiner Unterscheidung in (passive) Adaptionen und (aktive) Induktionen spiegelt es die wechselseitigen Einflussmechanismen zwischen Medien und PR-Akteuren, die sich – in der beschriebenen Form – auf der inhaltlichen Ebene manifestieren. Zudem berücksichtigt es mit der Differenzierung von psychisch-sozialer, Zeit- und Sachdimension die verschiedenen Ebenen, anhand derer sich die Einflussbeziehungen beschreiben lassen. Wie die Erkenntnisse der Agenda-Setting-Forschung und begrenzt auch der Determinationsforschung zeigen, übt dabei in der Sachdimension je nach Thematisierungsphase und konkreter Situation einmal die eine und einmal die andere Seite einen dominanteren Einfluss aus. Der starke Einfluss der vorherigen Eigenthematisierung v. a. aufseiten der Medien verdeutlicht allerdings zugleich, dass der inhaltliche Einfluss strategisch handelnder Akteure insgesamt begrenzt ist.

Aufgrund seiner beschriebenen Vorteile bildet das Intereffikationsmodell die modelltheoretische Grundlage für die vorliegende Analyse. Im Mittelpunkt der Arbeit stehen die Wechselbeziehungen zwischen medialer und Akteursthematisierung in der Stammzelldebatte und damit die Sachdimension. Der Analysefokus liegt dabei v. a. auf den inhaltlichen Induktionen der beteiligten Diskursakteure; die Adaptionen werden in geringerem Ausmaß berücksichtigt. Da sich die Sachdimension auf die mediale Darstellung des Gegenstandes ›Stammzellforschung‹ bezieht, gerät an dieser Stelle die bisher eingenommene Perspektive auf die Akteursstrukturen und Einflussbeziehungen in den Hintergrund. Stattdessen richtet sich der Blick auf die gesellschaftliche Thematisierungs- und Framing-Leistung der Medien. Diese ist Gegenstand des folgenden Kapitels.

3. DIE DOPPELROLLE DER MEDIEN: THEMATISIERUNG UND FRAMING

Medien vermitteln und erzeugen durch ihre Berichterstattung soziale Realität. Nahm man anfangs noch an, dass sie lediglich passiv eine objektive, außerhalb ihrer selbst existierende Realität widerspiegeln, herrschen heute konstruktivistische Auffassungen vor (z. B. BENTELE 1993; SCHMIDT 1994; SCHULZ 1989, 1990; vgl. auch BERGER/LUCKMANN 1969). Diese gehen davon aus, dass – über die reine Wiedergabe äußerer Gegebenheiten hinaus – in und durch die Medien auch die aktive Konstruktion von Bedeutung und damit von Realität erfolgt. Dabei ist das wesentliche Leistungsmerkmal der Medien die Reduktion und damit zugleich Handhabbarmachung gesellschaftlicher Komplexität (vgl. LUHMANN 1996). An dem Konstruktionsprozess sind neben den Medien selbst auch verschiedenste gesellschaftliche Akteure mit ihren Themen- und Meinungszulieferungen beteiligt. Die zentrale Rolle nehmen aber die Medien ein, da sie – wie bereits im Arenenmodell angeklungen – sowohl das Forum als auch den Zugang zur öffentlichen Diskussion bilden (GERHARDS/NEIDHARDT 1991; GERHARDS et al. 1998; KEPPLINGER 1989b; PFETSCH 1994). Sie entscheiden nach medienspezifischen Selektionskriterien darüber, welche Akteure überhaupt Zugang zu den Medienarenen erhalten und welche Themen und Ereignisse in diesem Zusammenhang dargestellt werden (PFETSCH 1994; SCHERER 1995). Dadurch greifen sie in Thematisierungsprozesse ein und bestimmen und gestalten die Themen und Entwicklungen eines gesellschaftlichen Diskurses aktiv mit (KAASE/NEIDHARDT/PFETSCH 1997).

Zwei Leistungen der Massenmedien stehen bei der medialen Realitätsvermittlung im Mittelpunkt: Thematisierung und Framing. Sie beziehen sich auf unterschiedliche Aspekte der Berichterstattung. Während es bei der Thematisierung eher um quantitative Aspekte geht, d. h., *was, wann* und *wie viel* berichtet wird, bezieht sich das Framing auf das *Wie* und damit auf den qualitativen Aspekt bzw. den konkreten Inhalt der Berichterstattung. In der Literatur werden die beiden Begriffe häufig wenig trennscharf verwendet. Als zusätzliches Problem erweist sich, dass der Framing-Begriff oft eher metaphorisch für die mediale Darstellung von Realität gebraucht wird; wie diese allerdings genau zustande kommt bzw. was einen Frame im Einzelnen ausmacht, wird in den entsprechenden Arbeiten nicht weiter ausgeführt. Häufig stehen zudem sehr unterschiedliche theoretische Herangehensweisen dahinter, was ebenfalls nicht zu größerer begrifflicher Klarheit beiträgt. Ziel dieses Kapitels ist es deshalb nicht nur, die Thematisierungs- und Framing-Leistung der Massenmedien ausführlicher zu erläutern. Vielmehr geht es auch darum, einen Frame- und Framing-Begriff zu erarbeiten, der als Basis für die Analyse strategischer Einflussnahmeversuche von Akteuren in der Stammzelldebatte dienen kann. Insbesondere in der kommunikationswissenschaftlichen Literatur sowie in der Literatur zu sozialen Bewegungen finden sich dazu zahlreiche brauchbare Ansatzpunkte und Ausführungen.

Grundlage medialer Thematisierung und medialen Framings sind die Selektions- und Verarbeitungsregeln der Medien, die bereits bei der Beschreibung des Verhältnisses zwischen Journalismus und PR im vorangegangenen Kapitel angeklungen sind. Aus Akteursperspektive geht es dabei um die Frage, welche Hürden es auf dem Weg zur inhaltlichen Beeinflussung der Medien zu überwinden gilt. Im Fokus stehen damit die Rolle und Eigenlogik der Medien. Wie das Intereffikationsmodell gezeigt hat, sind diese – nicht zuletzt durch ihre Gatekeeper-Position (WHITE 1950) – aktiv an der Bedeutungskonstruktion beteiligt. Im Folgenden soll genauer aufgezeigt werden, wie dies im Einzelnen geschieht. Die Darstellung ist dabei zweigeteilt: In einem ersten Teil (Kap. 3.1) werden die Grundlagen der journalistischen Selektion erläutert, die über die generelle Thematisierung bestimmen und auch für die Stammzelldebatte relevant sind. In einem zweiten Teil (Kap. 3.2) geht es dann spezifischer um die Verarbeitungs- und Darstellungsregeln der Medien und damit um die konkrete inhaltliche Ausgestaltung bzw. das mediale Framing.

3.1 Journalistische Selektion

Ausgangspunkt der journalistischen Selektion ist die bereits mehrfach erwähnte Schlüsselposition der Medien in gesellschaftlichen Diskursen.

Sie entscheiden darüber, ob und mit welchen Argumenten die Akteure das Publikum erreichen. Auch wenn dies aus der Bezeichnung nicht unmittelbar ersichtlich ist, beruht die journalistische Selektion dabei nicht nur auf journalistischem Verhalten, sondern ergibt sich aus dem Zusammenspiel von Journalisten und gesellschaftlichen Akteuren. Im Folgenden werden deshalb beide Seiten berücksichtigt. Zunächst werden die unmittelbar mit dem Journalisten verknüpften Selektionskriterien erläutert (Kap. 3.1.1). Dabei handelt es sich um Strukturen und Mechanismen innerhalb des Journalismus, die nicht auf journalismusexterne Akteure zurückzuführen sind, sowie um spezifische Persönlichkeitseigenschaften von Journalisten. Anschließend werden die Selektionseinflüsse dargestellt, die den Akteuren außerhalb des journalistischen Systems zuzurechnen sind (Kap. 3.1.2). Aus dem Zusammenspiel beider Aspekte entsteht eine spezifische Berichterstattungsstruktur, auf die abschließend näher eingegangen wird (Kap. 3.1.3).

3.1.1 *Interne journalistische Selektionskriterien*

In der Kommunikatorforschung existiert eine lange Tradition bei der Erforschung journalistischer Auswahlprozesse. Bereits Lippmann (1922) befasste sich mit der Frage, wie die Medien die externe Realität in mediale Realität transformieren. Im Kern lassen sich heute drei große Forschungsrichtungen unterscheiden (KEPPLINGER 1989b): die Gatekeeper-Forschung, die Nachrichtenwert-Forschung sowie die News-Bias-Forschung. Erstere befasst sich mit den individuellen Selektionskriterien des einzelnen Journalisten bzw. der Medienorganisation auf der Basis persönlicher Erfahrungen, Einstellungen und Erwartungen. Zweitere betrachtet nicht die Person des Journalisten, sondern untersucht, inwieweit Ereignismerkmale bzw. journalistische Zuschreibungen von Ereignismerkmalen die mediale Selektion begünstigen. Die News-Bias-Forschung versucht aus einer eher normativ geprägten Perspektive, die Ursachen für Unausgewogenheiten in der Medienberichterstattung zu identifizieren. Dies zeigt bereits, dass die einzelnen Ansätze nicht völlig trennscharf sind (vgl. auch HARDEN 2002). Vor allem News-Bias- und Gatekeeper-Forschung weisen starke Überschneidungen auf. Um die Mechanismen der journalistischen Selektion zu verdeutlichen, sollen im

Folgenden kurz die Kernergebnisse der drei Forschungsrichtungen dargestellt werden.[21]

Die verschiedenen Studien der Gatekeeper-Forschung können nachweisen, dass aufseiten der Journalisten eine Vielzahl von Faktoren darüber bestimmt, welche Meldung zur Nachricht wird. Journalistische Selektion erfolgt demnach genauso wenig unabhängig von der Persönlichkeit des Journalisten wie von den größeren sozialen und organisationellen Zusammenhängen, in welche die Journalisten eingebunden sind. Schulz (1990) nennt zusammenfassend (1) subjektive Erfahrungen, Einstellungen und Erwartungen des einzelnen Journalisten, (2) organisatorische und technische Zwänge innerhalb des Medienunternehmens, (3) Kollegenorientierung, (4) die eigene redaktionelle Linie sowie (5) vorgefertigtes Agenturmaterial als wesentliche Einflussfaktoren. Neuere Studien bestätigen diese Ergebnisse (z.B. DELLI CARPINI 2005; DONSBACH 2002; DONSBACH/WENZEL 2002; FRIDKIN/KENNEY 2005; WEISCHENBERG/MALIK/SCHOLL 2006). Hinsichtlich des Ausmaßes, in dem PR-Informationen übernommen werden, nennen andere Studien die Ressortzugehörigkeit, Ressourcenbeschränkungen und allgemeine ökonomische Zwänge sowie den Medientyp als weitere relevante Einflussfaktoren (z.B. CURTIN 1999; RIESMEYER 2006; WEISCHENBERG et al. 2006).

Die Nachrichtenwertforschung befasst sich – wie bereits erwähnt – mit dem Einfluss bestimmter Ereignismerkmale auf die Auswahl des Ereignisses durch den Journalisten. Konkret ergibt sich der Nachrichtenwert aus der Kombination sogenannter ›Nachrichtenfaktoren‹. Darunter werden Merkmale von Ereignissen verstanden, von denen Journalisten glauben, dass sie eine hohe Aufmerksamkeit beim Publikum sicherstellen. Im Laufe der Forschung wurden von verschiedenen Autoren zahlreiche Nachrichtenfaktoren identifiziert und zu Nachrichtenfaktoren-Katalogen zusammengefasst. Innerhalb der europäischen Forschungstradition stammen die bekanntesten von Galtung und Ruge (1965), Östgaard (1965), Schulz (1990) und Staab (1990). Zwischen den einzelnen Katalogen zeigen sich etliche Überschneidungen, aber auch Unterschiede. Als wichtigste Faktoren identifiziert Eilders (1997) in ihrer Zusammenfassung der bisherigen Forschung (1) Relevanz bzw. Reichweite des Ereignisses, (2)

21 Ausführlichere Beschreibungen sowie integrierende Modelle finden sich bei verschiedenen Autoren (z.B. DONSBACH 1987; KUNCZIK/ZIPFEL 2005; PÜRER 2003; SHOEMAKER/REESE 1996; WEISCHENBERG 1992).

Negativismus bzw. Konflikthaftigkeit von Ereignissen, Positionen und Aktionen, (3) Prominenz bzw. hoher Status der Akteure, (4) mediale Etabliertheit des Themas, (5) (kulturelle) Nähe der Geschehnisse sowie (6) Elite-Nationen als beteiligte Akteure (ähnlich vgl. auch RUHRMANN/GÖBBEL 2007). Abgesehen vom letzten Punkt ist zu vermuten, dass diese Faktoren mehr oder weniger stark auch für die mediale Durchsetzungskraft von gesellschaftlichen Akteuren in der Stammzelldebatte eine Rolle spielen. Auf die konkreten Rahmenbedingungen, die dabei einen Einfluss der strategisch handelnden Akteure auf die Medien begünstigen, wird in den Kapiteln 3.1.2 und 4.3 eingegangen. Im Zuge ihrer Entwicklung ist die Nachrichtenwert-Forschung zahlreicher Kritik ausgesetzt gewesen, die zu verschiedenen Weiterentwicklungen und Ausdifferenzierungen geführt hat. Da die konkreten Einzelheiten für die vorliegende Arbeit nicht relevant sind, werden sie an dieser Stelle nicht weiter berücksichtigt (ausführlicher vgl. z. B. KEPPLINGER/BASTIAN 2000; STAAB 1990; WILKE 1984).

Die Ergebnisse des dritten Forschungsfeldes, der News-Bias-Forschung, bestätigen trotz sehr großer Heterogenität im methodischen Vorgehen insgesamt die Vermutung, dass die ideologische Ausrichtung die Nachrichtenselektion beeinflusst.[22] Journalisten favorisieren die Akteure und Themenaspekte, die ihrer redaktionellen Linie oder ihren eigenen (politischen) Einstellungen am nächsten kommen. Dabei tendieren sie weniger dazu, mit ihrer Sichtweise unvereinbare Informationen herunterzuspielen oder sogar zu verschweigen, sondern überbetonen vielmehr damit übereinstimmende Informationen (KEPPLINGER/BROSIUS/STAAB/LINKE 1989; vgl. auch DONSBACH 1997b; HAGEN 1992; SCHÖNBACH 1977). Auch für wissenschaftliche Themen weisen verschiedene Studien einen solchen Zusammenhang zwischen der redaktionellen Linie und der Tendenz der zitierten Expertenmeinungen nach (z. B. KEPPLINGER 1989a; KEPPLINGER/EHMIG/AHLHEIM 1991). Dies ist insofern von Bedeutung, als vor diesem Hintergrund davon ausgegangen werden kann, dass die Medien auch bei der Stammzelldebatte auf solche »opportunen Zeugen« (HAGEN 1992: 445) zurückgreifen. Die aktive, zielgerichtete Rolle der Journalisten im Selektionsprozess beschreibt auch Kepplinger (1989b) in seinem Modell der instrumentellen Aktualisierung. Damit sind zugleich auch die Grundlagen des medialen Framings umrissen, nämlich die mehr

22 Relativierende Ergebnisse finden sich allerdings u. a. bei Hagen, Zeh und Berens (1998), Krüger und Zapf-Schramm (1999) sowie Schönbach und Semetko (1995).

oder weniger zielgerichtete Auswahl bestimmter Realitätsaspekte, Problemsichtweisen und Positionen durch die Journalisten.

Wie bereits bei der Determinationsthese angeklungen, spielen neben den Journalisten auch die gesellschaftlichen Akteure im Prozess der Nachrichtenselektion eine Rolle. Auf der einen Seite beeinflussen die Akteure die journalistische Auswahl allein dadurch, dass sie selbst bestimmte strukturelle Merkmale mit einem immanent hohen Nachrichtenwert aufweisen. Diese lassen sich auch als generell verfügbare Ressourcen beschreiben (vgl. PAN/KOSICKI 2003) und sind nicht oder nur begrenzt von den Akteuren beeinflussbar. Auf der anderen Seite können sie durch die im Rahmen des Intereffikationsmodells beschriebenen Adaptionen an die journalistische Produktions- und Selektionslogik auch aktiv ihre Auswahlchancen erhöhen, indem sie beispielsweise den Nachrichtenwert ihrer Information manipulieren oder diese gemäß den journalistischen Qualitätskriterien formulieren. Im folgenden Unterkapitel stehen die strukturellen Merkmale im Mittelpunkt. Die aktiv beeinflussbaren Aspekte werden in den Kapiteln 4.3.1 und 4.3.2 behandelt.

3.1.2 *Externe strukturelle Selektionseinflüsse*

Im Kontext der Determinationsthese (vgl. Kap. 2.2.1) wurden – neben den journalismusbezogenen Faktoren – mit den PR-bezogenen und den situativen Faktoren zwei weitere Gruppen von intervenierenden Variablen genannt, die beide den externen strukturellen Selektionseinflüssen zugerechnet werden können. Die PR-bezogenen Faktoren beziehen sich unmittelbar auf konkrete Eigenschaften der gesellschaftlichen Akteure, welche die Medienberichterstattung zu beeinflussen versuchen. Die situativen Faktoren beschreiben den größeren gesellschaftlichen Kontext bzw. die Rahmenbedingungen, in die das Handeln der Akteure eingebettet ist.

Insbesondere bei den PR-bezogenen Faktoren hat die Forschung mittlerweile einige zentrale Aspekte identifiziert, welche die Selektion einer Information durch die Journalisten begünstigen. Am besten von diesen belegt ist der Status des Akteurs. Große, gesellschaftlich wichtige bzw. etablierte Institutionen haben gegenüber kleinen, unbedeutenden einen Aufmerksamkeitsbonus. Dies gilt v. a. für politische Institutionen, lässt sich grundsätzlich aber auch für andere gesellschaftliche Akteure feststellen (z. B. CURTIN/RHODENBAUGH 2001; GERHARDS 1993; KRUSE 2001; RIESMEYER 2006; SAFFARNIA 1993; SCHWEDA/OPHERDEN 1995; SEIDENGLANZ/BENTELE 2004). Einige Autoren gehen dabei sogar so weit, diesen Aspekt normativ aus der Perspektive der Machtsicherung und Machterhaltung zu betrachten (z. B. CARRAGEE/ROEFS 2004; ENTMAN 2003). Ursache dieses Aufmerksamkeitsbonus ist neben der vermuteten Objektivität der betreffenden Akteure ihre gute Verfügbarkeit sowie ihr Prestige als Informationsquelle (vgl. MCCARTHY et al. 1996; RYAN 1991; TARROW 1994; vgl. auch GAMSON/MEYER 1996). In den letzten 20 Jahren erfahren zwar mit den Nichtregierungsorganisationen (NGOs) auch weniger etablierte Akteure zunehmend mediale Aufmerksamkeit (WIMMER 2003), allerdings haben sie beim Medienzugang nach wie vor stärkere Probleme als etablierte Akteure v. a. aus dem politischen Bereich (BENFORD/HUNT 1992; GAMSON 1988B; GAMSON/MEYER 1996; PAGE 1996; RYAN 1991). Eng mit dem Status bzw. der Etabliertheit der Akteure verknüpft sind ihr Professionalisierungs- bzw. Organisationsgrad (vgl. GIUGNI 1998) sowie ihre personelle und finanzielle Ausstattung (THRALL 2006). Bei den nicht etablierten bzw. statusniedrigen Akteuren handelt es sich i. d. R. um wenig organisierte Bürgerbewegungen oder sogenannte ›Grassroot‹-Organisationen, denen nur geringe Finanzmittel zur Verfügung stehen und die deshalb bei der Medienbeeinflussung auch nur begrenzte Personalkapazitäten einsetzen können. Thrall (2006: 417) konstatiert für solche Akteure: »[They] simply do not have the resources to make noise and make news«. Hinzu kommt, dass sie sich wegen ihrer geringen Ressourcen oft nicht als dauerhafte Ansprechpartner für die Medien positionieren können (RYAN 1991). Bei Riesmeyer (2006) finden sich allerdings auch Hinweise darauf, dass selbst gesellschaftlich etablierte Akteure wie beispielsweise die Kirchen oder Universitäten nicht zwangsläufig von den Medien bevorzugt werden. Auch Donovan (1995) zeigt, dass besser organisierte und ausgestattete Akteure durchaus weniger erfolgreich in der Durchsetzung ihrer Sichtweisen sein können. Vermutlich ist die gesellschaftliche Etabliertheit nur ein Faktor neben weiteren, beispielsweise der thematischen Kompetenz (NOAKES 2005). Zusätzlich verkompliziert wird die Situation dadurch, dass Journalisten grundsätzlich unvoreingenommene Informationsquellen, d. h. Akteure, bei denen keine eigenen Interessen im Spiel sind, bevorzugen (z. B. CAMERON/SALLOT/CURTIN 1997; CURTIN 1999; PINCUS/RIMMER/RAYFIELD/CROPP 1993) – vermutlich weil sie eine höhere Glaubwürdigkeit besitzen (vgl. BENFORD/SNOW 2000;

COY/WOEHRLE 1996; SNOW/BENFORD 1988, 1992). Dies sind – neben Regierungsquellen – oft eben jene nicht oder wenig etablierten nichtkommerziellen Akteure und Nonprofit-Organisationen (CURTIN 1999). Ihnen wird meist auch bei Themen von allgemeiner gesellschaftlicher Tragweite (z.B. Umweltschutz, Bioethik) Vorrang eingeräumt (CURTIN/RHODENBAUGH 2001). Daneben genießen auch universitäre Quellen bei Journalisten eher hohe Glaubwürdigkeit (DETJEN/FICO/LI/KIM 2000), weil auch ihnen meist thematische Neutralität unterstellt wird (konträr dazu vgl. allerdings KEPPLINGER et al. 1991). Page und Shapiro (1992) verweisen darauf, dass Experten generell eine höhere Glaubwürdigkeit zugeschrieben wird. Insgesamt deuten diese Ergebnisse darauf hin, dass geringe gesellschaftliche Etabliertheit zumindest teilweise durch zugeschriebene Neutralität und Themenkompetenz aufgewogen wird. Als weiterer, ebenfalls gut belegter PR-bezogener Einflussfaktor lässt sich die Vermittlung über Nachrichtenagenturen nennen. PR-Informationen, die die Redaktion nicht direkt, sondern über den Umweg einer Nachrichtenagentur erreichen, haben höhere Selektionschancen (CURTIN 1999; DONSBACH/MEISSNER 2004; vgl. auch SAFFARNIA 1993). In der Agenturmeldung ist ihre PR-Herkunft oft nicht mehr erkennbar (vgl. ROSSMANN 1993), sodass sie von den Journalisten als neutrale Informationen betrachtet und gegenüber offensichtlicher PR-Information bevorzugt werden. Die komplexen Wechselwirkungen zwischen den verschiedenen Akteursmerkmalen verdeutlichen, dass mit Blick auf die Stammzelldebatte keine unmittelbare Aussage darüber getroffen werden kann, welche Akteure die besten Chancen darauf haben, sich mit ihrer Sichtweise in den Medien zu etablieren. Es ist anzunehmen, dass kirchliche und wissenschaftliche Akteure einen gewissen Selektionsvorteil besitzen. Inwieweit dieser aber tatsächlich auch zum Tragen kommt, ist vermutlich von zahlreichen weiteren Faktoren und nicht zuletzt auch von der konkreten Situation abhängig.

Auf der Seite der situativen strukturellen Faktoren wird die journalistische Selektion davon beeinflusst, ob es sich um eine Routine- oder Krisensituation handelt (BARTH/DONSBACH 1992; BERKOWITZ/BEACH 1993; SEIDENGLANZ/BENTELE 2004; vgl. auch DONSBACH/WENZEL 2002). In Krisensituationen und bei Krisenthemen berichten Journalisten umfangreicher. Dabei greifen sie zwar auch mehr auf PR-Material zurück. Gleichzeitig bearbeiten sie dessen Inhalte jedoch auch stärker, stehen ihnen kritischer gegenüber und recherchieren häufiger selbst noch zusätzlich. Zudem steigt in Krisensituationen die Bedeutung alternativer, oppositioneller Informationsquellen (BERKOWITZ/BEACH 1993; SEIDENGLANZ/BENTELE 2004). Ein weiterer zentraler situativer Faktor ist die gesellschaftliche Wichtigkeit eines Themas. Ein Thema, das die Gesellschaft nicht als bedeutsam erachtet, erfährt auch von den Medien weniger Aufmerksamkeit (EDELMAN 1988; GERHARDS 1992). Entscheidend ist dabei nicht die tatsächliche, sondern die von den Medien wahrgenommene oder auch nur vermutete gesellschaftliche Wichtigkeit (vgl. dazu auch Kap. 3.2.3).

Aus dem Zusammenspiel der genannten externen strukturellen Selektionseinflüsse und den zuvor beschriebenen journalistischen Selektionsmechanismen ergeben sich grundlegende Strukturmerkmale medialer Berichterstattung. Diese gelten insbesondere für medial vermittelte gesellschaftliche Kontroversen und damit auch für die Debatte um die Stammzellforschung. Sie setzen die Rahmenbedingungen für die inhaltlichen Einflussnahmeversuche der an der Debatte beteiligten Akteure und prägen den Thematisierungsverlauf entscheidend mit. Das folgende Unterkapitel befasst sich ausführlicher mit ihnen.

3.1.3 *Strukturmerkmale medialer Berichterstattung*

Vor allem im Rahmen der Forschung zu publizistischen Konflikten (z.B. BERENS 2001; KEPPLINGER 1994), aber auch zu gesellschaftlichen Diskursen (z.B. GERHARDS/NEIDHARDT 1991; GERHARDS et al. 1998; NEIDHARDT 1996; WESSLER 1999) und sozialen Bewegungen (z.B. GAMSON/CROTEAU/HOYNES/SASSON 1992; GAMSON/MEYER 1996; KLANDERMANS/GOSLINGA 1996) wurden verschiedene Strukturmerkmale medialer Berichterstattung identifiziert. In Anlehnung an Berens (2001) lassen sich drei zentrale Merkmale unterscheiden: Einfachheit, Ereignisorientierung und Dynamik. Diese spiegeln im Wesentlichen die Ergebnisse der Selektionsforschung wider und sind deshalb auch eng mit inhaltlichen Aspekten verknüpft. Im Folgenden werden die drei genannten Merkmale, ihre Ursachen sowie Zusammenhänge mit inhaltlichen Aspekten erläutert.

Einfachheit

Medienberichterstattung ist i.d.R. vereinfachend und stereotyp. Dies gilt besonders für die Darstellung gesellschaftlicher Kontroversen. Ursache dieser Reduktion ist die mediale Ausrichtung auf ein Laienpublikum, die eine vereinfachte Darstellung zwingend notwendig macht. Die speziellen Kommunikationsmuster verschiedener externer Gruppen treten in der medialen Kommunikation zugunsten allgemein verständlicher Kommunikation zurück. Die Medien selektieren überwiegend einfache, klar strukturierte Ereignisse und Themen, die einer breiten Öffentlichkeit leicht und verständlich zu vermitteln sind (GERHARDS/NEIDHARDT 1991; KLANDERMANS/GOSLINGA 1996). Hilfreich dabei ist die mediale Präferenz für Personen (GITLIN 1980; KLANDERMANS/GOSLINGA 1996), weil personifizierte Schilderungen die Veranschaulichung abstrakter Themen erleichtern. Zusätzlich dazu beschränken sich die Medien nur auf bestimmte thematische Aspekte und einige wenige Argumente. Konflikte werden bevorzugt dargestellt (GITLIN 1980), aber ebenfalls auf einfache Gegensätze reduziert (KLIMENT 1994; NEIDHARDT 1996; WEISS 1989; WESSLER 1999). Der Schwerpunkt liegt dabei i.d.R. auf den negativen Aspekten (KEPPLINGER/WEISSBECKER 1991). Ursache der Vereinfachung ist das binäre Konfliktschema der Nachrichtenwert-Logik, das bereits bestehende Differenzen noch zuspitzt, um die Publikumsaufmerksamkeit zu erhöhen (NEIDHARDT 1994b). Entgegen dem normativen Diskursmodell von Habermas (1962) sind massenmedial vermittelte Kontroversen und Diskurse deshalb nicht unbedingt rational und verständigungsorientiert, sondern zeichnen sich durch begrenzte Komplexität, Sach- und Lösungsorientierung aus (FRANZ 2000; GERHARDS et al. 1998; KEPPLINGER 1994). Dies gilt insbesondere für komplexe Wissenschaftsthemen wie die Stammzellfrage (vgl. EMMRICH 2000).

Ereignisorientierung

Die Ausrichtung auf einfache Strukturen hängt auch damit zusammen, dass die Berichterstattung stark ereignisorientiert ist (BERENS 2001; GITLIN 1980; GOTTSCHLICH 1985; KLANDERMANS/GOSLINGA 1996; KLIMENT 1994). Gegenstand sind überwiegend singuläre – politische, inszenierte oder spektakuläre – Ereignisse oder bereits eingetretene Katastrophen. Nicht nur über Konflikte findet selten eine kontinuierliche, differenzierte Hintergrundberichterstattung statt (RUHRMANN 1992). Massenmedien sind demzufolge zwar wesentlich an der Konstruktion von Themen, Konflikten und Kontroversen beteiligt, tragen sie jedoch nicht unbedingt bis zum Ende aus (NEIDHARDT 1994a). Ursache der Ereignisorientierung ist zum einen der zentrale mediale Nachrichtenwert der Neuheit einer Information bzw. der, wie Luhmann (1996: 36) es ausdrückt, leitende binäre Code »Information« versus »Nichtinformation«. Im Moment ihrer Veröffentlichung wird eine ehemals neue Information zur Nichtinformation, d. h. sie verliert ihren Neuigkeitswert. Da sich bereits bekannte Informationen nicht mehr verkaufen lassen, sind die Medien gezwungen, immer neue Informationen zu erzeugen und zu veröffentlichen. Selbst wenn es sich de facto nicht um wirklich neue Informationen handelt, lässt sich der Anschein von Neuigkeit mithilfe von ereignisorientierter Berichterstattung herstellen. Allein über die verstrichene Zeit lässt sich bereits eine gewisse Neuheit suggerieren, und der Verweis auf neue Entwicklungen bzw. Ereignisse unterstützt diesen Effekt. Zum anderen ergibt sich die Ereignisorientierung aber auch aus der medialen Produktionslogik. Der feste Erscheinungsrhythmus macht die abstrakte Darstellung von Themen schwierig, weil diese per se zunächst nicht in zeitliche Strukturen eingebunden sind. Durch die Verknüpfung mit konkreten Ereignissen lassen sie sich dagegen deutlich besser in den Erscheinungsrhythmus integrieren. Sofern es sich um vorab angekündigte Ereignisse handelt, erlaubt eine ereignisorientierte Berichterstattung zudem eine effizientere Planung beim Einsatz der redaktionellen Ressourcen (Berens 2001; vgl. auch Gitlin 1980).

Dynamik

Ein weiteres wichtiges Grundmerkmal medialer Berichterstattung ist ihre Dynamik. Erneut gilt dies in besonderem Maß für medial vermittelte Kontroversen bzw. Konflikte. Die Dynamik äußert sich sowohl in zeitlicher als auch in inhaltlicher Hinsicht. Die zeitliche Ebene umfasst in erster Linie Veränderungen in der Berichterstattungsintensität. Demgegenüber geht es auf der inhaltlichen Ebene um Veränderungen des Gegenstandes bzw. der Themen(aspekte), der Bewertungen sowie der beteiligten Akteure (z. B. Berens 2001; Böcking 2007; Kolb 2006; Otto 2001). Auch die in dieser Arbeit im Mittelpunkt stehenden Frames lassen sich der inhaltlichen Ebene zurechnen. Ursache der Dynamik ist die Tendenz der medialen Kommunikation zur Selbstverstärkung (Schulz 1993) bzw. das Überangebot der ihr zur Verfügung stehenden Themen (Gerhards/Neidhardt 1991).

Mit Veränderungen in der Berichterstattungsintensität befassen sich zahlreiche Modelle zu medialen Themenkarrieren. Auch wenn sie sich in den konkreten Details unterscheiden, ist allen gemeinsam, dass sie idealtypisch verschiedene Thematisierungsphasen annehmen, die nacheinander durchlaufen werden. Dabei steigt die Berichterstattungsintensität von einem sehr geringen Umfang bis zu einem Kulminationspunkt hin an, um anschließend nach und nach wieder abzunehmen und schließlich etwa auf dem Anfangsniveau auszuklingen. Das wohl bekannteste, wenn auch nicht unmittelbar auf Medienberichterstattung bezogene Modell ist neben dem von Luhmann (1970) der Issue-Attention-Cycle von Downs (1972). Er geht davon aus, dass ein gesellschaftliches Problem insgesamt fünf Phasen gesellschaftlicher Aufmerksamkeit durchläuft. Diese reichen von (1) der latenten Existenz des Problems über (2) das Entstehen öffentlicher Aufmerksamkeit und einen ersten Lösungsenthusiasmus, gefolgt von (3) der Bewusstwerdung der für die Problemlösung erforderlichen Kosten und (4) dem allmählichen Nachlassen des öffentlichen Interesses, bis hin zum (5) Verschwinden des Problems aus dem Öffentlichkeitsfokus (ähnlich vgl. KITSUSE/SPECTOR 1973). Nicht nur in der kommunikationswissenschaftlichen Literatur sondern auch in benachbarten Disziplinen (z.B. Betriebswirtschaft) sind aus der Auseinandersetzung mit dem Modell von Downs (1972) zahlreiche Studien entstanden, die ähnliche Lebenszyklen von (medialen) Themen identifizieren (z.B. BERENS 2001; COBB/ELDER 1983; DYLLICK 1989; KOLB 2006; OTTO 2001; ROGERS et al. 1991; SCHULZ/BERENS/ZEH 1998; TRUMBO 1996; WESSLER 1999). Kolb (2006) kritisiert jedoch, dass diese teilweise sowohl Zeit*punkte* (z.B. den Berichterstattungshöhepunkt) als auch Zeit*phasen* (z.B. die Etablierungsphase) einbeziehen, und entwickelt in Anlehnung an die Diffusionsforschung (ROGERS 1983) ein mathematisch begründetes, idealtypisches Themenzykluskonzept mit fünf Phasen. Diese lassen sich in Latenzphase, Aufschwungphase, Etablierungsphase, Abschwungphase und Marginalisierungsphase unterscheiden und folgen einer zufallsverteilten Glockenkurve. Abweichungen vom Glockenkurvenverlauf sind nach Kolb (2006) auf spezifische externe Einflüsse zurückzuführen. Beispielsweise muss der Themenzyklus nicht vollständig durchlaufen werden, und auch seine Entwicklungsgeschwindigkeit kann unterschiedlich schnell sein. Welche Faktoren den zeitlichen Thematisierungsverlauf im Einzelnen beeinflussen, darauf wird später ausführlicher eingegangen (vgl. Kap. 3.2.3 sowie Kap. 4.3.2 und 4.3.3).

In der Regel untersuchen die Studien, die sich mit Veränderungen der Berichterstattungsintensität befassen, auch inhaltliche Veränderungen im Zeitverlauf. Typischerweise geht es dabei sowohl um thematische als auch personelle Veränderungen. Beide gehen Hand in Hand: Aufgrund von wechselnden Akteuren ändern sich auch die Themen und Bewertungen und umgekehrt. Dabei lässt sich nicht sagen, was jeweils der ursächliche Faktor ist. Vielmehr verändern sich beide in einem interaktiven Prozess. Dahinter stehen einerseits die Selektionskriterien der Massenmedien, andererseits das medienorientierte Handeln der Akteure (SCHERER 1995). Deren Aktionen führen zu Reaktionen und Gegenreaktionen und erzeugen so einen dynamischen Berichterstattungscharakter, der sich vor allem in den angesprochenen thematischen Verschiebungen bemerkbar macht. Diese können sich aus den Aktionen selbst oder durch die weitere Recherche und neue Themenimpulse der Medien (SCHULZ 1997) ergeben, hängen aber auch mit der dynamischen Konstellation der beteiligten Akteure zusammen (KEPPLINGER/HACHENBERG/FRÜHAUF 1977). Im Extremfall kann die thematische Dynamik ein so starkes Eigenleben entfalten, dass sie sich von dem realen Geschehen mehr oder weniger löst (vgl. KEPPLINGER 1983). Die jeweils folgenden Beiträge sind dann eher das Echo der vorangegangenen Berichterstattung als ein Spiegel der Ereignisse. Es entstehen immer neue Teilkontroversen, sodass sich die gesamte Auseinandersetzung schnell von ihrem Ursprung entfernt (KEPPLINGER 1994). Entscheidend für solche thematischen Verschiebungen ist jedoch das Verhalten der Medien, ob sie über die neuen Aspekte berichten oder sie ignorieren (SCHERER 1995). Sie sind dadurch nicht nur passives Vermittlungsforum für die einzelnen Diskursbeteiligten, sondern selbst aktiv an der (thematischen) Konstruktion der Kontroverse beteiligt (vgl. auch CALLAGHAN/SCHNELL 2001; TERKILDSEN/SCHNELL 1997). Auch wenn die geschilderten Mechanismen überwiegend nur auf der Themenebene untersucht wurden, lassen sie sich grundsätzlich auch auf die inhaltlich komplexeren Frames übertragen (ausführlicher vgl. Kap. 3.2.3).

Mit dem Verweis auf Frames richtet sich der Fokus vom *Was* auf das *Wie* medialer Berichterstattung. Die geschilderten journalistischen Selektionsmechanismen und daraus resultierenden Strukturmerkmale der Berichterstattung bilden zugleich die Grundlage und den Rahmen für die konkreten Inhalte, die in den bzw. über die Medien vermittelt werden. Wie bereits zu Beginn des Kapitels angesprochen, geschieht dies über die mediale Framing-Leistung. Während sich bei der in dieser Arbeit untersuchten Stammzelldebatte das *Was* der Thematisierung auf die Kontroverse an sich bezieht, geht es bei dem *Wie* des Framings um deren spezifische inhaltliche Ausgestaltung. Dieser Aspekt ist Gegenstand des folgenden Unterkapitels.

3.2 Mediales Framing

In einer medial vermittelten Kontroverse wie der Stammzelldebatte müssen die Medien die Themen und Ereignisse in einer spezifischen Art und Weise verarbeiten, damit die Öffentlichkeit sie für ihren Diskurs nutzbar machen kann und Anschlusskommunikation möglich ist. Dieser Prozess der massenmedialen Aufbereitung wird als ›Framing‹ bezeichnet. Dabei versehen die Medien die Präsentation von Ereignissen und Sachverhalten mit Interpretationsrahmen, die diesen eine bestimmte Bedeutung geben (TUCHMAN 1978; SCHEUFELE 1999; SCHEUFELE 2000). Der Prozess des Framings beruht dabei auf der Selektion und Hervorhebung von bestimmten Ereignissen bzw. Themen oder von einzelnen Aspekten dieser Ereignisse und Themen (ENTMAN 1993). Solche einzelnen Aspekte können Subthemen, emotionale Färbungen oder auch bestimmte Episoden der Ereignisse sein (GHANEM 1997). Insgesamt strukturieren die Medien dadurch die Kontroverse und sorgen für eine soziale Definition des betreffenden Sachverhaltes und seiner Lösungsmöglichkeiten (ENTMAN 1993; MATHES 1989). Neben den Massenmedien sind auch die gesellschaftlichen Akteure aus den anderen Arenenbereichen an diesem medialen Framing-Prozess beteiligt. Wie bereits im Intereffikationsmodell angeklungen, versuchen sie, die Medienberichterstattung in ihrem Sinne zu beeinflussen. Das bedeutet, dass sie gezielt bestimmte Interpretationsrahmen konstruieren, d.h. den Sachverhalt in einer spezifischen Weise framen, und diese Frames in den Medien zu platzieren versuchen (BENFORD/SNOW 2000; SNOW/BENFORD 1988; PAN/KOSICKI 1993; Wimmer 2004). Ob die Frames und – wenn ja – welche Aspekte von ihnen dann tatsächlich in den Medien erscheinen, darüber bestimmen diese entsprechend ihrer weiter oben beschriebenen Selektionsregeln. Damit ist der Prozess des medialen Framings im Grunde zweigeteilt: Die gesellschaftlichen Akteure machen den Medien Interpretationsangebote, die Medien wiederum wählen daraus aus, lassen unter Umständen einzelne Aspekte weg oder fügen neue hinzu. Entsprechend definieren Pan und Kosicki (1993: 57) Framing sowohl als »strategy of constructing and processing news discourse« als auch als »characteristic of the discourse itself«. Im Folgenden steht dieser mediale Framing-

Prozess mit seinen einzelnen Komponenten im Mittelpunkt. Dabei geht es zunächst nur um den Prozess als solchen. Auf das konkrete Framing-Handeln der gesellschaftlichen Akteure bzw. ihre strategische Gestaltung von Frames wird später (vgl. Kap. 4) eingegangen. Im Einzelnen werden mit dem kommunikationswissenschaftlichen Framing-Ansatz zunächst die theoretischen Grundlagen beschrieben und auf dieser Basis ein für die vorliegende Arbeit brauchbares Modell des Framing-Prozesses entwickelt (Kap. 3.2.1). Anschließend geht es um die Sachdimension des Framings, d.h. um die genauere inhaltliche Beschreibung von Frames (Kap. 3.2.2). Zum Abschluss des Kapitels wird ausführlicher auf die Zeitdimension, und damit auf die Entstehung und Entwicklung von Frames, eingegangen (Kap. 3.2.3).

3.2.1 *Der kommunikationswissenschaftliche Framing-Ansatz*

In den letzten etwa 20 Jahren hat sich mit dem Framing-Ansatz ein eigenständiger kommunikationswissenschaftlicher Theorieansatz zur Erforschung der medialen Thematisierungs- und Strukturierungsleistung herausgebildet. Vor allem in den Anfängen der Framing-Forschung wurde Framing dabei häufig lediglich als Spielart des Agenda-Setting verstanden und ihm ein eigener Theoriestatus abgesprochen (z.B. MCCOMBS et al. 1997). Einzelne Autoren v.a. aus der Agenda-Setting-Tradition betrachten mediales Framing auch heute noch lediglich als Second-Level-Agenda-Setting (z.B. KIOUSIS 2005; MCCOMBS/GHANEM 2003). Die Mehrheit der Forscher ist mittlerweile jedoch der Ansicht, dass Framing und Agenda-Setting von grundlegend verschiedenen Hintergründen und Prämissen ausgehen und daher unterschiedliche Ansätze darstellen (z.B. CARRAGEE/ROEFS 2004; EDY/MEIRICK 2007; HARDEN 2002; PRICE/TEWKSBURY 1997; VAN GORP 2007). Neben dem Framing-Ansatz befassen sich – abgesehen von der angesprochenen Agenda-Setting-Forschung – auch noch etliche andere Ansätze mit der medialen Thematisierungs- und Strukturierungsleistung. Diese sind oft nicht trennscharf zum Framing zu sehen bzw. werden als Teilbereich von diesem verstanden (vgl. DAHINDEN 2006; SCHEUFELE 2003). Oftmals sind sie auch untereinander nicht trennscharf. Zu ihnen zählen u.a. die Risiko- und Krisenkommunikation (z.B. RUHRMANN 1992; GASKELL/BAUER 2001), diskursanalytisch orientierte Ansätze (z.B. GAMSON/MODIGLIANI 1989; GAMSON 1992; GERHARDS 1992; NEIDHARDT 1994a; WESSLER 1999) sowie das Issues Management (z.B. HALLAHAN 2001; RÖTTGER 2001). Insbesondere die letzten beiden sehen die mediale Thematisierung als von gesellschaftlichen Akteuren strategisch gelenkten Prozess und weisen damit eine starke Nähe zur PR-Forschung auf. Auf die Erkenntnisse dieser Ansätze wird bei der genaueren Beschreibung des strategischen Akteurshandelns noch einmal zurückzukommen sein (vgl. Kap. 4.2).

Obwohl sich die Forschung vor allem in den letzten zehn Jahren sehr intensiv mit dem Framing-Ansatz auseinandergesetzt und dabei etliche Unklarheiten und Inkonsistenzen beseitigt hat, lässt sich bisher immer noch nicht von einer einheitlichen Framing-Theorie sprechen. Matthes (2007b) begreift die Framing-Forschung sogar explizit nur als Forschungsprogramm. Zwischenzeitlich ist zwar eine stärkere Systematisierung und Vereinheitlichung der Forschung erfolgt (vgl. DAHINDEN 2006; HARDEN 2002; MATTHES 2007b; SCHEUFELE 2003). Entmans (1993: 51) mittlerweile klassische Feststellung eines »fractured paradigm« besitzt jedoch nach wie vor Aktualität. Van Atteveldt, Ruigrok und Kleinnijenhuis (2006: 1) verweisen auf »fierce disagreements concerning its [des Framings; Anm. der Autorin] definition, theoretical grounding, and measurement methodology«, und auch andere Autoren bemängeln definitorische und begriffliche Unschärfen (z.B. PAN/KOSICKI 2003; PORTO 2007; REESE 2007; TANKARD 2003; VAN GORP 2005). Zahlreiche aktuelle Studien verwenden den Framing-Begriff nach wie vor nur als Metapher und betten ihn oft unzureichend theoretisch ein (z.B. CROSS/LOCKYER 2006; HIEBERT 2003; INOUE/PATTERSON 2007; NEVEU 2002; vgl. auch REESE 2007). Marullo, Pagnucco und Smith (1996: 2) konstatieren mit einer gewissen Ironie: »The concept of frame takes on different meanings for different analysts, who differentially emphasize one component of the process over another.« Noch grundlegendere Kritik kommt von Reese (2007). Er bemängelt, dass die kommunikationswissenschaftliche Framing-Forschung die Erkenntnisse der Forschung zu sozialen Bewegungen bisher ungenügend berücksichtigt hat (vgl. auch MATTHES 2007b; SCHEUFELE/TEWKSBURY 2007; VAN GORP 2007). Konkret fehlt ihm die Einbettung in den größeren Kontext gesellschaftlicher Diskurse sowie die Berücksichtigung strategischer Interessen von gesellschaftlichen Akteuren und damit verbundenen zeitlichen Verschiebungen im medialen Framing. Auf die strategische Komponente des Framing-Ansatzes und den damit verbundenen Prozesscharakter verweisen auch andere Autoren (z. B. PAN/KOSICKI 1993, 2003). Einen ersten Schritt zu deren Integration leistet Matthes (2007b). Er fasst die bisherige Framing-Forschung zu einem einheitlichen Framing-Forschungsprogramm zusammen, geht jedoch auf das strategische Framing nicht spezifischer ein. Ziel der vorliegenden Arbeit ist es, diesen Aspekt systematischer in die bisherige kommunikationswissenschaftliche Framing-Theorie und -Forschung zu integrieren. Dazu ist es zunächst notwendig, den bisherigen Stand des Ansatzes zu beschreiben; in diesem Kontext werden auch die zentralen Begriffe ›Frame‹ und ›Framing‹ genauer erläutert. Dabei handelt es sich im Kern um Begriffsklärungen, die ein grundlegendes Verständnis des Ansatzes ermöglichen sollen. Anschließend erfolgt die Erweiterung um den strategischen Aspekt.

Die Wurzeln des kommunikationswissenschaftlichen Framing-Ansatzes werden je nach Autor in unterschiedlichen Disziplinen verortet. Ein Grundkonsens besteht darin, sowohl die Psychologie als auch die Soziologie zu diesen Disziplinen zu zählen (z. B. DAHINDEN 2006; HALLAHAN 1999; HARDEN 2002; LEONARZ 2006; SCHEUFELE 2003). Allerdings wird innerhalb dieser beiden Disziplinen durchaus auf unterschiedliche Ansätze und Theorien zurückgegriffen. Auf soziologischer Seite ist in erster Linie Goffmans (1974) Rahmenanalyse zu nennen. Aufseiten der Psychologie sind es verschiedene kognitionspsychologische Konzepte, und unter diesen vor allem die ›prospect theory‹ (TVERSKY/KAHNEMAN 1981) sowie die Schematheorie. Die soziologisch orientierte Framing-Forschung befasst sich mit sozialen Sinnzuschreibungen und Situationsdeutungen. Die Menschen nehmen demnach Sinnzuschreibungen vor, um ihre Umwelt und ihr Handeln strukturieren und zueinander ins Verhältnis setzen zu können. Diese Sichtweise geht zurück auf Goffman (1974), der Frames als subjektive Wahrnehmungen von sozialen Situationen versteht. Diese Wahrnehmungen beruhen zwar auf kognitiven Mechanismen. Jedoch stehen nicht diese im Vordergrund, sondern die framebasierte Organisation der Umwelterfahrung an sich, d. h. deren sinnhafte Einordnung mithilfe von bestehenden Interpretationsschemata. Abgesehen von dem Grundgedanken der sozialen Sinngebung und Strukturierung der Umwelterfahrungen hat der kommunikationswissenschaftliche Framing-Ansatz eher wenig mit dem Frame-Konzept von Goffman (1974) gemeinsam (LEONARZ 2006; MATTHES 2007b). In der kommunikationswissenschaftlichen Framing-Forschung finden sich daher auch nur wenige explizite Bezüge auf Goffman (DAHINDEN 2006). Ähnlich wie die soziologische Framing-

Forschung geht auch die psychologisch orientierte Framing-Forschung von der Grundidee der Strukturierung und Organisation von Erfahrungen aus. Sie setzt sich jedoch aus der Perspektive der mentalen Verarbeitung damit auseinander. In der Literatur ist umstritten, ob und wie das Framing-Konzept in kognitionspsychologischer Hinsicht angewendet werden kann. Da dieser Aspekt für die vorliegende Arbeit nicht weiter von Bedeutung ist, sei an dieser Stelle lediglich auf entsprechende Autoren verwiesen (z.B. CALLAGHAN/SCHNELL 2005; CHONG/DRUCKMAN 2007; MATTHES 2004, 2007a, 2007b; SCHEUFELE 2003; VAN GORP 2005).

Die traditionelle kommunikationswissenschaftliche Framing-Forschung unterscheidet mit den Journalisten-, Rezipienten- und Medieninhaltsframes insgesamt drei Typen von Frames im massenmedialen Kommunikationsprozess (vgl. u.a. DAHINDEN 2006; HARDEN 2002; SCHEUFELE 2003). Die ersten beiden Typen beziehen sich im Wesentlichen auf die mentale Organisation und Verarbeitung von Information aufseiten der Journalisten und Rezipienten. Damit sind sie den für die vorliegende Arbeit nicht relevanten kognitionspsychologischen Ansätzen und Herangehensweisen zuzuordnen und werden deshalb an dieser Stelle auch nicht weiter berücksichtigt. Zentral für das Untersuchungsziel dieser Arbeit sind dagegen die Medieninhaltsframes. Wie der Name bereits verdeutlicht, finden sich diese unmittelbar in den manifesten Medieninhalten. Sie sind das Resultat sowohl individueller als auch redaktionell-kollektiver journalistischer Framing-Prozesse (vgl. SCHEUFELE 2003). Im Kern erfüllen sie für das Medienprodukt die Funktion der Bedeutungsgebung, sie strukturieren also einerseits den Text bzw. die Medienbotschaft (vgl. DAHINDEN 2006) und vermitteln andererseits sozialen Sinn. Konkret geschieht dies dadurch, dass sie die journalistische Realitätswahrnehmung encodieren und von den Rezipienten im Zuge deren eigener Realitätswahrnehmung decodiert werden. Zwischen den Medieninhaltsframes und der Realitätswahrnehmung durch die Rezipienten besteht allerdings keine strikte Kausalität im Sinne eines Stimulus-Response-Modells. Mediale Inhaltsframes sind lediglich ein Interpretationsangebot an die Rezipienten, das diese übernehmen können, aber nicht müssen (z.B. BREWER 2006; DURFEE 2006; EDY/MEIRICK 2007; GRABER 1988; SCHEUFELE 2000; TEWKSBURY/JONES/PESKE/RAYMOND/VIG 2000). Sie setzen jedoch gewisse Schranken für die Lesart der Medieninhalte (MCLEOD/DETENBER 1999; WILLEMS 2000).

Die beschriebenen Frametypen lassen sich verschiedenen kommunikationswissenschaftlichen Framing-Ansätzen zuordnen. Im Einzelnen unterscheidet Scheufele (2003) zwischen einem wirkungszentrierten, einem kommunikatorzentrierten und einem öffentlichkeitstheoretischen Ansatz. Der wirkungszentrierte Ansatz befasst sich mit der Übernahme von Medieninhaltsframes durch die Rezipienten und ist damit der psychologisch orientierten Framing-Forschung zuzurechnen. Da die vorliegende Arbeit diesen Aspekt des Framings ausklammert, wird im Folgenden nicht weiter darauf eingegangen (im Überblick vgl. z. B. MATTHES 2007b). Der kommunikatorzentrierte Framing-Ansatz lässt sich nach Scheufele (2003) in eine journalistenzentrierte und eine inhaltszentrierte Herangehensweise unterscheiden. Erstere schließt aus Medieninhaltsframes auf journalistische Frames zurück und fokussiert damit letztlich auf die journalistische Nachrichtenproduktion. Da auch dieser Aspekt nicht Gegenstand dieser Arbeit ist, wird er ebenfalls nicht weiter ausgeführt. Letztere befasst sich ausschließlich mit der Beschreibung der manifesten Medieninhaltsframes; in diesem Bereich finden sich auch die meisten empirischen Studien. Die Untersuchung von Medieninhaltsframes weist eine gewisse Nähe zum Ziel der vorliegenden Arbeit auf, das strategische Framing-Handeln gesellschaftlicher Akteure in der Stammzelldebatte zu untersuchen, da dieses sich in gewisser Weise auch in den Medieninhaltsframes niederschlagen sollte. Allerdings ist die reine Beschreibung von Medieninhaltsframes nicht dazu geeignet, das strategische Framing-Handeln adäquat abzubilden. Diese Möglichkeit eröffnet generell der öffentlichkeitstheoretische Framing-Ansatz. Scheufele (2003) zufolge bewegt er sich in einem Spannungsfeld zwischen dem kommunikatorzentrierten Ansatz, dem rezipientenzentrierten Ansatz und dem politischen System, das gesellschaftliche Akteure zu beeinflussen versuchen. Damit bezieht er das Handeln gesellschaftlicher Akteure grundsätzlich mit ein. Nachteilig ist jedoch, dass konkret die Perspektive strategischer Framing-Aktivitäten nicht systematisch in den Ansatz integriert ist (vgl. auch MATTHES 2007b). Dies gilt v. a. auch auf begrifflicher Ebene. Die bisher existierenden Frametypen lassen sich nicht für die Beschreibung gezielter inhaltlicher Einflussnahmeversuche auf die Medien verwenden. In der neueren Literatur differenziert Matthes (2007b) zwar mit den Kommunikatorframes noch einen vierten Frametyp, über den er die Perspektive strategisch handelnder gesellschaftlicher Akteure auf theoretischer Ebene in das bestehende kommunikationswissenschaftliche Framing-Konzept integriert. Dabei bleibt jedoch unklar, ob es sich um mentale oder manifeste Akteursframes handelt. Zudem ist die Bezeichnung ›Kommunikatorframes‹ missverständlich, da der Kommunikator-Begriff in der Literatur häufig für Journalisten verwendet wird. Aus empirischer Perspektive ist die Konzeptionierung von Matthes (2007b) damit unzureichend. Insgesamt ist eine Ausdifferenzierung der Frametypologie notwendig, die strategisches Framing-Handeln gesellschaftlicher Akteure nicht nur auf theoretischer Ebene integriert, sondern auch für eine konkrete empirische Analyse greifbar macht. Aus der Sicht von gesellschaftlichen Akteuren geht es beim strategischen Framing darum, eigene Situationsdeutungen bzw. Frames in den Medien zu platzieren, um darüber die Sichtweisen der Rezipienten zu beeinflussen. Dies geschieht u. a. über PR-Materialien, in denen die Akteure den Medien ihre Sichtweise in komprimierter Form anbieten. In den Materialien manifestieren sich dabei letztlich in der Gruppe kollektiv geteilte Sichtweisen, die generell auch das Gruppenhandeln beeinflussen. Terminologisch lassen sich daher auf Akteursseite sowohl mehr oder weniger latente kollektive Akteursframes als auch manifeste Inhaltsframes unterscheiden. Aus Letzteren sind – mit gewissen Einschränkungen – Rückschlüsse auf die kollektiven Akteursframes möglich.

Die bisherigen Ausführungen verdeutlichen, dass die Medieninhaltsframes das entscheidende Ziel der strategischen Framing-Aktivitäten gesellschaftlicher Akteure darstellen. Durch die Erstellung eigener Inhaltsframes und deren Weitergabe an die Medien versuchen sie, die Medieninhaltsframes und über diese auch das Publikum zu beeinflussen. Dabei bildet das Publikum zugleich auch die Grundgesamtheit, aus der sich die am strategischen Framing beteiligten Akteure rekrutieren (vgl. Kap. 2.1.2). Dies bedeutet, dass sich Rückwirkungen der Medieninhaltsframes auf die strategischen Framing-Aktivitäten der Akteure ergeben können. Der eigentliche Prozess des strategischen Framings kann deshalb nicht losgelöst vom Gesamtprozess betrachtet werden, sondern bedarf für ein umfassendes Verständnis der Einbettung in den größeren Kontext des allgemeinen Framing-Prozesses. Dies soll abschließend mit Blick auf die beteiligten Akteursgruppen geschehen. Einen schematischen Überblick dazu gibt Abbildung 2.

Unmittelbar am Framing-Prozess beteiligte Akteure sind auf der einen Seite die Massenmedien bzw. die Journalisten und auf der anderen Seite die gesellschaftlichen Akteure, die die Medien zu beeinflussen versuchen. Beide Seiten rekrutieren sich aus der Gesamtheit des Publikums und ›framen‹ Sachverhalte, indem sie Themenaspekte und Ereignisse zu größeren Einheiten und Sinnkomplexen verknüpfen. Dabei greifen sie auf kollektive, d. h. in ihrer sozialen Gruppe geteilte Sichtweisen zurück, die sich in ihren Textmaterialien manifestieren und anhand dieser auch erschlossen werden können (vgl. SCHEUFELE 2003). Im Prinzip lässt sich der Framing-Prozess dabei in zwei nacheinander ablaufende Teilprozesse unterteilen: Der erste beschreibt die strategische Aufbereitung und Strukturierung von Themen für die Massenmedien durch *gesellschaftliche und politische Akteure* und stellt damit das unmittelbare strategische Framing dar. Auf diesen Teilprozess bezieht sich auch das Framing-Verständnis der PR-Forschung und der Forschung zu sozialen Bewegungen. Der zweite umfasst die *massenmediale* Aufbereitung und Strukturierung, die sich in der Folge des strategischen Akteurs-Framings ergibt, und stellt damit dessen mittelbare Auswirkungen dar. Dieser Teilprozess beschreibt zugleich das klassische Verständnis von Framing. Am Ende der Kette steht das Publikum, das die so entstandenen medialen Frame-Angebote individuell verarbeitet und gegebenenfalls als strategischer Akteur darauf reagiert.

ABBILDUNG 2

Prozess des strategischen Framings

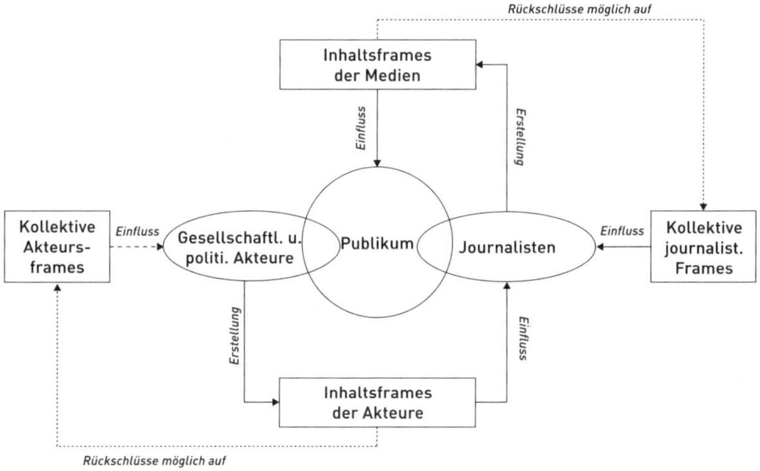

Quelle: Eigene Darstellung

Insgesamt ist das strategische Framing damit als zirkulärer Prozess zu verstehen, der die Realitätswahrnehmungen und -strukturierungen von verschiedenen Akteursgruppen umfasst; diese werden über in Text- und Bildmaterialien manifeste Frames weitergegeben. Der Prozess selbst wird in den Materialien sowohl punktuell als auch in der Zeitperspektive, d. h. in zeitbedingten Veränderungen, sichtbar (ähnlich vgl. VAN GORP 2007). Für die empirische Analyse des strategischen Framings reicht es deshalb auch aus, die Inhaltsframes der Akteure sowie die Medieninhaltsframes zu untersuchen. Aus diesen lassen sich sowohl Rückschlüsse auf die Sichtweisen der strategisch handelnden Akteure als auch auf die Durchsetzungskraft ihrer Frames in den Medien ziehen.

Bei der Analyse strategischer Framing-Prozesse in der Stammzelldebatte stehen entsprechend die Inhaltsframes der zentral daran beteiligten Akteure sowie der Medien im Mittelpunkt. In ihnen spiegelt sich die Sachdimension der Debatte, d. h. sie geben Aufschluss über die verschiedenen Sichtweisen auf den Gegenstand der Stammzellforschung. Das folgende Unterkapitel befasst sich deshalb ausführlicher mit den Inhaltsframes. Die dort beschriebenen Aspekte stammen i. d. R. aus der Forschung zu Medieninhaltsframes. Sie lassen sich aber ohne Weiteres auch auf die Inhaltsframes der Framing-Akteure übertragen.

3.2.2 *Sachdimension: Elemente und Typen von Inhaltsframes*

Inhaltsframes sind omnipräsent (CALLAGHAN/SCHNELL 2005), und zwar nicht nur in den Medien. Egal ob in den Nachrichten, in Flugblättern oder auch in Pressemitteilungen – jedes Thema ist automatisch in irgendeiner Weise geframt. Um diese Frames einer empirischen Analyse zugänglich zu machen, ist es notwendig, über die basale Feststellung ihrer Existenz hinaus zu klären, wie ein solcher Frame aussieht. Im Folgenden wird deshalb der Begriff des Inhaltsframes genauer spezifiziert. Dazu gehört zunächst eine grundlegende Definition seiner Elemente. Anschließend werden verschiedene Typen von Inhaltsframes unterschieden, und es wird auf ihre konkrete inhaltliche Ausgestaltung eingegangen.

Elemente von Inhaltsframes

Ebenso wie beim Framing-Begriff besteht auch hinsichtlich des Frames in der Forschung nach wie vor Uneinigkeit darüber, was diesen im Einzelnen ausmacht. Symptomatisch beschreiben Williams und Benford (2000) diese Unklarheit. Ihnen zufolge wird der Frame-Begriff als »all-purpose substitute« (ebd.: 128) für eine Fülle von verschiedenen Konzepten verwendet. Als »victim of its own popularity« verkomme er zum reinen »buzzword used to signal theoretical sympathy, or perhaps to cover an imprecision in understanding« (ebd.: 128). Entsprechend fordern sie konzeptuelle Klarheit durch eine tiefere Auseinandersetzung mit dem Begriff. Diese Forderung erscheint v. a. mit Blick auf die valide und reliable empirische Erfassung von Inhaltsframes angebracht. Nicht nur Benford (1997: 415) verweist darauf, dass »the term ›frame‹ has become a cliché«. Auch andere Autoren bemängeln, dass existierende Studien zu Inhaltsframes ihr Frame-Verständnis oft nicht präzise definieren und es ihnen daher an Transparenz und empirischer Nachvollziehbarkeit mangelt (MATTHES 2007b; MATTHES/KOHRING 2004; vgl. auch TANKARD 2003; VAN GORP 2005). Van Gorp (2005) zufolge resultiert diese Schwammigkeit daraus, dass sowohl der ›Framing‹- als auch der ›Frame‹-Begriff ganz allgemein dafür verwendet werden können, dass Themen in irgendeiner Art und Weise dargestellt bzw. vermittelt werden. Er plädiert deshalb dafür, die Begriffe nur dann zu verwenden, wenn ähnliche, bereits etablierte Bezeichnungen nicht anwendbar sind. Eng mit dem Definitions- und Nachvollziehbarkeitsproblem verknüpft ist die generelle methodische Herangehensweise der bestehenden Studien. Auf diesen Aspekt wird im Rahmen der für diese Arbeit gewählten methodischen Herangehensweise in Kapitel 7.1.2 noch einmal zurückzukommen sein. Im Folgenden steht zunächst die Definition des Frames im Vordergrund.

Eine erste Annäherung an den Frame-Begriff erlauben die Definitionen von Gamson und Modigliani. Diese beschreiben Inhaltsframes als »central organizing idea or story line that provides meaning to an unfolding strip of events« (GAMSON/MODIGLIANI 1987: 143) bzw. als »set of interpretive packages that give meaning to an issue« (GAMSON/MODIGLIANI 1989: 3). Entman (1993: 52, kursiv im Original) wiederum beschreibt Frames in seiner vielfach zitierten Definition über den Framing-Prozess: »To frame is to *select some aspects of a perceived reality and make them more salient in a communicating text, in such a way to promote a particular problem definition, causal interpretation, moral evaluation, and/or treatment recommendation* for the item described«. Bei zahlreichen anderen Autoren finden sich ähnliche, mehr oder weniger konkrete Definitionen (z. B. DAHINDEN 2006; KOHRING/MATTHES 2002; MARULLO et al. 1996; PAN/KOSICKI 1993; PORTO 2007; REESE 2007; TANKARD 2001; SCHEUFELE 2003; WILLIAMS/BENFORD 2000).

Gemeinsam ist den verschiedenen Definitionen zunächst, dass sie auf die bereits erwähnte grundlegende Funktion von Frames verweisen, Erfahrungen zu strukturieren und zu größeren sinnhaften Einheiten zu verknüpfen (vgl. SNOW/ROCHFORD/WORDEN/BENFORD 1986).[23] Darüber hinaus geben sie jedoch auch Hinweise darauf, wie dies im Einzelnen geschieht. Gamson und Modigliani (1989: 3f.; vgl. auch GAMSON 1988b; GAMSON/LASCH 1983) unterscheiden im Zusammenhang mit ihrer Definition drei »reasoning devices«, welche die Struktur eines Frames näher spezifizieren: Ursachen, Konsequenzen und Prinzipienappelle (z.B. in Form von moralischen Behauptungen). Ähnlich sind auch die drei »core framing tasks« von Snow und Benford (1988: 199) zu verstehen: Beim »diagnostic framing« geht es um die Problematisierung eines Ereignisses oder Sachverhalts sowie die Zuschreibung einer Ursache oder eines Verursachers; das »prognostic framing« beinhaltet einen Lösungsvorschlag für das Problem; das »motivational framing« schließlich benennt Gründe, warum gehandelt werden sollte, was sich häufig in einem moralischen Appell und damit implizit in einer moralischen Bewertung äußert. Sowohl die ›reasoning devices‹ als auch die ›core framing tasks‹ weisen deutliche Ähnlichkeiten mit der oben erwähnten Definition von Entman (1993) auf. Ihr zufolge besteht ein Inhaltsframe aus den vier zentralen Elementen (1) Problemdefinition, (2) Kausalattribution bzw. Ursachenidentifikation, (3) (moralischer) Bewertung und (4) Lösungsvorschlag bzw. Handlungsanweisung. Matthes (2007b: 55) fasst diese Definition folgendermaßen zusammen: »Es handelt sich [bei Frames; Anm. d. Autorin] also um Muster von Problemdefinitionen, Verantwortungszuschreibungen, Bewertungen und Handlungsanweisungen, die sich in [...] Texten ausmachen lassen« (vgl. auch MATTHES/KOHRING 2004; KOHRING/MATTHES 2002). Dabei unterliegt jeder Frame nach Matthes (2007b) immer drei generellen Prinzipien: dem Ambivalenzprinzip, dem Selektionsprinzip sowie dem Konsistenzprinzip. Ersteres geht davon aus, dass innerhalb des gleichen Frames konfligierende Sichtweisen möglich sind; dem Zweiten zufolge greift ein Frame immer nur bestimmte Sichtweisen und Aspekte auf und führt damit zu einer Reduktion der Ambivalenz;

23 Speziell im deutschsprachigen Raum wird daher auch der Begriff des Deutungs-, Thematisierungs- oder Interpretationsmusters verwendet (z.B. DAHINDEN 2006; FRANZ 2000; GERHARDS et al. 1998; HARDEN 2002; NEIDHARDT/RUCHT 1993; SCHEUFELE 2003).

Letzteres unterstellt, dass ein Frame ein kohärentes Ganzes darstellt, das eine konsistente Sichtweise auf ein Thema ermöglicht.

In der empirischen Forschung ist Entmans (1993) Definition mittlerweile als klassisch anzusehen. Matthes (2007c) weist in einer systematischen Analyse bestehender Medieninhaltsframe-Studien nach, dass sich rund ein Drittel der untersuchten Studien auf diese Definition stützt. Dies ist darauf zurückzuführen, dass sie aufgrund ihrer Konkretheit die Grundvoraussetzung für eine valide und reliable empirische Umsetzung bietet – bei gleichzeitig vertretbarem empirischem Aufwand in der Anwendung (vgl. MATTHES 2007b). Auch die vorliegende Untersuchung wird deshalb auf diese Definition zurückgreifen. In der konkreten empirischen Umsetzung der Definition unterscheiden sich die zahlreichen bestehenden Inhaltsframe-Studien allerdings erheblich – mit z.T. durchaus gravierenden Konsequenzen für die Reliabilität der Ergebnisse (vgl. MATTHES 2007c). Auf diesen Aspekt wird im Zuge des in dieser Arbeit gewählten methodischen Vorgehens noch detaillierter zurückzukommen sein (vgl. Kap. 7.1).

Verschiedene Autoren verweisen darauf, dass die Definition von Entman (1993) den Idealtyp eines Inhaltsframes beschreibt (z.B. DONATI 1992; MATTHES 2007b; MATTHES/KOHRING 2004; VAN GORP 2005; vgl. auch RÜDIGER 2002; SCHEUFELE 2003; TRUMBO 1996). Um die Existenz eines Frames zu diagnostizieren, müssen nicht zwangsläufig alle vier Elemente gemeinsam vorkommen.[24] Der Frame kann vielmehr auch nur in Teilausschnitten vorliegen. Nach Matthes (2007b) müssen für die Existenz eines Frames mindestens zwei Elemente vorhanden sein. Aus der Perspektive des strategischen Framings sind dabei Lösungen und Verantwortungszuschreibungen wahrscheinlicher, weil die Akteure mit den Frames ein konkretes Ziel verfolgen. Ursachenzuschreibungen dürften dagegen auch deswegen eine geringere Bedeutung haben, weil öffentliche Diskurse eine eher niedrige Rationalität besitzen (FRANZ 2000; GERHARDS et al. 1998) und – wie die Persuasionsforschung zeigt (z.B. CHAIKEN/TROPE 1999) – Entscheidungen nicht immer ursachenfundiert gefällt werden.

24 Anders als Matthes (2007b) indirekt mit seinem Konsistenzprinzip unterstellt, müssen sich die Elemente noch nicht einmal zwingend logisch aufeinander beziehen. Snow und Benford (1988) verweisen darauf, dass die Lösungsvorschläge zwar meistens, aber nicht immer mit den Ursachenzuschreibungen zusammenhängen. Andererseits beschränkt die Konzentration auf eine bestimmte Problemdefinition die dafür möglichen Lösungsvorschläge (NEPSTAD 1997).

Insgesamt bildet die beschriebene, allgemeine Frame-Definition die zentrale Grundlage für empirische Studien zu Inhaltsframes. Ein Frame besteht danach aus den vier Grundelementen Problemdefinition, Ursachenzuschreibung, Bewertung und Lösungsvorschlag, die unterschiedlich miteinander kombiniert werden können und nicht unbedingt gleichzeitig vorliegen müssen. Um ein umfassendes Bild von Inhaltsframes zu erhalten, reicht diese Definition jedoch nicht aus. Vielmehr muss spezifischer auch nach verschiedenen Typen von Inhaltsframes gefragt werden. Matthes (2007c) verweist in diesem Zusammenhang darauf, dass die von ihm analysierten Inhaltsframe-Studien eine nahezu unüberblickbare Fülle an verschiedensten Frames identifizieren, die ohne Vereinheitlichung und Systematisierung nur begrenzten Nutzen für den Framing-Ansatz besitzen (vgl. auch BENFORD 1997; CAPPELLA/JAMIESON 1997; MATTHES 2007b). Im Folgenden wird deshalb ausführlicher auf solche Systematisierungen und deren Konsequenzen für die vorliegende Arbeit eingegangen.

Typen von Inhaltsframes

Das Problem der ungenügenden Vereinheitlichung von Inhaltsframes haben verschiedene Autoren bereits angesprochen und mehr oder weniger detaillierte Systematisierungsvorschläge unterbreitet (z. B. CALLAGHAN/SCHNELL 2005; DAHINDEN 2006; DE VREESE 2005; MATTHES/KOHRING 2004; LEONARZ 2006; SCHEUFELE 2003). Im Kern lassen sich zwei verschiedene Typen von Inhaltsframes unterscheiden: formal-stilistische Frames und inhaltsbezogene Frames (MATTHES/KOHRING 2004; vgl. auch CALLAGHAN/SCHNELL 2005; für abweichende Differenzierungen vgl. z. B. LEONARZ 2006; VAN GORP 2007).

Bei formal-stilistischen Frames steht nicht der Inhalt, sondern die Erzählform bzw. der allgemeine Aufbau von Nachrichtentexten im Mittelpunkt. Matthes (2007b: 57) zu Folge sind sie durch »ein hohes Abstraktionsniveau und einen hohen Generalisierungsgrad« gekennzeichnet. Ihr Wert für die Analyse von Inhaltsframes kann allerdings als umstritten gelten. Leonarz (2006) und Matthes (2007b) kritisieren, dass zumindest einige der Frames mit Nachrichtenwerten identisch sind und damit ihr theoretischer Mehrwert fraglich ist. Van Gorp (2007) zählt die formal-stilistischen Frames gar nicht erst zu den Frames. Letztlich lassen sie sich ebenso gut aus der Sichtweise der klassischen Selektionsforschung beschreiben. Aus diesem Grund konzentriert sich die vorliegende Arbeit auf die inhaltsbezogenen Frames.

Im Gegensatz zu den formal-stilistischen Frames ist die Bandbreite bei den inhaltsbezogenen Frames wesentlich größer. Wie der Name bereits sagt, fokussieren sie auf die konkreten inhaltlichen Aspekte eines Themas. In der Literatur existiert eine unüberschaubare Menge verschiedenster inhaltsbezogener Frames. Allein Matthes (2007c) kommt in seiner Analyse von bestehenden Framing-Studien auf 600 verschiedene Frames. Die tatsächliche Zahl dürfte noch deutlich höher liegen. Wenn jede Studie ihre eigenen Frames identifiziert, ist generell deren theoretischer Nutzen infrage gestellt (vgl. VAN GORP 2005). Verschiedene Autoren versuchen deshalb, die bisher in der Forschung identifizierten Frames hinsichtlich ihres Abstraktionsgrades zu systematisieren. Erste Ansatzpunkte finden sich bei Snow et al. (1986) sowie Gamson et al. (1992). Konkreter differenziert Matthes (2007b) zwischen themenspezifischen und themenübergreifenden Frames, und auch andere Autoren gehen von ähnlichen Systematisierungen aus (CALLAGHAN/SCHNELL 2005; ENTMAN 2004).[25] Die themenspezifischen Frames rücken konkrete Aspekte eines spezifischen Themas – beispielsweise der Stammzelldebatte – in den Mittelpunkt. Sie gelten nur für dieses Thema und lassen sich nicht auf andere Themen anwenden. Unabhängig von ihrer konkreten Erhebungsweise finden sich solche themenspezifischen Frames im Bereich der Framing-Studien zu Wissenschaftsthemen u.a. bei Crawley (2007), Dahinden (2006), Kohring und Matthes (2002) sowie Terkildsen, Schnell und Ling (1998). Die themenübergreifenden Frames dagegen sind unabhängig vom konkreten Thema anwendbar. Sie stellen weniger spezifische Themenaspekte als vielmehr allgemeinere »*thematische*[...] Leitaspekt[e]« (MATTHES 2007b: 59, kursiv im Original) in den Vordergrund – beispielsweise den Aspekt der Moral. Framing-Studien mit themenübergreifenden Frames spezifisch zu Wissenschaftsthemen finden sich u.a. bei Gerhards und Schäfer (2006) oder Leonarz (2002). Vergleichbar mit den themenübergreifenden Frames ist Dahindens (2006: 108) Konzept der »Basis-Frames«. In einer propositionalen Meta-Analyse bisheriger Studien, deren methodische Vorgehensweise Matthes (2007b) teilweise scharf

25 Vergleichbar dazu existiert in der Framing-Literatur der sozialen Bewegungen das Konzept der Master-Frames (vgl. u.a. BENFORD/SNOW 2000; CARROLL/RATNER 1996a; MOONEY/HUNT 1996; SWART 1995; WILLIAMS/BENFORD 2000).

kritisiert, identifiziert er fünf solcher Frames: ›Konflikt‹, ›Wirtschaftlichkeit‹, ›Fortschritt‹, ›Moral, Ethik, Recht‹ und ›Personalisierung‹. Abgesehen davon, dass diese formal-stilistische und inhaltsbezogene Frames miteinander vermischen, lässt sich an ihnen ebenso wie generell am Konzept themenübergreifender Frames kritisieren, dass der Unterschied zwischem einem Frame und einem Thema fraglich ist (vgl. MATTHES 2007b). Hinzu kommt, dass themenübergreifende bzw. Basis-Frames im Verhältnis zu themenspezifischen Frames u.U. gar nicht trennscharf sind, weil ein themenspezifischer Frame möglicherweise mehrere themenübergreifende Aspekte enthält (MATTHES 2007b). Zurückzuführen ist dies auf die Analyseeinheit und damit indirekt auf die Erhebungsweise der Frames. Je nach dem, ob ein oder mehrere themenspezifische Frames pro Texteinheit erhoben werden, kann es auf der Ebene der themenübergreifenden Frames auch Mischformen geben. Die genannten Kritikpunkte stellen das Konzept der themenübergreifenden Frames an sich infrage. Matthes (2007b) plädiert daher für die themenspezifische Erhebung von Frames. Als weiteres Argument dafür führt er die Nähe solcher Frames zum Untersuchungsgegenstand und damit letztlich deren inhaltliche Validität und Aussagekraft an. Insbesondere wenn die Frames nicht auf Beitrags-, sondern auf Akteursebene erhoben werden, wie es die Analyse strategischer Frames in der Stammzelldebatte erfordert, dürfte sich dieses Problem noch verschärfen. Die vorliegende Arbeit wird deshalb mit themenspezifischen Frames arbeiten. Dennoch stellt sich auch bei diesen Frames die Frage nach ihrem Abstraktionsgrad. Dieser hängt generell nicht vom Thema ab, sondern von der Konzeptionierung der Frames. Je nach Detailliertheit des Codebuchs sowie datenanalytischem Vorgehen sind die Frames inhaltlich spezifischer oder abstrakter. Werden die Frames beispielsweise clusteranalytisch aus ihren Einzelelementen zusammengesetzt, bestimmt bereits die Ebene der Clusterung (z.B. Akteur, Beitrag, Tag, Medium) darüber, wie spezifisch die resultierenden Frames sind. Darüber hinaus können Frames auf einer niedrigeren Ebene aber auch weiter verdichtet werden, indem einfach weniger Cluster vorgegeben werden oder eine erneute Clusterung über die bereits identifizierten Frames erfolgt. Bereits dieses Beispiel zeigt, dass der Abstraktionsgrad eines Frames im Wesentlichen durch die Vorgaben des Forschers bestimmt wird. Dabei müssen noch nicht einmal die innerhalb *einer* Studie identifizierten Frames das gleiche Abstraktionsniveau besitzen (z.B. ANDERSON/ALLAN/PETERSEN/WILKINSON 2005; CRAWLEY 2007; DAHINDEN

2002; DURANT/BAUER/GASKELL 1998; NISBET et al. 2003; NISBET/HUGE 2006; TEN EYCK/WILLIMENT 2003). Die Entscheidung darüber, welcher Abstraktionsgrad letztlich sinnvoll ist, kann nur auf der Basis von theoretischen Überlegungen erfolgen. Auch van Gorp (2005: 485, kursiv im Original) verweist darauf, dass die jeweilige Konzeptionierung der Frames nicht zu unterschätzende Konsequenzen hat: »[...] the *conditio sine qua non* of framing research concerns the identification of the frames that are appropriate for the questions the researcher is willing to answer. The way a frame is conceived by a scholar affects the results, the scope and the comparability of the findings.« Für die vorliegende Arbeit entsteht daraus die Notwendigkeit, das Abstraktionsniveau der themenspezifischen Frames so zu bestimmen, dass die Forschungsfrage optimal beantwortet werden kann. Auch mit Blick auf die Reliabilität der Frames ergibt sich daraus die Forderung nach der Erhebung konkreter Einzelelemente, die dann über entsprechende datenanalytische Verfahren so zu Frames zusammengesetzt werden, dass ihre inhaltliche Aussagekraft maximal ist (vgl. MATTHES/KOHRING 2004). Der Nachteil dieses Vorgehens besteht allerdings darin, dass die Einzelelemente für jede Studie neu bestimmt werden müssen und der Arbeitsaufwand damit entsprechend hoch ist.

In den beiden vorangegangenen Abschnitten wurden die vier Kernelemente von Inhaltsframes sowie die verschiedenen Grundtypen und deren empirische Probleme beschrieben. Damit ist ein erstes Grundverständnis für die spätere Untersuchung der Akteurs- und Medieninhaltsframes im Prozess des strategischen Framings geschaffen. Um Inhaltsframes reliabel erheben zu können, ist außerdem auch Aufschluss über ihre konkrete sprachliche Ausgestaltung notwendig. Diese wird allgemein mit dem Begriff der ›framing devices‹ bezeichnet und ist Gegenstand des folgenden Abschnitts.

Framing Devices

Wie der Abstraktionsgrad inhaltsspezifischer Frames ist auch deren konkrete sprachliche Ausgestaltung ein zentraler Diskussionspunkt in der Framing-Forschung. Die eingangs erwähnte Definition von Entman (1993) benennt zwar die vier Kernelemente eines Frames. Sie gibt jedoch keinen weiteren Aufschluss darüber, wie bzw. woran diese Kernelemente im Einzelnen zu erkennen sind. Dadurch eröffnet sie der Beliebigkeit einen weiten Spielraum. Vor allem die Framing-Studien, die vordefinierte Frames erheben, lassen den Leser häufig im Unklaren darüber, wie der Frame genau bestimmt wurde. Dieses Manko mag teilweise dem begrenzten Darstellungsraum in Zeitschriftenartikeln geschuldet sein. Dennoch verbirgt sich dahinter erneut die grundlegende Frage nach der Reliabilität der Frames. Vor allem in der diskursanalytischen und auf soziale Bewegungen bezogenen Framing-Literatur finden sich durchaus konkretere Hinweise auf die spezifische sprachliche Gestaltung von Frames. Die einzelnen Elemente werden dabei i. d. R. als ›framing devices‹ bezeichnet. Allerdings verstehen die verschiedenen Autoren unterschiedliche Aspekte darunter. Pan und Kosicki (1993: 59) nennen vier sehr weit gefasste ›framing devices‹, über die ein Frame vermittelt wird: syntaktische Strukturen, Skriptstrukturen, thematische Strukturen und rhetorische Strukturen. Erstere umfassen den Autoren zufolge Wortanordnungsmuster sowie den allgemeinen syntaktischen Aufbau einer Nachricht und weisen damit eine deutliche Nähe zu diskursanalytischen Konzepten (z. B. VAN DIJK 1988) auf. Gleiches gilt für die zweite Gruppe; bei diesen Strukturen handelt es sich um eine Art Grammatik, über welche die einzelnen Informationen zu einer sinnhaften Einheit verbunden werden. Die thematischen Strukturen wiederum beschreiben spezifischer, wie diese Einheiten gestaltet sind. U. a. umfassen sie kausale Beziehungsstrukturen, die über entsprechende Konjunktionen, Bedingungsstrukturen oder die kontextuelle Anordnung von Informationselementen vermittelt werden. Im Prinzip entsprechen sie den weiter oben genannten ›reasoning devices‹ von Gamson und Modigliani (1989). Die rhetorischen Strukturen haben demgegenüber das Ziel, bestimmte Bilder und Vorstellungen zu erzeugen und die Lebhaftigkeit der Darstellung zu erhöhen. Sie können deshalb auch als eine Art rhetorische Stilmittel verstanden werden. Zu diesen zählen auch die fünf ›framing devices‹, die bei Gamson und Modigliani (1989: 3) zu finden sind. Im Einzelnen unterscheiden diese zwischen Metaphern, Beispielen, Schlagworten, veranschaulichenden Schilderungen und bildlichen Darstellungen. Ihlen und Nitz (2006) kritisieren die Liste von Gamson und Modigliani (1989) allerdings als unvollständig und ergänzen sie um weitere rhetorische Figuren und Stilmittel (ähnlich vgl. auch TANKARD 2003).

Mit Blick auf die reliable empirische Erhebung von Frames ergibt sich das Problem, dass v. a. die weit gefassten ›framing devices‹ von Pan und Kosicki (1993) sehr komplex und daher nur mit großem Aufwand umzusetzen sind. Auf dieses Problem verweisen auch schon die Autoren selbst.

Für eine handhabbare empirische Analyse ist es deshalb i.d.R. notwendig, Einschränkungen vorzunehmen. In kommunikationswissenschaftlichen Framing-Studien wird üblicherweise darauf verzichtet, die Inhaltsframes auf syntaktische und Skriptstrukturen herunterzubrechen, wie es Pan und Kosicki (1993) vorschlagen. Stattdessen konzentrieren sich die Autoren meist entweder eher auf thematische (z.B. SCHEUFELE 2003) oder auf rhetorische Strukturen (z.B. DURANT et al. 1998; NISBET et al. 2003). Eine gezielte Verknüpfung beider Aspekte findet sich bei Ihlen und Nitz (2006) sowie van Gorp (2005, 2007). Auch die vorliegende Arbeit steht bei ihrer Frame-Erhebung vor der Herausforderung der empirischen Handhabbarkeit. Wie dieses konkret bewältigt wird, wird im Rahmen des Methodenkapitels ausführlicher geschildert.

Bei der Analyse medial vermittelter, gesellschaftlicher Framing-Prozesse in der Stammzelldebatte spielt neben der beschriebenen Sach- auch die Zeitdimension eine zentrale Rolle. Auf der einen Seite passen sich die strategisch handelnden Akteure der Interessengruppenarenen in ihrem Framing fortwährend an die allgemeinen gesellschaftlichen Rahmenbedingungen und den spezifischen Fortgang der Debatte an. Auf der anderen Seite ist zu erwarten, dass sich in Reaktion auf die Ereignisse auch die von den Journalisten vermittelten medialen Frames verändern. Im Folgenden wird der Prozesscharakter des Framings und damit die Zeitdimension näher beleuchtet.

3.2.3 *Zeitdimension: Entstehung und Entwicklung von Frames*

Frames bleiben im Zeitverlauf nicht konstant. Diese Feststellung erscheint mit Blick auf die zahlreichen Ergebnisse zu medialen Themenkarrieren sowie der Agenda-Setting-Forschung zunächst trivial, und entsprechend verweisen auch verschiedene Autoren in der kommunikationswissenschaftlichen Framing-Forschung auf die Zeitdimension (z.B. FRANZ 2000; HARDEN 2002; LEONARZ 2006; WESSLER 1999). Einige beziehen sich in ihren theoretischen Überlegungen sogar explizit auf den bereits erwähnten Issue-Attention-Cycle von Downs (1972) (vgl. Kap. 3.1.3; z.B. MILLER/RIECHERT 2003; NISBET/HUGE 2006). Bei genauerem Hinsehen fällt jedoch auf, dass die wenigsten Autoren die Zeitdimension tatsächlich auch konsequent in ihren Analysen berücksichtigen. Wenn es um die zeitliche Entwicklung und Verschiebung von Frames geht, liefert eher die Forschung zu sozialen Bewegungen Aufschluss über entsprechende Prozesse (vgl. MATTHES 2007b). Dies ist vermutlich mit dadurch bedingt, dass sich die Mehrzahl der kommunikationswissenschaftlichen Framing-Studien zunächst auf die Darstellung bzw. Herausarbeitung von allgemeinen Medien-Frames konzentriert und noch dazu meist eher kurze Zeiträume analysiert. Demgegenüber liegt der Schwerpunkt der Framing-Studien zu sozialen Bewegungen per se bereits auf dem Prozesscharakter (z.B. BENFORD 1997; BENFORD/SNOW 2000; MARULLO et al. 1996). Im Mittelpunkt steht i.d.R. nicht nur die Medienberichterstattung an sich, sondern der größere gesellschaftliche Kontext, in den diese eingebettet ist. Im Detail geht es um verschiedene widerstreitende Akteursperspektiven, die sich über die Medien in der Gesellschaft durchzusetzen versuchen. Im Folgenden werden diese zeitlichen Veränderungen näher beleuchtet. Dazu wird zunächst auf die bestehende Framing-Literatur zurückgegriffen. Zusätzlich werden Forschungserkenntnisse zu medialen Themenkarrieren berücksichtigt, die zu einem vertieften Verständnis der zeitlichen Dynamik beitragen. Framing-Prozesse können dabei nie losgelöst von den gesellschaftlichen Rahmenbedingungen betrachtet werden. Im Einzelnen wird deshalb zunächst generell auf die zeitliche Dynamik von Inhaltsframes eingegangen. Anschließend werden mit der kulturellen Resonanz und dem politischen Prozess zwei wesentliche Rahmenfaktoren geschildert, die die zeitliche Veränderung von Frames mitbestimmen. Dabei liegt der Fokus auf Veränderungen im medialen Framing. Wie das zuvor entwickelte Modell des medial vermittelten, gesellschaftlichen Framing-Prozesses zeigt, sind diese vermutlich teilweise auch auf veränderte Akteursframes zurückführbar.[26] Aus diesem Grund werden in der Darstellung auch Studien berücksichtigt, die reine Akteursframe-Verschiebungen untersuchen.

Zeitliche Dynamik von Inhaltsframes

In der neueren Framing-Literatur finden sich einige Studien, die Frames nicht nur statisch erheben, sondern auch zeitliche Frame-Veränderungen untersuchen. Im Detail sind die Ergebnisse nur schwer vergleichbar, da die verschiedenen Autoren die Frames teilweise sehr unterschiedlich

26 Eine zweite Ursache können veränderte journalistische Selektionskriterien sein.

operationalisieren und zudem unterschiedliche Frame-Typen erheben (vgl. Kap. 3.2.2). Teilweise sind die Arbeiten auch methodisch kritisierbar (ausführlicher dazu vgl. Kap. 7.1.2) oder inhaltlich wenig differenziert. Im Kern weisen sie jedoch alle darauf hin, dass sich Frames im Zeitverlauf verändern. Grundsätzlich lassen sich dabei zwei Aspekte von Dynamik unterscheiden: Veränderungen in der Quantität und Veränderungen in der Qualität. Hinter Ersterem verbergen sich Verschiebungen in der Gewichtung unterschiedlicher Frames zueinander. Das Zweite umfasst die Veränderung inhaltlicher Aspekte innerhalb eines Frames und damit verbunden das Entstehen neuer sowie das Verschwinden alter Frames.

Studien, die quantitative Veränderungen *zwischen* Frames untersuchen, entstammen meist auch dem quantitativen Forschungsparadigma. Meist vergleichen sie nur wenige, in größere Blöcke zusammengefasste Zeitabschnitte miteinander. Dieses Vorgehen ist oft den Anforderungen einer quantitativen Auswertung sowie der Handhabbarkeit der Daten geschuldet. Dadurch gehen jedoch detailliertere Aussagemöglichkeiten, beispielsweise über beeinflussende Rahmenfaktoren, verloren. Dies gilt insbesondere dann, wenn die Zusammenfassung pragmatisch nach natürlichen Zeiträumen erfolgt und keine Rücksicht auf die spezifische Ereignislage o. Ä. genommen wird (vgl. KOLB 2006).[27] Unabhängig davon, ob die Phaseneinteilung auf einer starren, zeitbasierten Grundlage beruht oder flexibel anhand theoretischer bzw. statistischer Überlegungen erfolgt (KOLB 2006), wird die Zusammenfassung in größere Zeitabschnitte der u. U. hohen Dynamik von Framing-Prozessen vermutlich nur begrenzt gerecht. Insbesondere die Studien aus der kommunikationswissenschaftlichen Forschung bewegen sich zudem meist nur auf der allgemeinen Medienproduktebene und differenzieren nicht zusätzlich zwischen den Frames einzelner Akteure. Dennoch lassen die bestehenden Studien eine Kernaussage zu: Unabhängig von der genauen Phaseneinteilung und der Frame-Bestimmung kommen sie alle zu dem Ergebnis, dass sich die Medieninhaltsframes im Zeitverlauf in ihrer Gewichtung zueinander verändern (z. B. CALLAGHAN/SCHNELL 2001; FRÖHLICH/RÜDIGER 2006; HARDEN 2002; KOHRING/MATTHES 2002; MILLER 1997; MILLER/RIECHERT 2003; NISBET/HUGE 2006; OTTO 2001; TERKILDSEN et al. 1998; VAN GORP 2005; WESSLER 1999). Kohring und Matthes (2002) belegen außerdem, dass bestehende Frames auch verschwinden oder

27 Ausnahmen stellen hier die Arbeiten von Otto (2001), Rüdiger (2002) und Weßler (1999) dar.

neue Frames auftauchen können. Beides leuchtet angesichts der erwähnten Ereignisorientierung der Medien (vgl. Kap. 3.1.3) unmittelbar ein; die Ereignislage spiegelt sich in den Berichterstattungsinhalten und damit automatisch auch den Inhaltsframes wider. Franz (2000), Kliment (1994), Rüdiger (2002) bzw. Fröhlich und Rüdiger (2006) sowie Terkildsen et al. (1998) zeigen darüber hinaus, dass sich nicht nur die Medieninhaltsframes insgesamt im Zeitverlauf verschieben. Vielmehr ändert sich auch die Gewichtung von durch spezifische Akteure in den Medien angesprochenen Frames zueinander: Je nach Situation betonen die Akteure stärker den einen oder den anderen Frame.

Studien, die qualitative Veränderungen *innerhalb* von Frames untersuchen, finden sich v. a. in der am qualitativen Forschungsparadigma ausgerichteten Literatur. Dies ist in erster Linie dadurch bedingt, dass sich inhaltliche Veränderungen von Frames auf einer eher subtilen Ebene abspielen. Sie erschließen sich nur durch detailliertere, zwangsläufig sehr aufwendige und damit in der Erhebungskapazität eingeschränkte Analysen. Damit einher geht die Tatsache, dass solche Frame-Veränderungen nur dann erkennbar sind, wenn die Frames nicht als Ganzes im Vorhinein definiert, sondern datenanalytisch aus Einzelelementen zusammengesetzt werden. Bisher gibt es nur wenige quantitative Studien, die dieses Kriterium erfüllen (z.B. KOHRING/MATTHES 2002; OTTO 2001). Diese kommen allerdings unisono zu dem Ergebnis, dass Frames auch in sich selbst nicht statisch sind, sondern eine mehr oder weniger starke Dynamik aufweisen, die zum Verschwinden alter und zur Entstehung neuer Frames führt. Indirekte Hinweise auf solche Veränderungen finden sich auch in anderen quantitativen Studien (FRANZ 2000; TRUMBO 1996; WESSLER 1999; ZHOU/MOY 2006). Wie bereits angedeutet, lassen sich auch aus der Analyse von kollektiven Akteursframes, wie sie die Forschung zu sozialen Bewegungen untersucht, Rückschlüsse auf Veränderungen von medialen Inhaltsframes ziehen. Sofern es den Bewegungen überhaupt gelingt, sich auch in den Medien Gehör für ihre Anliegen zu verschaffen, ist plausibel davon auszugehen, dass sich ihre fortwährenden Frame-Veränderungen und -Anpassungen zumindest teilweise auch auf Medienebene widerspiegeln. Die Medien haben zwar die Auswahlhoheit über die konkreten Inhalte, werden Veränderungen aber vermutlich nicht vollständig übergehen (vgl. GAMSON/MODIGLIANI 1989). In der qualitativ orientierten Forschung zu sozialen Bewegungen geben zwei Typen von Studien Aufschluss über solche Frame-Veränderungen. Während die einen genau wie die erwähnten quantitativen Studien direkt die medialen Inhaltsframes der Akteure untersuchen (z.B. GAMSON/MODIGLIANI 1989), erlauben die anderen indirekte Rückschlüsse anhand von Interviews mit Bewegungsaktivisten (z.B. BENFORD 1993a, 1997; EVANS 1997; MARULLO et al. 1996) oder der Analyse von deren Materialien (z.B. DONOVAN 1995; SWART 1995). Beide Herangehensweisen kommen zu dem Ergebnis, dass sich die (medial repräsentierten) Frames der Akteure im Zeitverlauf verändern. Insbesondere in den Interviewstudien wird auch die Ursache davon ersichtlich: Um möglichst viele potenzielle Anhänger mobilisieren zu können, sind die Bewegungen essenziell darauf angewiesen, ihre Frames fortwährend an die aktuellen Gegebenheiten und veränderte gesellschaftliche Sichtweisen anzupassen. Sie riskieren ansonsten ihre gesellschaftliche Überlebensfähigkeit. Der dynamische Charakter von Frames spiegelt sich im Übrigen auch in der grundlegenden theoretischen Konzeptionierung von Framing-Prozessen in der Forschung zu sozialen Bewegungen. Bereits Snow et al. (1986: 464; vgl. auch SNOW/BENFORD 1988) führen das Konzept des »frame alignment« als Grundlage von Mobilisierungsprozessen ein. Sie verstehen darunter die Verknüpfung von gesellschaftlichen Werten und Ansichten mit den Zielen der sozialen Bewegung, mit deren Hilfe Individuen zur Teilnahme mobilisiert werden sollen. Um dies zu erreichen, stehen der Bewegung verschiedene Mechanismen zur Verfügung, die im Wesentlichen genau die erwähnten inhaltlichen Veränderungen bzw. Anpassungen von Frames umfassen (ausführlicher dazu vgl. Kap. 4.2.2). Über diese Mechanismen versucht die Bewegung, an größere Master-Frames anzuknüpfen und damit ihr Mobilisierungspotenzial zu vergrößern.

Insgesamt lässt sich damit festhalten, dass Inhaltsframes im Zeitverlauf sowohl in ihrer Quantität als auch ihrer Qualität Veränderungen unterliegen. Letztere äußern sich im Verschwinden alter und Auftauchen neuer Frames, die mehr oder weniger ähnlich zu den alten sein können. Ob ein Frame verschwindet oder auch ein neuer auftaucht, wird in der bestehenden quantitativen Forschung über datenanalytische Verfahren entschieden (KOHRING/MATTHES 2002). Neue Frames liegen demnach dann vor, wenn das verwendete Gruppierungsverfahren für die eine Zeitphase andere Gruppen erzeugt als für die andere. Bei kleineren Veränderungen inhaltlicher Aspekte innerhalb einer Gruppe, die nicht zu einer anderen Frame-Interpretation führen, bleibt der ursprüngliche Frame dagegen erhalten. Allerdings ist die Zusammensetzung der Frames und damit ihre Veränderung auch davon abhängig, welcher Zeitraum der Gruppierung genau zugrunde liegt. Vergleichbar zum Abstraktionsgrad ergeben sich möglicherweise andere Frames, wenn der Zeitraum in unterschiedlich viele Phasen unterteilt wird. Da dies zu einer sehr hohen Subjektivität der Frames führt, konzentriert sich die vorliegende Arbeit auf die quantitativen Veränderungen von Frames, d.h. die zeitbasierte prozentuale Zu- oder Abnahme der aus dem gesamten Untersuchungsmaterial generierten Frames.

Weiter oben wurde bereits angesprochen, dass die zeitlichen Veränderungen der Frames keinem selbsterzeugten Automatismus folgen, d.h. nicht einfach von selbst entstehen. Vielmehr stehen komplexe gesellschaftliche Mechanismen und Wechselwirkungsprozesse dahinter. Mediale Framing-Prozesse sind immer auch in die größere Gesellschaftsstruktur eingebunden und spiegeln gesellschaftliche Entwicklungen und Sichtweisen (vgl. MCCARTHY et al. 1996). Auf dieser Annahme beruhen im Übrigen auch die bereits erwähnten Themenkarrierenmodelle (vgl. Kap. 3.1.3). Indem sie mediale Thematisierungsverläufe mit den gesellschaftlichen Rahmenbedingungen verknüpfen, erlauben sie genauere Einblicke in die konkreten Mechanismen. Im Wesentlichen lassen sich dabei drei zentrale externe Einflusskomplexe unterscheiden: (1) die allgemeine gesellschaftliche Relevanz des Themas und seine kulturelle Resonanz, (2) der politische Prozess sowie (3) das gezielte Handeln einzelner gesellschaftlicher Akteure bzw. Akteursgruppen. Dabei sind diese drei Bereiche nicht unabhängig voneinander, sondern stehen untereinander in Wechselbeziehungen. Beispielsweise passen die gesellschaftlichen Akteure ihr Handeln an die politischen Rahmenbedingungen an oder greifen gezielt Themen auf, die in der Gesellschaft gerade aktuell sind. Letzteres ist bereits Teil des strategischen Framings und wird deshalb an dieser Stelle nicht weiter ausgeführt. Ausführlicher wird darauf in Kapitel 4 eingegangen. Im Folgenden stehen die Bedeutung der gesellschaftlichen Themenrelevanz sowie des politischen Prozesses für das mediale Framing im Mittelpunkt. Aus Gründen der Verständlichkeit werden die erwähnten Wechselbeziehungen dabei vernachlässigt.

Kulturelle Resonanz

Voraussetzung für mediale Framing-Prozesse und Frame-Veränderungen ist, dass ein gesellschaftliches Thema bzw. Problem zunächst überhaupt die Medien erreicht, d.h. zum Medienthema wird. Ein wesentlicher Faktor dabei ist die gesellschaftliche Resonanz des Themas. Zahlreiche interessante und wichtige Themen erreichen niemals den Status eines Medienthemas. Andere wiederum schaffen es erst nach einer langen Anlaufphase, sich in den Medien zu etablieren. Oftmals ist der Zeitpunkt ihres Auftauchens dabei nicht oder nur lose mit einer realen Veränderung ihrer gesellschaftlichen Dringlichkeit verbunden. Beispielsweise zeichnete sich das Problem der Gentechnik in Expertenkreisen bereits in den 1970er-Jahren ab (vgl. z.B. ARETZ 1999); nennenswerte Medienaufmerksamkeit erreichte es jedoch erst mit Beginn der 1990er-Jahre (vgl. z.B. LEONARZ 2002). Genauso werden aber auch Themen medial zu Problemen aufgebauscht, die in der Realität in dieser Form gar nicht existieren (z.B. OTTO 2001). Unabhängig davon, ob ein Problem tatsächlich eine reale Entsprechung besitzt oder nicht, ist für seine mediale Beachtung von entscheidender Bedeutung, ob es in irgendeiner Form gesellschaftlich relevante bzw. als lösungsbedürftig angesehene Sachverhalte widerspiegelt (EDELMAN 1988; GERHARDS 1992). Als Beobachtungsinstanz der Gesellschaft greifen die Medien die (vermeintlich) relevanten Probleme auf und geben sie an die Öffentlichkeit weiter. Sie sind dabei umso sensibler für ein Thema oder Problem, je dringlicher und lösungsbedürftiger dieses erscheint (BERENS 2001). Idealtypisch beschrieben wird dieser Prozess der gesellschaftlichen Aufmerksamkeit für ein Thema im bereits erwähnten Issue-Attention-Cycle von Downs (1972) (vgl. Kap. 3.1.3). Dieser bewegt sich allerdings nur auf der deskriptiven Ebene und gibt wenig Aufschluss über die dahinterstehenden Mechanismen. Berens (2001) nennt neben der wahrgenommenen Dringlichkeit als weitere wichtige Faktoren das Auftauchen von noch wichtiger erscheinenden Konkurrenzthemen sowie die Intensität von mit dem Problem thematisch verknüpften Ereignissen. Letztere steht in Wechselwirkung mit der vermeintlichen Dringlichkeit: Beide verstärken sich sowohl in positiver als auch negativer Hinsicht gegenseitig. Aus ihrem Zusammenspiel entsteht in der Folge entsprechend entweder eine kurze und heftige oder – wenn überhaupt – eine langsame und gemäßigte Themenkarriere. Darüber hinaus spielen auch sogenannte ›Schlüsselereignisse‹ (BROSIUS/EPS 1993; WESSLER 1999) bzw. »triggering events« (BAUMGARTNER/JONES 1993: 130) eine Rolle für die mediale Thematisierung. Bei diesen handelt es sich um besondere Ereignisse, die einen hohen Nachrichtenwert aufweisen und den Interpretationsrahmen eines Themas verändern. Sie heben dadurch einerseits die Berichterstattung rein quantitativ auf ein höheres Niveau (BERENS 2001). Andererseits sorgen sie i.d.R. auch für inhaltliche Veränderungen in den medialen Frames (BROSIUS/EPS 1993; KEPPLINGER/HABERMEIER 1995) und bieten zugleich gesellschaftlichen Akteuren einen Anknüpfungspunkt für eigene Framing-Aktivitäten (ausführlicher dazu vgl. Kap. 4.3.2). Die genannten Faktoren können im Verlauf des gesamten Thematisierungsprozesses jederzeit wirksam werden.

Ebenso wie ein generelles Thema auf gesellschaftliche Resonanz stoßen muss, um zum Medienthema zu werden, ist dies auch für die das Thema näher beschreibenden Frames notwendig. Letztlich geht es dabei um die Frage nach der Herkunft der medial vermittelten Frames. Diese bezieht sich einerseits auf die verschiedenen gesellschaftlichen Akteure, die Frames einbringen.[28] Andererseits bezieht sich die Herkunftsfrage allgemeiner auf den bestehenden gesellschaftlichen Grundstock an Frames. Verschiedene Autoren verweisen in diesem Zusammenhang auf die kulturelle Resonanz von Frames (z.B. BANTIMAROUDIS/KAMPANELLOU 2007; BENFORD 1997; BERBRIER 1998; CRAWLEY 2007; DURHAM 2003; KUBAL 1998; MCADAM/MCCARTHY/ZALD 1996; NOAKES/JOHNSTON 2005; SWART 1995; VAN GORP 2007). Oft beschränken sie sich dabei jedoch auf die reine Feststellung, dass Frames kulturell verankert sind. Symptomatisch für die in der Literatur oft ungenügende Auseinandersetzung mit den gesellschaftlichen Wurzeln von Frames konstatiert van Gorp (2007: 62): »[F]rames seem to be everywhere, but no one knows where exactly they begin and where they end.« Detailliertere Erörterungen dieses Aspekts finden sich überwiegend in der Framing-Literatur zu sozialen Bewegungen. Insgesamt gehen die verschiedenen Autoren davon aus, dass die umgebende Kultur ein Basisrepertoire an Interpretationsangeboten liefert, auf das sowohl bei der Konstruktion von Frames als auch bei deren Decodierung zurückgegriffen wird (BENFORD/SNOW 2000; ENTMAN 2004; MOONEY/HUNT 1996; VAN GORP 2007; ZALD 1996). Gamson (1988b: 220) spricht in diesem Zusammenhang von »meaning systems that are culturally available for talking, writing and thinking«. Diese kulturelle Basis ermöglicht es dem Individuum, aus Informationen Bedeutung zu konstruieren und seiner Umwelt Sinn zu verleihen (FISHER 1997). Die vom Individuum unabhän-

28 Dass gesellschaftliche Akteure aktiv am medialen Framing beteiligt sind, ist bereits weiter oben (vgl. Kapitel 3.2.1) erwähnt worden und soll deshalb hier nicht weiter ausgeführt werden. Auf spezifische Charakteristika, die ihr Framing-Handeln begünstigen, wird in Kapitel 4.3 ausführlicher eingegangen.

gige, kulturelle Verankerung von Frames geschieht über den »extant stock of meanings, beliefs, ideologies, practices, values, myths, narratives, and the like« (BENFORD/SNOW 2000: 629; vgl. auch GAMSON 1988b; VAN GORP 2007). Diese fungieren als »cultural resource base« (BENFORD/SNOW 2000: 629), aus der bestehende und auch neue Frame-Elemente stammen. Sie sind aber nicht mit einem Frame gleichzusetzen (VAN GORP 2007), sondern bilden lediglich dessen Konstruktionsgrundlage. Im Prinzip handelt es sich bei ihnen um allgemein akzeptierte, oftmals auch konträre Weltsichten, beispielsweise die Sicht auf den technischen Fortschritt als Beherrschung der Natur oder als außer Kontrolle geratene Technik (vgl. GAMSON 1988b). Da verschiedene Weltsichten unterschiedlich zentral in der Gesellschaft verankert sein können, bilden sie einen unterschiedlich starken kulturellen Resonanzboden (vgl. JOHNSTON 1989; TARROW 1994). Snow und Benford (1988: 210) sprechen in diesem Zusammenhang von der »narrative fidelity« eines Frames, also seiner narrativen Vertrautheit im größeren kulturellen Kontext. Ist diese gering, ist dadurch auch die breite Anwendbarkeit des Frames deutlich eingeschränkt (FISHER 1997). Im Extremfall ist ein Frame in einzelnen Kulturen überhaupt nicht anwendbar (ZALD 1996). Sowohl van Gorp (2007) als auch Zald (1996) verweisen darauf, dass das verfügbare kulturelle Gesamtrepertoire i.d.R. deutlich mehr Aspekte umfasst, als die aktuell verwendeten Frames widerspiegeln. Das bedeutet, dass neben den aktuellen Frames immer auch latente, momentan nicht aktualisierte Frames bzw. Frame-Aspekte existieren. Diese bilden die Voraussetzung dafür, dass sich Frames im Zeitverlauf verändern können. Insgesamt weisen Frames wegen ihrer breiten kulturellen Grundlage jedoch eine relativ große Stabilität auf. Veränderungen ergeben sich jeweils in Abhängigkeit von Änderungen im sozialen, politischen oder historischen Kontext (VAN GORP 2007). Als strukturell beschränkende Faktoren dafür, welche Frames gerade aktuell bzw. welche Sichtweisen zulässig sind, nennt Swidler (1995) neben dem politischen Kontext konkreter auch Institutionen und semiotische Codes; ähnlich dazu weisen Carragee und Roefs (2004) sowie Entman (1991, 2003) auf den Einfluss politischer Ideologien und Sichtweisen hin. Zald (1996) verweist darüber hinaus auf soziale Definitionen von Beziehungen, Rechten und Verantwortungen. Eine Reaktivierung momentan latenter Aspekte des größeren kulturellen Grundstocks und – damit einhergehend – Frame-Veränderungen sind dann möglich, wenn kulturelle Umbrüche, aufrüttelnde Ereignisse oder Widersprüche auftreten (ZALD

1996; vgl. auch BENFORD/SNOW 2000). Darüber hinaus können sich im Zeitverlauf auch das generell verfügbare Repertoire selbst sowie der kulturelle Hintergrund verändern. Treibende Kräfte dafür sind die Ansichten und das Handeln von Akteuren, die sich u.a. in politischen Regelungen, gesetzlichen Rahmenbedingungen, gesellschaftlichen Traditionen und Wertmustern sowie religiösen Ritualen niederschlagen und auf diese Weise Eingang in die allgemeine Kultur finden (vgl. ZALD 1996).[29]

Hinsichtlich der zeitlichen Entwicklung und Veränderung von Frames führen Snow und Benford (1992; vgl. auch SCHÖN/REIN 1994) einen weiteren zentralen Punkt an: Einmal bestehende Frames setzen den Rahmen für weiteres Framing. Anders gesagt verstärken Frames ihre eigene Anwendung. Nachfolgende Ereignisse und Entwicklungen werden i.d.R. im Lichte vorangegangener Ereignisse und deren Interpretation dargestellt (vgl. EDY/DARADANOVA 2006). Christison (1997: 46; vgl. auch KNOCHE/LINDGENS/SCHABEDOTH/ZERDICK 1992) spricht in diesem Zusammenhang von einem »frame of reference«. Dieser setzt Grenzen für alternative bzw. neue Lesarten und festigt damit die vorherrschende Sichtweise. Frame-Veränderungen unterliegen dadurch erschwerten Bedingungen. Wie bereits bei der generellen medialen Thematisierung angesprochen, spielen hier Schlüsselereignisse eine zentrale Rolle (BROSIUS/EPS 1993). Sie können den bisherigen Bezugsrahmen aufbrechen und neue Aspekte oder sogar komplett neue Frames ins Spiel bringen. Für die Analyse des strategischen Framings in der Stammzelldebatte stellt sich damit einerseits die Frage, inwieweit die dort diskutierten Frames grundlegende, kulturell verankerte Sichtweisen aufgreifen. Andererseits ist auch von Interesse, inwieweit es einzelnen Akteursgruppen gelingt, ihren Frame als Referenzframe zu etablieren oder auch Schlüsselereignisse gezielt für ihr Framing zu nutzen.

Neben der kulturellen Resonanz bzw. gesellschaftlichen Relevanz eines Frames war weiter oben der politische Prozess als eine zentrale intervenierende Variable bei der zeitlichen Entwicklung medialer Framing-Prozesse genannt worden. Auf diesen wird im folgenden Abschnitt ausführlicher eingegangen.

29 Detaillierteren Aufschluss darüber, wie und warum dies im Einzelnen geschieht, gibt u.a. die kulturwissenschaftliche Literatur. Ausführlicher dazu vgl. u.a. die Arbeiten von J. Assmann (1997), A. Assmann (1999) sowie Assmann und Assmann (1994) zum kollektiven Gedächtnis.

Politischer Prozess

Zahlreiche Studien befassen sich mit dem Zusammenhang zwischen medialen Thematisierungsmustern und dem politischen Prozess. Dabei lassen sich analog zur kulturellen Resonanz Zusammenhänge zwischen dem politischen Prozess und (1) der allgemeinen medialen Thematisierung sowie (2) dem spezifischen medialen Framing unterscheiden. Für ein vertieftes Verständnis beider Aspekte ist es zunächst notwendig, ausführlicher auf den politischen Prozess selbst, d.h. die Arbeitsweise des politischen Systems bei der Bearbeitung gesellschaftlicher Probleme, einzugehen.

Kingdon (1984) zufolge ist der politische Problemlösungsprozess gleichzeitig von einer hohen Komplexität und Zufälligkeit geprägt. Ausgehend vom Garbage-Can-Modell[30] von Cohen, March und Olsen (1972), unterscheidet er zwischen einer »governmental agenda« und einer »decision agenda« (KINGDON 1984: 187; vgl. auch COBB/ELDER 1983; PRITCHARD/BERKOWITZ 1993). Erstere umfasst die Themen, die sich im allgemeinen politischen Aufmerksamkeitsfokus befinden, aber nicht über den reinen Diskussionsstatus hinauskommen. Damit handelt es sich letztlich um eine rein symbolische Agenda ohne konkreten Problemlösungsbezug. Die ›decision agenda‹ beinhaltet demgegenüber nur die Themen, die faktisch auch vom politischen System bearbeitet werden und eine konkrete Lösung erfahren. Damit ein Thema überhaupt die Chance hat, vom politischen System auf dieser Handlungsebene aufgegriffen zu werden, müssen Kingdon (1984: 92) zufolge drei zunächst einmal voneinander unabhängige Prozesse ineinander laufen: »problem recognition«, »policy proposals« und »politics«. Die ersten beiden Prozesse, Problemdiagnose und Lösungsvorschläge, müssen dabei nicht zwangsläufig vom politischen System ausgehen, sondern können auch von außen an dieses herangetragen werden (vgl. COBB et al. 1976). Für beide stellt der ›Politics‹-Prozess den allgemeinen politischen Rahmen aus öffentlicher Meinung, Wahlen, Lobbying von Interessengruppen oder auch administrativen Veränderungen dar. Wenn alle drei Prozesse synchron verlaufen, d.h. das

30 Dabei handelt es sich um ein Modell zur Beschreibung des politischen Thematisierungs- und Entscheidungsprozesses, das Eichhorn (1996: 175) folgendermaßen charakterisiert: »Man wirft Akteure, Probleme, Lösungen und Gelegenheiten in eine Tonne und mischt sie. Das Aufeinandertreffen von passenden Elementen setzt einen Prozeß in Gang, der zu einer Entscheidung führt.«

Problem als solches erkannt wird, eine Lösung für genau dieses Problem verfügbar ist und das politische Klima diese auch umsetzbar erscheinen lässt, entsteht kurzzeitig ein »policy window« (KINGDON 1984: 94) bzw. »window of opportunity« (BAUMGARTNER/JONES 1993: 236). Nur in seinem Rahmen ist eine Veränderung des aktuellen Zustandes möglich, sodass es zugleich auch die Basis für eine erfolgreiche Einflussnahme auf politische Entscheidungen bildet. Unter der Voraussetzung, dass ein Thema nicht nur auf der ›governmental agenda‹ verbleibt, sondern tatsächlich in einen politischen Problemlösungsprozess mündet, lassen sich nach Jarren et al. (1996; vgl. auch JARREN/DONGES 2006) idealtypisch sechs Phasen unterscheiden, die das Thema bzw. gesellschaftliche Problem nacheinander durchläuft: Problemartikulation, Problemdefinition, Politikdefinition, Programmentwicklung, Implementation und Evaluation. Während in der Phase der Problemartikulation zunächst die Existenz des Problems als solches festgestellt und gesellschaftlich diskutiert wird, geht es in der Problemdefinitionsphase darum, den Inhalt des Problems und seine Ursachen genauer zu bestimmen sowie die Dringlichkeit der Lösung klarzumachen. Dabei können verschiedene Akteure durchaus unterschiedliche Sichtweisen haben; sie stimmen also darin überein, dass das Problem existiert, nicht jedoch darin, was es genau ausmacht. In der anschließenden Phase der Politikdefinition wird entschieden, welche politische Reaktionsweise am angemessensten für die Lösung des Problems ist. Dies geschieht – häufig unter Expertenbeteiligung – fernab der Öffentlichkeit in den geschlossenen politischen Gremien. Ebenso wie bei der Problemdefinition können hier unterschiedliche Ansichten darüber bestehen, wie das Problem gelöst werden soll. Mit der Programmentwicklung schließt sich die Planung konkreter Maßnahmen auf der Basis der gewählten Lösung an. Diese erfolgt im Parlament sowie seinen Fraktionen und Ausschüssen. In der Implementationsphase werden die Maßnahmen dann von der Verwaltung umgesetzt und in der abschließenden Evaluationsphase hinsichtlich ihres Erfolgs für die Problemlösung geprüft.

Mit Blick auf die allgemeine mediale Thematisierung zeigen die bereits erwähnte Themenkarrierenforschung, aber auch die Agenda-Setting- und Framing-Forschung immer wieder, dass ein Anstieg der medialen Thematisierung i. d. R. mit zentralen politischen Ereignissen und Entscheidungen einhergeht (z. B. COBB/ELDER 1983; LEONARZ 2002; ROGERS et al. 1991; TRUMBO 1996). In dem Moment, in dem ein Thema im politischen Problemlösungsprozess auf die ›decision agenda‹ gelangt, steigt die Medienaufmerksamkeit. Dies ist einerseits darauf zurückzuführen, dass die Medien ihrer Aufgabe der Politikvermittlung nachkommen. Andererseits stehen dahinter jedoch auch ihre Ereignisorientierung – im konkreten Fall bezogen auf die einzelnen politischen Entscheidungen – sowie die Bevorzugung von konflikthaltigen Elementen, wie sie zwangsläufig in einer thematischen Kontroverse enthalten sind. Auch Jarren et al. (1996) verweisen darauf, dass im Moment der politischen Entscheidung bzw. Beschlussfassung die Medienaufmerksamkeit punktuell ansteigt. Demgegenüber ist die mediale Thematisierung immer dann geringer, wenn das Problem gerade in den einzelnen politischen Institutionen bearbeitet wird. Dies gilt gleichermaßen für offen zugängliche parlamentarische Verhandlungen wie für hinter verschlossenen Türen stattfindende administrative Gespräche und Regelungen (vgl. auch BAUMGARTNER/JONES 1993; NISBET et al. 2003). Dass die Medienaufmerksamkeit für den Problemlösungsprozess im Rahmen der politisch-parlamentarischen Verhandlungen geringer ist, spiegelt sich in der Einteilung des politischen Prozesses in Ereignis- und Ruhephasen, die verschiedene Autoren vornehmen (BAUMGARTNER/JONES 1993; WESSLER 1999; NISBET/HUGE 2006). In den Ruhephasen durchläuft das Problem die administrativen politischen Arenen, wo es – häufig unter Ausschluss der Öffentlichkeit – von Verwaltung, Beratergremien und Experten verhandelt wird und wo oft richtungweisende Vorentscheidungen fallen. Während dieser Phasen berichten die Medien nur wenig und wenn, dann überwiegend Fachmedien (z.B. Wissenschaftsmagazine) bzw. spezielle Ressorts (z.B. Wirtschaft) (NISBET/LEWENSTEIN 2002; PRIEST 2001). In den Ereignisphasen gelangt das Problem dagegen in die politische Entscheidungsfindung und wechselt daher auch in die entsprechenden, öffentlich einsehbaren Entscheidungsgremien. Gleichzeitig steigt die Medienberichterstattung an, wobei sich der Berichterstattungsschwerpunkt in allgemeinere Medien sowie das politische Ressort verschiebt (NISBET/LEWENSTEIN 2002; PRIEST 2001).

In unmittelbarem Zusammenhang mit dem politischen Prozess stehen auch Verschiebungen im medialen Framing, d.h. inhaltliche Veränderungen der Berichterstattung. Die zentrale Rolle kommt dabei erneut den Ruhe- und Ereignisphasen zu. Während der Ruhephasen ist der politische Prozess sehr offen für inhaltliche Einflüsse und Veränderungen. Dies spiegelt sich auch im medialen Framing in diesem Zeitraum: Im Rahmen der geringen Berichterstattung sind die Medien sehr offen für

Frame-Veränderungen, und zwar sowohl hinsichtlich neuer Frame-Elemente als auch vollkommen neuer Frames (WESSLER 1999). In der Regel dominieren in dieser Phase inhaltlich-sachbezogene Frames, die auch in der politischen Diskussion überwiegen (vgl. NISBET/HUGE 2006). Die Ereignisphasen sind demgegenüber wesentlich weniger offen für inhaltliche Veränderungen. Hier manifestieren sich größtenteils die Frames, die in den Ruhephasen etabliert worden sind (WESSLER 1999). Dennoch kommt es auch in diesem Zeitraum zu Frame-Veränderungen. Nisbet und Huge (2006) belegen, dass diese Veränderungen in Form von unterschiedlichen Gewichtungen zwischen den Frames auftreten. Sie gehen dabei mit Verschiebungen in den berichtenden Medien und Ressorts einher. Aufgrund ihrer geringeren Offenheit ist jedoch zu vermuten, dass sich in den Ereignisphasen insbesondere auch der inhaltliche Fokus innerhalb der medialen Frames verändert. Darüber hinaus liegt es nahe, dass bei moralisch stark aufgeladenen Themen stärker moralisch-ethische Aspekte das mediale Framing dominieren (vgl. NISBET/HUGE 2006). Generell auf Veränderungen im medialen Framing weisen indirekt auch die Erkenntnisse der Forschung zu sozialen Bewegungen hin. Verschiedene Studien zeigen, dass soziale Bewegungen ihr Framing jeweils an die politische Situation anpassen, indem sie beispielsweise an in der Politik etablierte Terminologien anknüpfen und davon ausgehend ihre Frames konstruieren (z.B. ROTHMAN/OLIVER 2002; ZDRAVOMYSLOVA 1996; ZUO/BENFORD 1995). Es ist wahrscheinlich, dass sich diese Anpassungsprozesse zumindest teilweise auch im Framing der Medien widerspiegeln – sofern Letztere überhaupt über das Thema berichten. Vor dem Hintergrund der beschriebenen Erkenntnisse ist zu vermuten, dass die medialen und strategischen Frames in der Hochphase der Stammzelldebatte relativ konstant bleiben und dabei stark auf ethische Gesichtspunkte fokussieren.

3.3 Zusammenfassung

Bei der Vermittlung gesellschaftlicher Kontroversen wie der Stammzelldebatte nehmen die Medien eine Doppelrolle ein. Auf der einen Seite thematisieren sie den Konflikt als solchen und machen ihn dadurch überhaupt erst einem größeren Teil der Gesellschaft bewusst. Auf der anderen Seite bestimmen sie durch die Art ihrer Berichterstattung zugleich darüber, welche konkreten Aspekte des Konfliktes in der Bevölkerung wahrgenommen werden, d. h. sie ›framen‹ seine spezifische Darstellung. Basis beider Leistungen sind die medialen Selektionsmechanismen. Diese bestimmen darüber, welche inhaltlichen Gesichtspunkte die Medien für die Berichterstattung auswählen. Zugleich gewähren die Medien bestimmten gesellschaftlichen Akteuren bevorzugt Artikulationsraum für ihre Sichtweisen. Deren Auswahl ist indirekt mit den medialen Selektionsmechanismen verknüpft, da die Akteure spezifische strukturelle Merkmale aufweisen, die sich in den Selektionskriterien widerspiegeln. Im Zusammenspiel der medialen Akteurs- und Inhaltsselektion entsteht ein charakteristisches Berichterstattungsmuster, das durch Einfachheit, Ereignisorientierung und Dynamik gekennzeichnet ist. Die mediale Repräsentation von spezifischen Akteurssichtweisen verweist zugleich darauf, dass das mediale Framing in der Stammzelldebatte letztlich auf einem komplexeren gesellschaftlichen Framing-Prozess beruht. Die Medien greifen Thematisierungen und Interpretationsmuster von gesellschaftlichen Akteuren auf und vermitteln diese über ihre Berichterstattung an die Gesellschaft zurück. Sofern die Interpretationsmuster sowohl der gesellschaftlichen Akteure als auch der Medien in manifester Form vorliegen, können sie dabei als thematische Inhaltsframes bezeichnet werden. Diese sind durch vier zentrale Elemente gekennzeichnet, die allerdings nicht zwingend alle gemeinsam vorliegen müssen: Problemdefinition, Ursachenidentifikation, Bewertung und Lösungsvorschlag. Die Inhaltsframes können zudem unterschiedliche thematische Abstraktionsniveaus aufweisen. Inhaltlich ausgestaltet werden die Frames über sogenannte ›framing devices‹. Dabei handelt es sich um rhetorische, syntaktische und thematische Strukturen. Ebenso wie die Inhaltsframes der Akteure sind die von den Medien vermittelten Inhaltsframes in der Stammzelldebatte nicht statisch, sondern unterliegen sowohl in der Gewichtung unterschiedlicher Frames zueinander als auch im Auftauchen und Verschwinden von Frames zeitlichen Veränderungen. Beides ist zum einen auf die konkrete Ereignislage, die allgemeine kulturelle Resonanz der Themen und Frames sowie ihre Bearbeitung im Rahmen des politischen Prozesses zurückzuführen. Zum anderen steht dahinter auch das konkrete Handeln einzelner Akteure, die ihre Sichtweisen gezielt in den Medien zu platzieren versuchen. Dieser Prozess lässt sich als strategisches Framing beschreiben und steht im Mittelpunkt des folgenden Kapitels.

4. STRATEGISCHES FRAMING DURCH GESELLSCHAFTLICHE AKTEURE

In medienvermittelten gesellschaftlichen Diskursen wie der Stammzelldebatte besteht das Ziel der beteiligten Akteure darin, über die Medienberichterstattung Einfluss auf die Bevölkerungsmeinung und die politische Regulierung des Diskursgegenstandes zu nehmen (vgl. MCADAM 1996; MCCARTHY et al. 1996). Sichtweisen mit großer Zustimmung in der Bevölkerung sind dabei gegenüber der Politik besonders legitimiert und verschaffen ihren Vertretern eine starke politische Verhandlungsposition (GERHARDS 1992; GIUGNI 1998; PAN/KOSICKI 2003). Die Medien erfüllen konkret drei wichtige Aufgaben für die Akteure (GAMSON/WOLFSFELD 1993): Sie sorgen zunächst allein durch ihre Berichterstattung dafür, dass die Akteure und ihre Anliegen gesellschaftlich ernst genommen werden. Darüber hinaus bestimmen sie darüber, wie prominent deren Sichtweisen in der Medienberichterstattung erscheinen, und damit in gewisser Weise auch, wie präsent die Sichtweisen in der Gesellschaft sind. Zudem können sie für eine sympathische Darstellung der Akteure sorgen und damit wiederum deren Überzeugungskraft auf die Bevölkerung erhöhen. Die Akteure versuchen deshalb, ihre spezifischen Sichtweisen in den Medien zu platzieren. Dabei stehen ihnen mit »free media« und »paid media« (FARRELL/WORTMANN 1987: 299) grundsätzlich zwei mediale Vermittlungswege zur Verfügung. Bei Ersterem handelt es sich um reguläre Medienberichterstattung, bei Letzterem um bezahlte Werbung. An einer gesellschaftlichen Debatte beteiligte, strategisch handelnde Framing-Akteure sind primär an einer Vermittlung ihrer Sichtweise über ›free media‹ interessiert, da Werbung per se als Beeinflussungsversuch erkennbar ist. Dazu bereiten sie ihre eigene Darstellung des Gegenstandes entsprechend auf, d.h., sie ›framen‹ ihn im Licht ihrer eigenen Interpretation. Aus Sicht der

PR-Forschung lässt sich dies auch als inhaltliche PR beschreiben. Das vorliegende Kapitel befasst sich ausführlicher mit dem Prozess des gezielten Framings. Ziel ist es, dessen Mechanismen und Rahmenbedingungen herauszuarbeiten. Hinweise darauf finden sich sowohl in der Literatur zu sozialen Bewegungen als auch der PR-Literatur. Während in der Forschung zu sozialen Bewegungen der Fokus stärker auf der Frage der Anhängermobilisierung liegt und daher eher der inhaltliche Aspekt berücksichtigt wird, konzentriert sich die PR-Literatur stärker auf die Überwindung der medialen Selektionsbarriere und damit auf den strukturellen Aspekt. Die beiden Aspekte überschneiden und ergänzen sich in zahlreichen Punkten. Im Folgenden werden die Erkenntnisse beider Forschungsrichtungen, die zur Klärung des auf die Medien zielenden Akteurs-Framings beitragen, zusammengetragen. Für ein besseres Hintergrundverständnis wird dabei zunächst auf die gesellschaftliche Bedeutung von PR und generelle PR-betreibende Akteure eingegangen (Kap. 4.1). Danach steht der strategische Einsatz von Frames zur Beeinflussung der Medien im Mittelpunkt (Kap. 4.2). Abschließend werden die spezifischen Kontextfaktoren, die von den Akteuren gezielt zur Verstärkung der Einflussprozesse genutzt werden können, genauer erläutert (Kap. 4.3).

4.1 Gesellschaftliche Akteure und PR

Wenn es darum geht, die gesellschaftliche Bedeutung von PR zu beschreiben, stehen sowohl das Ausmaß von PR als auch die PR-tätigen Akteure im Mittelpunkt. Im Folgenden werden deshalb zunächst die verschiedenen Akteursgruppen, die mithilfe von PR die Medien und die Gesellschaft zu beeinflussen versuchen, systematisch differenziert. Ziel dieser Differenzierung ist es, die Basis für die Auswahl der in der Stammzelldebatte wichtigen Akteure zu schaffen. Anschließend wird genauer auf mögliche Unterschiede in der PR-Aktivität der einzelnen Akteursgruppen eingegangen.

Für die vorliegende Arbeit ist es zweckmäßig, PR-Akteure nicht mit Blick auf einzelne Kommunikator- bzw. Sprechertypen zu systematisieren (vgl. z.B. BENTELE ET AL. 1997; GERHARDS/NEIDHARDT 1991), sondern nach den gesellschaftlichen Bereichen, denen sie angehören. Grundsätzlich kann dabei davon ausgegangen werden, dass jeder gesellschaftliche Akteur in der einen oder anderen Form PR-Handeln betreibt, da selbst häufig als neutral eingestufte Experten in den wenigsten Fällen absolut frei von eigenen Interessen sind (vgl. EMMRICH 2000). Ganz allgemein kann zwischen Einzelakteuren und kollektiven Akteuren bzw. Organisationen unterschieden werden. Letztere dürften deutlich in der Mehrzahl sein, da professionelle PR aufwendig und für Einzelakteure kaum zu leisten ist. Es ist jedoch möglich, dass Einzelakteure stellvertretend für eine größere Gruppe agieren bzw. in der Bevölkerung so wahrgenommen werden. Die in Kapitel 2.1.1 vorgenommene Aufteilung der Gesellschaft in vier Arenenbereiche erlaubt eine genauere Aufschlüsselung PR-betreibender Akteure (vgl. auch HABERMAS 2006). Aufgrund ihrer spezifischen Konstituierung bestehen die Interessengruppenarenen aus Akteursgruppen, für die das Betreiben von PR einen wichtigen, integralen Bestandteil ihres Handelns darstellt. Jarren und Donges (2006: 127) bezeichnen sie daher auch als »Akteure der Interessenartikulation«. Die Politikarenen bestehen demgegenüber aus Akteursgruppen, die zwar grundsätzlich ebenfalls PR betreiben können und dies i.d.R. auch tun. PR-Handeln hat bei ihnen jedoch einen geringeren Stellenwert als bei den Akteuren der Interessengruppenarenen. Zu den Politikarenen-Akteuren zählen Regierungen, Parlamente und staatliche Institutionen als Akteure der Interessendurchsetzung, aber auch politische Parteien als Akteure der Interessenaggregation sowie die Gerichte (JARREN/DONGES 2006; ähnlich vgl. PFETSCH/WEHMEIER 2002). Der Bereich der Interessengruppenarenen setzt sich nach Pfetsch und Wehmeier (2002) aus Wirtschaftsunternehmen sowie Akteuren des intermediären Systems zusammen. Letztere lassen sich im weitesten Sinn auch als Nonprofit-Organisationen bezeichnen und umfassen u. a. Verbände, Kirchen, Gewerkschaften und soziale Bewegungen. Die erstgenannten Akteure, zu denen auch Wissenschaftsorganisationen und Universitäten zählen, sind meist stärker institutionalisiert und gut organisiert. Soziale Bewegungen, und unter diesen v. a. Bürgergruppen und -bewegungen, sind dagegen i.d.R. weniger institutionalisiert und organisiert (vgl. WIMMER 2003).

In Kapitel 2.1.1 war bereits darauf hingewiesen worden, dass das Thema einer gesellschaftlichen Kontroverse über die daran beteiligten Akteure bestimmt. Mit Blick auf die Stammzelldebatte lassen sich verschiedene solcher Akteursgruppen identifizieren. Auf Interessengruppenseite sind neben den beiden großen christlichen Kirchen auch Ärzteorganisationen und die Wissenschaft zu nennen. Auf politischer Seite sind – abgesehen von den politischen Parteien, die zwangsläufig in jeder gesellschaftlichen Kontroverse Stellung beziehen – in erster Linie die für die konkrete Regulierung zuständigen politischen Einrichtungen beteiligt. Vermutlich sind diese Akteure in ihrer PR unterschiedlich aktiv.

Im Allgemeinen kann davon ausgegangen werden, dass strategisches Framing umso mehr stattfindet, je professioneller und je besser organisiert ein Akteur ist. Verschiedene Studien zeigen dabei, dass der Professionalisierungsgrad insbesondere bei Wirtschaftsunternehmen stark ausgeprägt ist. Die politische PR, die Öffentlichkeitsarbeit staatlicher Einrichtungen – zu denen auch Universitäten zählen – sowie die von Nonprofit-Organisationen hinken der allgemeinen Entwicklung trotz Professionalisierungstendenzen hinterher (ESCHER 2001; FRÖHLICH/PETERS/SIMMELBAUER 2005; PFETSCH/WEHMEIER 2002; SZYSZKA 2008; WIMMER 2003). Professionalität und Ausmaß der PR sind dabei offenbar auch stark von der Größe einer Organisation und deren professioneller Struktur abhängig (WIMMER 2003). Bei kleineren, wenig organisierten Nichtregierungsorganisationen (NGOs) sind daher auch weniger professionelle und weniger umfangreiche PR-Aktivitäten zu erwarten. Es ist plausibel, dass dies analog auch für andere Akteure im Nonprofit-Bereich sowie für politische Akteursgruppen gilt, die nur schwach organisiert sind und über geringe Ressourcen verfügen. Mit Blick auf die weiter oben genannten, für die Stammzelldebatte wichtigen Akteursgruppen lässt sich daraus schließen, dass v. a. die Kirchen und Ärzteorganisationen sowie große Wissenschaftlerorganisationen in ihrer PR verhältnismäßig organisiert und aktiv sein dürften. Ein geringeres PR-Ausmaß ist dagegen für die universitäre Wissenschaft anzunehmen. Sie verfügt zwar generell über entsprechende Ressourcen und Strukturen. Die Arbeit von Escher (2001) zeigt jedoch, dass Hochschul-PR in erster Linie allgemeines Hochschulmarketing umfasst und sich weniger auf die kritische Diskussion konkret an der Universität stattfindender Forschung bezieht. Die mit der Regulierung der Stammzellforschung befassten politischen Einrichtungen wiederum betreiben vermutlich aufgrund ihres hohen Organisationsgrades und ihrer guten Ressourcenausstattung stärker gezielte PR. Grundsätzlich ist davon auszugehen, dass das Ausmaß, in dem gesellschaftliche Akteure PR betreiben, eng mit ihrem Professionalisierungsgrad und ihren Ressourcen verknüpft ist (WIMMER 2003). Sofern eine thematische Betroffenheit vorausgesetzt werden kann, ist zu erwarten, dass ressourcenstarke Akteure aktiver in ihrem PR-Handeln sind.

Zur konkreten Umsetzung der PR stehen den Akteuren zahlreiche PR-Instrumente zur Verfügung (vgl. BENTELE 2006b; JARREN/DONGES 2002; PFETSCH/WEHMEIER 2002). Hinsichtlich des auf die Medien zielenden inhaltlichen Framings sind von diesen v. a. schriftliche Materialien und PR-Aktionen von Bedeutung (vgl. WIMMER 2003). Die Akteure setzen sie im Rahmen ihrer PR-Strategie gezielt dazu ein, ihren eigenen Sichtweisen mehr Nachdruck zu verleihen und sich evtl. einen Vorteil bei der medialen Selektion zu verschaffen. Die Gestaltung und Vermittlung der Sichtweisen spielt dabei eine entscheidende Rolle. Zu diesem Zweck betreiben die Akteure strategisches Framing. Dessen Mechanismen werden im folgenden Unterkapitel ausführlicher erläutert.

4.2 Framing als PR-Strategie

Wird der Framing-Prozess aus strategischer Perspektive betrachtet, geht es nicht allein um die Gestaltungstechnik von Frames, sondern umfassender um den Gesamtprozess der gezielten Botschaftsgestaltung und der zeitlichen Entwicklung und Veränderung der verschiedenen Sichtweisen bzw. Frames. Der strategische Aspekt weist dabei darauf hin, dass dies nach festen Regeln erfolgt. Dies spiegelt sich auch in der Definition des Strategie-Begriffs. Konkret ist darunter ein »längerfristiger Plan zur Erreichung eines Zieles, der versucht, äußere Faktoren und Reaktionen zu berücksichtigen und das weitere Vorgehen darauf einzurichten« (LANGENSCHEIDT 2007), zu verstehen. Im Folgenden wird die strategische Anwendung von Frames durch gesellschaftliche Akteure ausführlicher dargestellt. Zunächst geht es dabei allgemein um die strategische Anwendung von Frames zur Konstruktion von sozialer Wirklichkeit und zur Mobilisierung potenzieller Anhänger (Kap. 4.2.1). Anschließend werden spezifische inhaltliche Framing-Taktiken erläutert, mit denen die Akteure ihre Frames gezielt gestalten und auf ihr jeweiliges Zielpublikum sowie die Medien ausrichten können (Kap. 4.2.2). Abschließend wird kurz auf akteursbezogene Framing-Taktiken eingegangen, die die Akteure zur Unterstützung ihrer inhaltlichen Framing-Aktivitäten einsetzen können (Kap. 4.2.3).

4.2.1 *Frames als Mittel zur gezielten Konstruktion sozialer Wirklichkeit*

Zentrales Ziel der PR-Aktivitäten von Akteuren in einer gesellschaftlichen Kontroverse ist es, die Deutungshoheit über das umstrittene Themengebiet zu erlangen (PAN/KOSICKI 2003). Zu diesem Zweck konstruieren sie gezielt an die Medien gerichtete PR-Botschaften und versuchen darüber, andere von ihrer Sichtweise zu überzeugen und im Idealfall auch zu entsprechendem Handeln zu mobilisieren (vgl. ZALD 1996). Hallahan (1999: 224) bezeichnet solche Akteure als »frame strategists«; Benford und Snow (2000: 623) sprechen in diesem Zusammenhang von »deliberative, utilitarian, and goal directed« Framing-Prozessen. Analog dazu lässt sich das Handeln der Akteure als strategisches Framing beschreiben. Damit ist nicht nur eine Gestaltungstechnik für PR-Inhalte gemeint, wie es verschiedene Autoren der PR-Forschung definieren (z. B. KNIGHT 1999; REBER/BERGER 2005). Vielmehr ist der Begriff des strategischen Framings umfassender zu sehen; er umfasst den gesamten Prozess der Issue-Konstruktion[31] durch gesellschaftliche Akteure und schließt damit generell auch nicht unmittelbar auf die inhaltliche Gestaltung der Botschaft bezogenes PR-Handeln mit ein (vgl. HALLAHAN 1999, 2001; MCADAM 1994, 1996). Die Perspektive des strategischen Framings findet sich v. a. in der Literatur zu sozialen Bewegungen (für Überblicke vgl. z. B. BENFORD/SNOW 2000; NOAKES/JOHNSTON 2005), aber auch in einigen neueren Arbeiten der PR-Forschung (ESROCK/HART/D'SILVA/WERKING 2002; HIEBERT 2003; MILLER/RIECHERT 2003; PERKINS 2005; REBER/BERGER 2005; RÜDIGER 2002; WIMMER 2004; ZOCH/MOLLEDA 2006; vgl. auch KIOUSIS/MITROOK/WU/SELTZER 2005). Matthes (2007b) verweist allerdings zu Recht darauf, dass in der PR-Literatur meist lediglich der Grundgedanke der gezielten Botschaftsgestaltung mit dem Framing-Ansatz in Verbindung gebracht wird. Eine systematische Verknüpfung mit dem allgemeineren Framing-Ansatz oder mit dem Theoriebestand der PR-Forschung erfolgt dort i. d. R. nicht. Am ehesten wird in diesem Kontext noch das Issues-Management erwähnt (z. B. HALLAHAN 1999). Dieses stellt jedoch keine PR-Theorie im engeren Sinn dar, sondern beschreibt einen sehr praxisorientierten Ansatz, der – zumindest bisher – lediglich die systematische Beobachtung und (Mit-)Gestaltung von für die Akteursinteressen relevanten Themen umfasst (vgl. z. B. LAUZEN 1997; RÖTTGER 2001).[32]

31 Der Begriff ›Issue‹ wird im Deutschen oft mit ›Thema‹ übersetzt. Die englische Bedeutung ist jedoch sehr viel spezifischer (vgl. z. B. EICHHORN 1996). Watson und Hill (1993: 98) beschreiben ein Issue als »those social, cultural, economic or political concerns or ideas, which are, at any given times, considered important, and which are the source of debate, controversy or conflict«. Vergleichbar dazu bezeichnet Merten (2001: 42) ein Issue als »Angelegenheit von öffentlichem Interesse«.

32 Bentele und Rutsch (2001: 147) definieren Issues-Management als »strukturiertes PR-Verfah-

Anders verhält es sich dagegen in der Literatur zu sozialen Bewegungen. Auch hier geht es um das strategische Framing von Sachverhalten und damit um die soziale Konstruktion eines gesellschaftlichen Problems oder Themas. Dieser Prozess wird jedoch in den umfassenderen Theoriekontext der politischen Soziologie sowie der Sozialpsychologie eingebunden (vgl. NOAKES/JOHNSTON 2005; OLIVER/JOHNSTON 2005; SNOW/BENFORD 2005). Pan und Kosicki (2003: 40) verweisen darauf, dass »[f]raming an issue is [...] a strategic means to attract more supporters, to mobilize collective actions, to expand actors' realm of influences, and to increase their chances of winning«. Vergleichbar sieht McAdam (1996: 340) strategisches Framing als »principal weapon«, mit dessen Hilfe Außenstehende zur Unterstützung mobilisiert sowie die Medienberichterstattung und staatliches Handeln beeinflusst werden können. Verweise auf den strategischen Aspekt des Framings finden sich auch bei zahlreichen anderen Autoren der Forschung zu sozialen Bewegungen (z.B. CADENAROA 2005; GAMSON/MODIGLIANI 1987; MCADAM et al. 1996; SNOW/BENFORD 1992; WESTBY 2005; ZALD 1996). Dass es sich dabei i.d.R. auch um die gezielte Ansprache von spezifischen Zielgruppen handelt, verdeutlichen Noakes und Johnston (2005). Unter dem Mechanismus des strategischen Framings verstehen sie konkret »the splicing together of old and existing ideas and the strategic punctuating of certain issues, events, or beliefs« (ebd.: 8). Damit bezieht sich der Prozess des strategischen Framings unmittelbar auf die Inhaltsframes von Akteuren, die im vorangegangenen Kapitel erläutert worden waren. Tewskbury et al. (2000: 806) sprechen in diesem Zusammenhang von »advocate frames«, die sie als »specific, carefully constructed ways of interpreting an issue« definieren.

Die verschiedenen Definitionen zeigen, dass es beim strategischen Framing zentral um die Konstruktion von sozialer Wirklichkeit geht. Damit verbunden ist automatisch auch der Wettstreit zwischen verschiedenen Akteuren und ihren Frames um die Deutungshoheit. Das bedeutet, dass die Frames nicht statisch sind, sondern »continuously [...] constituted, contested, reproduced, transformed, and/or replaced« (BENFORD/SNOW 2000: 628). Sowohl in der Forschung zu sozialen Bewegungen als auch in der kommunikationswissenschaftlichen Framing-For-

ren [...], in dem – strategisch eingebunden und geplant – eine proaktive Antizipation, Beobachtung, Planung, Kommunikation und Evaluation unternehmensrelevanter Issues, die die Organisation und ihre Teilöffentlichkeiten tangieren, stattfindet.«

schung wird dieser Aspekt immer wieder herausgestellt (z.B. BENFORD 1993a; CALLAGHAN/SCHNELL 2005; ENTMAN 2003; MARULLO et al. 1996; MILLER/RIECHERT 2003; NOAKES/JOHNSTON 2005; PAN/KOSICKI 2003; WALGRAVE/MANSSENS 2005). Dabei können grundsätzlich alle in Kapitel 4.1 erwähnten gesellschaftlichen Akteure aktiv an solchen »frame contests« (MCADAM et al. 1996: 17) beteiligt sein und ihre Interessen durchzusetzen versuchen (NOAKES 2005; WALGRAVE/MANSSENS 2005). Um ihre Sichtweisen medial zu verbreiten und ihre (potenzielle) Anhängerschaft zu mobilisieren, greifen sie dabei auf verschiedene Framing-Taktiken zurück. Diese lassen sich in inhaltliche und akteursbezogene Taktiken unterscheiden und sind Gegenstand der beiden folgenden Unterkapitel.

4.2.2 *Inhaltsbezogene Framing-Taktiken*

Bei den Versuchen, ihre Frames medial zu platzieren, stehen die gesellschaftlichen Akteure grundsätzlich vor dem Problem, dass die Medien nach eigenem Gutdünken aus den von den Akteuren angebotenen Inhaltsaspekten selektieren. Zwar können die Akteure anhand der medialen Selektionsregeln (vgl. Kap. 3.1.1) ungefähr erschließen, welche Frame-Inhalte einen Selektionsvorteil haben, und sich entsprechend anpassen. Dennoch handelt es sich um eine grundlegende Rahmenbedingung, die sich zentral auf die medial vermittelten Frames auswirkt. Zald (1996: 261, kursiv im Original; vgl. auch GAMSON/WOLFSFELD 1993) beschreibt deren Folgen sehr anschaulich: »Frames are [...] reframed in the *mass media*«. Die Akteure stehen damit vor einem unlösbaren Dilemma: Einerseits haben sie ein Interesse daran, ihre Frames möglichst unverfälscht – d.h. mit ihrer sachlichen Kernaussage – in die Medien zu bringen. Andererseits zwingen die medialen Selektionsmechanismen sie dazu, die Frames nicht sach-, sondern mediengerecht zu gestalten. Diese Grundbedingung spiegelt sich auch in den inhaltlichen Taktiken, mit denen die Akteure die gesellschaftliche Durchsetzungskraft ihrer Frames zu erhöhen versuchen (GAMSON/WOLFSFELD 1993). Im Gegensatz zu einer Strategie beschreibt eine Taktik nicht den allgemeinen Plan zur Zielerreichung, sondern bezieht sich sehr viel konkreter auf die »planvolle Vorgehensweise« (LANGENSCHEIDT 2007) im Rahmen einer größeren Strategie. Hinsichtlich des medialen Framings lassen sich auf der inhaltlichen Ebene zwei grundsätzliche Taktikformen unterscheiden, die Akteure anwenden können. Die erste bezieht sich auf die konkrete inhaltliche Ausgestaltung eines Frames und umfasst sowohl die in Kapitel 3.2.2 genannten Grundelemente eines Frames als auch die dort erwähnten ›framing devices‹. Demgegenüber fokussiert die zweite auf die strategische Ausrichtung eines Frames.

Taktiken zur inhaltlichen Ausgestaltung von Frames

Aus Sicht strategischer Akteure dienen die vier grundlegenden Frame-Elemente Problemdefinition, Ursachenzuschreibung, Bewertung und Lösungsvorschlag letztlich dazu, ein Problembewusstsein bei (potenziellen) Unterstützern zu schaffen und sie im besten Fall zur aktiven Unterstützung zu mobilisieren, zumindest aber eine möglichst große Zustimmung für die eigene Sichtweise zu erhalten (PAN/KOSICKI 2003; vgl. die in Kapitel 3.2.2 erwähnten Kernaufgaben des strategischen Framings ›diagnostic framing‹, ›prognostic framing‹ und ›motivational framing‹). Dies geschieht über die spezifische Kombination und inhaltliche Ausgestaltung der einzelnen Frame-Elemente. Durch die strukturelle Verknüpfung der Elemente werden bestimmte Assoziationen und Situationsbeurteilungen im Individuum hervorgerufen, die meist eng mit der inhaltlichen Aussage des Frames korrespondieren. In erster Linie geht es dabei um den gezielten Einsatz von Sachargumenten. Je nach Auswahl und Kombination können diese sehr unterschiedliche Schlussfolgerungen nahelegen. Oftmals instrumentalisieren die gegensätzlichen Seiten wissenschaftliche Fakten, d. h. sie wählen einseitig die wissenschaftlichen Erkenntnisse aus, die ihre eigene Argumentation und Schlussfolgerung stützen, und verschweigen die Erkenntnisse, die diese infrage stellen (MULKAY 1995a). Eine wichtige Rolle spielen daneben die verwendeten Begrifflichkeiten und rhetorischen Stilmittel (RYAN 1991). Über diese werden individuelle und/oder soziale Wertmuster und Verhaltensnormen angesprochen, die letztlich in der ideellen oder tatkräftigen Unterstützung durch das Individuum resultieren. In diesem Kontext sind auch die drei Eigenschaften von Frames, die Gamson (1988a, 1992, 1995) nennt, von Bedeutung: ›injustice‹, ›agency‹ und ›identity‹. Unter ›injustice‹ versteht er das Gefühl von geschehenem Unrecht, das der Frame erzeugt. Allgemeiner gefasst, lässt sich damit generell der Eindruck, dass ein unhaltbarer Misstand oder eine Bedrohung existiert, beschreiben. Zahlreiche Studien belegen die strategische Verwendung der ›Injustice‹-Komponente durch gesellschaftliche Akteure (z.B. BENFORD/HUNT 1992; HUNT/BENFORD/SNOW 1994; JASPER/POULSEN 1995). ›Agency‹ meint demgegenüber die aus dem Frame resultierende Einschätzung, ob eine Änderung der Situation möglich ist. ›Identity‹ wiederum bezieht sich auf den Gruppenzusammenhalt, der aus dem Gefühl einer gemeinsamen Gruppenidentität entsteht. Um andere von der eigenen Sichtweise zu überzeugen und Unterstützer optimal zu aktivieren, muss ein Frame ein möglichst großes Unrechtsgefühl hervorrufen, gleichzeitig aber den Eindruck erwecken, dass durch Handeln tatsächlich auch Veränderungen möglich sind. Andernfalls besteht die Gefahr der vorzeitigen Resignation (BENFORD 1993b; SNOW/BENFORD 1988). Positiv beeinflusst wird die Einschätzung der Veränderbarkeit einerseits durch ein starkes ›Wir‹-Gefühl: Je stärker dieses ist, desto resistenter sind potenzielle Anhänger gegenüber widrigen Umständen. Andererseits fördert auch eine spezifische »rhetoric of change« (GAMSON/MEYER 1996: 285) die Handlungsmobilisierung der Anhängerschaft.

Oftmals greifen die Akteure bei der strategischen inhaltlichen Ausgestaltung der Frames auch auf moralische Bewertungen zurück, die die eigene ›gute‹ von der gegnerischen ›bösen‹ Seite abgrenzen. Hunt et al. (1994: 194) bezeichnen dieses Vorgehen als »boundary framing«, Gamson (1995: 103) verwendet den Begriff des »adversarial framing«. Klandermans, de Weerd, Sabucedo und Costa (1999) weisen allerdings auf die Gefahr hin, dass dadurch Verwirrung über die Verantwortungszuschreibung entsteht und in der Folge die Mobilisierung von Unterstützern behindert wird. Unabhängig von ihrer Mobilisierungskraft erhöhen moralisch aufgeladene, in ›gut‹ und ›böse‹ differenzierende Frames aber die Wahrscheinlichkeit der Medienberichterstattung, weil dadurch das mediale Selektionsmuster des Konfliktes bedient wird. Gazlig (1999) verweist darüber hinaus darauf, dass eine Berichterstattung auch durch den Hinweis auf eine große Anzahl an Betroffenen und die räumliche Nähe des Geschehens sowie die Nennung eines hohen Schadensausmaßes und die Anknüpfung an bereits etablierte Themen wahrscheinlicher ist. Ebenso wie bei der moralischen Frontenbildung spiegeln sich in diesen Aspekten deutlich die medialen Selektionsmechanismen, die die Akteure berücksichtigen müssen, wenn sie ihre Frames erfolgreich in den Medien platzieren wollen.

Eine Einschränkung der inhaltlichen Ausgestaltung von Frames ergibt sich aus dem logischen Verhältnis zwischen Problemdefinition und

Lösungsvorschlag: Nicht jeder Lösungsvorschlag ist zu jeder Problemdefinition kompatibel, d.h., die Problemdefinition beschränkt maßgeblich die möglichen Lösungsvorschläge (GERHARDS/RUCHT 1992; NEPSTAD 1997). Meist existieren jedoch zu einer spezifischen Problemdefinition mehrere passende Lösungsvorschläge. Häufig unterscheiden sich verschiedene Akteure nicht oder nur wenig in ihrer Problemdefinition, sondern lediglich im daraus abgeleiteten Lösungsvorschlag (BENFORD/SNOW 2000). Entman (2003: 417) hält die logische Korrektheit eines Frames allerdings nicht für zwingend notwendig: »All four of these framing functions [Problemdefinition, Ursachenidentifikation, Bewertung und Lösungsvorschlag; Anm. der Autorin] hold together in a kind of cultural logic, serving each other, with the connections cemented more by custom and convention than by the principles of valid reasoning or syllogistic logic.«

Taktiken zur strategischen Ausrichtung von Frames

Framing-Taktiken zur generellen strategischen Ausrichtung eines Inhaltsframes erwähnt bereits die Forschergruppe um Snow, der zusammen mit Gamson als Pionier der Framing-Forschung zu sozialen Bewegungen gelten kann (vgl. NOAKES/JOHNSTON 2005). Snow et al. (1986: 464; vgl. auch SNOW/BENFORD 1988) führen unter dem Oberbegriff des »frame alignment« vier mögliche Taktiken auf, mit denen gesellschaftliche Akteure ihren Inhaltsframes zu mehr Durchsetzungskraft verhelfen können. Unter ›frame alignment‹ verstehen sie dabei »the linkage or conjunction of individual and SMO [social movement organization; Anm. d. Autorin] interpretive frameworks« (SNOW et al. 1986: 467). Im Einzelnen handelt es sich bei den Taktiken um ›frame bridging‹, ›frame amplification‹, ›frame extension‹ und ›frame transformation‹. Von diesen ist Walgrave und Manssens (2005) zufolge das ›frame bridging‹ am leichtesten umzusetzen, während ›frame transformation‹ die schwierigste Aufgabe darstellt. Die Umsetzbarkeit der anderen beiden Taktiken befindet sich zwischen diesen beiden Polen. ›Frame bridging‹ beschreibt die Verbindung von zwei oder mehr ideologisch passenden, aber strukturell bisher unverknüpften Inhaltsframes miteinander. Es dient dazu, die inhaltliche Reichweite eines Frames auszudehnen und auf diese Weise mehr Anhänger anzusprechen. Damit vergleichbar sind die multiplen Frames von Westby (2005). ›Frame amplification‹ bezeichnet die Betonung von Werten und Ansichten, die für potenzielle Anhänger wichtig sind. Im Detail unterscheiden Snow et al. (1986: 469) dabei zwischen »value amplification« und »belief amplification«. Ersteres bezieht sich auf die Hervorhebung von zentralen gesellschaftlichen Werten. Letzteres umfasst u.a. Annahmen über die Ernsthaftigkeit und die Ursache des bestehenden Problems. Beide Aspekte sorgen gemeinsam dafür, die vermeintliche Dringlichkeit des Problems zu erhöhen und dadurch eine größere Anhängerschaft zu mobilisieren. ›Frame extension‹ meint die Ausdehnung eines Frames auf andere Themen(aspekte), mit denen auch bisher unerreichte Akteure angesprochen werden können, ohne zugleich die bereits bestehende Anhängerschaft zu verprellen. Resultat solcher Ausweitungsprozesse sind – bei genügend hohem Abstraktionsgrad – die umfassenden Master-Frames (vgl. Kap. 3.2.2), die aufgrund ihrer großen inhaltlichen Breite auf verschiedene Themen angewendet werden und sehr viele verschiedene Akteure mobilisieren können. ›Frame transformation‹ schließlich umfasst die inhaltliche Um- oder Redefinition eines bestehenden Frames. Dies kann sich sowohl auf themenspezifische als auch themenübergreifende Frames beziehen. Im ersten Fall werden andere Aspekte des gleichen Themas betont; im zweiten Fall wird entweder der generelle Blickwinkel des Frames ausgedehnt oder die im Frame enthaltenen themenspezifischen Aspekte werden neu definiert und arrangiert. Westby (2005) verweist darauf, dass das ›frame alignment‹ auch mit Blick auf einen größeren ideologischen Kontext erfolgen kann. Er nennt in diesem Zusammenhang drei weitere Framing-Taktiken, mit denen sich Akteure eine gesellschaftlich vorherrschende Ideologie für ihre Ziele zunutze machen können. Beim »exposure of contradiction« (ebd.: 227) bestätigt der Frame die grundlegende ideologische Legitimität eines Systems und macht die Akteure damit aus gesellschaftspolitischer Sicht unangreifbar. Dagegen verwendet die Taktik des »inversion of meaning« (ebd.: 227) zwar die vorherrschende, offizielle Ideologie, verknüpft diese im Frame aber mit weiteren Aspekten, die eine oppositionelle Ideologie einbringen. Auch hier ist der Frame von außen nur schwer angreifbar, weil die Ablehnung des oppositionellen Frame-Bestandteils im Prinzip zugleich auch die Ablehnung des akzeptierten Frame-Bestandteils bedeutet. Bei der »Moral-Cover«-Taktik (ebd.: 229) schließlich nimmt der Frame Bezug auf moralische Werte und verknüpft diese mit verschiedenen gesellschaftlich akzeptierten Ideologien. Diese breite ideologische Verankerung sorgt ebenfalls dafür, dass der Frame nur schwer angreifbar ist.

Insgesamt handelt es sich beim ›frame alignment‹ um einen fortwährenden Anpassungs- und Balanceakt der Frame-Gestaltung, der das Ziel hat, eine möglichst breite gesellschaftliche Zustimmung zu erhalten und außerdem bestehende Anhänger zu behalten und neue hinzuzugewinnen. Miller und Riechert (2003: 107) zufolge verlaufen die Beeinflussungsprozesse dabei in einer »spiral of opportunity«: Positive öffentliche Resonanz führt zur Verstärkung von Framing-Aktivitäten, negative zur Veränderung der Frames und/oder Argumente. Belege dafür, dass gesellschaftliche Akteure ›frame alignment‹ betreiben, finden sich bei zahlreichen Autoren (z.B. BABB 1996; DAVIES 1999; GERHARDS/RUCHT 1992; MARULLO et al. 1996; SKILLINGTON 1997; SWART 2005; WALGRAVE/MANSSENS 2005; ZUO/BENFORD 1995). Noakes und Johnston (2005) verweisen allerdings darauf, dass die vier genannten Taktiken in der empirischen Analyse von Framing-Prozessen und Frame-Veränderungen oft nicht klar unterscheidbar sind. Dies ist teilweise einer ungenügenden oder ungenauen Operationalisierung geschuldet. Zum Teil sind jedoch bereits die von Snow et al. (1986) gegebenen Definitionen der einzelnen Taktiken nicht trennscharf zueinander (z.B. ›frame bridging‹ und ›frame extension‹). Generell besteht beim ›frame alignment‹ die Gefahr, dass in dem Bemühen, möglichst viele Unterstützer anzusprechen, der Frame zu breit wird. Snow und Benford (1988: 206) sprechen in diesem Kontext von »frame overextension«. Dies geht i.d.R. mit einer Verwässerung der inhaltlichen Aussage und dem Verlust der Konturen einher (vgl. SNOW/BENFORD 1988; SNOW et al. 1986) und kann auch zu internen Streitigkeiten in einer Gruppierung über die eigene Linie führen (BENFORD 1993a).

Eine weitere grundlegende Taktik zur strategischen Frame-Ausrichtung stellt das »Counter-Framing« (EVANS 1997: 452; vgl. auch BENFORD/SNOW 2000; NOAKES/JOHNSTON 2005) dar. Dabei wird der Geltungsanspruch des Frames nicht ausgeweitet, sondern vielmehr gegen ähnliche Frames anderer Akteure abgegrenzt, letztlich also wieder eingeengt. Dies geschieht über die Verwendung von ideologischen Elementen gegnerischer Frames, die aber mit einem anderen Fokus versehen und so gegen den Kontrahenten gerichtet werden. Ziel ist die Schärfung der eigenen Aussage und damit die Vermeidung des erwähnten Konturverlustes. Dieses Vorgehen bietet zudem die Möglichkeit, die eigenen Anhänger stärker zu binden und zugleich bisherige Gegner auf die eigene Seite zu ziehen. Sinnvoll ist die Anwendung des Counter-Framings dann, wenn die ideologischen Grenzen zu gegnerischen Gruppen nur schwach ausgeprägt bzw. fließend sind und/oder überlappende soziale Netzwerke zwischen den Gruppen bestehen (EVANS 1997). Counter-Framing kann auch in einer abgeschwächten Form betrieben werden. In diesem Fall stellen die Akteure lediglich die inhaltliche Aussage gegnerischer Frames infrage, ohne dies zwingend auch dazu zu nutzen, die eigene Aussage zu schärfen (BENFORD/SNOW 2000).

Welche der genannten Taktiken die strategischen Akteure in der Stammzelldebatte einsetzen und welchen Erfolg sie damit in der Beeinflussung der Medien haben, wird die vorliegende Arbeit zeigen. Abgesehen von den unmittelbar auf den Inhalt bezogenen Framing-Taktiken können die Akteure aber auch akteursbezogene Framing-Taktiken einsetzen. Diese werden im Folgenden genauer erläutert.

4.2.3 *Akteursbezogene Framing-Taktiken*

Unter akteursbezogenen Framing-Taktiken ist im Wesentlichen die Bildung von Koalitionen und Allianzen zu verstehen. Die Bewegungsliteratur verweist immer wieder darauf, dass das System von Allianzen und Gegnern den Erfolg von strategisch handelnden Framing-Akteuren beeinflussen kann (z.B. DIANI 1997; GAMSON/MEYER 1996; GIUGNI 1998; SCHNEIDER 2005; vgl. auch KEPPLINGER 1994; PAN/KOSICKI 2003). Sie gibt jedoch wenig Aufschluss darüber, wie dies im Einzelnen geschieht und wie die Allianzen aufzubauen sind. Im Kern lassen sich bei den Allianzen zwei grundlegende Aspekte unterscheiden: ein inhaltlicher und ein struktureller Aspekt. In inhaltlicher Hinsicht beruht eine Allianz auf dem im vorangegangenen Unterkapitel beschriebenen ›frame alignment‹. Grundlegend dafür ist die Existenz breiterer Master-Frames. Sie bieten generell die Möglichkeit, eine Verknüpfung mit anderen Akteuren vorzunehmen (CARROLL/RATNER 1996b). Gleichzeitig besteht jedoch die Gefahr, dabei den Frame zu stark auszuweiten und ihn damit ineffektiv zu machen (SNOW/BENFORD 1988). In struktureller Hinsicht bezieht sich eine Allianz auf die organisatorische Verknüpfung von Akteuren. Allianzen und soziale Netzwerke vergrößern generell die politischen Erfolgsmöglichkeiten, weil die Akteure durch ihre »›collective‹ voice« (NISBET/LEWENSTEIN 2002: 365) gegenüber der Politik stärkeres Gewicht erhalten (DIANI 1997). Analog dazu ist anzunehmen, dass auch die Medien durch Allianzen stärker beeinflusst werden können. Pan und Kosicki (2003: 44) sprechen in diesem Kontext von einem »web of subsidies«. Dabei handelt es sich um institutionell strukturierte und strategisch aufgebaute Netzwerke, über die vorhandene Ressourcen zur Beeinflussung der gesellschaftlichen und medialen Diskussion eingesetzt werden. Die Akteursallianzen sind ein wichtiger Bestandteil dieser Netzwerke, weil sie zum einen generell die gesellschaftliche Präsenz einer Sichtweise erhöhen. Zum anderen kann die Allianz mit Akteuren, die eine gute Verbindung zu den Medien haben bzw. selektionsrelevante Eigenschaften aufweisen (vgl. Kap. 3.1.2), auch die mediale Verbreitung einer Sichtweise befördern. Eine zentrale Akteurseigenschaft, auf die an dieser Stelle wegen des Untersuchungsgegenstandes der vorliegenden Arbeit noch einmal gesondert hingewiesen werden soll, ist der Expertenstatus eines Akteurs. Gerade für die angemessene Beurteilung komplexer Themen wie der Stammzellforschung ist Fachwissen erforderlich. (Wissenschaftliche) Experten erfüllen dieses Kriterium idealtypisch, was sie zu beliebten Ansprechpartnern für die Medien macht. Vonseiten der strategischen Akteure werden sie daher häufig gezielt eingesetzt. Da allerdings alle Diskursbeteiligten Allianzen zu Experten nutzen können und sie durchaus auch unterschiedliche Sichtweisen vertreten, führt dies oft zu einer Gegenüberstellung von Experten und Gegenexperten (vgl. HARTMANN/HARTMANN 1982; KOHRING 2005). Neben den Akteursallianzen gehören auch materielle Ressourcen sowie Wissen über die und Fähigkeiten bei der Unterstützung des Frames zum ›web of subsidies‹ (PAN/KOSICKI 2003). Akteure können die Medien aber auch direkt beeinflussen, indem sie deren Informationsbeschaffungskosten verringern. Durch eine an den medialen Nachrichtenwerten orientierte Zusammenstellung und Aufbereitung ihrer Materialien erhöhen sie die Wahrscheinlichkeit, dass ihre Sichtweise Eingang in die Medienberichterstattung findet.

In den vorangegangenen Kapiteln ist bereits mehrfach angeklungen, dass strategisch handelnde Akteure in ihren auf die Medienberichterstattung zielenden Framing-Versuchen durch verschiedene Rahmenbedingungen bzw. Kontextfaktoren beeinflusst sind, die auch über den Erfolg des strategischen Framings mitbestimmen. In Kapitel 3.1.2 wurden bereits strukturelle, von den Akteuren nicht oder nur wenig beeinflussbare Aspekte genannt. Im folgenden Unterkapitel geht es nun um aktiv beeinflussbare Kontextfaktoren.

4.3 Kontextfaktoren der Einflussprozesse

Für Akteure, die keinen offiziellen Zugang zur Politik bzw. zu politischen Ressourcen haben, stellen die Medien das »key vehicle« (MCADAM 1996: 346) zur Beeinflussung der Politik dar. McCarthy et al. (1996: 305) ordnen die strategische Einflussnahme auf die Medienberichterstattung zusammen mit der Inszenierung von Aktionen den ›Outsider‹-Taktiken zu.[33] Das strategische Framing, mit dem die Akteure die Medien zu beeinflussen versuchen, unterliegt allerdings komplexen Rahmenbedingungen. Während ein Teil davon mehr oder weniger stark als strukturell gegeben betrachtet werden muss (vgl. Kap. 3.1.2), gibt es auch Komponenten, die aktiv durch die Akteure gestaltbar sind. Letztlich handelt es sich dabei um Aspekte, welche die inhaltlichen Framing-Taktiken in einen größeren Kontext einbetten und damit den Gesamtprozess des strategischen Framings in den Mittelpunkt rücken. Dabei ist eine gewisse Nähe zu den Nachrichtenfaktoren (vgl. Kap. 3.1.1) nicht zu übersehen. Im Folgenden werden solche Kontextfaktoren auf drei Ebenen unterschieden: hinsichtlich der Akteure selbst (Kap. 4.3.1), der Themen (Kap. 4.3.2) sowie der zeitlichen Entwicklung (Kap. 4.3.3).

4.3.1 *Kontextfaktoren seitens der Akteure*

Im Intereffikationsmodell in Kapitel 2.2.2 war angeklungen, dass Akteure und Medien sich in ihrem Handeln gegenseitig aneinander anpassen und zu beeinflussen versuchen. Die Akteure üben also keinen einseitigen inhaltlichen Einfluss auf die Medien aus, sondern orientieren sich durchaus auch an den journalistischen Arbeitsroutinen und Selektionskriterien. Dadurch können sie bessere Rahmenbedingungen schaffen und das Einflusspotenzial ihrer inhaltlichen Framing-Aktivitäten vergrößern. Vor allem in der PR-Literatur, teilweise aber auch in der Literatur zu sozialen Bewegungen finden sich Hinweise darauf, wie dies im Einzelnen möglich ist. Mit Blick auf die Akteure lassen sich zwei wesentliche Faktoren unterscheiden: die Professionalität ihrer PR-Arbeit sowie persönliche Kontakte zu Medientätigen.

33 ›Insider‹-Taktiken sind demgegenüber direkte Einflussnahmeversuche auf die Politik z. B. über Lobbying oder Eingreifen in die politischen Prozesse.

Etliche Autoren zeigen, dass eine hohe Professionalität im Medienumgang den inhaltlichen Einfluss von Akteuren auf die Medienagenda erhöht (z.B. ANDERSON 1993; CURTIN/RHODENBAUGH 2001; GIUGNI 1998). Dazu gehören sowohl eine hohe Intensität der PR-Arbeit als auch die Einhaltung journalistischer Qualitätsstandards und das Anbieten der Informationsmaterialien in leicht verarbeitbarer Form (BENTELE/NOTHHAFT 2004; DONSBACH/WENZEL 2002; RIESMEYER 2006; SEIDENGLANZ/BENTLE 2004). Größere Einflusschancen bestehen auch bei einer Orientierung an journalistischen Selektionskriterien (CURTIN/RHODENBAUGH 2001; DONSBACH/WENZEL 2002; GAZLIG 1999), und hier insbesondere an der Vorliebe der Journalisten für wichtige und charismatische Personen (JAMISON/EYERMAN 1994; IMHOF/EISENEGGER 1999; SEIDENGLANZ/BENTELE 2004). Generell stehen die Akteure allerdings vor dem Problem, dass die Professionalität des Medienumgangs stark an die verfügbaren finanziellen und personellen Ressourcen gekoppelt ist. Ressourcenstarke Akteure können mehr in ihre Medienarbeit investieren und besitzen dadurch per se einen Vorteil in der Einflussnahme gegenüber ressourcenschwachen Akteuren. In gewisser Weise durch die Ressourcen mitbedingt ist auch die Existenz persönlicher Beziehungen zwischen Akteuren und Medienschaffenden. Auf deren Bedeutung verweisen Curtin (1999), Doppelt (1992) sowie Schenk und Šonje (1998). Ihnen zufolge tendieren die Medien dazu, auf gleiche bzw. ihnen bereits bekannte Quellen zurückzugreifen. Curtin (1999) führt dies auf die höhere Glaubwürdigkeit persönlicher Kontakte zurück. Höhere Ressourcen tragen dabei vermutlich dazu bei, dass mehr Zeit in den Kontaktaufbau und die Kontaktpflege investiert werden kann. Möglicherweise spielt in diesem Kontext jedoch auch der von Hagen (1992: 445) belegte Rückgriff der Journalisten auf »opportune Zeugen« eine Rolle. Akteure, die die persönliche Sichtweise eines Journalisten teilen, haben auf Dauer gesehen größere Chancen, sich als feste Größe in dessen Informantennetzwerk zu etablieren.

Insgesamt weisen Bentele und Nothhaft (2004) jedoch auch darauf hin, dass die Verwendungshäufigkeit von PR-Material durch die Vorwegnahme journalistischer Selektions- und Qualitätskriterien nur begrenzt steigerbar ist. Dies ist vermutlich auch dadurch mit bedingt, dass um Medienaufmerksamkeit konkurrierende Akteure in ihrer Gesamtheit professioneller in ihrer PR werden, gleichzeitig jedoch nicht unbedingt mehr medialer Darstellungsraum zur Verfügung steht. Ähnlich kommt auch Cracknell (1993) zu dem Ergebnis, dass eher die mediale Platzierung einzelner Aspekte als das Framing der Berichterstattung beeinflussbar ist. Eine Rolle dafür, dass die Anpassung an journalistische Selektions- und Qualitätskriterien den Akteurseinfluss auf die Medien nur begrenzt erhöht, spielt wahrscheinlich auch, dass eine vollkommen unkritische Übernahme von PR-Informationen mit dem journalistischen Selbstverständnis nicht vereinbar ist (vgl. WEISCHENBERG et al. 2006).

Dennoch lässt sich für das strategische Framing durch die Akteure festhalten, dass sie ihr Einflusspotenzial auf die Medienagenda steigern können, wenn sie professionelle PR betreiben und sich dabei an den journalistischen Selektions- und Qualitätskriterien orientieren. Auf Akteursebene sind dabei im Rahmen der professionellen Gestaltung von PR-Botschaften u.a. der Einsatz von bekannten und ausstrahlungsstarken Personen sowie der Aufbau persönlicher Beziehungen zu den Medienschaffenden hilfreich. Für die Stammzelldebatte ist dabei davon auszugehen, dass alle ressourcenstarken Akteure über solche Personen und Beziehungen verfügen. Damit ist der unmittelbare Rahmen abgesteckt, in dem die Akteure auf personeller Ebene ihr inhaltliches Framing aktiv unterstützen können. Im folgenden Unterkapitel wird ausführlicher auf solche Unterstützungsmöglichkeiten auf thematischer Ebene eingegangen.

4.3.2 *Thematische Kontextfaktoren*

Ebenso wie auf personeller Ebene gibt es auch auf thematischer Ebene Kontextfaktoren, die die strategisch handelnden Akteure in der Stammzelldebatte gezielt dafür nutzen können, die Durchsetzungskraft ihrer Inhaltsframes in der Medienberichterstattung zu erhöhen. Im Einzelnen lassen sich hier die inhaltliche Komplexität, Resonanz, Schlüsselereignisse sowie Ereignisinszenierungen als Faktoren nennen, die die Akteure gestalten und für ihre Zwecke verwenden können.

Die inhaltliche Komplexität steht in enger Beziehung zum medialen Berichterstattungsmerkmal Einfachheit (vgl. Kap. 3.1.3). Fecht (1999) zeigt, dass gut verständliche und einfach dargestellte PR-Informationen eine größere Berichterstattungschance haben. Für das strategische Framing von Akteuren ist es deshalb von Vorteil, den eigenen Frame möglichst auf klare, leicht verständliche Aspekte zu reduzieren – selbst wenn er eigentlich wesentlich komplexer ist. In der Realität ist allerdings fraglich, ob die verschiedenen Akteure diesen Punkt tatsächlich immer berücksichtigen können. Wie gesehen, unterscheiden sich die verschiedenen Sichtweisen inhaltlich oft nur marginal, u.U. sogar nur im Lösungsvorschlag. Um sich gegen andere Akteure abzugrenzen, müssen die Frames einzelner Akteure deshalb sehr differenziert sein. In der Regel werden sie dann allerdings von den Medien wieder auf einfache Strukturen reduziert – sofern sie überhaupt zum Gegenstand der Berichterstattung werden. Eine Möglichkeit, die Komplexität des eigenen Frames zu reduzieren, besteht darin, sich weniger auf die sachlichen Argumente zu konzentrieren, sondern vielmehr deren moralische Implikationen zu betonen. Dies erhöht die Verständlichkeit für mit der Thematik nicht vertraute Laien und erleichtert auch den Medien die Darstellung. Zugleich erhöht der Verweis auf in der Gesellschaft verankerte moralische Werte auch die Resonanz eines Frames.

Der Faktor der Resonanz beschreibt den ›Widerhall‹, den ein Frame in der Gesellschaft und damit auch in den Medien erfährt. Benford und Snow (2000; vgl. auch SNOW/BENFORD 1992; GAMSON 1992) zufolge ist diese im Einzelnen abhängig von der Glaubwürdigkeit des Frames sowie seiner relativen Bedeutung bzw. Salienz. Erstere ist beeinflusst durch die innere Konsistenz der Argumentation sowie die empirische Glaubwürdigkeit des Frames, d.h. seine Verifizierbarkeit und die Möglichkeit, seine inhaltlichen Behauptungen in der realen Welt wiederzufinden. Letztere ist abhängig von der Zentralität der im Frame angesprochenen Werte, der Übereinstimmung des Frames mit der Alltagserfahrung des Einzelnen sowie seiner narrativen Vertrautheit in der Gesellschaft. Die narrative Vertrautheit war in Kapitel 3.2.3 bereits im Kontext der kulturellen Resonanz erwähnt worden. Ebenso wie die anderen genannten Aspekte können sich die Akteure diese gezielt zunutze machen, um mit ihren Frames Medienaufmerksamkeit zu erlangen. Entman (2004) sieht in der kulturellen Resonanz einen der wichtigsten Faktoren, mit denen die (mediale) Durchsetzungskraft eines Frames erhöht werden kann: »Those frames that employ more culturally resonant terms have the greatest potential for influence. They use words and images highly salient in the culture, which is to say *noticeable, understandable, memorable,* and *emotionally charged*« (ebd.: 6, kursiv im Original). Bestimmte Begriffe besitzen dabei eine so hohe kulturelle Durchsetzungskraft, dass sie selbst bei sehr geringer Verwendung sofort ihre Wirkung entfalten. Generell stehen die Akteure in ihrem Framing allerdings vor dem Problem, dass bereits bestehende Frames dominant und schwer aufzubrechen sind

(DURHAM 2003; EDY/DARADANOVA 2006; MCADAM et al. 1996). Wenn sie also neue Sichtweisen einbringen wollen, stehen sie Noakes und Johnston (2005: 7) zufolge zunächst einmal vor einer schwierigen Aufgabe: »[They] must ›break the frames‹ of quiescence and acceptance of the status quo«. Das gilt im Übrigen auch für die Frames, die die Medien selbst einbringen oder favorisieren (COOPER 2002). Aus diesem Grund greifen strategisch handelnde Framing-Akteure häufig auf bereits bestehende Frames zurück und passen diese lediglich an ihre eigenen Zwecke an (MOONEY/HUNT 1996; SWART 1995). Aus dem gleichen Grund, aber auch um ihre Sichtweisen legitim erscheinen zu lassen, verwenden sie dominante kulturelle Symbole (z. B. NOONAN 1995; ZUO/BENFORD 1995). Oftmals verknüpfen sie diese zugleich mit oppositionellen Aspekten, die die etablierten Sichtweisen herausfordern, durch die vorgenommene Verbindung aber nur schwer selbst infrage gestellt werden können (WESTBY 2005).

Die inhaltlichen Framing-Aktivitäten strategischer Akteure sind allerdings nicht immer so stark durch vorherrschende Frames beschränkt, wie es angesichts der kulturellen Resonanz erscheinen mag. Sogenannte ›Schlüsselereignisse‹ bieten durchaus punktuell die Möglichkeit, den oder die dominanten Frames aufzubrechen, den Bezugsrahmen zu verändern und neue Sichtweisen zu etablieren. Dabei handelt es sich um mehr oder weniger ungewöhnliche Ereignisse, die einen hohen Nachrichtenwert besitzen und daher besonders viel Aufmerksamkeit in der Medienberichterstattung auf sich ziehen. Charakteristisch für Schlüsselereignisse ist zudem, dass sie den Bezugsrahmen für die weitere Berichterstattung neu setzen oder ihn verändern, indem sie ein neues, bisher wenig oder gar nicht beachtetes Thema schaffen oder einem schon bekannten Thema eine neue Dimension verleihen. Da die Journalisten in diesem Fall noch über keine klaren Bewertungs- und Einordnungsmaßstäbe verfügen, wenden sie sich in der weiteren Berichterstattung vermehrt ähnlich gelagerten Themen zu und suchen aktiv nach zusätzlicher Information (BROSIUS/EPS 1993; KEPPLINGER/HABERMEIER 1995). Verschiedene Studien zeigen, dass die Medienberichterstattung in der Folge von Schlüsselereignissen wesentlich offener für alternative Sichtweisen ist (BERENS 2001; BROSIUS/EPS 1993; KEPPLINGER/HABERMEIER 1995; WESSLER 1999). Für die strategisch handelnden Akteure bedeutet dies, dass sie die Existenz von Schlüsselereignissen gezielt dafür nutzen können, auf ihre Frames aufmerksam zu machen (vgl. z. B. KENNEY 2005). Zugleich besteht jedoch das Problem, dass Schlüsselereignisse nicht im Vorhinein erkennbar sind und auch unmittelbar dann, wenn sie sich ereignen, ihre Tragweite nicht sofort klar sein muss. Aufseiten der Framing-Akteure muss also eine gewisse Intuition dafür vorhanden sein, auf welche Ereignisse mit eigenen Framing-Aktivitäten reagiert werden sollte, weil sie sich im Nachhinein als Schlüsselereignisse herausstellen. Bei Ereignissen wie dem 11. September 2001 dürfte dies relativ klar sein, andere Ereignisse sind dagegen u. U. in ihrer Tragweite deutlich schwerer abzuschätzen. Daneben ergibt sich als zweites Problem, dass nicht jedes Schlüsselereignis für jeden Akteur gleich gut geeignet ist, auf seine Anliegen aufmerksam zu machen. Möglicherweise warten Akteure also ziemlich lange, bis sie sich mithilfe eines geeigneten Schlüsselereignisses Gehör für ihre Sichtweise verschaffen können. Die Akteure tendieren deshalb dazu, nicht nur passiv auf Ereignisse zu reagieren, sondern aktiv selbst Ereignisse zu inszenieren. Dies spiegelt sich auch in der Ereignistypologie von Kepplinger (1989b) wider. Dort stellen inszenierte Ereignisse bzw. »pseudo-events« (BOORSTIN 1962: 9) neben genuinen und mediatisierten Ereignissen einen dritten Ereignistypus dar, der gezielt zur Erzeugung von Medienaufmerksamkeit genutzt wird. Die drei Ereignistypen liegen dabei ›quer‹ zu den Schlüsselereignissen: Nicht nur genuine und mediatisierte, sondern durchaus auch von Akteuren inszenierte Ereignisse können zu Schlüsselereignissen werden (z. B. BÖCKING 2002).

Dass die Taten und Aktionen von Akteuren ein wesentlicher Bestandteil des strategischen Framings sind, darauf wird mehrfach in der Forschung zu sozialen Bewegungen hingewiesen (z. B. MCADAM 1994, 1996; ZUO/BENFORD 1995; JOHNSON 1997). Auch die PR-Literatur betont die Bedeutung von gezielten Aktionen und Ereignisinszenierungen im Rahmen einer umfassenden PR-Strategie (vgl. u. a. BENTELE 2006a; JARREN/DONGES 2006).[34] McAdam (1996: 343) spricht in diesem Zusammenhang von der »signifying function of action«. Damit ist gemeint, dass das Handeln der Akteure als Zeichen für ihre Ziele und Sichtweisen gewertet wird. Gleichzeitig wird es mit den verbal geäußerten Frames abgeglichen. Stimmen Äußerungen und Handlungen bzw. Inszenierungen überein, haben die Frames eine höhere Überzeugungskraft, als wenn beides diskrepant zueinander ist. Zugleich stoßen Ereignisinszenierungen bei den Medien wegen ihrer Ereignis- und Konfliktorientierung (vgl. Kap. 3.1.3) auf hohe Aufmerksamkeit (FRÖHLICH 1992). Die Akteure versu-

34 Vgl. auch das Modell der instrumentellen Inszenierung von Kepplinger (1989b).

chen deshalb, mit zu ihren Frames kongruenten Aktionen in die Medien zu gelangen, um die Frames dadurch zu befördern. Für nicht-etablierte Akteure ohne institutionalisierten Medienzugang bieten solche Ereignisinszenierungen i.d.R. sogar die einzige Chance, auf sich und ihre Sichtweise aufmerksam zu machen (MCCARTHY et al. 1996). Aufgrund der Konkurrenz zwischen Akteuren um die begrenzte mediale Aufmerksamkeit müssen die Ereignisse dabei möglichst spektakulär und dramatisch sein, um Medienberichterstattung zu garantieren (IMHOF/EISENEGGER 1999). Allerdings können solche Aktionen auch nachteilige Effekte haben. Zum einen verstärken sie häufig eine kontextlose Berichterstattung und erschweren dadurch die Vermittlung des Kernanliegens: Meist wird ohne Hintergrundinformationen über die Ereignisse berichtet, während gleichzeitig auch die inhaltlichen Frames nur ausschnitthaft und ohne vertiefte Informationen dargestellt werden; durch die Aktionen werden die in den Medien ohnehin schon unvollständig präsentierten Frames also zusätzlich verschleiert (ASHLEY/OLSON 1998; KLANDERMANS/GOSLINGA 1996). Zum anderen besteht bei spektakulären, möglicherweise sogar gewalttätigen Aktionen grundsätzlich die Gefahr, dass sie gegen bestehende Konventionen und Normen verstoßen und dadurch zu einem Verlust an Sympathie und Zustimmung führen. Im Extremfall können sie die inhaltlichen Framing-Bemühungen vollständig zunichte machen. Gamson und Meyer (1996: 288) bezeichnen diese Diskrepanz zwischen der Ausrichtung an den medialen Selektionskriterien und dem eigentlichen Ziel der Akteure als »dilemma of balance«. Insgesamt bergen spektakuläre Aktionen das Risiko, zu einer Stigmatisierung der Akteure beizutragen und dadurch die Effektivität ihres Framings sowie ihre Handlungsmöglichkeiten einzuschränken. Gamson und Wolfsfeld (1993: 122) beschreiben dies sehr anschaulich: »Those who dress up in costume to be admitted to the media's party will not be allowed to change before being photographed.« Unabhängig von den Gefahren, die Ereignisinszenierungen mit sich bringen, verweist Berens (2001) darauf, dass Ereignisse, an die sich im Folgenden gut anknüpfen lässt, eine höhere mediale Beachtungschance haben. Auch hier beschränken jedoch die bereits bestehenden Frames und Sichtweisen die Interpretation der Ereignisse: »Events [...] do not speak for themselves« (GAMSON/MODIGLIANI 1989: 21). Zusätzlich gefördert wird die mediale Aufmerksamkeit für Ereignisse durch deren Ankündigung (BERENS 2001; TUCHMAN 1978). Diese erlaubt den Medien eine verlässliche Ressourcenplanung bei gleichzeitiger Garantie auf Berichtenswertes und erhöht darüber die Wahrscheinlichkeit einer Berichterstattung.

Für das strategische Framing in der Stammzelldebatte ist zu erwarten, dass die beteiligten Akteure auch die thematischen Kontextfaktoren gezielt für ihre Zwecke einsetzen. Bezogen auf die inhaltliche Ausgestaltung dürften dabei die Komplexität, die Resonanz sowie Schlüsselereignisse eine besondere Rolle spielen. Neben den akteursbezogenen und thematischen Rahmenbedingungen können die strategisch handelnden Akteure aber auch den zeitlichen Rahmen gezielt für sich nutzen und beeinflussen.

4.3.3 *Zeitliche Kontextfaktoren*

In Kapitel 3.2.3 war bereits erwähnt worden, dass sich mediale Frames im Zeitverlauf verändern. Die Medien reagieren dabei zumindest z.T. auf die aktuelle Ereignislage, zu der u.a. auch die Akteure und die von ihnen eingebrachten Frames gehören. Daneben spielt aber auch der politische Prozess eine wichtige Rolle. Wie in dem genannten Kapitel bereits ausführlicher beschrieben, durchläuft dieser idealtypisch sechs Phasen, die in den Medien unterschiedlich starke Beachtung finden. In politischen Ruhephasen, in denen sich der politische Prozess fernab der öffentlichen Aufmerksamkeit vollzieht, ist die Medienaufmerksamkeit wesentlich geringer. Zugleich sind die Medien in dieser Zeit erheblich offener für externe Einflüsse (NISBET/HUGE 2006; WESSLER 1999). Vergleichbares gilt vermutlich für unbekannte bzw. gesellschaftlich noch nicht etablierte Themen. Solange ein Thema noch nicht durch bestimmte Akteure ›besetzt‹ und definiert ist, ist es wahrscheinlich leichter zu beeinflussen, als wenn bereits ein offener medialer Schlagabtausch darüber entbrannt ist. Gleichzeitig können sich die Akteure durch frühzeitiges Framing bei diesen unbesetzten Themen als Ansprechpartner für die Zeit etablieren, in der das Thema u. U. gesellschaftlich aktuell werden sollte. Für das strategische Framing der Akteure in der Stammzelldebatte bedeutet das, sich in ihren inhaltlichen Einflussbemühungen auf die Medienberichterstattung sinnvollerweise v. a. auf diese politischen und thematischen Ruhephasen zu konzentrieren. In dieser Zeit können sie neue Sichtweisen und Interpretationsrahmen etablieren, die dann später wirksam werden. Mit einer gewissen Plausibilität kann zudem angenommen werden, dass die

Akteure Ereignisphasen auch selbst aktiv herbeiführen können. Bereits Baumgartner und Jones (1993) sowie Gamson und Meyer (1996) verweisen darauf, dass die Akteure durch ihr Handeln und ihren Einfluss den politischen Raum mitformen. Durch politisches Lobbying in den Ruhephasen, öffentlichkeitswirksame Aktionen und Framing-Aktivitäten stoßen sie u. U. den politischen Prozess überhaupt erst an und sorgen so dafür, dass eine Ruhe- von einer Ereignisphase abgelöst wird. Vermutlich ist dies jedoch ein eher langwieriger Prozess, der in seinem Erfolg auch stark vom Zufall mitbestimmt ist (vgl. das in Kap. 3.2.3 beschriebene Garbage-Can-Modell).

Bei Nisbet und Huge (2006) finden sich konkretere Hinweise darauf, wie die Akteure ihr Framing in Abhängigkeit von den einzelnen Phasen gestalten und ausrichten können. Ihren Ergebnissen zufolge überwiegen in den Ruhephasen in den Medien technische, d. h. sachliche, nicht-emotionale Frames. Dies ist mit dadurch bedingt, dass die Berichterstattung in dieser Zeit überwiegend in per se neutraleren Fachmedien und spezifischen Ressorts erfolgt. In den Ereignisphasen, in denen auch die Medienaufmerksamkeit höher ist, dominieren dagegen dramatische, emotional aufgeladene Frames. Auch hier lassen sich die vorherrschenden Frames auf die berichtenden Medien und Ressorts zurückführen: Die Berichterstattung spielt sich in dieser Zeit v. a. im politischen Ressort allgemeiner Medien sowie im Meinungsressort ab. Auch die Ergebnisse von Trumbo (1995) sowie Rogers et al. (1991) weisen darauf hin, dass die Thematisierung in den Ruhephasen von spezifischen Ressorts und Fachmedien ausgeht und erst in den Ereignisphasen in die allgemeine Medienberichterstattung diffundiert. Die Akteure in der Stammzelldebatte sind daher gut beraten, sich in den Ruhephasen auf sachliches Framing zu konzentrieren und in erster Linie die für ihre Thematik relevanten Fachmedien sowie spezifischen Ressorts allgemeiner Medien anzusprechen. In den Ereignisphasen sollten sie dagegen emotionalere Frames verwenden und diese in erster Linie an das Politik- und Meinungsressort adressieren.

Eine weitere, indirekt mit den Ruhe- und Ereignisphasen verknüpfte Möglichkeit zur verstärkten Einflussnahme bieten Konflikte und politische Krisen. Gamson (1990) weist nach, dass das Einflusspotenzial von strategischen Akteuren auf die Politik in Krisenzeiten höher ist. Analog dazu dürften auch die Medien in dieser Zeit stärker beeinflussbar sein. Ebenso wie die politischen Akteure suchen sie vermutlich stärker nach Orientierung, was sie offener für inhaltliche Einflüsse macht.

Ursache dafür ist, dass die Journalisten in solchen Ausnahmephasen deutlich weniger auf standardisierte Entscheidungsprogramme bzw. Entscheidungsroutinen zurückgreifen können (TUCHMAN 1978; vgl. auch SCHOLL/WEISCHENBERG 1998). Für strategische Akteure lohnt es sich daher, ihre Framing-Aktivitäten in Krisenzeiten zu intensivieren. In der Stammzelldebatte dürfte dieser Aspekt allerdings eine untergeordnete Rolle spielen, da diese von keiner politischen Krise begleitet war.

Unabhängig vom typischen Zyklus aus Ruhe- und Ereignisphasen können Akteure aber auch punktuelle zeitliche Veränderungen gezielt für ihr Framing nutzen. Im vorherigen Unterkapitel waren Schlüsselereignisse als ein solch singulärer Punkt genannt worden. Hier werden von den Akteuren selbst inszenierte Ereignisse außen vor gelassen und nur genuine oder zumindest extern von anderen verursachte Ereignisse berücksichtigt. Diese stellen situative Veränderungen im Zeitverlauf dar, die die Möglichkeit bieten, das Framing inhaltlich und/oder in der Intensität anzupassen. Ob es sich tatsächlich um ein Schlüsselereignis handelt, ist dabei im Prinzip zunächst sekundär. Unter Umständen wird ein Ereignis auch erst dadurch zum Schlüsselereignis, dass einzelne Akteure es in ihrem nachfolgenden Framing als solches darstellen und dadurch überhaupt erst die Aufmerksamkeit der Journalisten auf das Ereignis lenken. In diesem Fall würde die journalistische Relevanzzuschreibung durch die Relevanzzuschreibung der Akteure angestoßen. Im Rahmen der vorliegenden Arbeit gilt es daher auch herauszufinden, inwieweit die strategischen Akteure in der Stammzelldebatte sowohl solche Schlüsselereignisse als auch den allgemeinen Thematisierungsprozess im Rahmen ihres Framings gezielt instrumentalisieren.

4.4 Zusammenfassung

In medienvermittelten gesellschaftlichen Diskursen versuchen die am Diskurs beteiligten Akteure, die Medienberichterstattung gezielt zu beeinflussen. Sie bedienen sich dabei des strategischen Framings, d.h. sie konstruieren inhaltliche Frames, die ihre Sichtweisen in kondensierter Form widerspiegeln. Dies geschieht im größeren Rahmen ihrer allgemeinen PR-Arbeit: Strategisches Framing kann als Teil der externen PR-Strategie betrachtet werden. Insgesamt ist PR und damit auch strategisches Framing zu einem grundlegenden Bestandteil moderner Gesellschaften geworden. Nicht nur die verschiedensten Interessengruppen, die für ihren politischen und gesellschaftlichen Erfolg per se darauf angewiesen sind, sondern auch politische Akteure sowie staatliche Einrichtungen betreiben PR. Diese ist in den letzten 20 Jahren sowohl umfangreicher als auch professioneller geworden. Beim strategischen Framing stehen den Akteuren verschiedene Taktiken zur Verfügung, um mit ihren Frames möglichst optimal die Medien zu beeinflussen und über diese auch die Bevölkerung von ihren Sichtweisen zu überzeugen. Auf der einen Seite sind dies inhaltliche Taktiken, die sowohl der mediengerechten inhaltlichen Ausgestaltung dienen als auch die Ansprache möglichst breiter Gesellschaftskreise bei gleichzeitiger Abgrenzung von gegnerischen Akteuren zum Ziel haben. Dazu orientieren sich die Akteure an den medialen Selektionskriterien und betreiben ›frame alignment‹ und ›Counter-Framing‹. Auf der anderen Seite stehen ihnen mit der Bildung von Koalitionen und Allianzen auch akteursbezogene Taktiken zur Verfügung. Diese dienen in erster Linie dazu, eine größere gesellschaftliche Sichtbarkeit für die eigenen Frames zu erzeugen und die mediale Etabliertheit anderer Akteure mit der gleichen Sichtweise strategisch für sich auszunutzen. Diese unmittelbaren Framing-Taktiken sind in größere Rahmenbedingungen eingebunden, die die Akteure ebenfalls aktiv manipulieren bzw. benutzen können, um ihre Medienpräsenz zu steigern und die Durchsetzungskraft ihrer Frames zu erhöhen. Dabei handelt es sich zum einen um akteursbezogene Aspekte wie einen professionellen Umgang mit den Medien, die Ausrichtung an den medialen Selektions- und Qualitätskriterien sowie die Pflege persönlicher Medienkontakte. Zum zweiten lassen sich auch thematische Aspekte gezielt zur Förderung der eigenen Frames einsetzen. Neben inhaltlicher Einfachheit und gesellschaftlicher Resonanz der Frames spielen hier die strategische Nutzung von Schlüsselereignissen sowie gezielte eigene Ereignisinszenierungen eine Rolle. Schließlich lassen sich auch allgemeine zeitliche Entwicklungen zur Unterstützung des Framing-Erfolgs nutzen. In erster Linie geht es dabei darum, das Framing jeweils an die politischen Phasen anzupassen und dabei die richtigen Medien anzusprechen: Politische und/oder mediale Ruhephasen bieten die Möglichkeit, die ›claims‹ abzustecken und sich mit seinen Sichtweisen als potenzieller Ansprechpartner – zunächst für fachspezifische Medien – zu etablieren. In Ereignisphasen kann dies dann als Grundlage dazu genutzt werden, stärker – auch in allgemeinen Medien – in Erscheinung zu treten. In vergleichbarer Weise können die Akteure auch auf unerwartete Ereignisse oder politische Krisensituationen strategisch mit intensiverem Framing reagieren. Konkret für die mediale Stammzelldebatte und ihre strategische Beeinflussung durch gesellschaftliche Akteure ist zu vermuten, dass v. a. die taktische Bildung von Allianzen sowie die verschiedenen Taktiken zur inhaltlichen Ausrichtung der Frames zum Einsatz kommen. Eine professionelle PR-Arbeit im klassischen Sinn kann dagegen für alle Akteure vorausgesetzt werden, da es sich um verhältnismäßig große, institutionalisierte Akteursgruppen mit einer eigenen PR-Abteilung handelt.

Mit den bisherigen Ausführungen ist im Wesentlichen der generelle theoretische Rahmen für die Analyse auf die Medien zielender, strategischer Framing-Prozesse abgesteckt. Zu Beginn des Kapitels war allerdings allgemein darauf hingewiesen worden, dass je nach Thema sehr verschiedene Akteure mit ihren Interessen an medienvermittelten Diskursen beteiligt sein können. Jeder Diskurs erhält dadurch einen jeweils spezifischen Charakter. Für ein umfassendes Verständnis der vorliegenden Arbeit ist es deshalb notwendig, ihren konkreten Analysegegenstand ausführlicher zu beleuchten. Bei der Stammzellforschung handelt es sich um ein Wissenschaftsthema, das aufgrund der beteiligten Interessenlagen besonderen medialen Darstellungsmechanismen und -regeln unterliegt. Das folgende Kapitel befasst sich deshalb vor dem theoretischen Hintergrund der Wissenschaftsberichterstattung eingehender mit der Stammzelldebatte.

5. DIE MEDIALE STAMMZELLDEBATTE

Die Stammzellforschung ist – ebenso wie die Gentechnik – ein Teilgebiet der Biotechnologie (NISBET/LEWENSTEIN 2002; PETERS 2005). Diese erfreut sich seit den 1970er-Jahren weltweit einer zunehmenden gesellschaftlichen und medialen Aufmerksamkeit (BAUER et al. 2001; GUTTELING et al. 2002; HAMPEL/PFENNING/KOHRING/GÖRKE/RUHRMANN 2001). Der öffentliche Diskurs spiegelt dabei das öffentliche Interesse und die gesellschaftliche Problemwahrnehmung des Gegenstandes und ist ein Indikator für die Sensibilität der Gesellschaft für das Thema. Bei der Stammzellforschung ist dies noch einmal besonders gelagert, da es sich um ein klassisches Wissenschaftsthema handelt, das besonderen gesellschaftlichen Rahmenbedingungen und medialen Darstellungsmechanismen unterliegt (vgl. GERHARDS/SCHÄFER 2006; SCHÄFER 2007). Wissenschaftsthemen werden oft im Rahmen von Risikodiskursen verhandelt. Dies ist v. a. dann der Fall, wenn es sich um Technologien handelt, deren mögliche Folgen nicht vollständig abschätzbar sind. Risikodiskurse sind u.a. dadurch gekennzeichnet, dass die beteiligten Akteure in der Diskussion um die gesellschaftliche räumliche und zeitliche Verteilung von Risiken und deren Folgen ihre Chancen zu sichern versuchen (LAU 1989). Wie das vierte Kapitel gezeigt hat, sind auch Wissenschaftler Akteure mit eigenen Interessen, und zwar auch mit Blick auf die mediale Darstellung des Diskurses. Die Beziehung zwischen Wissenschaftlern und Journalisten ist dabei von jeher durch ein gegenseitiges, durchaus ambivalentes Abhängigkeitsverhältnis geprägt (NELKIN 1995). Um über Wissenschaft berichten zu können, benötigen Journalisten Wissenschaftler nicht einfach nur als Informationsquellen, sondern als Experten, die den fraglichen Sachverhalt angemessen beurteilen können. Andersherum brauchen Wissenschaftler Journalisten, um ihre Interessen und ihre Forschung gesellschaftlich bekannt zu machen und für deren Akzeptanz zu werben. Dieses ambivalente Verhältnis bildet die Grundlage für die Medienberichterstattung über Wissenschaftsthemen und damit auch über die Stammzellforschung. Zugleich macht es klar, dass die medial geführte Stammzelldebatte und die Einflussnahmeversuche verschiedener Akteure nicht ohne einen vertieften Einblick in das Verhältnis von Wissenschaft und Journalismus sowie den von der Debatte betroffenen Sachgegenstand zu verstehen sind. Im Folgenden geht es deshalb zum einen darum, typische Berichterstattungscharakteristika und -muster insbesondere von risikobehafteten Wissenschaftsthemen sowie spezifisch das Verhältnis zwischen Journalisten und Wissenschaftlern herauszuarbeiten (Kap. 5.1). Zum anderen gilt es, den historischen, regulativen und sachlichen Hintergrund der Stammzelldebatte sowie ihren konkreten Verlauf zu erläutern (Kap. 5.2).

5.1 Das Verhältnis zwischen Wissenschaft und Medien

Wissenschaftsthemen wie die Stammzellforschung zeichnen sich dadurch aus, dass die Gesellschaft für ihre angemessene Beurteilung auf das Fachwissen wissenschaftlicher Experten angewiesen ist. Allgemein ist die gesellschaftliche Bedeutung von Wissenschaft aufgrund der fortschreitenden technischen Entwicklungen und Komplexität in den vergangenen Jahrzehnten kontinuierlich gestiegen. Angesichts der möglichen Auswirkungen auf das Leben des Einzelnen nimmt parallel auch das Interesse der Gesellschaft an Wissenschaft und Wissenschaftsthemen zu (HART 2002; PRIEST 2001). Der Bevölkerung wird zunehmend bewusst, dass letztlich die gesamte Gesellschaft die sozialen Kosten von Wissenschaft trägt (NELKIN 1995). In der Folge ist die Wissenschaft einem erhöhten öffentlichen Legitimationsbedarf ausgesetzt. Die Wissenschaft nimmt insofern eine doppelte, durchaus widersprüchliche Rolle ein: Einerseits übernimmt sie zunehmend die gesellschaftliche Orientierungsfunktion, weil nur sie den jeweiligen Sachverhalt in seiner Komplexität angemessen einschätzen kann. Andererseits sind auch ihre eigenen Interessen im Spiel, die u. U. mit denen der übrigen Gesellschaft in Konflikt stehen. Beides führt zu einer stärkeren massenmedialen Verhandlung von Wissenschaft; den Medien kommt dabei die Aufgabe zu, Wissenschaft an die Gesellschaft zu vermitteln (KOHRING 2004). Da es sich bei Wissenschaftsthemen in besonderem Ausmaß um für den einzelnen nicht unmittelbar erfahrbare Sachverhalte handelt, ist ihre mediale Darstellung zentral für das Wissen und die Einschätzung der Bevölkerung. Im Folgenden geht es deshalb zunächst darum, die Charakteristika von Wissenschaftsberichterstattung im Allgemeinen und von Berichterstattung über Risikothemen im Speziellen zu erläutern (Kap. 5.1.1). Das Ziel besteht dabei darin, einen vertieften Einblick in die Charakteristika von Wissenschaftsberichterstattung zu geben und darüber konkrete Anhaltspunkte für die Berichterstattungsmuster und -Frames in der Stammzelldebatte zu gewinnen. Anschließend wird das Verhältnis zwischen Wissenschaftlern und Journalisten näher beleuchtet. Im Kern soll dabei geklärt werden, welche Rolle Wissenschaftler als Informationsquelle für die Journalisten spielen und was dies für die mediale Darstellung von Wissenschaftsthemen bedeutet (Kap. 5.1.2).

5.1.1 *Wissenschaftsberichterstattung und Wissenschaftsjournalismus*

Kohring (2005: 284) zufolge ist unter Wissenschaftsberichterstattung »jede Bezugnahme auf Wissenschaft« zu verstehen. Diese Definition verdeutlicht, dass sich Wissenschaftsberichterstattung nicht nur auf die Weitergabe wissenschaftlicher Fakten beschränkt, sondern auch die medial vermittelte gesellschaftliche und politische Diskussion von Wissenschaft umfasst. Da Wissenschaft nicht neutral ist, sondern Mitverursacher von gesellschaftlichem Risiko, geraten in der Wissenschaftsberichterstattung zunehmend die gesellschaftliche Bedeutung sowie die Chancen und Gefahren von Wissenschaft und Technik ins Blickfeld. Die Medien übernehmen dabei die Rolle des Vermittlers und informieren die Gesellschaft sowohl über den Sachgegenstand als auch über dessen politische Diskussion und die Sichtweisen der verschiedenen Akteure. Deren Darstellung erfolgt allerdings nach ihrer eigenen, medieninternen Logik (KOHRING 2005; vgl. auch Kap. 3.1). Diese führt dazu, dass die Berichterstattung über Wissenschaft und wissenschaftliche Risikotechnologien für diese charakteristische Merkmale aufweist. Im Folgenden werden diese Merkmale spezifisch für den Gegenstandsbereich der vorliegenden Arbeit,

Biotechnologie, geschildert. Besondere Aufmerksamkeit wird in diesem Zusammenhang typischen Inhaltsframes, den Akteuren, die in der Berichterstattung auftauchen, sowie der Konstellation von Frames und Akteuren zueinander gewidmet. Dabei liegt der Schwerpunkt der Darstellung nicht auf der prozentualen Verteilung der Inhaltsframes, sondern auf den verschiedenen Inhaltsframes an sich. Diese bilden sowohl das Rohmaterial als auch den interpretativen Hintergrund für die im Rahmen der vorliegenden Arbeit identifizierten Inhaltsframes.[35]

Zahlreiche Fallstudien (z.B. BAUER et al. 2001; BLÖBAUM/GÖRKE 2006; GERHARDS/SCHÄFER 2006; GUTTELING et al. 2002; LEONARZ 2002; KOHRING/MATTHES 2002; NISBET et al. 2003; REIS 2008; VÄLIVERRONEN 2004) belegen, dass sich die mediale Berichterstattung über Biotechnologie im Wesentlichen durch drei Merkmale auszeichnet: Dramatisierung, Polarisierung bzw. Vereinfachung und Optimismus. Die ersten beiden Merkmale entsprechen den in Kapitel 3.1.3 genannten Strukturmerkmalen medialer Berichterstattung und werden daher hier nicht weiter diskutiert. Relevanter für die Stammzellthematik ist das dritte Merkmal. Auf dieses wird deshalb im Folgenden ausführlicher eingegangen. Kennzeichnend für die optimistische Darstellung ist, dass sich oftmals eher eine »rhetoric of hope« als eine »rhetoric of fear« (MULKAY 1993: 723) in der Berichterstattung findet: Der positive Blick auf Wissenschaft und Technik überwiegt gegenüber der Beschäftigung mit den (möglichen) Gefahren für die Gesellschaft und moralischen und ethischen Überlegungen. Typisch dabei ist, dass die hypothetischen Möglichkeiten so dargestellt werden, als ob sie bereits real wären: Wissenschaftliche oder praktische Ungewissheiten werden vernachlässigt (MULKAY 1994b). In welchem Ausmaß die genannten Merkmale zutreffen, ist allerdings vom jeweiligen Land, vom Medienressort, vom Thematisierungsprozess und auch vom konkreten biotechnologischen Anwendungsfeld abhängig. In Europa berichten die Medien i.d.R. kritischer als in den USA (BAUER et al. 2001; GERHARDS/SCHÄFER 2006; KOHRING/GÖRKE/RUHRMANN 1999; SEIFERT 2002). Dabei ist die Berichterstattung im politischen Teil skeptischer als die im Wissenschaftsteil (KEPPLINGER et al. 1991; LEONARZ/SCHANNE 1999). Zurückzuführen ist dies darauf, dass v. a. Wissenschaftsjournalisten häufig wissenschaftliche Experten mit einer positiven Sichtweise

35 Bei der Auswahl der hier dargestellten Inhaltsframes wurde das unterschiedliche methodische Vorgehen der verschiedenen Studien bei der Frame-Erhebung vernachlässigt.

als Informationsquellen verwenden (KEPPLINGER et al. 1991; LEONARZ/ SCHANNE 1999). Arbeiten mit einem längeren Zeithorizont zeigen für die letzten 20 Jahre, dass kritische ethische und moralische Aspekte oftmals zu Beginn der Thematisierung wenig Aufmerksamkeit erhalten, im Zeitverlauf aber wichtiger werden (BAUER et al. 2001; GUTTELING et al. 2002; HAMPEL et al. 2001; LEONARZ 2002; NISBET/LEWENSTEIN 2002; REIS 2008; für gegenteilige Ergebnisse vgl. KOHRING/MATTHES 2002). Im Vergleich zu anderen Anwendungsfeldern ist die Berichterstattung über ›rote‹ Biotechnologie, d.h. im medizinischen Bereich angewendete Biotechnologie – zu der auch die Stammzellforschung zählt –, erheblich positiver (z.B. BAUER et al. 2001; BONFADELLI/MEIER/SCHANNE 1999; GUTTELING et al. 2002; HAMPEL et al. 2001; KOHRING et al. 1999; KOHRING/MATTHES 2002; LEONARZ 2002; MERTEN 1999). Der Fokus liegt überwiegend auf dem Nutzen und den Möglichkeiten, und hier insbesondere auf dem medizinischen und wissenschaftlichen Fortschritt sowie wirtschaftlichen Aspekten. Mögliche Risiken werden – wenn überhaupt – nur am Rande erwähnt; dabei handelt es sich überwiegend um Aspekte der Moral und Gesundheit. Auch die Diskussion um den politischen Handlungsbedarf nimmt nur wenig Raum ein. Die überwiegend positive Mediensichtweise gilt auch spezifisch für die Embryonen- und Stammzellforschung. Im Vergleich zu den anderen Bereichen der ›roten‹ Biotechnologie wird sie jedoch verhältnismäßig stark unter ethischen und moralischen Aspekten beleuchtet (MULKAY 1994b; NISBET et al. 2003). Für die vorliegende Analyse lässt das ein eher heterogenes Bild erwarten.

Über Inhaltsframes in der Biotechnologie-Berichterstattung geben etliche Framing-Studien Aufschluss. Einen Überblick über die einzelnen Studien und die von ihnen identifizierten Inhaltsframes gibt Tabelle 2.[36] Prominent sind hier die Arbeit von Bauer et al. (2001) sowie die in ihrem Kontext entstandenen, verschiedenen länderspezifischen Auswertungen zu nennen. Einige andere Studien übernehmen deren Inhaltsframes vollständig für ihre Analyse (LEONARZ 2002; NISBET/LEWENSTEIN 2002) oder ändern sie in Teilen ab (NISBET et al. 2003). Abgesehen von den dadurch zwangsläufig bedingten Gemeinsamkeiten weisen die verschiedenen Studien durchaus ähnliche, teilweise aber auch abweichende Inhaltsframes

36 Anzumerken ist, dass die Frames der genannten Studien den Überlegungen in Kapitel 3.2.2 zufolge teilweise nicht als Frames gelten können. Da das Ziel der folgenden Darstellung lediglich darin besteht, einen groben Überblick zu geben, ist dies hier jedoch von geringerer Relevanz.

auf. Diese sind z.T. durch den Abstraktionsgrad der Frames bedingt (vgl. Kap. 3.2.2). Die Frames bei Kohring und Matthes (2002) beispielsweise sind deutlich spezifischer. Sie lassen sich aber zu größeren Sinneinheiten zusammenfassen, die den Frames der anderen Studien ähneln (vgl. Tab. 2).

Studien, die nicht unmittelbar Inhaltsframes, sondern Themenaspekte erheben, weisen indirekte Anhaltspunkte auf vergleichbare Frames auf. Im Einzelnen identifizieren die verschiedenen Autoren ethische und moralische Risiken, wirtschaftlichen und medizinischen Nutzen, soziale Fehlentwicklungen, Recht, Politik, Wissenschaft und Religion als mögliche thematische Blickwinkel in der Biotechnologie-Berichterstattung (GERHARDS/SCHÄFER 2006; HOLLIMAN 2004; KEPPLINGER et al. 1991; LEONARZ/SCHANNE 1999; SEIFERT 2002).

Die großen Ähnlichkeiten und Überschneidungen zwischen den Inhaltsframes und Themenaspekten der beschriebenen Studien legen die Existenz grundlegender Muster nahe, die typisch für die Berichterstattung über wissenschaftliche Risikothemen sind. Anhaltspunkte dafür finden sich auch bei anderen Autoren. In ihrer Systematisierung von Studien über medial vermittelte Risikodiskurse nennt Leonarz (2006) fünf allgemein für solche Diskurse charakteristische Frames: (1) *Schäden in der Natur*, (2) *Umschreibung wissenschaftlicher Technologien und Themen* (z.B. anhand ihrer Vor- und Nachteile oder mit Blick auf den Fortschrittsaspekt), (3) *Regulierende Maßnahmen*, (4) *Ethik* und (5) *Wirtschaftlicher Kontext*. Blöbaum und Görke (2006) identifizieren in ihrer Studie sieben, allgemein für Wissenschaftsberichterstattung typische Frames: (1) *Fortschritt*, (2) *Verantwortung*, (3) *Ökonomische Aussichten*, (4) *Ethik*, (5) *Büchse der Pandora*, (6) *Natur* und (7) *Züchtung/Natur*.

Da die mediale Stammzelldebatte sowohl den Risikodiskursen als auch der Wissenschaftsberichterstattung zuzurechnen ist, ist anzunehmen, dass sich in dieser ähnliche Frames finden. Welche dies im Einzelnen sind und inwieweit sie mit den genannten typischen Frames bzw. deren inhaltlichen Aspekten übereinstimmen, kann allerdings erst die empirische Analyse zeigen, da die Frames nicht im Vorhinein definiert, sondern datenanalytisch ermittelt werden (ausführlicher vgl. Kap. 7.1.2).

Neben den inhaltlichen Aspekten der Berichterstattung über Biotechnologie ist aufgrund des Fokus der vorliegenden Arbeit auf der strategischen Einflussnahme durch gesellschaftliche Akteure auch von Interesse, welche Akteure die Medien im Kontext der Thematik erwähnen. Die Forschungserkenntnisse dazu sind eindeutig: Nicht nur in der internationa-

TABELLE 2

Inhaltsframes in Studien zur Biotechnologie-Berichterstattung

Studie	Thema	Inhaltsframes
Bauer et al. (2001), Gaskell/Bauer (2001), Leonarz (2002), Nisbet/Lewenstein (2002)	Biotechnologie/Gentechnik	Pandora's box; Runaway; Progress; Economic prospect; Ethical; Public accountability; Nature/nurture; Globalisation
Kohring/Matthes (2002) [a]	Biotechnologie	Biomedicine as moral risk; Cloning as moral risk [Moralische Vertretbarkeit] Biomedicine for health; Research in biomedicine; Research as benefit; Profits of biomedicine [Nutzen für Medizin und Forschung] Economic prospects [wirtschaftlicher Nutzen] Regulation for economy; Regulation of identity; Agri-food regulation [gesetzliche Regulierung] Pros and cons of agri-food [Vor- und Nachteile von genmanipulierter Nahrung]
Leonarz (2006)	Gentechnik	Regulierung der roten Gentechnologie; Ethisch-moralischer Diskurs der roten Gentechnologie; Positive Darstellung der roten Gentechnologie; Regulierung der grünen Gentechnologie; Opposition und Skepsis gegenüber der grünen Gentechnologie; Wirtschaft; Fortschritt; Regulierung Identifikation
Nisbet et al. (2003)[b]	Stammzellforschung	New research; scientific background; Ethics and/or morality; Policy and/or regulatory background; Market/economic prospects or international competiveness; Patenting, property rights, ownership and access; Scientific/technical controversy or uncertainty; Public opinion; Political localization; Political strategy/or conflict
Nisbet/Huge (2006)	Biotechnologie	New research; Scientific background; Ethics and/or morality; Policy and/or regulatory background; Market/economic prospects or international competiveness; Patenting, property rights, ownership and access; Scientific uncertainty; Political strategy and/or conflict; Public engagement/education

[a] Die eckigen Klammern in der Frame-Spalte bezeichnen die größeren Sinneinheiten, zu denen sich die einzelnen Frames zusammenfassen lassen.
[b] Die Autoren definieren einen weiteren Frame (anecdotal personalization), der allerdings nicht den inhaltlichen, sondern den strukturellen Frames zuzurechnen ist.

len, sondern auch in der deutschen Berichterstattung dominiert deutlich die Akteursgruppe der Wissenschaftler (BAUER et al. 2001; GUTTELING et al. 2002; HAMPEL et al. 2001; vgl. auch GERHARDS/SCHÄFER 2006). In der deutschen Berichterstattung nimmt der Anteil der politischen und wirtschaftlichen Akteure im Zeitverlauf zwar zu, die Wissenschaftler bleiben aber weiterhin die dominante Akteursgruppe. Interessengruppen sind nur marginal in den Medien präsent. Auffällig ist, dass Wissenschaftler signifikant häufiger in Medienbeiträgen mit rein positiver oder ambivalenter Sicht auf Biotechnologie auftauchen. Oftmals erwähnen die Medien sie in Verbindung mit medizinischen Themen. Interessengruppen tauchen dagegen – sofern sie überhaupt erwähnt werden – meist im Zusammenhang mit risikoorientierten und gemischt risiko- und nutzenorientierten Aspekten in der Medienberichterstattung auf. Politiker und NGO's werden von den deutschen Medien signifikant häufiger in Verbindung mit der Regulierung von Biotechnologie erwähnt. Es ist plausibel anzunehmen, dass dieses Muster zumindest teilweise mit durch die von den Medien zitierten Äußerungen der jeweiligen Akteure bedingt ist. Das bedeutet zum einen, dass Wissenschaftler, Politiker und Wirtschaftsakteure der Biotechnologie eher positiv gegenüberstehen, während Interessengruppen und NGO's sich eher kritisch bis negativ äußern (zu ähnlichen Ergebnissen für die Schweiz vgl. z.B. LEONARZ 2006). Zum anderen weisen die Ergebnisse jedoch auch darauf hin, dass die Akteure sich primär zu den Themenaspekten äußern, die in ihrem jeweiligen Kompetenzbereich liegen.

Aus den bisherigen Ausführungen lässt sich für die Berichterstattung über die Stammzelldebatte insgesamt Folgendes festhalten: Generell lässt sich die Stammzellforschung den Risikothemen zuordnen, was sich vermutlich auch entsprechend in ihrer medialen Darstellung widerspiegelt. Vor dem Hintergrund der bisherigen Forschungserkenntnisse zu biotechnologischen Risikothemen ist jedoch anzunehmen, dass die mediale Thematisierung häufig nicht unter der Risikoperspektive erfolgt. Vielmehr sollten der Fokus auf naturwissenschaftlichen Forschungserkenntnissen sowie eine wissenschaftszentrierte Sichtweise überwiegen, und zwar v. a. im Wissenschaftsteil eines Mediums. Sofern die Risikoperspektive thematisiert wird, richtet sich das Augenmerk vermutlich stärker auf die hypothetischen Möglichkeiten und Chancen der Stammzellforschung als auf ihre potenziellen gesellschaftlichen Gefahren. Die bestehenden Studien deuten allerdings darauf hin, dass ethische und moralische Aspekte in der medialen Stammzelldebatte eine größere Rolle spielen als bei anderen Biotechnologiethemen wie beispielsweise der Gentechnik. Spezifisch in den deutschen Medien scheint zudem die ethische Auseinandersetzung mit der Thematik generell eine stärkere Tradition zu haben als in anderen Ländern. Dennoch lassen die bisherigen Erkenntnisse zur Berichterstattung über ›rote‹ Biotechnologie eine überwiegend positive Berichterstattung erwarten. Die Inhaltsframes befassen sich vermutlich überwiegend mit den vier großen Themenbereichen Wirtschaft, wissenschaftlicher Fortschritt, Politik/Regulierung sowie Ethik/Moral, und bei Letzterem v. a. mit dem Gedanken der unumkehrbaren Türöffnung. Auf Akteursseite sind wahrscheinlich überwiegend Naturwissenschaftler und Politiker in der Berichterstattung präsent. Dies dürfte sich auch in der stärkeren medialen Präsenz ihrer Frames auswirken.

Bei Risikothemen sind Journalisten noch deutlich mehr als bei anderen Themen auf fachkompetente Informationsquellen angewiesen, die die komplexen Sachinformationen verständlich vermitteln und in einen größeren gesellschaftlichen Kontext einordnen. Gleichzeitig stehen sie häufig vor dem Problem, dass diese nicht nur Auskunftsquelle, sondern zugleich auch selbst vom Sachverhalt Betroffene mit durchaus eigenen Interessen sind (EMMRICH 2000). In besonderem Maß gilt dies für Wissenschaftsthemen wie die Stammzellforschung. Vor diesem Hintergrund rückt das Verhältnis zwischen Journalisten und Wissenschaftlern in ein neues Licht. Es stellt sich v. a. die Frage, wie Journalisten mit Wissenschaftlern als Informationsquelle umgehen und ob ihnen deren Interessengebundenheit bewusst ist.

5.1.2 *Das Verhältnis zwischen Journalisten und Wissenschaftlern*

Um das Verhältnis zwischen Journalisten und Wissenschaftlern angemessen zu beschreiben, ist es nicht nur notwendig, auf den Umgang der Journalisten mit Informationsquellen aus dem Wissenschaftsbereich einzugehen. Vielmehr spielen auch die generellen Einstellungen der Journalisten zur Wissenschaft sowie zu wissenschaftlichen Risikothemen eine Rolle. Es ist davon auszugehen, dass beide sich darauf auswirken, ob und in welchem Ausmaß Journalisten auf Wissenschaftler als Informationsquelle zurückgreifen und wen sie dabei konkret in Betracht ziehen.

Angesichts der zunehmenden gesellschaftlichen Bedeutung und Diskussion von Biotechnologie gibt es erstaunlich wenig Studien, die spezifisch die Einstellungen von Journalisten zu biotechnologischen Anwendungen erheben. Die bestehenden Studien konzentrieren sich i.d.R. auf den Bereich der Gentechnik. Zur Stammzellforschung gibt es dagegen keine gesonderten Analysen. Insgesamt kommen die vorhandenen Studien zu dem Ergebnis, dass Journalisten Gentechnik zwar durchaus kritisch beurteilen, die wenigsten von ihnen sich aber als deren explizite Gegner sehen (SCHENK/ŠONJE 1998; vgl. auch KEPPLINGER et al. 1991). Lediglich etwa ein Zehntel lehnt Gentechnik generell ab, knapp 40 Prozent stehen ihr dagegen aufgeschlossen gegenüber. Mit einem Anteil von 40 Prozent können oder wollen auffällig viele allerdings überhaupt kein Urteil abgeben (SCHENK/ŠONJE 1998). Die Journalisten fällen aber kein Pauschalurteil, sondern betrachten verschiedene Anwendungsfelder durchaus differenziert. Dabei weisen sie hinsichtlich des Gegenstandsbereichs der vorliegenden Arbeit, der ›roten‹ Biotechnologie, mit etwas mehr als 40 Prozent die höchste Zustimmungsrate auf. Damit spiegelt die eher positive Berichterstattung darüber höchstwahrscheinlich in hohem Ausmaß die journalistische Einstellung. Bei der Frage nach einem Einfluss der Ressortzugehörigkeit auf die Einstellung der Journalisten zur Gentechnik kommen die vorliegenden Studien zu gegenteiligen Ergebnissen (KEPPLINGER et al. 1991; SCHENK/ŠONJE 1998).

Mit einer gewissen Plausibilität kann davon ausgegangen werden, dass die Einstellungen der Journalisten gegenüber der Biotechnologie sich auch auf die Wahl ihrer Informationsquellen sowie deren Beurteilung auswirken. Entscheidend ist in diesem Zusammenhang zum einen das Rechercheverhalten der Journalisten. Zum anderen spielen jedoch auch ihre Einstellungen gegenüber Wissenschaftlern und deren Informationen eine Rolle.

Schenk und Šonje (1998) zufolge orientieren sich Journalisten bei der Berichterstattung über Gentechnik primär an der Wissenschaft (vgl. auch HOLLIMAN 2004; KOHRING et al. 1999; NISBET/LEWENSTEIN 2002). Wissenschaftliche Experten sind die wichtigste Informationsquelle, gefolgt von wissenschaftlicher Fachliteratur, Pressemitteilungen, Besuchen von Fachveranstaltungen und Archivrecherchen. Zusätzlich greifen sie auch auf klassische Meinungsführermedien sowie populärwissenschaftliche Zeitschriften zurück (vgl. auch BLÖBAUM/GÖRKE 2006). Wissenschaftsjournalisten pflegen dabei einen deutlich wissenschaftsorientierteren

Recherchestil als Journalisten anderer Ressorts und schätzen auch Pressemitteilungen kritischer ein. Eine große Bedeutung für die Recherche haben persönliche Expertenkontakte. Um Informationen und Einschätzungen zur Gentechnologie zu erhalten, greifen Journalisten gern und häufig auf ihnen persönlich bekannte Akteure zurück (vgl. auch NELKIN 1995). Kritisch zu bewerten ist dabei, dass ihr Informantennetzwerk oft nur wenige Akteure umfasst, die noch dazu aus einem homogenen Bereich kommen. In der Mehrzahl handelt es sich dabei um Naturwissenschaftler aus der universitären Forschung. Gesellschaftliche Gruppen sowie politische, kirchliche und sozialwissenschaftliche Akteure spielen dagegen nur eine untergeordnete Rolle als Informanten; am ehesten greifen die Journalisten unter diesen noch auf Politiker zurück (vgl. auch WEISCHENBERG et al. 2006). Dies gilt insbesondere für Wissenschaftsjournalisten. Die Journalisten aus den klassischen Ressorts haben dagegen ein gesellschaftlich breiter gefächertes Informantennetzwerk. Bemerkenswert ist auch, dass nur etwa ein Drittel der Journalisten glaubt, von seinem Informantennetzwerk beeinflusst zu werden. Wissenschaftsjournalisten stimmen dieser Aussage sogar noch weniger zu als andere Journalisten. Gleichzeitig ist ihr Netzwerk aufgrund seiner Wissenschaftlerlastigkeit jedoch stärker pro Gentechnik eingestellt. Beides zusammen lässt vermuten, dass gerade Wissenschaftsjournalisten eher unkritisch mit positiven Informationen umgehen, die sie von ihren Informanten erhalten. Möglicherweise halten sie sich selbst aber auch für genügend kompetent, die von Wissenschaftlern erhaltenen Informationen zu beurteilen. Die Äußerungen zu Meinungsführern stützen allerdings das Bild, dass sich insbesondere Wissenschaftsjournalisten stärker von positiv zur Gentechnik eingestellten Wissenschaftlern beeinflussen lassen: Insgesamt nennen die von Schenk und Šonje (1998) befragten Journalisten v. a. vier renommierte universitäre Wissenschaftler, darunter auch den zur Zeit der Stammzelldebatte amtierenden DFG-Präsidenten Ernst-Ludwig Winnacker, als virtuelle Meinungsführer.[37] Wissenschaftsjournalisten benennen dabei etwas häufiger solche virtuellen Meinungsführer. Praktisch alle von diesen sind als Befürworter der Gentechnik bekannt, was einen Einfluss hin zu einer positiven Berichterstattung über Gentechnik

37 Bei den virtuellen Meinungsführern handelt es sich laut Schenk und Šonje (1998) um tatsächlich oder auch nur vermeintlich herausragende Persönlichkeiten des öffentlichen Lebens, die allgemein ein hohes Vertrauen und Glaubwürdigkeit genießen.

nahe legt. Im Übrigen schreiben die Journalisten selbst – und hier wiederum die Wissenschaftsjournalisten in stärkerem Ausmaß – bei direkter Nachfrage den universitären Informationsquellen den größten Einfluss auf ihre Arbeit zu – vermutlich weil sie die höchste Glaubwürdigkeit genießen (vgl. BLÖBAUM/GÖRKE 2006; NELKIN 1995; NISBET/LEWENSTEIN 2002). Ihnen folgen die Kollegen, das Publikum und Umweltverbände bzw. Bürgerinitiativen. Kaum Einfluss sehen die Journalisten dagegen aufseiten der Parteien, Kirchen, Gewerkschaften und Verleger.

Auch wenn diese Ergebnisse den Anschein erwecken, dass Wissenschaftler die journalistische Berichterstattung über Biotechnologie nach Belieben lenken können, wenn sie nur geschickt genug vorgehen, relativiert die Studie von Kepplinger et al. (1991) diese Sichtweise in Teilen. Ihr zufolge besitzen die Journalisten nämlich nur begrenztes Vertrauen in die etablierte Wissenschaft. Zwar schreiben sie Wissenschaftlern generell eine hohe Fachkompetenz zu, bezweifeln jedoch gleichzeitig ihre Vertrauenswürdigkeit. Sie unterstellen ihnen durchaus auch Eigeninteresse und sind v. a. bei kommerzieller Forschung und alternativen wissenschaftlichen Einrichtungen misstrauisch. Auch Blöbaum und Görke (2006) zufolge nehmen Journalisten durchaus wahr, dass auch Wissenschaftler interessengeleitet sind.

Insgesamt lässt sich damit festhalten, dass Journalisten biotechnologischen Themen zunächst generell aufgeschlossen gegenüberstehen und insofern auch der Stammzelldebatte eine hohe Aufmerksamkeit widmen sollten. Vor allem medizinische Anwendungen beurteilen sie positiv, was sich vermutlich ebenfalls in ihrer Sicht auf die Stammzellforschung widerspiegelt. Hinsichtlich der Informationsquellen greifen v. a. Wissenschaftsjournalisten einseitig auf i. d. R. der Technologie positiv gegenüberstehende Informanten aus dem universitären Wissenschaftssektor zurück. Diese besitzen im Vergleich zu anderen eine hohe Glaubwürdigkeit und werden daher gern als Quelle herangezogen. Eine nicht zu unterschätzende Rolle bei der Auswahl spielen persönliche Kontakte. Dennoch stehen die Journalisten wissenschaftlichen Informanten nicht vollkommen unkritisch gegenüber. Deren Interessengeleitetheit ist ihnen durchaus bewusst. Als Problem ergibt sich oftmals jedoch, dass – wegen der Komplexität des Gegenstandes – die Journalisten oft selbst nicht genügend Fachwissen für eine kompetente Einordnung der erhaltenen Informationen besitzen und daher den Einschätzungen der Wissenschaftler in gewisser Weise ausgeliefert sind (vgl. NELKIN 1995).

Vermutlich gelten diese Erkenntnisse im Kern auch für das journalistische Rechercheverhalten in der Stammzelldebatte. Die mutmaßlich stärkere Betonung von ethischen Aspekten in der Berichterstattung lässt aber vermuten, dass die Dominanz v. a. von Naturwissenschaftlern in der medialen Stammzelldebatte nicht so deutlich ausgeprägt ist wie bei anderen biotechnologischen Themen. Angesichts der legislativen Behandlung der Thematik und der damit verbundenen starken politischen Diskussion dürften die Journalisten stattdessen stärker auf Politiker als Informationsquellen zurückgreifen.

Mit den bisherigen Ausführungen sind die kommunikationswissenschaftlichen Grundlagen für das theoretische Verständnis der medialen Stammzelldebatte und den an ihr beteiligten Akteuren gelegt. In Vorbereitung der empirischen Analyse richtet sich der Fokus im Folgenden auf den Debattengegenstand selbst, die Stammzellforschung, sowie auf den genauen Verlauf der deutschen Debatte.

5.2 Die deutsche Stammzelldebatte

Die Stammzellforschung ist eng mit dem ebenfalls der Biotechnologie zuzurechnenden Thema Gentechnik verknüpft. Da sich bei strukturell ähnlichen Sachverhalten die Erfahrungen mit dem einen auf die Wahrnehmung und Beurteilung des anderen auswirken, ist anzunehmen, dass frühere Risiko- und Technikdiskurse u. a. über die Gentechnik Inhalt und Verlauf der Debatte über die Stammzellforschung mit geprägt haben. Bevor in diesem Kapitel deshalb ein Überblick über die deutsche Stammzelldebatte (Kap. 5.2.2), ihre spezifische Akteurskonstellation (Kap. 5.2.3) sowie die in ihrem Verlauf geäußerten Sichtweisen (Kap. 5.2.4) gegeben wird, soll kurz der allgemeine Hintergrund der Debatte skizziert werden (Kap. 5.2.1).

5.2.1 *Hintergrund der deutschen Stammzelldebatte*

Der Hintergrund der Stammzelldebatte umfasst im Wesentlichen zwei Aspekte: Auf der einen Seite ist der Sachhintergrund von Bedeutung. Dahinter verbirgt sich die Frage, wie sich die Stammzellforschung entwickelt hat und welche Kernproblematik mit ihr verknüpft ist. Auf der anderen Seite ist aber auch der regulative Hintergrund von Bedeutung. Dabei geht es im Wesentlichen um die Frage, welchen Einfluss die politische Regulierung auf die Entwicklung der Stammzellforschung genommen hat bzw. nimmt.

Um die deutsche Debatte über die Stammzellforschung zu verstehen, ist es zweckmäßig, zunächst die Entwicklung der Stammzellforschung bis zum Einsetzen der Debatte sowie den zentralen problematischen Sachverhalt zu skizzieren. Generell lassen sich drei Typen von Stammzellen unterscheiden: embryonale Stammzellen (ES-Zellen), Stammzellen aus Nabelschnurblut und adulte Stammzellen (AS-Zellen) (BEER 2006a). Die drei Typen weisen ein unterschiedliches Differenzierungspotenzial auf, was sie für einen möglichen therapeutischen Einsatz unterschiedlich brauchbar macht.

Die Forschung mit und auch Anwendung von AS-Zellen ist längst medizinisch etabliert, beispielsweise bei der Behandlung von Leukämie mit AS-Zellen aus dem Knochenmark. AS-Zellen können direkt aus dem lebenden Organismus isoliert werden, ohne dass dieser dabei zerstört würde, und lassen sich damit ethisch unbedenklich gewinnen (BEER 2006a; DEUTSCHER BUNDESTAG 2002). Aus therapeutischer Sicht weisen sie allerdings den Nachteil auf, dass sie sich nur noch zu wenigen Zelltypen entwickeln können. Vergleichbares gilt auch für Stammzellen aus Nabelschnurblut, die daher oft zusammen mit AS-Zellen genannt werden.

Demgegenüber besteht die Forschung mit menschlichen ES-Zellen erst seit wenigen Jahren. Vorläufer war die Forschung mit tierischen ES-Zellen. Verschiedene Forscher hatten in Versuchen am Tiermodell das Potenzial von ES-Zellen für die gezielte Erzeugung spezifischer Zelltypen sowie für die Regeneration von geschädigtem Gewebe aufgezeigt. Die Forschungserfolge weckten die Hoffnung, dass mit menschlichen ES-Zellen ähnliche Erfolge zu erzielen sind und auf dieser Basis neue Therapien entwickelt werden könnten. Im Gegensatz zu den bereits stark spezialisierten AS-Zellen besitzen ES-Zellen nämlich die medizinisch wertvolle Eigenschaft, sich in verschiedenste Zelltypen zu differenzieren und nahezu uneingeschränkt vermehrbar zu sein (BEER 2006a). In der Folge wurde der Ruf aus der Wissenschaft nach der Forschung auch an menschlichen ES-Zellen laut. Erste Schritte in diese Richtung gab es Ende der 1990er-Jahre. Finanziert von der kalifornischen Biotechnologie-Firma Geron, gelang es dem Amerikaner James Thomson im November 1998 erstmals, menschliche ES-Zellen im Labor zu isolieren und zu vermehren

(THOMSON et al. 1998; vgl. auch DEUTSCHER BUNDESTAG 2002; NISBET et al. 2003). Zeitgleich schaffte es sein Kollege John Gearhart, ebenfalls mit finanzieller Unterstützung von Geron, ES-Zellen aus der Keimbahn abgetriebener Feten zu kultivieren (GEARHART 1998; vgl. auch STAMMZELLFORSCHUNG 2002). Damit war die Voraussetzung dafür geschaffen, auch an menschlichen ES-Zellen in größerem Stil zu forschen. Anders als bei AS-Zellen oder auch Stammzellen aus Nabelschnurblut besteht bei ES-Zellen allerdings das Problem der ›verbrauchenden‹ Herstellung. Sie werden i. d. R. dem künstlich im Labor erzeugten, fünf bis sieben Tage alten Embryo entnommen, der dabei zerstört wird.

Vor diesem Hintergrund entwickelte sich eine Auseinandersetzung um die Zulässigkeit der Forschung mit ES-Zellen, in der immer wieder auch die Forschung an AS-Zellen als Vergleich bemüht wurde. Im Wesentlichen ging es dabei um die Frage, ob aus menschlichen Embryonen gewonnene Stammzellen zu Forschungszwecken verwendet werden dürfen oder nicht (BREWE 2006). Im Mittelpunkt der Auseinandersetzung standen zwei Kernaspekte: das medizinische Potenzial der verschiedenen Stammzelltypen sowie die ethische Bewertung ihrer Gewinnung (BEER 2006a, 2006b; DEUTSCHER BUNDESTAG 2002). Letzterer verdichtete sich dabei im Prinzip auf die Frage, zu welchem Zeitpunkt menschliches Leben bzw. die Menschenwürde beginnt.

Eine wichtige Rolle für die gesellschaftliche Entwicklung und Etablierung einer neuen Technologie spielt deren politische Regulierung. Die Situation bei der Stammzellforschung ist dabei nicht ohne den größeren Kontext der Gentechnik zu verstehen. Als direkter Vorläufer der Stammzellforschung (vgl. GERHARDS/SCHÄFER 2006) bildet ihre Regulierung die Ausgangsbasis für die Regulierung der Stammzellforschung. Die Stammzellforschung selbst war zum Zeitpunkt ihrer Debatte in Deutschland nur in Teilen gesetzlich reguliert, was u. a. auch einer der Auslöser für die Debatte war. Weil die Regulierung eines neuen Sachverhaltes häufig ähnlich zu bereits bestehenden Regulierungen vergleichbarer Sachverhalte erfolgt, werden im Folgenden kurz die allgemeine deutsche Regulierungspolitik sowie die konkrete regulative Ausgangslage zu Beginn der Stammzelldebatte skizziert.

In Deutschland dominieren traditionell ethische Aspekte und Sicherheitsüberlegungen die Debatte und Regulierung von Risikotechnologien. Damit verbunden ist eine eher restriktive gesetzliche Regulierung. Dies zeigt sich deutlich am Beispiel der Gentechnik. Das 1990 verabschiedete

Gentechnikgesetz (GenTG) war im internationalen Vergleich erheblich restriktiver und in der Anwendung seiner Bestimmungen mit umfangreichem bürokratischem Aufwand verbunden. Insgesamt spiegelte es mit seinen risikoorientierten Regelungen eine Vorsorgephilosophie, die das Sicherheitsprinzip als höchsten Wert ansetzte. Damit stand es im klaren Gegensatz beispielsweise zur liberalen US-Regelung, bei der von vornherein der Nutzen innovatorischer und industrieller Entwicklungen im Mittelpunkt stand. Vermutlich auch aufgrund des internationalen Wettbewerbsdrucks unterlag die Gentechnik in den Folgejahren allerdings einer verstärkten Deregulierung und Forschungsfreigabe, die sich in einer zunehmenden Ausrichtung an wirtschaftlichen Kriterien und der Vernachlässigung der Risikoperspektive äußerte und zur Lockerung des GenTGs führte. (ARETZ 1999; KELLER/GÜNTHER/KAISER 1992)

Die im GenTG erkennbare, restriktive deutsche Regulierungspolitik wiederholte sich bei der Regulierung des Embryonenschutzes, welche die unmittelbare Ausgangslage der Stammzelldebatte darstellt. Das Embryonenschutzgesetz (ESchG), das 1990 nur kurze Zeit nach dem GenTG verabschiedet wurde, entstand aufgrund der Entwicklungen in der Fortpflanzungsmedizin und sollte in erster Linie den im Labor erzeugten menschlichen Embryo vor dem willkürlichen Zugriff Dritter schützen (BREWE 2006; KELLER et al. 1992). Dazu stellte es die Erzeugung und Verwendung menschlicher Embryonen zu anderen Zwecken als der künstlichen Fortpflanzung unter Strafe. Als Embryo galt dabei die befruchtete Eizelle vom Zeitpunkt der Kernverschmelzung an. Ebenso wie das GenTG war das ESchG damit deutlich restriktiver als vergleichbare Regulierungen in zahlreichen anderen westlichen Industrienationen, v. a. Großbritannien und den USA (DEUTSCHER BUNDESTAG 2002; GRAUMANN/POLTERMANN 2004; MULKAY 1994c, 1994d, 1995a, 1995b). Während die USA zumindest der privatwirtschaftlich finanzierten Forschung freie Hand ließen, erlaubte Großbritannien die Forschung an menschlichen Embryonen sogar grundsätzlich bis zu deren Alter von 14 Tagen.

Das deutsche ESchG regelte zwar generell den Umgang mit menschlichen Embryonen. Es machte jedoch keine Aussage dazu, wie mit bereits existierenden ES-Zellen umzugehen sei (BREWE 2006). Hinzu kam, dass die weiter oben geschilderte Forschungsentwicklung die Arbeit mit menschlichen Embryonen in den Aufmerksamkeitsfokus der Forschung rückte. Vor diesem Hintergrund war die Debatte um die Gewinnung und Verwendung von ES-Zellen für die Forschung vorprogrammiert.

Wie beim GenTG tat die internationale Wettbewerbssituation ein Übriges dazu, angesichts derer der Ruf nach einer generellen Lockerung der deutschen Bestimmungen laut wurde. In der Folge nahm die deutsche Stammzelldebatte ihren Lauf.

5.2.2 *Allgemeiner Verlauf der deutschen Stammzelldebatte*

In Deutschland setzte die Stammzelldebatte etwas später ein als in anderen Industrienationen und zog sich darüber hinaus auch stärker in die Länge. Dies führte dazu, dass insbesondere die USA und Großbritannien bereits Gesetze und Richtlinien verabschiedeten, während man in Deutschland noch diskutierte. Startschuss für die Debatte, wenn auch nicht unmittelbarer Auslöser, war die bereits erwähnte Entwicklung eines Verfahrens zur Gewinnung von menschlichen ES-Zellen durch den Amerikaner Thomson im Jahr 1998. In deren Folge entwickelte sich allmählich eine rege Diskussion, die mit der Entscheidung des Deutschen Bundestags über den Import von ES-Zellen im Januar 2002 einen ersten Höhepunkt und zugleich ein vorläufiges Ende erreichte. In den folgenden Jahren verschwand das Thema Stammzellforschung zunächst wieder aus dem öffentlichen Aufmerksamkeitsfokus, schaffte es jedoch im April 2008 mit der Abstimmung über die Revision des Stammzellgesetzes (StZG) erneut auf die politische Entscheidungsagenda. Da die zweite Gesetzgebungsphase bereits eine neue Sachlage darstellt, ist sie nicht Gegenstand dieser Arbeit.

Nach der erfolgreichen Isolierung und Vermehrung menschlicher ES-Zellen durch Thomson im November 1998 setzte weltweit eine rege Forschungstätigkeit ein. Auch in Deutschland experimentierten Forscher mit ES-Zellen, zunächst jedoch nur am Mausmodell (STAMMZELLFORSCHUNG 2002). Während die weltweite Forschung erste Erfolge zeigte, bekräftigten das deutsche Bundesforschungsministerium (BMBF) und auch die Deutsche Forschungsgemeinschaft (DFG) im Frühjahr 1999 ihre generelle Ablehnung der Forschung an menschlichen ES-Zellen (BANTLE 1999; DFG 1999; GOLDHAHN 1999). Als einer der führenden deutschen Stammzellforscher, der Bonner Neuropathologe Oliver Brüstle, jedoch im August 1999 embryonale Maus-Stammzellen in Hirnzellen verwandelte und mit deren Hilfe nervengeschädigte Tiere heilte, änderte sich die Situation allmählich. Zunächst äußerte sich dies nur in vermehrter politischer Aktivität. Am 24. März 2000 setzte der Deutsche Bundestag eine Enquête-Kommission zur Bioethik ein, die grundsätzlich die mit der Embryonen- und Stammzellforschung verbundenen rechtlichen und ethischen Fragen klären sollte. Wenig später wurde aber auch die Wissenschaft aktiv. Im Mai 2000 legte die DFG ein Schwerpunktprogramm zur Stammzellforschung auf, das auch den Import von menschlichen ES-Zellen aus dem Ausland nicht ausschloss (ALTERNATIV 2000). Den endgültigen Startschuss für die Debatte gab Oliver Brüstle im August 2000 mit seinem DFG-Antrag zur Forschung an importierten menschlichen ES-Zellen (STAMMZELLFORSCHUNG 2002). In der Folgezeit entwickelte sich allmählich eine öffentliche politische und gesellschaftliche Debatte über die Zulässigkeit der Forschung. In Reaktion darauf setzte Bundeskanzler Gerhard Schröder am 2. Mai 2001 einen Nationalen Ethikrat ein, der sich als unabhängiger Sachverständigenrat mit den Problemfeldern der Biotechnologie und insbesondere mit der Stammzellforschung auseinandersetzen sollte. Da dessen Mitglieder allerdings vom Kanzler direkt berufen wurden und in der Mehrzahl der Forschung aufgeschlossen gegenüber standen, erhob sich der Verdacht, dass der Rat nur zur Legitimation liberaler Forschungspolitik gegründet worden war (FRIED 2001; RUBNER 2001). Nur einen Tag nach der Einsetzung des Ethikrates legte die DFG am 3. Mai eine Empfehlung vor, in der sie sich für einen Stufenplan der Stammzellforschung und damit in letzter Konsequenz für die Gewinnung von ES-Zellen aus überzähligen Embryonen und die Änderung des ESchG aussprach (DFG 2001a, 2001b). Die Entscheidung über den Importantrag von Oliver Brüstle vertagte die DFG auf Bitten des BMBF zunächst auf den 3. Juli.

Die plötzliche »Kehrtwende« (KOCH 2001: 6) der DFG löste in der Öffentlichkeit widersprüchliche Reaktionen aus und fachte die Debatte weiter an. Die Konfliktlinie verlief dabei quer zu allen traditionellen Fronten. Dies zeigte sich nicht nur in den verschiedenen Reaktionen gesellschaftlicher Akteure, sondern auch in der Debatte des Deutschen Bundestags am 31. Mai (GRAFF 2001). Während diese mehr Fragen aufwarf, als sie Antworten geben konnte, schuf der nordrhein-westfälische Ministerpräsident Wolfgang Clement am gleichen Tag Fakten: Zusammen mit den beiden Bonner Forschern Oliver Brüstle und Otmar Wiestler reiste er nach Haifa (Israel), um mit der dortigen Universität eine Forschungskooperation zu vereinbaren, die den Import von ES-Zellen einschloss (GRAUPNER 2001). Auf die öffentliche Kritik über seinen Alleingang hin stellte er allerdings klar, dass er dem Votum des Nationalen Ethikrates nicht habe vorgreifen wollen (HEIMS 2001). Auf Bitten des Nationalen Ethikrates verschob die DFG am 3. Juli ihre Entscheidung zum Antrag von Brüstle erneut, diesmal auf den 7. Dezember. In der zunehmend stärker werdenden Debatte mehrten sich allmählich die Stimmen der Forschungsbefürworter; v. a. die Kirchen hielten aber konsequent dagegen. Im Herbst 2001 beschloss die DFG ein weiteres Schwerpunktprogramm zur Forschung mit tierischen und menschlichen AS- und ES-Zellen (Forscher Brüstle nicht mehr allein 2002). Die Enquête-Kommission lehnte in ihrer Stellungnahme am 12. November sowohl die Forschung an überzähligen Embryonen als auch den Import von ES-Zellen ab (DEUTSCHER BUNDESTAG 2002). Am 23. November gab Bundestagspräsident Wolfgang Thierse den 30. Januar 2002 als Termin für die zweite Bundestagsdebatte zum Stammzellimport bekannt (STAMMZELLFORSCHUNG 2002). Im Gegensatz zur Enquête-Kommission empfahl der Ethikrat am 29. November, den Import von ES-Zellen unter strengen Auflagen und zunächst auf drei Jahre befristet zuzulassen (NATIONALER ETHIKRAT 2001). Die Empfehlung stieß auf ein sehr geteiltes Echo. Gut eine Woche später vertagte die DFG die Entscheidung über den Importantrag von Brüstle ein drittes Mal – auf den Tag nach der entscheidenden Bundestagsdebatte. Während sich in der Folgezeit die verschiedenen Akteursgruppen auf die Bundestagsdebatte vorbereiteten und ihre jeweilige Sichtweise publik zu machen versuchten, gingen bei der DFG neue Anträge für die Forschung mit ES-Zellen ein (Forscher Brüstle nicht mehr allein 2002).

Am Tag der Entscheidung lagen im Bundestag drei fraktionsübergreifende Anträge zur Abstimmung vor (BEER 2006a; DEUTSCHER BUNDESTAG 2002). Diese stimmten lediglich darin überein, dass Embryonen nicht extra für Forschungszwecke erzeugt werden dürfen. Eine Gruppe von Abgeordneten plädierte für ein generelles Forschungs- und Importverbot an bzw. von ES-Zellen und griff damit die Empfehlung der Enquête-Kommission auf (BEER 2006a). Eine weitere Gruppe sprach sich dagegen für ein grundsätzliches Importverbot mit einer Ausnahmeregelung aus: ES-Zellen, die vor einem bestimmten Stichtag gewonnen wurden und deren Gewinnung unter Einverständnis der Eltern des Embryos erfolgt ist, sollen für hochrangige Forschungsvorhaben importiert werden dürfen. Eine dritte Gruppe plädierte dafür, den Import von ES-Zellen, die aus überzähligen Embryonen erzeugt wurden, generell zuzulassen (Befürworter schließen sich zusammen 2002). Sie sprachen sich außerdem dafür aus, auch die Herstellung von ES-Zellen in Deutschland in Erwägung zu ziehen, falls die importierten ES-Zellen sich als unbrauchbar für die Forschung erweisen sollten. Der Antrag entsprach damit im Wesentlichen der Empfehlung des Nationalen Ethikrats (BEER 2006a). In der Abstimmung setzte sich nach einer Stichwahl schließlich der Antrag für ein gemäßigtes Importverbot mit 340 zu 265 Stimmen gegen den absoluten Verbotsantrag durch (DEUTSCHER BUNDESTAG 2002).

Die Öffentlichkeit reagierte geteilt auf das Abstimmungsergebnis. Während viele Politiker die Entscheidung begrüßten, reagierten die beiden großen Kirchen, aber auch viele Forscher enttäuscht (BERNDT 2002; BURTSCHEIDT 2002; FRIED 2002). Erstere befürchteten einen ethischen Dammbruch, Letztere bewerteten die strengen Importauflagen als massives Forschungshemmnis. Am Tag nach der Bundestagsabstimmung bewilligte die DFG den Förderantrag von Oliver Brüstle. Die finanziellen Mittel blieben jedoch bis zur gesetzlichen Umsetzung des Beschlusses gesperrt (DFG 2002). Ein erster Gesetzentwurf für das StZG im Februar erntete heftige Kritik. Nach einigen weiteren Überarbeitungen einigten sich die Importbefürworter im Bundestag am 15. April auf den endgültigen Wortlaut des StZG (FINETTI 2002). Zehn Tage später stimmte der Bundestag über die überarbeitete Fassung ab. Die Abstimmung endete mit einer klaren Mehrheit für den Gesetzentwurf (GRAUPNER 2002). Dieser knüpft die Importerlaubnis daran, dass die ES-Zellen vor dem Stichtag des 1. Januar 2002 hergestellt worden sein müssen. Darüber hinaus muss eine Kontrollbehörde die Einfuhr genehmigen (Bundestag erlaubt Import von Stammzellen unter Auflagen 2002). Trotz anhaltender Kritik trat das StZG am 1. Juli 2002 in Kraft (BEER 2006a). Obwohl damit der Weg für die Forschung mit importierten Stammzellen endgültig frei war, dauerte es noch bis zum 18. Dezember, bis die zuständige Genehmigungsbehörde den Importantrag von Oliver Brüstle genehmigte. Ab Januar 2003 konnte Brüstle als erster Deutscher an importierten ES-Zellen forschen (Ja zum Import von Stammzellen 2002).

5.2.3 *An der Stammzelldebatte beteiligte Akteure*

Wie aus dem vorherigen Kapitel ersichtlich ist, waren an der Stammzelldebatte zahlreiche verschiedene Akteure beteiligt. Generell kann davon ausgegangen werden, dass nicht alle diese Akteure aus primär strategischen Überlegungen heraus an der Stammzelldebatte teilnahmen. Etliche von ihnen waren vermutlich nur punktuell oder phasenweise dabei bzw. reagierten lediglich auf journalistische Bitten um ein Statement. Strategische Framing-Prozesse, die im Fokus dieser Arbeit liegen, vollziehen sich dagegen über einen längeren Zeitraum hinweg und sind durch gezielte Kommunikationsaktivitäten gekennzeichnet. In der Regel gehen sie von Akteuren aus, die in der Sache explizite Eigeninteressen verfolgen und bestimmte Ziele erreichen wollen. Aus diesem Grund werden hier nur Akteursgruppen berücksichtigt, denen aufgrund sachlicher Bezüge ein begründetes Interesse an der Thematik unterstellt werden kann.

Damit sind Politiker als Akteure aus dem politischen Bereich ganz generell zunächst einmal ausgeschlossen. Gesellschaftlich diskutierte Themen sind für jeden Politiker relevant, weil sie für seine Wiederwahl entscheidend sein können. In dem Zuge, wie die Thematik zudem in politische Gremien Eingang findet und u. U. sogar in einen Gesetzgebungsprozess mündet, sind Politiker und ihre Äußerungen zwangsläufig Teil der gesellschaftlichen und medialen Debatte. Aus diesem Grund ist es auch nicht verwunderlich, dass zahlreiche Politiker sich medienöffentlich an der Stammzelldebatte beteiligten. Dies hat mit der konkreten Thematik aber wenig zu tun. Vielmehr würde sich ein Politiker auch bei jedem beliebigen anderen Thema, das die gleichen strukturellen Merkmale aufweist, an der gesellschaftlichen und medienöffentlichen Debatte beteiligen. Auf spezifischerer Ebene weisen politische Akteure aber durchaus konkretes, mit strategischen Kommunikationsaktivitäten verbundenes Themeninteresse auf. Dies ist v. a. dann der Fall, wenn der Sachverhalt inhaltlich oder regulativ in ihren Aufgabenbereich fällt. Mit Blick auf die Stammzellforschung ist hier insbesondere das Bundesministerium für Bildung und Forschung (BMBF) zu nennen.

Aus dem Interessengruppenbereich lässt sich eine Vielzahl von Akteursgruppen benennen, die direkt oder indirekt ein thematisches Interesse an der Stammzellforschung und damit an der Beeinflussung ihrer medienöffentlichen Diskussion haben. Am unmittelbarsten von der Thematik betroffen sind Akteure des Wissenschaftssektors, und zwar konkret Naturwissenschaftler, die in diesem Bereich forschen. In Deutschland vertreten mehrere Großorganisationen die Interessen von Wissenschaftlern (vgl. auch ARETZ 1999). Die wohl wichtigste von ihnen ist die DFG. Als zentrale, disziplinenübergreifende Selbstverwaltungseinrichtung der Wissenschaft an Hochschulen und öffentlich finanzierten

Forschungsinstitutionen unterstützt sie nicht nur Forschungsvorhaben der verschiedenen Disziplinen finanziell, sondern vertritt auch gegenüber der Politik die Interessen ihrer Mitglieder. Neben der DFG gibt es jedoch auch etliche Wissenschaftler-Organisationen, die sich spezifischer auf einen bestimmten Forschungsbereich konzentrieren. Im naturwissenschaflich-technischen und biologisch-medizinischen Bereich sind dies beispielsweise die Fraunhofer-Gesellschaft, die Helmholtz-Gemeinschaft und die Max-Planck-Gesellschaft. Wie der Überblick über den Verlauf der deutschen Stammzelldebatte gezeigt hat, beteiligte sich vor allem die DFG durch ihre Förderprogramme und Stellungnahmen sehr aktiv an der Diskussion. Andere Wissenschaftler-Organisationen waren dagegen eher sporadisch im Diskurs präsent. Weniger direkt beteiligt, aber dennoch mittelbar in ihren Interessen von der Stammzelldebatte betroffen sind Ärzteorganisationen. Die Stammzellforschung berührt ihre Interessen insofern, als dass die zur Diskussion stehenden überzähligen Embryonen durch von Medizinern durchgeführte, künstliche Befruchtungen entstanden sind und nicht primär zum Zweck der Forschung erzeugt wurden. Aus standesethischen Überlegungen heraus haben die Mediziner vermutlich ein Interesse einerseits daran, diese überzähligen Embryonen nicht einfach der Forschung zu überlassen, und sich andererseits – dem hippokratischen Eid entsprechend – allgemein für den Schutz des Lebens einzusetzen. Ebenso wie bei den Wissenschaftlern gibt es auch bei den Medizinern verschiedene Berufsorganisationen, die die Interessen ihrer Mitglieder nach außen vertreten. Die größte und umfassendste von ihnen ist die Bundesärztekammer. Daneben gibt es noch den Hartmannbund sowie den Marburger Bund, der die Interessen der angestellten und verbeamteten Ärzte vertritt. Als dritte große Akteursgruppe im Bereich der Interessengruppen sind alle die Akteure zu nennen, die aufgrund ihres gesamtgesellschaftlich orientierten Fokus die Entwicklung der Stammzellforschung allgemein kritisch begleiten. Unter diese Gruppe fallen Bürgerinitiativen, gemeinwohlorientierte Interessengruppen (z.B. Patientenvereinigungen) und die beiden großen christlichen Kirchen. Theoretisch gibt es insbesondere unter den gemeinwohlorientierten Interessengruppen eine Vielzahl, die daran interessiert sein könnten, sich gezielt an der Debatte um die Stammzellforschung zu beteiligen. Es ist jedoch im Rahmen dieser Arbeit unmöglich, diese Gruppen alle aufzuzählen, geschweige denn in die Analyse einzubeziehen. Bei den Bürgerinitiativen wiederum besteht das Problem, dass sie teilweise nur temporär existieren und eine valide Bestandsaufnahme daher schwierig ist. Hinzu kommt, dass sie häufig nur über geringe Ressourcen verfügen und deshalb gesamtgesellschaftlich wenig präsent sind. Vor allem bei neuen gesellschaftlichen Themen ist zudem davon auszugehen, dass sich eine kritische Öffentlichkeit erst allmählich entwickelt und anfangs einen geringen Organisationsgrad aufweist. Dies ist bei der Stammzellforschung tatsächlich der Fall. Die Situation scheint überwiegend dadurch gekennzeichnet, dass sich kritische gesellschaftliche Gruppierungen entweder erst im Debattenverlauf formiert haben, für eine gezielte Beeinflussungspolitik noch nicht genügend organisiert waren oder die Stammzellforschung erst nach der ersten großen Debattenphase auf ihre strategische Themenliste aufgenommen haben (vgl. z.B. INTERESSENGEMEINSCHAFTEN KRITISCHE BIOETHIK DEUTSCHLAND o.D.; BUNDESVERBAND LEBENSRECHT o.D.). Alle drei Aspekte führen dazu, dass einzelne gemeinwohlorientierte Gruppierungen vermutlich wenig bis gar nicht in der Debatte präsent sind. Anders sieht es dagegen bei den beiden großen christlichen Kirchen aus. Auch sie sind den gemeinwohlorientierten Akteursgruppen zuzurechnen; im Gegensatz zu den anderen Gruppierungen sind sie jedoch traditionell tief in der Gesellschaft verankert und daher gut etabliert. Allgemeine ethische Fragestellungen und v. a. den Lebensschutz berührende Sachverhalte gehören von jeher zu den Themengebieten, zu denen sie aktiv und kritisch Stellung beziehen (vgl. z.B. die Abtreibungsdebatte; FRANZ 2000). Üblicherweise übernehmen sie dabei die gesellschaftliche Rolle des ›Mahners‹. Auch in der Stammzelldebatte waren die beiden Kirchen von Anfang an aktiv in dieser Rolle beteiligt.

Insgesamt gibt es damit vier große Akteursgruppen, die eine zentrale aktive Rolle in der Debatte um die Stammzellforschung einnehmen: auf politischer Seite das mit der Regulierung und Steuerung der Forschung betraute BMBF sowie auf Interessengruppenseite einerseits an Stammzellen forschende Wissenschaftler und die sie vertretenden Organisationen und andererseits sowohl die indirekt von der Thematik betroffenen Ärzteverbände als auch kritische gemeinwohlorientierte Gruppierungen, und zwar v. a. die beiden christlichen Kirchen.

Angesichts der beteiligten Akteure, aber auch der Komplexität der Stammzellthematik, ihrer zahlreichen Verknüpfungen mit anderen Themengebieten (z.B. Präimplantationsdiagnostik [PID], künstliche Befruchtung, Gentechnik) sowie der unklaren Rechtslage des ESchG ist zu vermuten, dass in der Debatte zahlreiche verschiedene Argumente und Argumentationsmuster vorliegen. Um die Debatte um die Stammzellforschung in inhaltlicher Hinsicht zu verstehen und gleichzeitig die empirische Analyse vorzubereiten, ist es notwendig, ausführlicher auf die einzelnen Positionen und Argumente in der Debatte einzugehen. Diese stellen ein wichtiges Grundelement bei der späteren Frame-Identifikation dar.

5.2.4 *In der Stammzelldebatte vertretene Positionen und Sichtweisen*

Wie jede gesellschaftliche Diskussion ist die Stammzelldebatte auf der einen Seite durch Positionen und inhaltliche Aspekte gekennzeichnet, die sich so oder in vergleichbarer Form auch bei anderen gesellschaftlichen Debatten mit ähnlichen Themen – beispielsweise der Abtreibungs- oder der Gentechnikdebatte – finden. Auf der anderen Seite weist sie jedoch auch Aspekte auf, die spezifisch nur bei dieser Thematik zu finden sind. Um diese zu identifizieren, wurde der quantitativen Hauptanalyse eine qualitative Inhaltsanalyse des Untersuchungsmaterials, ergänzt um eine Literatursichtung von Diskurs- und Framing-Studien zu ähnlichen oder gleichen Themengebieten, vorgeschaltet. Die der quantitativen Hauptanalyse zugrunde liegenden Positionen und inhaltlichen Aspekte wurden also in einem kombiniert material- und theoriegeleiteten Verfahren gewonnen. Dies entspricht der allgemein üblichen Vorgehensweise bei der Erstellung des Untersuchungsinstruments (z. B. FRÜH 2007).

Allgemeine methodische Qualitätsmerkmale auch für qualitative Analysen sind deren Objektivität, Reliabilität und Validität (vgl. BORTZ/DÖRING 2002). Vor allem qualitative Inhaltsanalysen von Thematisierungsmustern und Argumentationsstrukturen leiden oft unter dem Problem, dass sie in ihrem Vorgehen nicht genügend transparent sind und außerdem nur von einer Person durchgeführt werden. Letzteres ist mit Blick auf Reliabilität und Validität eher fragwürdig. Insgesamt setzen sich solche Analysen damit dem durchaus berechtigten Vorwurf der Subjektivität aus. Dabei weist die Methodenliteratur eine Reihe von Vorgehensweisen auf, die die Subjektivität auf ein Minimum reduzieren helfen (vgl. BORTZ/DÖRING 2002). Die hier durchgeführte qualitative Voranalyse hat den Anspruch, den genannten methodischen Qualitätskriterien gerecht zu werden. Aus Platzgründen und mit Blick darauf, dass der Schwerpunkt der Arbeit auf der quantitativen Hauptanalyse liegt, kann an dieser

Stelle allerdings nicht detailliert auf die Vorstudie eingegangen werden. Um sich jedoch nicht ebenfalls den erwähnten Vorwürfen auszusetzen, soll das Vorgehen in der gebotenen Kürze transparent gemacht werden. Hilfreich ist dabei, dass andere Studien bereits geeignete Verfahren entwickelt haben, auf die verkürzend Bezug genommen werden kann. Insbesondere ist hier die Arbeit von Scheufele (2003) zu nennen. Der Autor entwickelt darin ein spezielles Verfahren zur Identifikation von Frames, von ihm selbst auch Frame-Identifizierungs-Technik (FIT) genannt, das in modifizierter Form auch der hier vorgenommenen Analyse zugrunde liegt. Da es bei der hier vorgenommenen qualitativen Analyse nicht darum geht, bereits komplette Frames zu erheben, sondern lediglich die diesen zugrunde liegenden Positionen und Argumente, wurde nicht die komplette FIT angewendet, sondern nur deren Ursachen- und Folgen-Dimensionen wurden übernommen und an das Ziel der vorliegenden Analyse angepasst. Sowohl Ursachen- als auch Folgenzuschreibungen können argumentativ für eine bestimmte Sichtweise und entsprechende Lösungsforderungen eingesetzt werden: Entweder wird die eigene Position mit einem bereits bestehenden Sachverhalt bzw. Zustand (= Ursachenzuschreibung) begründet oder aber mit Blick auf sich möglicherweise daraus ergebende Sachverhalte bzw. Zustände (= Folgenzuschreibung). Ob es sich um eine Ursachen- oder Folgenzuschreibung handelt, ist dabei für die Argumentation selbst nicht relevant. Aus diesem Grund wurden beide nicht getrennt voneinander erhoben, sondern dienen lediglich als Indikator für die letztlich dahinter stehende Argumentaussage.

Als Basis für die qualitative Voranalyse diente von den Medienbeiträgen ein Drittel des späteren Untersuchungsmaterials. Dazu wurde dieses zeitlich sortiert und anschließend jeder dritte Beitrag ausgewählt. Damit ist gewährleistet, dass auch zeitlich nur begrenzt vorhandene Sichtweisen erfasst werden. Für die valide Analyse des strategischen Framings ist es notwendig, die Sichtweisen der beteiligten Akteure auch unabhängig von der Medienberichterstattung zu erheben, da diese u.U. nicht alle von den Akteuren verwendeten inhaltlichen Aspekte enthält. Generell ist deren Erfassung auf verschiedenen Wegen möglich. Die quantitative Hauptanalyse der vorliegenden Arbeit greift dazu auf Akteursmaterialien zurück (ausführlicher zu deren Auswahl vgl. Kap. 7.2.2). Diese gingen vollständig in die qualitative Analyse ein, um die gesamte Bandbreite der Akteurssichtweisen zu erfassen. Um die Reliabilität und Validität der Erhebung zu gewährleisten, wurden insgesamt 19 Codierer eingesetzt und die Texte so auf diese verteilt, dass immer bei jeweils zwei Codierern ein Überschneidungsbereich von ca. 20 Prozent bestand. Für die Erhebung wurde ein Codierleitfaden mit Definitionen und allgemeinen Codieranweisungen sowie auf die Argumentaussagen bezogenen Codierfragen verwendet.[38] Der Vergleich der sich überschneidenden offenen Codierungen zeigte, dass diese im Kern die gleichen inhaltlichen Aspekte enthielten, wenn auch z.T. auf unterschiedlichem Abstraktionsniveau. Den Codierungen kann daher eine hinreichende Objektivität und Validität unterstellt werden. In der folgenden Auswertung wurden die Codierungen um Redundanzen bereinigt, thematisch zusammenfassend gebündelt und – soweit sie inhaltlich den gleichen Sachverhalt thematisierten – zu Kernaussagen verdichtet. Für Letzteres wurde bei jedem genannten Sachverhalt ein möglichst hohes Abstraktionsniveau gewählt, um später in der quantitativen Hauptanalyse die Reliabilität der Codierung zu gewährleisten. Insgesamt erfüllt die qualitative Voranalyse mit ihrem Vorgehen damit die eingangs genannten methodischen Qualitätskriterien.

Wie bereits beschrieben, wurden die Positionen und inhaltlichen Aspekte, die über die qualitative Analyse identifiziert wurden, deduktiv aus der Literatur um weitere Aspekte ergänzt. In der empirischen Literatur handelte es sich dabei im Einzelnen um allgemeinere Studien zur Biotechnologie und Gentechnik (z.B. ARETZ 1999; BONFADELLI et al. 1999; GERHARDS/SCHÄFER 2006; KOHRING/MATTHES 2002; LEONARZ 2002; VÄLIVERRONEN 2004), aber auch um spezifischere Studien zur Embryonen- und Stammzellforschung (KIREJCZYK 1999; MULKAY 1993, 1994a, 1994b). In der theoretischen Literatur handelte es sich um ethische und rechtliche Abhandlungen (BADURA-LOTTER 2002; BAYERTZ/RUNTENBERG 1997; BENDA 2002; MERKEL 2002), bereits bestehende Systematisierungen der Debatte und ihrer Argumente (POMPE/TANNERT 2004) sowie z.T. inhaltlich gefärbte Auseinandersetzungen mit dem Debattengegenstand durch beteiligte Akteure (z.B. DEUTSCHE BISCHOFSKONFERENZ 2001; DFG 2001a, 2001b; EVANGELISCHE KIRCHE IN DEUTSCHLAND 2002; HUBER 2002; NAGEL 2002; NATIONALER ETHIKRAT 2001; SCHÖNE-SEIFERT 2002).

Um das Verständnis der nachfolgenden Hauptanalyse zu erleichtern, wird im Folgenden kurz auf die aus der Voranalyse resultierenden Kernpositionen sowie die Hauptargumente eingegangen. Da die gesellschaft-

38 Der Codierleitfaden ist auf Anfrage bei der Autorin erhältlich.

liche Konfliktlinie zur Stammzellforschung quer zu den traditionellen Fronten verläuft, die vertretenen Positionen also nicht unbedingt durch die Zugehörigkeit zu einer spezifischen Gruppe bestimmt sind (vgl. auch ARETZ 1999), erfolgt die Darstellung thematisch sortiert. Zum besseren Verständnis wird zunächst der inhaltliche Kern skizziert, um den sich die Debatte letztlich drehte.

Wie erwähnt, entzündete sich die Stammzelldebatte daran, dass das ESchG zwar allgemein den Umgang mit menschlichen Embryonen gesetzlich regelte, nicht aber explizit den mit bestehenden ES-Zellen (BREWE 2006). Dahinter stand letztlich die Frage, ob ES-Zellen mit Embryonen gleichzusetzen und damit durch das ESchG geschützt sind oder überhaupt nicht in dessen Regelungsbereich fallen. Die öffentliche Debatte war dabei von verschiedenen Diskussionslinien geprägt. Im Kern ging es jedoch bei allen darum, wann menschliches Leben beginnt und ob ES-Zellen damit dem Schutz der Menschenwürde unterliegen (DEUTSCHES REFERENZZENTRUM FÜR ETHIK IN DEN BIOWISSENSCHAFTEN [DRZE] 2008). Aus rechtlicher Perspektive kollidierten die Menschenwürde und das Lebensrecht des frühen Embryos mit zwei anderen gesetzlich geschützten Gütern: der wissenschaftlichen Forschungsfreiheit und dem Lebensschutz von Menschen mit einer schweren Krankheit (BEER 2006a). Je nach Akteur fiel die Güterabwägung zwischen diesen Aspekten sehr verschieden aus. Entsprechend unterschiedlich waren auch die für die eigene Position vorgebrachten Argumente. Im Zentrum der Argumentationen standen neben dem Verständnis von Menschenwürde, der Forschungsfreiheit und den möglichen Heilungschancen auch die politischen und ökonomischen Perspektiven der Stammzellforschung (BEER 2006a). Wie die verschiedenen Anträge in der entscheidenden Bundestagsabstimmung 2002 zeigen, versuchten einige Akteure in ihrer Argumentation zudem, den Debattengegenstand selbst zu verändern. Sie stellten nicht die Güterabwägung zwischen dem embryonalen Lebensrecht und dem eines Kranken bzw. der Forschungsfreiheit in den Mittelpunkt, sondern warfen die Frage auf, ob frühe Embryonen überhaupt schon Menschen sind. Damit stellten sie grundlegend die Embryo-Definition des ESchG infrage, die den Menschenstatus des Embryos ab dem Zeitpunkt der Kernverschmelzung von Ei- und Samenzelle ansetzte. Das Ziel dieses Vorgehens war klar: Würde dem frühen Embryo der Menschenstatus abgesprochen, wäre damit die Güterabwägung automatisch obsolet. Eine ähnliche Argumentationsstrategie hatten bereits die Forschungsbefürworter in Großbritannien verfolgt und in diesem Zug den Begriff des Prä-Embryo geprägt (MULKAY 1994d).

Idealtypisch lassen sich vier verschiedene Positionen unterscheiden, die v. a. durch ihre Schlussfolgerungen für die rechtliche Regulierung der Stammzellforschung charakterisiert sind. Sie reichen von einem absoluten Verbot bis hin zur vollständigen Freigabe der Forschung. Von diesen waren in der deutschen Debatte jedoch nur drei vertreten, die weitgehend den drei Anträgen entsprechen, die am 30. Januar 2002 im Bundestag zur Abstimmung standen: die Forderung nach einem absoluten Verbot, die nach einem generellen Verbot mit Ausnahmen sowie die nach einer begrenzten Freigabe. Einen Überblick über die idealtypischen Positionen und ihre Kernargumente gibt Tabelle 3.

Auffallend ist, dass die verschiedenen Positionen teilweise durchaus die gleichen Argumente verwenden, diese jedoch unterschiedlich gewichten, interpretieren und verschiedene Schlussfolgerungen daraus ziehen (vgl. auch BEER 2006a). Dies deutet darauf hin, dass erst die spezifische Zusammenstellung von Argumenten Rückschlüsse auf die vertretene Position erlaubt. Anders gesagt, lässt ein Argument allein noch keine endgültige Aussage darüber zu, welche Sichtweise damit konkret gestützt werden soll. Es kann allenfalls Aufschluss über die Tendenz der Sichtweise geben. Zudem ist denkbar, wenn auch aufgrund der geringeren argumentativen Kraft eher unwahrscheinlich, dass typische Argumente verschiedener Positionen miteinander vermischt werden (vgl. Kap. 4.2.2).

Die einzelnen Argumente lassen sich grob acht Themenfeldern zuordnen: Ethik, Gesellschaft/Kultur, Medizin, Forschung, Wirtschaft, Politik, Religion und Recht. Dabei kann das gleiche Argument sowohl in positiver Form auf der Pro- als auch in negativer Form auf der Kontra-Seite eingesetzt werden. Es ist allerdings anzunehmen und auch an verschiedenen Stellen in der Diskussion erkennbar, dass bestimmte Argumente stärker nur auf der Pro-Seite und andere stärker nur auf der Kontra-Seite Verwendung finden. Die detaillierte Erläuterung der einzelnen Argumentaussagen ist an dieser Stelle aus Platzgründen nicht möglich. Eine tabellarische Übersicht darüber gibt Liste 2 des Codebuchs im Anhang.[39]

Insgesamt lassen die verschiedenen Positionen und Argumente vermuten, dass die Forschungs- und Importbefürworter in erster Linie for-

39 Die detaillierten Erläuterungen und Beispiele zu den einzelnen Argumentaussagen sind auf Anfrage bei der Autorin erhältlich.

TABELLE 3

Idealtypische Positionen in der Stammzellendebatte

	Vertretene Position			
	Absolutes Verbot	Generelles Verbot mit Ausnahmen	Begrenzte Freigabe	Völlige Freigabe
Geforderte Regulierung	• Beibehaltung des ESchG • Verbot der Forschung mit ES-Zellen • Förderung der Forschung mit AS-Zellen	• Beibehaltung des ESchG • Zulassung der Forschung mit bestehenden ES-Zellen in eng definierten Ausnahmefällen (Gewinnung der Zellen vor einem Stichtag und nur aus überzähligen Embryonen, Kontrollbehörde, Hochrangigkeit und Unersetzbarkeit des Forschungsvorhabens) • Förderung der Forschung mit AS-Zellen	• Lockerung des ESchG • allgemeine Zulassung der Forschung mit bestehenden ES-Zellen • Gewinnung von ES-Zellen aus überzähligen Embryonen bis zu einem Alter von 14 Tagen	• Lockerung/Abschaffung des ESchG • allgemeine Zulassung der Forschung mit bestehenden ES-Zellen • Gewinnung von ES-Zellen aus überzähligen Embryonen bis zu einem Alter von 14 Tagen • gezielte Herstellung von Embryonen für die Gewinnung von ES-Zellen (therapeutisches Klonen)

Kernargumente	• bereits mit der Verschmelzung von Ei- und Samenzelle ist der frühe Embryo ein Mensch
	• der frühe Embryo besitzt bereits die vollständige Menschenwürde
	• das menschliche Leben muss von seinem frühesten Beginn an geschützt werden
	• kein Heilungsversprechen kann das Lebensrecht des Embryos aufwiegen
		• bereits mit der Verschmelzung von Ei- und Samenzelle ist der frühe Embryo ein Mensch
		• der frühe Embryo besitzt bereits die vollständige Menschenwürde
		• der Schutz des frühen Embryos muss gegen die Forschungsfreiheit in Verbindung mit der Chance auf Heilung schwer kranker Personen abgewogen werden
		• ES-Zellen sind keine Embryonen und fallen daher nicht unter den Schutz des ESchG
		• um das Potenzial von AS-Zellen einschätzen zu können, ist vorübergehend die vergleichende Forschung nötig
			• erst ab einem Alter von 14 Tagen ist der frühe Embryo ein Mensch („Prä-Embryo")
			• der frühe Embryo besitzt noch keine Menschenwürde
			• die Chance auf Heilung schwer kranker Personen rechtfertigt die Forschung mit frühen Embryonen
			• ES-Zellen sind keine Embryonen und fallen daher nicht unter den Schutz des ESchG
			• überzählige Embryonen haben keine Chance mehr auf Leben
			• die Qualität bereits bestehen-der ES-Zellen ist möglicherweise nicht ausreichend
			• die deutsche Forschung verliert international ihre Wettbewerbsfähigkeit
				• wie „begrenzte Freigabe"
				• zusätzliche Argumente:
				  • die Regulierung muss flexibel sein und jeweils an die bestehenden Möglichkeiten angepasst werden
				  • die Regulierung in anderen Ländern ist deutlich liberaler

Entsprechender Antrag in der Bundestagsdebatte	Bundestagsdrucksache 14/8101 (Antrag von Wodarg, Kues, Knoche, Seifert)	Bundestagsdrucksache 14/8102 (Antrag von Böhmer, von Renesse, Fischer, Seehofer, Catenhusen)	Bundestagsdrucksache 14/8103 (Antrag von Flach, Reiche, Hintze, Gerhardt, Schäuble)	-

Quelle: Eigene Darstellung

schungsbezogen argumentieren, während die Gegner eher auf ethische Argumentationen zurückgreifen. Es ist darüber hinaus anzunehmen, dass die konkrete Argumentauswahl auch stark davon abhängt, aus welchem gesellschaftlichen Bereich ein Akteur stammt. Kirchliche Akteure dürften demnach v. a. religiöse und ethische Argumente ins Feld führen, wohingegen Wissenschaftler überwiegend forschungsbezogene Argumente verwenden sollten.

5.3 Zusammenfassung

Das vorliegende Kapitel zeigt, dass die Stammzellforschung als Wissenschaftsthema spezifischen journalistischen Darstellungsmechanismen unterliegt. Wissenschaftsberichterstattung erfolgt zunehmend aus Risikoperspektive. Dabei herrschen allerdings häufig noch ein normativ wissenschaftszentriertes Verständnis von Wissenschaftsberichterstattung und ein entsprechendes journalistisches Selbstverständnis als Vermittler von Wissenschaft vor. Hinzu kommt, dass Journalisten bei Wissenschaftsthemen fast ausschließlich auf wissenschaftliche Experten als Quellen zurückgreifen und zudem v. a. biotechnologischen Anwendungen im Gesundheitsbereich eher aufgeschlossen gegenüberstehen. Diese Konstellation lässt vermuten, dass die mit der Stammzellforschung befassten Wissenschaftler ihre wissenschaftspositiven Sichtweisen leichter in den Medien platzieren können als andere Akteure ihre negativen Sichtweisen. Dass die Wissenschaftler dabei auch ihre eigenen Interessen verfolgen, ist den Journalisten allerdings durchaus klar. Insofern ist anzunehmen, dass Wissenschaftler zwar häufiger in den Medien präsent sind, ihre Ansichten jedoch auch kritisch von den Journalisten reflektiert werden.

Die positive Sichtweise der Journalisten auf medizinische biotechnologische Anwendungen sowie ihr Selbstverständnis als Wissenschaftsvermittler spiegeln sich auch in den für Risikoberichterstattung typischen Berichterstattungsmustern wider. Zwar werden durchaus auch Horrorszenarien entwickelt, insgesamt überwiegt jedoch eine eher positive Berichterstattung. Aus Framing-Perspektive sind dabei bestimmte Inhaltsframes für Risiko- und Wissenschaftsberichterstattung typisch. Unabhängig von ihrer konkreten Benennung, befassen sich die einzelnen Frames im Wesentlichen mit ethischen Aspekten, dem Fortschrittsgedanken, der Verantwortungsfrage, dem Gedanken der Unkontrollierbarkeit, den Chancen und Möglichkeiten der Technologie sowie wirtschaftlichen Aspekten. Es ist wahrscheinlich, dass sich diese Inhaltsframes in ähnlicher Form auch in der Stammzelldebatte wiederfinden. Spezifisch mit Blick auf die Stammzellforschung zeigen verschiedene Studien, dass diese in den Medien verhältnismäßig stark unter ethischen Gesichtspunkten beleuchtet wird. Da die Berichterstattung über biotechnologische Anwendungen in Deutschland im Vergleich zu anderen Ländern zudem generell kritischer zu sein scheint, ist zu vermuten, dass die Stammzellforschung stärker auch aus ethischer Perspektive betrachtet wird und damit entsprechende Frames eine wichtige Rolle spielen. Damit einher geht vermutlich der vermehrte Rückgriff der Medien auf ethisch argumentierende Akteure. Insgesamt sollte daher die Dominanz naturwissenschaftlicher Akteure und Argumentationsmuster nicht übermäßig ausgeprägt sein.

Hinsichtlich der historischen und gesellschaftlichen Grundlagen können die Entwicklung und Diskussion der Gentechnik als direkte Vorläufer der Stammzellforschung und -debatte gelten, und zwar sowohl auf internationaler als auch auf nationaler Ebene. Auf internationaler Ebene sind v. a. die USA Vorreiter. Ebenso wie in Großbritannien herrscht dort traditionell eine eher liberale, an Forschungs- und Wirtschaftsinteressen ausgerichtete Regulierung vor. Dabei ist eine Tendenz zu zunehmender Deregulierung erkennbar. Die nationale deutsche Debatte und Regulierung zunächst der Gentechnik und später auch der Stammzellforschung ist demgegenüber deutlich stärker vom Sicherheitsprinzip geprägt. Dieses manifestiert sich konkret in den Regelungen des ESchG, das die Erzeugung menschlicher Embryonen nur zur künstlichen Befruchtung erlaubt. Die eigentliche deutsche Debatte um die Stammzellforschung entzündet sich an einer Lücke im ESchG. Dieses enthält keine Aussage zur Forschung an und zum Import von bereits bestehenden menschlichen ES-Zellen, die seit der Entwicklung eines entsprechenden Verfahrens in den USA 1998 in verschiedenen Ländern hergestellt werden. In der Folge entbrennt ein Streit zwischen Naturwissenschaftlern und der Stammzellforschung kritisch gegenüberstehenden Akteuren um die Zulässigkeit von Import und Forschung. Die Debatte nimmt dabei ihren Ausgang in wissenschaftsinternen Kreisen und erreicht erst allmählich eine breitere Öffentlichkeit. Sie zieht sich über einen Zeitraum von gut drei Jahren und gipfelt schließlich in der Verabschiedung und Inkraftsetzung des StZG durch den Deutschen Bundestag, das den Import von und die Forschung an menschlichen ES-Zellen unter sehr restriktiven Bedingungen erlaubt. Während der gesellschaftlichen Debatte versuchen v. a. die nationale Interessenvertretung der Wissenschaftler, die DFG, und die beiden christlichen Kirchen, aber auch verschiedene Ärzteorganisationen, Einfluss auf den Debattenverlauf und die politische Regulierung zu nehmen. Daneben äußern sich zahlreiche Einzelakteure punktuell zu der umstrittenen Thematik. Während die einen Forschung und Import freigegeben sehen wollen, versuchen die anderen, deren gesetzliches Verbot zu erwirken. Dabei verlaufen die Fronten oftmals quer zu den üblichen Konfliktlinien und Gruppengrenzen. In inhaltlicher Hinsicht ist die Debatte sehr breit ausgerichtet und durch zahlreiche Argumente gekennzeichnet. Im Mittelpunkt der Argumentationen steht der Interessenskonflikt zwischen Lebensschutz und Menschenwürde des frühen Embryos auf der einen und der wissenschaftlichen Forschungsfreiheit und dem Erhalt des Lebens von Schwerkranken auf der anderen Seite. Zur Stützung ihrer Sichtweise greifen die beteiligten Akteure sowohl auf ethische und wissenschaftliche bzw. forschungspolitische als auch auf wirtschaftliche, juristische, religiöse und gesellschaftliche bzw. gesellschaftspolitische Argumente zurück. Wie die unterschiedlichen Anträge beim Bundestagsentscheid im Januar 2002 zeigen, dürften einzelne Argumente trotz unterschiedlicher geforderter Konsequenzen auch identisch sein. Es ist außerdem plausibel, dass Befürworter und Gegner je nach Themengebiet eher passiv oder aktiv argumentieren, d.h. entweder lediglich den Argumenten der Gegenseite ihre Gültigkeit absprechen oder aber selbst aktiv eigene Argumente in die Debatte einbringen.

Mit den bisherigen Kapiteln ist insgesamt die theoretische Grundlage für die Analyse strategischer Framing-Versuche auf die mediale Darstellung der deutschen Stammzelldebatte in der ersten Gesetzgebungsphase gelegt. Im Folgenden werden die wesentlichen Erkenntnisse aus den einzelnen Theoriekapiteln noch einmal verdichtet zusammengefasst und daraus anschließend die die empirische Hauptanalyse leitenden Forschungsfragen abgeleitet.

6. ZUSAMMENFASSUNG UND ABLEITUNG DER FORSCHUNGSFRAGEN

An gesellschaftlichen Diskursen wie der Stammzelldebatte sind eine Vielzahl verschiedener Akteure mit jeweils partikularen Interessen beteiligt, die sie gesellschaftlich durchzusetzen versuchen. Diese Akteure sind in größere Arenen eingebunden, die sich sozial-kommunikativ konstituieren: Alle Akteure innerhalb einer Arena können ohne die Zuhilfenahme externer Medien miteinander kommunizieren. Auf gesellschaftlicher Ebene lassen sich die verschiedenen Arenen vier Bereichen zuordnen, die miteinander in Wechselbeziehung stehen: den Massenmedien, der Politik, dem Publikum und den Interessengruppen. Unter diesen nehmen die Medien die zentrale gesellschaftliche Vermittlerposition ein. Über sie versuchen insbesondere die Akteure aus den Interessengruppenarenen, die politischen Arenen mit ihren Sichtweisen zu beeinflussen und darüber ihre Vorhaben politisch durchzusetzen. Die Publikumsarenen stellen dabei das Bindeglied dar, das den Akteuren die gegenseitige Wahrnehmung in den Medienarenen ermöglicht. Zwischen den Medienarenen und den anderen Arenenbereichen bestehen wechselseitige inhaltliche Einflussbeziehungen, die gezielte Einflussnahmeversuche auf die Medien mit dem Ziel der Politikbeeinflussung rechtfertigen. Diese Einflussbeziehungen verändern sich allerdings im Zeitverlauf in ihrer Stärke und der vorherrschenden Einflussrichtung. Für die interessengeleiteten Akteure bedeutet das, dass sie in ihrem Handeln fortwährend die aktuelle Situation berücksichtigen müssen. Auf modelltheoretischer Ebene werden die inhaltlichen Einflussnahmeversuche auf die Medien durch strategisch handelnde Akteure sowie deren Anpassungen an die konkrete Situation am besten durch das aus der PR-Forschung stammende Intereffikationsmodell beschrieben.

Dieses berücksichtigt die inhaltlichen Wechselbeziehungen zwischen medialer und Akteursthematisierung aus akteurstheoretischer Perspektive und macht damit strategische Einflussnahmeversuche auf die Medien empirisch zugänglich. Im Gegensatz zum Arenenmodell vernachlässigt es jedoch den größeren gesellschaftlichen Kontext.

Aufgrund ihrer gesellschaftlichen Vermittlungsposition übernehmen die Medien in einer gesellschaftlichen Kontroverse zentral die Thematisierung und das Framing des Konflikts. Auf der Basis ihrer Selektionsmechanismen bestimmen sie darüber, welche Aspekte dargestellt werden und welche Akteure mit welchen Sichtweisen zu Wort kommen. Die spezifische Kombination von bestimmten Aspekten und Sichtweisen lässt sich dabei als Frame bezeichnen. Sie manifestiert sich in den Medien in Form von Inhaltsframes. Diese verändern sich einerseits in Abhängigkeit von der konkreten Ereignislage, der kulturellen Resonanz eines Frames sowie dem politischen Prozess. Andererseits können auch gezielte Framing-Aktivitäten von gesellschaftlichen Akteuren für Veränderungen sorgen. Zu diesem Zweck betreiben die Akteure strategisches Framing: Mithilfe von PR gestalten und kommunizieren sie eigene Inhaltsframes, die sie gezielt in den Medien zu platzieren versuchen. Bei der Gestaltung der Frames verwenden die Akteure verschiedene Taktiken. Diese dienen sowohl der mediengerechten inhaltlichen Ausgestaltung der Frames als auch der Ansprache möglichst breiter Gesellschaftskreise bei gleichzeitiger Abgrenzung von gegnerischen Akteuren. Darüber hinaus können die Akteure auch durch die Bildung von Koalitionen, den geschickten Einsatz von Ereignisinszenierungen sowie das Ausnutzen verschiedener situativer Rahmenbedingungen die mediale Präsenz ihrer Frames erhöhen.

Je nach Thema können sehr verschiedene Akteursgruppen mit ihren Interessen an medienvermittelten Diskursen beteiligt sein. Bei der Stammzellforschung sind – neben politischen Akteuren, den Kirchen und Medizinern – auch Wissenschaftler mit durchaus eigenen Interessen in der Debatte vertreten. Dies führt zu einer besonderen Situation: Traditionell bevorzugen Journalisten zur gesellschaftlichen Themeneinordnung neutrale wissenschaftliche Experten als Quellen. Bei einem Wissenschaftsthema sind diese Experten jedoch zugleich auch Betroffene und damit nicht mehr neutral. Das bedeutet, dass sie ihre – i. d. R. wissenschaftspositive – Sichtweise zu verbreiten versuchen. Bei den Journalisten stoßen sie dabei auf positive Resonanz, da diese wissenschaftlichen Entwicklungen v. a. im medizinisch-gesundheitlichen Bereich eher aufgeschlossen gegenüber stehen. Den Journalisten ist allerdings durchaus bewusst, dass die Wissenschaftler auch ihre eigenen Interessen verfolgen. Die positive Wissenschaftssichtweise der Journalisten spiegelt sich auch in den für Wissenschaftsberichterstattung typischen Berichterstattungsmustern wider. Alles in allem überwiegt eine eher positive Berichterstattung, die sich in entsprechenden Inhaltsframes niederschlägt. Dennoch findet die Risikoperspektive, die meist untrennbar mit der Diskussion von Wissenschaft verbunden ist, ebenfalls Beachtung. Unter diesem Blickwinkel werden v. a. ethische Aspekte, nicht abschätzbare Folgen sowie die gesellschaftliche Verantwortung thematisiert.

Insgesamt wird deutlich, dass gesellschaftliche Akteure bei kontroversen Themen strategisches Framing betreiben. Dessen unmittelbares Ziel besteht darin, die Medien mit ihren Sichtweisen zu beeinflussen. Mittelbar zielt das strategische Framing darauf ab, auf die Politik und die politische Regulierung des Themengegenstandes Einfluss zu nehmen. Das auf die Medien gerichtete strategische Framing der Akteure ist dabei von einer Mischung aus Aktion und Reaktion geprägt: Einerseits gestalten sie ihre Frames aktiv nach ihren eigenen Vorstellungen; andererseits passen sie sich umgekehrt auch immer wieder an die von den Medien vorgegebenen Frames an, indem sie in ihrem weiteren Framing auf die Medienframes reagieren. Dieser Aspekt weist zugleich darauf hin, dass die Frames nicht statisch, sondern dynamisch sind und sich im Zeitverlauf verändern. Dynamik stellt damit den zentralen Punkt des strategischen Framings dar. Sowohl die Frames, die die strategischen Akteure einbringen, als auch die damit verknüpften Medienframes unterliegen dabei in ihrer Entwicklung zahlreichen Einflussbedingungen.

Die bisherige kommunikationswissenschaftliche Forschung zum strategischen Framing vernachlässigt den grundlegend dynamischen Charakter von Frames. Zunächst existieren generell wenig Arbeiten, die sich überhaupt aus der Framing-Perspektive mit der gezielten Beeinflussung der Medien durch gesellschaftliche Akteure auseinandersetzen. Die bestehenden Arbeiten wiederum werden aus verschiedenen Gründen – beispielsweise der Erhebungsweise der Frames und/oder der verwendeten Auswertungstechnik – der genannten Grundvoraussetzung der Dynamik nur unzureichend gerecht. Die vorliegende Arbeit verfolgt das Ziel, diese Forschungslücke am Beispiel der

Stammzelldebatte zu schließen. Als Basis dafür dient das im Theorieteil entwickelte Arenenmodell, das es ermöglicht, die bisher weitgehend unverbunden nebeneinander stehende PR- und Framing-Forschung unter Berücksichtigung des generellen gesellschaftlichen Kontextes miteinander zu verknüpfen. Vor dem Hintergrund der geschilderten Beziehungen zwischen den verschiedenen Arenenbereichen konstruieren Akteursgruppen aus den Interessengruppen- und Politikarenen Frames, mit denen sie die Medien zu beeinflussen versuchen. Gleichzeitig lassen sie sich aber auch selbst von medial vermittelten Frames beeinflussen. Spezifisch auf die Stammzellforschung bezogen, sind aufseiten der Interessengruppen v. a. wissenschaftliche, medizinische und kirchliche Akteursgruppen sowie Bürgerbewegungen aktiv, während aufseiten der Politikarenen insbesondere Parteien und Ministerien an der Debatte beteiligt sind. Darüber hinaus ist grundsätzlich die Beteiligung weiterer Akteursgruppen denkbar. Einen zusammenfassenden Überblick über das integrierte, der Analyse zugrunde liegende Arenenmodell gibt Abbildung 3.

ABBILDUNG 3

Integriertes Arenenmodell für die Analyse des strategischen Framings in der Stammzelldebatte

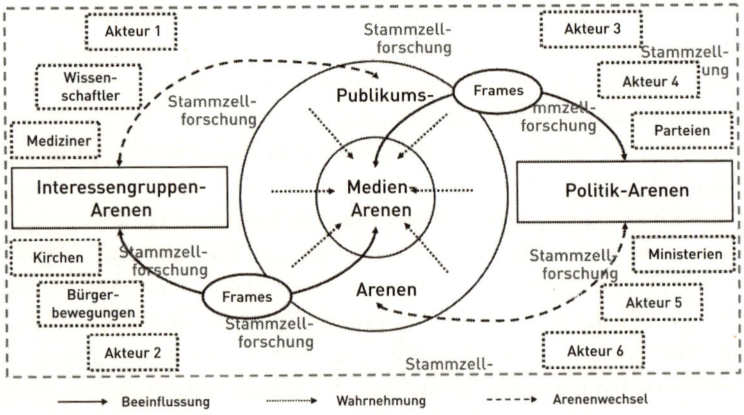

Quelle: Eigene Darstellung

Im Einzelnen konzentriert sich die vorliegende Arbeit bei der Analyse des strategischen Framings in der Stammzelldebatte auf drei Forschungsfragen, die zunächst überblicksartig genannt und nachfolgend genauer erläutert werden.

1. *Wie entwickelt sich das mediale Framing der Stammzelldebatte?*
2. *Welchen Einfluss haben gesellschaftliche Akteure auf das mediale Framing?*
3. *Welchen Einfluss hat das mediale Framing auf das Framing der gesellschaftlichen Akteure?*

Die erste Forschungsfrage hat zunächst unabhängig vom konkreten strategischen Framing der an der Debatte beteiligten Akteure das Ziel, den medialen Debattenverlauf als allgemeineren Rahmen für die nachfolgenden Analyseschritte zu beschreiben. Im Einzelnen sind dabei drei Unteraspekte von Bedeutung:

1.1 *Welche Frames tauchen generell in der medialen Stammzelldebatte auf?*
1.2 *Welche Frames werden von welchen Akteuren eingebracht?*
1.3 *Welche Veränderungen der Akteursframes ergeben sich im Zeitverlauf?*

Um die Frames der Akteure und ihre Veränderungen zu beschreiben, ist es zunächst notwendig, diese zu identifizieren. Indem sie dann in Bezug zu den verschiedenen Akteuren gesetzt und ihre Veränderungen im Zeitverlauf beschrieben werden, wird die Grundlage dafür geschaffen, das strategische Framing zu analysieren. Dieses ist nur über einen Vergleich von Medieninput und Medienoutput beurteilbar. Dieser erste Analyseschritt widmet sich dem Medienoutput. Für die Zeitperspektive ist dabei wichtig, die Phaseneinteilung nicht zu grob zu wählen, um die zeitlichen Veränderungen nuanciert erfassen zu können. Zu berücksichtigen ist zudem, welche Rolle spezifische Ereignisse und – damit verbunden – Ruhe- und Ereignisphasen für mögliche zeitliche Veränderungen spielen.

Die zweite Forschungfrage bezieht sich spezifischer auf das aktive strategische Framing der gesellschaftlichen Akteure. Hier geht es darum zu analysieren, wie gut es den Akteuren gelingt, die Medienberichterstattung mit ihren Frames zu beeinflussen. Auch hier sind verschiedene Unteraspekte von Bedeutung:

2.1 *In welchem Ausmaß gelingt es den verschiedenen Akteuren, ihre eigenen Frames in den Medien zu platzieren?*
2.2 *Gibt es Phasen, in denen die Akteure unterschiedlich stark Einfluss zu nehmen versuchen, und spiegelt sich das in der Berichterstattung wider? Gibt es Akteure, die dabei erfolgreicher sind als andere?*

Konkret geht es bei dieser zweiten Forschungsfrage darum, für die an der Debatte beteiligten Akteure zu untersuchen, wie effizient sie in ihren Einflussnahmeversuchen sind. Auf der Basis der im Theorieteil geschilderten Rahmenbedingungen ist anzunehmen, dass das strategische Framing nicht bei allen Akteuren gleich erfolgreich ist. Im Einzelnen spielen hier vermutlich konkrete Akteurseigenschaften, der politische Prozess, die kulturelle Resonanz sowie die verwendeten Taktiken eine Rolle. Außerdem ist davon auszugehen, dass die Framing-Aktivitäten der Akteure im Zeitverlauf unterschiedlich intensiv sind. Auch hier ist von Interesse, in welchem Ausmaß sich diese unterschiedliche Aktivität in der Medienberichterstattung widerspiegelt. Angesichts der Änderungsresistenz einmal etablierter Frames ist es durchaus denkbar, dass erhöhte Framing-Aktivitäten zu einem fortgeschrittenen Zeitpunkt in der Debatte sich nicht zwangsläufig in einem stärkeren Einfluss auf die Medien niederschlagen. Darüber hinaus kann es in diesem Zusammenhang ebenfalls sein, dass sich der Einfluss der Akteure je nach Ausprägung der erwähnten Rahmenbedingungen unterscheidet.

Die dritte Forschungsfrage nimmt schließlich die Wechselwirkungen zwischen dem strategischen Framing der Akteure und den Medienframes in den Blick. Wie gesehen, reagieren die Akteure im Zeitverlauf auch auf die Frames in den Medien und passen ihre eigenen Frames daran an. Im Einzelnen sind hier wiederum zwei spezifischere Unteraspekte relevant:

3.1 *Haben die medial vermittelten Frames Einfluss auf die strategischen Frames der einzelnen Akteure?*

3.2 *Wie stark ist der Einfluss der medial vermittelten Frames auf das weitere Framing einzelner Akteure im Vergleich zu deren eigenen Frames?*

Die Medien geben den einzelnen Akteuren nicht nur eine Rückmeldung über den Erfolg ihres eigenen Framings, sondern informieren gleichzeitig auch über die Frames anderer Akteure. Das strategische Framing beruht wesentlich darauf, in Reaktion auf aktuelle Entwicklungen und Veränderungen die eigenen Frames immer wieder nachzujustieren und im Extremfall auch neu auszurichten. Dabei spielen die eigenen Frames, die anderer Akteure, aber auch generell der Medien eine zentrale Rolle als Orientierungspunkt. Es ist daher davon auszugehen, dass die medial vermittelten Frames in einem Rückwirkungsprozess das strategische Framing der einzelnen Akteure beeinflussen. Vermutlich gibt es auch hier je nach Debattenphase bzw. -verlauf und Rahmenbedingungen Unterschiede. Interessant ist in diesem Zusammenhang, in welchem Ausmaß die medial vermittelten Frames das weitere strategische Framing der Akteure beeinflussen. Konkret stellt sich hier die Frage, ob und unter welchen Bedingungen auch bei den Akteursframes ein gewisses Beharrungsvermögen besteht oder ob diese u.U. so stark verändert werden, dass sie eher eine Reaktion auf die Medienframes darstellen als eine Fortschreibung der ursprünglichen Akteursframes.

7. AUFBAU DER UNTERSUCHUNG

Für das Verständnis der Ergebnisse, deren Zustandekommen und kritische Einordnung ist jede empirische Analyse darauf angewiesen, dem Leser ihr methodisches Vorgehen transparent zu machen. Dies soll im vorliegenden Kapitel geschehen. Im Einzelnen wird dazu zunächst auf die generelle Untersuchungsmethode sowie den Untersuchungszeitraum eingegangen (Kap. 7.1). Anschließend werden die Auswahl von Untersuchungsgegenstand und Untersuchungseinheiten erläutert (Kap. 7.2), und der Aufbau des Kategoriensystems wird beschrieben (Kap. 7.3). Die Dokumentation der Untersuchungsdurchführung bildet den Abschluss des Kapitels (Kap. 7.4).

7.1 Untersuchungsmethode und -zeitraum

Zentral für eine empirische Analyse ist die Frage, mit welcher Untersuchungsmethode die Forschungsfragen beantwortet werden sollen. Für das Analyseziel der vorliegenden Arbeit liegt die Methode der Inhaltsanalyse auf der Hand. Mit dieser lassen sich sowohl die Inhaltsframes der Medien als auch der einflussnehmenden Akteure – über den Umweg von Akteursmaterialien – erheben. Theoretisch wäre es zwar auch möglich, die Akteursframes auf anderem Weg zu ermitteln, beispielsweise über Interviewmethoden. Wenn überhaupt, ist dies jedoch nur für zeitlich aktuelle Debatten praktikabel, da detaillierte Fragen nach Frame-Bestandteilen und deren Veränderungen höchstwahrscheinlich das Erinnerungsvermögen der Akteure überfordern würde. Da in der vorliegenden Arbeit Inhaltsframes verschiedener Quellen erhoben und aufeinander bezogen werden sollen, ist eine besondere Form der Inhaltsanalyse notwendig, die in Kapitel 7.1.1 ausführlicher erläutert wird. Kapitel 7.1.2 beschreibt dann das konkrete methodische Vorgehen im Rahmen dieser Analyseform. Da Inhaltsanalysen immer nur für einen begrenzten Zeitraum durchgeführt werden können, wird abschließend auf den genauen Untersuchungszeitraum eingegangen (Kap. 7.1.3).

7.1.1 *Input-Output-orientierte Framing-Analyse*

Das strategische, auf die Medienberichterstattung zielende Framing gesellschaftlicher Akteure in der Stammzelldebatte ist der Sachebene und dort konkret den thematischen Induktionsleistungen von PR (vgl. Kap. 2.2.2) zuzurechnen. Diese werden i.d.R. mittels einer Input-Output-Analyse untersucht (BENTELE/NOTHHAFT 2004). Obwohl diese nur manifeste Einflüsse erfassen kann und damit beispielsweise informelle Kontakte unberücksichtigt bleiben (vgl. auch SCHOLL 2004), gehört sie in der PR-Forschung zu den klassischen Methoden, um den inhaltlichen Einfluss von PR auf die Medien zu messen.

In der vorliegenden Arbeit wird allerdings keine Input-Output-Analyse im herkömmlichen Sinn durchgeführt, sondern deren Kerngedanke, Medieninput und -output miteinander zu vergleichen, mit einer Framing-Analyse verknüpft. In dieser werden aus Prozessperspektive mediale und akteursbezogene Inhaltsframes miteinander verglichen. Damit liegt ihr eine klassische Frame-Analyse zugrunde, die Frames werden jedoch dynamisch im Zeitverlauf analysiert. Zwei Gründe sind ausschlaggebend für die Wahl dieser speziellen Analyseform: Zum einen bestimmen klassische Input-Output-Analysen den Einfluss von PR auf die Medienberichterstattung i.d.R. darüber, dass sie untersuchen, inwiefern mediale Berichte Pressemitteilungsinhalte wörtlich übernehmen, umformulieren oder andere thematische Gewichtungen vornehmen. Sie erfassen damit primär die sprachliche Bearbeitung einer Pressemitteilung durch den Journalisten, weniger die inhaltliche Durchsetzung einer PR-Botschaft. Gerade diese Vermittlung einer Kernbotschaft dürfte aber das eigentliche Ziel von PR sein. Zwar kann eine solche Kernbotschaft durchaus wörtlich von der Quelle übernommen werden. Für ihren Erfolg ist die wörtliche Übernahme jedoch nicht zwingend notwendig (vgl. SCHAN-

TEL 2000). Eine sinngemäße Übernahme ist vielmehr völlig ausreichend, wenn nicht sogar vorteilhafter für den PR-Akteur, weil die Medienberichterstattung damit nach außen weniger stark beeinflusst erscheint. Streng genommen ist es für den Erfolg einer PR-Botschaft noch nicht einmal notwendig, dass sie in der medialen Berichterstattung explizit einem bestimmten Akteur als Urheber zugewiesen wird. Im Prinzip ist es für den PR-Akteur sogar besser, wenn seine Botschaft den Anschein einer unabhängigen Information erweckt, weil keine Quelle dazu genannt wird (vgl. FRÖHLICH 1992). PR fungiert nach eigenen Aussagen von Journalisten häufig als Ideengeber (CURTIN 1999) und kann darüber auch indirekt auf die Medienberichterstattung Einfluss nehmen. Klassische Input-Output-Analysen können also nur begrenzt Aufschluss darüber geben, wie stark sich PR-Aktivitäten inhaltlich in der Medienberichterstattung niederschlagen. Insgesamt vernachlässigt die bei ihnen übliche Einzelvariablenorientierung eine umfassendere inhaltliche Betrachtungsweise. Mit einer Framing-Analyse lassen sich die angesprochenen sinngemäßen und unbewussten Übernahmen erheben. Sie ermöglicht nicht nur die Erhebung einzelner Themen oder ausgewählter Formulierungen, sondern die Erfassung kompletter Deutungsmuster. Da diese i.d.R. jeweils charakteristisch für die sie verwendenden Akteursgruppen sind, lässt sich auf diese Weise letztlich auch bei fehlender Quellennennung die Herkunft eines Frames aufdecken. Der zweite Grund für die Anwendung einer Framing-Analyse liegt darin, dass sie aufgrund ihrer Prozessorientierung auch Aussagen über inhaltliche Adaptionen der PR ermöglicht, d.h. darüber, in welchem Ausmaß sich gesellschaftliche Akteure in ihrem Framing an die Darstellung der Medien bzw. an bereits bestehende mediale Frames anpassen. Demgegenüber vernachlässigen klassische Input-Output-Analysen meist den Prozesscharakter der Beeinflussung und liefern lediglich Momentaufnahmen.

In der PR-Forschung wurde die Methode der Framing-Analyse bisher allerdings erstaunlich wenig angewendet (z.B. ANDSAGER 2000; ANDSAGER/SMILEY 1998; MILLER/ANDSAGER/RIECHERT 1998; RÜDIGER 2002). Das mag zum einen mit dadurch bedingt sein, dass die PR-Forschung traditionell stärker praxisorientiert vorgeht als andere kommunikationswissenschaftliche Forschungszweige. Zum anderen spielt jedoch auch der methodische Aufwand von Framing-Analysen eine nicht zu unterschätzende Rolle. Im Bemühen um ein sinnvolles Gleichgewicht zwischen Aufwand und Ertrag der Analyse erheben zahlreiche

Studien – nicht nur aus der PR-Forschung – Frames, die aus methodischer und z.T. auch theoretischer Sicht als unzureichend zu bewerten sind (z.B. ANDSAGER 2000; ANDSAGER/SMILEY 1998; ESROCK et al. 2002; HIEBERT 2003; KLANDERMANS/GOSLINGA 1996; MILLER 1997; PERKINS 2005; REBER/BERGER 2005). Insbesondere das methodische Vorgehen hat jedoch unmittelbare Auswirkungen auf die Reliabilität und Validität, d.h. letztlich auf die Qualität der Ergebnisse. Im Folgenden wird deshalb ausführlicher auf unterschiedliche Vorgehensweisen bei der Erfassung von Frames eingegangen. Im Mittelpunkt steht dabei die Frage, welches dieser Verfahren für die vorliegende Analyse am besten geeignet ist.

7.1.2 *Methodisches Vorgehen von Framing-Analysen*

Framing-Analysen unterscheiden sich – wie bereits erwähnt – von Frame-Analysen lediglich darin, dass sie Frames aus einer dynamischen Perspektive betrachten. In methodischer Hinsicht verwenden sie grundsätzlich das gleiche Erhebungsrepertoire. Insgesamt ist das methodische Vorgehen bei der Erhebung von Frames allerdings durch eine starke Heterogenität gekennzeichnet. Matthes (2007b; vgl. auch MATTHES/KOHRING 2004) unterscheidet in seiner Systematisierung vier grundlegende methodische Herangehensweisen: qualitative Zugänge, manuell-holistische Zugänge, manuell-dimensionsreduzierende Zugänge sowie computer-basierte Zugänge. Diese lassen sich teilweise noch weiter unterteilen, u.a. danach, ob die Erstellung der Frames induktiv oder deduktiv erfolgt. Die verschiedenen Herangehensweisen sind mit unterschiedlichen Vor- und Nachteilen verbunden, die von Matthes (2007b) ausführlich diskutiert und teilweise auch von anderen Autoren (z.B. VAN GORP 2005, 2007) genannt werden. An dieser Stelle soll die Diskussion nicht grundsätzlich wiederholt werden, zumal Matthes (2007b) nicht das grundsätzliche Potenzial der einzelnen Herangehensweisen berücksichtigt, sondern sich auf deren faktisch in der Literatur vorhandene Umsetzungen beschränkt. Stattdessen soll es hier darum gehen, die verschiedenen Herangehensweisen gezielt mit Blick auf ihre Brauchbarkeit für die Analyseziele der vorliegenden Arbeit zu bewerten. Neben allgemeinen methodischen Aspekten sind dabei v.a. zwei Fragen relevant: Kann das jeweilige Verfahren inhaltliche Veränderungen im Zeitverlauf erfassen und erlaubt es generell die Erhebung mehrerer Frames in einem Text? Teilweise wird bei der Bewertung auf die Argumente von Matthes (2007b) zurückgegriffen. Der Fokus ist jedoch insgesamt allgemeiner auf die generellen Möglichkeiten der einzelnen Verfahren gerichtet.

Qualitative und computerbasierte Zugänge weisen für die geplante Framing-Analyse eher wenig Vorteile bei gleichzeitig z.T. gravierenden Nachteilen auf. Mit Blick auf die beiden wesentlichen Anforderungen an die Analyse strategischer Framing-Prozesse, die Erhebung mehrerer Frames in einem Text sowie die Erfassung inhaltlicher Verschiebungen im Zeitverlauf, sind zwar beide Vorgehensweisen grundsätzlich geeignet, da sie diesbezüglich keine einschränkenden Vorgaben machen. In der Praxis ist dies jedoch bei den qualitativen Zugängen nicht durchführbar, weil diese in der Anwendung zu aufwendig sind, um bei größeren Textmengen die Frames verschiedener Akteure analysieren zu können. Hinzu kommt, dass sie in methodischer Hinsicht nicht genügend transparent sind, sei es dass die Frame-Identifikation oder die genaue Frame-Zusammensetzung unklar bleibt. Damit besteht grundsätzlich die Gefahr, dass Forscher- anstelle von Inhaltsframes erhoben werden (VAN GORP 2005; MATTHES 2007b). Die computerbasierten Zugänge lassen die Erhebung akteursspezifischer Frames aus forschungsökonomischer Perspektive zwar zu, scheiden aber v. a. aufgrund ihrer mangelnden Inhaltsvalidität als Erhebungsmethode aus.

Auch die manuell-holistischen Zugänge lassen sich verhältnismäßig schnell als für die Analyse ungeeignet identifizieren. Die Codierung mehrerer Frames pro Text ist zwar generell möglich, auch wenn in der Praxis von dieser Möglichkeit i.d.R. kein Gebrauch gemacht wird (vgl. MATTHES 2007b). Hinsichtlich der inhaltlichen Flexibilität werden die manuell-holistischen Zugänge den Anforderungen an eine strategische Framing-Analyse jedoch nicht gerecht. Dadurch dass die Frames bei dieser Vorgehensweise im Vorhinein definiert werden, sind inhaltliche Verschiebungen im Zeitverlauf von vornherein ausgeschlossen. Nuancierte Veränderungen eines Frames werden in der Codierung einfach vom vordefinierten Frame ›geschluckt‹, größere inhaltliche Abweichungen möglicherweise überhaupt nicht als Frame codiert. Dahinter steht das Kernproblem, dass die vorherige Festlegung von Frames letztlich immer einen Querschnitt über das gesamte Analysematerial darstellt, der für die Erfassung nuancierter Veränderungen zu grob ist. Vergleichbar zur Beziehung zwischen Mittelwert und einzelnem Wert sind im Extremfall alle Codierungen nur Näherungen an den definierten Idealframe, d.h., der Frame liegt zu keinem Zeitpunkt genau so im Analysematerial vor, wie es seine Definition vermuten lässt. Hinzu kommt u.a., dass die Codierentscheidung aufgrund der Komplexität eines Frames hoch subjektiv und wenig transparent ist. Matthes (2007b: 70) spricht in diesem Zusammenhang von einer »methodologische[n] ›Black Box‹«.

Differenzierter gestaltet sich die Bewertung bei den manuell-dimensionsreduzierenden Zugängen. Sowohl die induktive als auch die deduktive Herangehensweise lassen die Codierung mehrerer Frames pro Text zu und sind auch in der Lage, deren inhaltliche Veränderungen im Zeitverlauf abzubilden. Da nur Frame-Elemente erhoben werden, können die Frames für verschiedene Zeitabschnitte jeweils neu zusammengesetzt werden, wodurch sich u.a. inhaltliche Verschiebungen aufdecken lassen. Positiv trägt dazu bei, dass die Ausprägungen der Einzelelemente differenzierter definiert werden können als ein ganzer Frame und dadurch per se genauere inhaltliche Aussagen möglich sind. Ein vertiefter Blick auf die methodischen Aspekte lässt jedoch die deduktive Herangehensweise als weniger geeignet erscheinen. Sie leitet ihre Frame-Elemente in Form von Itembatterien aus in anderen Studien identifizierten Frames ab. Damit handelt sie sich das Problem ein, dass die methodische Qualität der aus den Elementen zusammengesetzten Frames mit der methodischen Qualität der Frames aus den verwendeten Studien steigt und fällt. Außerdem besteht die Gefahr, dass das Vorwissen der Codierer über die hinter den Items stehenden Frames die Codierung in Richtung dieser Frames verzerrt (MATTHES 2007b). Die bessere Vergleichbarkeit der Ergebnisse über verschiedene Studien hinweg kann diese Nachteile nicht aufwiegen. Die induktive Herangehensweise hat demgegenüber keine größeren Nachteile aufzuweisen. Bei verhältnismäßig hoher Reliabilität verfügt sie zugleich auch über eine hohe Inhaltsvalidität. Die Höhe der Reliabilität ist dadurch bedingt, dass sich die Codierung vom Gesamtframe auf die Ebene der einzelnen Frame-Elemente verschiebt. Bei diesen handelt es sich um weniger komplexe Einzelvariablen, die präziser definiert und dadurch reliabler codiert werden können. Auch die Entscheidung darüber, ob ein Frame vorliegt oder nicht, ist aufgrund des statistischen Entscheidungskriteriums transparenter. Die hohe Inhaltsvalidität wiederum hängt damit zusammen, dass bei der induktiven, manuell-dimensionsreduzierenden Vorgehensweise die Ausprägungen der Frame-Elemente direkt aus dem Untersuchungsmaterial gewonnen werden. Insgesamt bietet sich dieses Verfahren damit sowohl aufgrund methodischer Qualitätsanforderungen als auch mit Blick auf die inhaltliche Flexibilität sowie die Codierbarkeit mehrerer Frames für die Analyse strategischer Framing-Prozesse an.

7.1.3 *Analysezeitraum*

Wie der Überblick über den Verlauf der deutschen Stammzelldebatte gezeigt hat (vgl. Kap. 5.2.2), ist das generelle Aufkommen der Thematik auf den Herbst 1998 zu datieren, d.h. auf den Zeitpunkt, zu dem es das erste Mal gelang, menschliche ES-Zellen zu isolieren und zu vermehren. Als Ende des ersten Debattenzyklus kann die Importgenehmigung für den deutschen Stammzellforscher Oliver Brüstle im Dezember 2002 angesetzt werden, mit der das Thema vorübergehend aus der öffentlichen Aufmerksamkeit verschwindet. Im Prinzip böte sich damit diese Zeitspanne für die Analyse an. Aus mehreren Gründen wird jedoch ein leicht abweichender Analysezeitraum gewählt. In der Anfangsphase ist die Medienberichterstattung noch sehr gering (vgl. SPIESS 2007). Damit einher geht eine generell niedrige Aufmerksamkeit bei den Akteuren aus den gesellschaftlichen Interessengruppenarenen. Gezielte PR-Einflussnahmeversuche auf die Medienberichterstattung sind in dieser Zeit praktisch nicht zu finden. Lediglich die DFG erzeugt mit ihrer Stellungnahme im März 1999, in der sie sich gegen die Forschung an ES-Zellen ausspricht, Medienaufmerksamkeit. Zu diesem Zeitpunkt muss allerdings eher noch von einer ungezielten Beeinflussung ausgegangen werden, da der politische Regulierungsprozess als solcher noch gar nicht eingesetzt hatte. Zudem wurde die Thematik noch nicht kontrovers diskutiert, wie auch die Empfehlung der DFG *gegen* die Forschung an ES-Zellen verdeutlicht. Eine zentrale Voraussetzung für die Anwendbarkeit einer Framing-Analyse ist aber die Tatsache, dass es sich um ein kontroverses Streitthema handelt (vgl. u.a. MATTHES 2007b). Insofern spricht dies dafür, die Analyse nicht bereits mit dem grundsätzlichen Aufkommen der Thematik zu beginnen, sondern erst mit deren zunehmender Diskussion. Eine genaue Grenze dafür anzusetzen, ab wann die Stammzellforschung kontrovers diskutiert wird, ist jedoch schwierig. Die eigentliche Kontroverse begann mit dem Förderantrag Brüstles an die DFG im Sommer 2000. Bereits zuvor gab es jedoch öffentliche Diskussionen um die eng mit der Stammzellthematik verknüpfte Embryonenforschung, die etwa gegen Ende 1999 einsetzten. Zur Differenz zwischen dem ersten Auftauchen der Thematik und dem tatsächlichen Diskussionsbeginn kommt ein forschungspraktisches Problem hinzu. Bei einigen Akteuren aus den analyserelevanten gesellschaftlichen Akteursgruppen (vgl. Kap. 5.2.3) waren die der Analyse zugrunde liegenden PR-Materialien erst ab dem Jahr 2000 erhältlich. Selbst wenn sie vor diesem Zeitpunkt bereits strategische Einflussnahmeversuche auf die Medienberichterstattung unternommen haben sollten, wären diese bei der bestehenden Materiallage nicht identifizierbar. Aus den genannten Gründen wird der Analysezeitraum deshalb auf die Zeit von Januar 2000 bis Dezember 2002 beschränkt. Damit ist sowohl genügend Vorlaufzeit für den eigentlichen Diskussionsauslöser vorhanden als auch die gesamte Nachthematisierung nach der politischen Entscheidung über den Stammzellimport und der Implementierung des StZG bis zur Importerlaubnis für Oliver Brüstle mit eingeschlossen.

Es ist bereits angeklungen, dass die Einflussnahmeversuche der strategischen Framing-Akteure mithilfe von manifesten PR-Materialien untersucht werden sollen. Welche Akteure und Materialien dies im Einzelnen sind und welche Medien konkret in ihrer Berichterstattung analysiert werden, ist Gegenstand des folgenden Kapitels.

7.2 Auswahl des Untersuchungsgegenstandes und der Untersuchungseinheiten

Bei der Auswahl von Untersuchungsgegenstand und Untersuchungseinheiten geht es zum einen darum zu bestimmen, welche Medien und welche Akteure mit welchen PR-Materialien in die Analyse eingehen. Ersteres ist Gegenstand von Kapitel 7.2.1, Letzteres von Kapitel 7.2.2. Zum anderen muss darüber hinaus festgelegt werden, welcher Teil dieser zunächst allgemein ausgewählten Untersuchungsgegenstände dann konkret in die Analyse einbezogen wird. Aufschluss darüber gibt Kapitel 7.2.3.

7.2.1 *Auswahl der Medien und ihrer Ressorts*

Wie bei den meisten komplexer angelegten Studien ist es aufgrund forschungsökonomischer Beschränkungen nicht möglich, in der vorliegenden Fallstudie das strategische Framing aller theoretisch beteiligten Akteure sowie die Berichterstattung aller deutschen Medien zu untersuchen. Die mediale Stammzelldebatte und die auf diese zielenden strategischen Framing-Aktivitäten gesellschaftlicher Akteure werden deshalb anhand der Berichterstattung ausgewählter überregionaler Tageszeitungen sowie der Pressemitteilungen ausgewählter Akteursgruppen untersucht. Damit kann die Analyse keine Repräsentativität für die gesamte deutsche Medienlandschaft beanspruchen. Insbesondere mit Blick auf die Rundfunkmedien ist zu vermuten, dass deren Berichterstattung teilweise andere Muster aufweist (vgl. BROSIUS 1994) und dass sich auch ihre Beeinflussbarkeit durch gesellschaftliche Akteure unterscheidet (vgl. WEISCHENBERG et al. 2006). Von den überregionalen deutschen Tageszeitungen wurden die FAZ sowie die SZ für die Analyse ausgewählt. Sie zählen beide mit Abstand zu den wichtigsten Leitmedien für andere Journalisten (WEISCHENBERG et al. 2006); im politischen Spektrum gelten sie als Repräsentanten einer rechtskonservativen (FAZ) bzw. einer eher linksliberalen (SZ) Linie (KEPPLINGER 1985a). Damit decken sie eine sinnvolle Bandbreite verschiedener journalistischer Sichtweisen ab. Darüber hinaus ist anzunehmen, dass die Stammzellthematik wegen ihrer Komplexität eher in überregionalen Qualitätszeitungen als in Boulevardzeitungen in angemessener Breite und Tiefe diskutiert wird.

Für die Artikelauswahl in den beiden Zeitungen bilden alle Ressorts die Basis. Die Einbeziehung aller Ressorts ermöglicht Aufschluss darüber, in welchem Ausmaß auch die gesellschaftspolitische Bedeutung der Stammzellforschung in der Debatte berücksichtigt wird. Dabei ist davon auszugehen, dass der gesellschaftspolitische Aspekt umso stärker zum Tragen kommt, je größer der Berichterstattungsanteil außerhalb des Wissenschaftsressorts ist. Das Framing von gesellschaftlichen Akteuren dürfte sich dabei überwiegend in nachrichtenbetonten Stilformen niederschlagen, während explizit journalistisches Framing vermutlich stärker in meinungsbetonten Stilformen, und hier insbesondere in journalistischen Kommentaren, erfolgt. Auch bei den nachrichtenbetonten Stilformen können die Journalisten jedoch durch die spezifische Zusammen- und Gegenüberstellung von Akteursmeinungen und Sachinformationen auf einer Meta-Ebene für ein eigenes Framing sorgen (vgl. VAN GORP 2007). Möglichkeiten zur direkten Meinungsäußerung einzelner Akteure bieten die Pressestimmen und Leserbriefe. Während Erstere allerdings nur anderen Medien zur Verfügung stehen, steht der Weg des Leserbriefs grundsätzlich jedem offen – d. h. auch den Akteursgruppen, die strategisches Framing betreiben.

7.2.2 *Auswahl der strategischen Akteure und ihrer Materialien*

Die strategischen inhaltlichen Framing-Aktivitäten der gesellschaftlichen Akteure werden über deren Pressemitteilungen und mit diesen vergleichbaren schriftlichen Kurzstatements erfasst. Hintergrund- und Positionspapiere könnten darüber hinaus zusätzlich Aufschluss über die Sichtweise bzw. Frames einer Akteursgruppe geben. Zum einen würden diese jedoch den Analyserahmen der vorliegenden Arbeit sprengen. Zum anderen dürften sich die in Hintergrundpapieren ausführlich formulierten Sichtweisen in verdichteter Form auch in Pressemitteilungen finden, da diese per se die Beeinflussung der Medien zum Ziel haben. In der Literatur gelten Pressemitteilungen allgemein als brauchbarer Indikator für die Sichtweise und Linie einer Akteursgruppe bzw. Organisation (z. B. ANDSAGER 2000; ANDSAGER/SMILEY 1998; RÜDIGER 2002; WALTERS/WALTERS 1992). Van Gorp (2007) zufolge kann bei Pressemitteilungen von einer bewussten und sorgfältigen Frame-Auswahl ausgegangen werden. Selbst wenn innerhalb einer Akteursgruppe keine einheitliche Sichtweise herrscht (vgl. BENFORD 1993a), ist anzunehmen, dass diese in ihrer Außendarstellung und damit auch in ihren Pressemitteilungen einheitlich auftritt, um klar mit ihren Zielen erkennbar zu sein und den Erfolg des eigenen Framings nicht zu gefährden (vgl. EVANS 1997). An dieser Stelle soll noch einmal klargestellt werden, dass es bei der vorliegenden Analyse nicht darum geht, eine Aussage über die Höhe des PR-Einflusses zu treffen. Insofern läuft die in Kapitel 2.2.1 erwähnte Kritik von Bentele und Nothhaft (2004), dass Untersuchungen, die Pressemitteilungen verwenden, den Einfluss von PR unterschätzen, ins Leere. Die Pressemitteilungen dienen hier in erster Linie dazu, die Akteursframes in ihrer Reinform zu ermitteln. Insgesamt ist die Frame-Analyse durch ihre umfassende Herangehensweise durchaus in der Lage, auch weniger manifeste Einflusswege mit zu erfassen und damit eine realistischere Einschätzung des PR-Einflusses zu ermöglichen.

ABBILDUNG 4

Analysemodell für das strategische Framing in der Stammzelldebatte

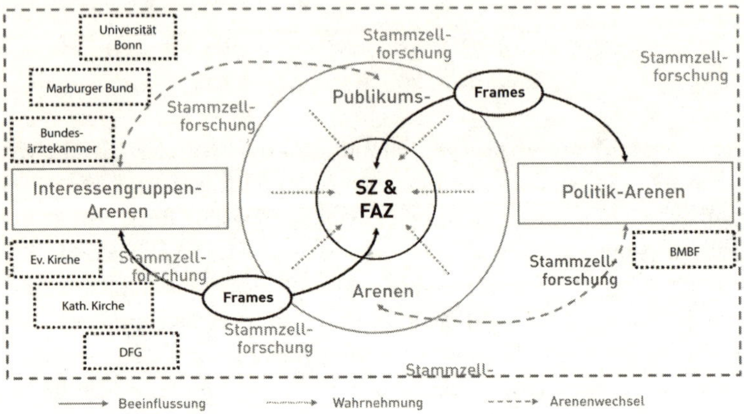

Quelle: Eigene Darstellung

Wie bereits erwähnt, können in der empirischen Analyse nicht alle Akteure berücksichtigt werden, die möglicherweise ein Interesse an einer strategischen Beeinflussung der medialen Stammzelldebatte haben. Die Auswahl konzentriert sich daher auf die für die Debatte zentralen Akteure. In Kapitel 5.2.3 waren als wichtige Akteursgruppen aus den Interessengruppenarenen Wissenschaftlervereinigungen, Ärzteorganisationen sowie die christlichen Kirchen identifiziert worden. Stellvertretend für den Wissenschaftlerbereich werden die Einflussnahmeversuche der DFG sowie der Universität Bonn berücksichtigt. Die DFG wird aus zwei Überlegungen heraus in die Analyse aufgenommen: Zum einen ist sie die wichtigste und größte deutsche Wissenschaftlervereinigung; zum anderen war sie durch die an sie gerichteten Förderanträge deutscher Stammzellforscher sowie ihre eigenen ausführlichen Empfehlungen und Gutachten unmittelbar in die Stammzelldebatte involviert. Die Universität Bonn wiederum ist die Heimatuniversität und damit auch der Interessenvertreter der zur Zeit der Debatte wichtigsten deutschen Stammzellforscher, Oliver Brüstle und Otmar Wiestler. Brüstle war der Urheber des ersten Förderantrags an die DFG, wodurch er ebenfalls unmittelbar mit seinen eigenen Interessen in die Debatte involviert war. Aufseiten der Ärzteorganisationen gehen die Framing-Aktivitäten der Bundesärztekammer sowie des Marburger Bundes in die Analyse ein. Der Hartmannbund wird nicht berücksichtigt, da er sich in seinen Aktivitäten in erster Linie um die gesellschaftliche Situation der deutschen Ärzteschaft bemüht und weniger auf allgemeine medizinethische Fragen ausgerichtet ist (HARTMANNBUND o.D.). Aus dem kirchlichen Sektor beteiligten sich die beiden großen christlichen Kirchen aufgrund ihrer traditionellen Rolle als kritische Reflexionsinstanz gesellschaftsethischer Entwicklungen aktiv an der Stammzelldebatte. Da sie im Debattenverlauf häufig in gemeinsamen Aktionen auftraten und sich insgesamt stark gegenseitig abstimmten, werden die Framing-Aktivitäten von beiden in der Analyse berücksichtigt. Ein zusammenfassender Überblick über das Analysemodell findet sich in Abbildung 4. Die analyserelevanten Bestandteile des Modells sind dabei in schwarz, das übrige Modell in grau dargestellt.

7.2.3 *Auswahl der einzelnen Medienbeiträge und Pressemitteilungen*

Die analyserelevanten Zeitungsartikel wurden mittels einer Schlagwortrecherche über die CD-ROM-Jahresausgaben der beiden Zeitungen ermittelt. Die Verwendung einer elektronischen Quelle hat dabei unmittelbare Konsequenzen für die Codierung: Da die Bilder der Printausgaben auf den CD-ROMs nicht enthalten sind, wurde die Bebilderung der Artikel aus der Analyse ausgeschlossen. Die Analyse bezieht sich somit allein auf den Textinhalt der recherchierten Artikel. Die Suchwortlisten für die Schlagwortrecherche wurden materialgeleitet erstellt. Ziel war die Identifikation von Suchwörtern und Suchwortkombinationen, die möglichst alle für die Analyse der Stammzelldebatte relevanten Artikel abdecken, ohne dabei jedoch zu viele Artikel zu erfassen, die sich nur marginal oder überhaupt nicht mit der Thematik befassen. Als Kerngegenstand der Berichterstattung bzw. als Thema wurden die Forschung mit embryonalen oder adulten Stammzellen bzw. die gesellschaftliche Debatte darüber festgelegt. Ein Thema kann allerdings nie losgelöst von anderen Themen betrachtet werden, sondern weist zahlreiche Bezüge zu diesen auf (vgl. DERNBACH 2001). Diese haben jedoch oftmals nur sehr begrenzt mit dem Kerngegenstand zu tun. Auch bei der Stammzellforschung gibt es solche

TABELLE 4
Begriffskombinationen der Schlagwortrecherche

Artikeltyp	Titelrecherche	Volltextrecherche
Meinungsbetonte Stilform (Kommentar, Feuilleton, Pressestimme, Leserbrief, Interview)	-	embryo* stammzell*
Nachrichtenbetonte Stilform (Nachricht, Meldung)	stammzell*	-
	-	bioethik & stammzell*
	-	bioethik & embryo*
	embryo*	stammzell*
	bioethik	stammzell* /embryo*
	Brüstle	stammzell* /embryo*
	DFG	stammzell* /embryo*
	Ethikrat	stammzell* /embryo*
	Winnacker	stammzell* /embryo*
Pressemitteilung	-	embryo* stammzell*

Bezüge zu anderen Themen. Dabei handelt es sich u.a. um die Themen Klonen, PID, Abtreibung, Organspende, Transplantation, Patentierung, Keimbahntherapie und die Bioethik-Konvention (vgl. SPIESS 2007). Vor ihrer endgültigen Anwendung wurde die erstellte Suchwortliste deshalb anhand der CD-ROMs mit der Berichterstattung aus dem Jahr 2000 auf ihre Brauchbarkeit hin überprüft. Dazu wurden neben den festgelegten auch Suchbegriffe und -kombinationen aus dem weiteren Themenfeld getestet, das nur indirekt mit der Stammzellforschung verbunden ist. Der Test zeigte, dass mit den ausgewählten Schlagworten alle analyserelevanten Artikel im Sinne der obigen Definition gefunden wurden und dass die zusätzlichen Schlagworte nur noch Artikel hochspielten, die sich allenfalls am Rande mit der Thematik der Stammzellforschung befassen.

Die Suche selbst unterlag einem zweigeteilten Vorgehen: Bei meinungsbetonten Stilformen wurde grundsätzlich eine Volltextrecherche durchgeführt, bei nachrichtenbetonten Stilformen je nach Suchwort entweder eine Titelrecherche oder eine Kombination aus Volltext- und Titelrecherche. Genaueren Aufschluss über die Suchworte und Suchwortkombinationen gibt Tabelle 4. Um die Zentralität der so identifizierten Artikel für den Analysegegenstand zu gewährleisten, wurden Artikel, die sich nicht in mindestens 50 Prozent ihres Inhalts mit der Stammzellthematik befassten, nachträglich per Hand aussortiert.

TABELLE 5
Materialbasis der Analyse

Quelle	Artikelanzahl
Tageszeitungen gesamt	1070
FAZ	631
SZ	439
Pressemitteilungen gesamt	120
Bundesärztekammer	7
Bundesministerium für Bildung und Forschung (BMBF)	13
Evangelische Kirche Deutschland (EKD)	25
Deutsche Bischofskonferenz (DBK)	26
Deutsche Forschungsgemeinschaft (DFG)	22
Marburger Bund	12
Universität Bonn	15

Die Pressemitteilungen der für die Analyse ausgewählten Akteursgruppen wurden über deren Homepages ermittelt. Alle Akteursgruppen haben auf ihrer Homepage ein frei zugängliches Archiv, in dem ältere Pressemitteilungen abgelegt sind. Um die für die Stammzelldebatte relevanten Pressemitteilungen zu ermitteln, wurden die Pressemitteilungsarchive der einzelnen Akteursgruppen online durchgesehen und analog zu den Tageszeitungsartikeln die Mitteilungen selektiert, die im Volltext die entsprechenden Schlagworte enthalten (vgl. Tab. 4).

Tabelle 5 gibt einen Überblick über die Anzahl der mittels der Schlagwortrecherche ausgewählten Analysetexte je Zeitung bzw. Akteursgruppe. Auf die Bildung einer Stichprobe wurde verzichtet, da dies die zeitbasierte Darstellung möglicherweise verzerrt hätte. Insgesamt gehen damit 1070 Zeitungsartikel und 120 Pressemitteilungen in die Analyse ein.

Nachdem Methodik, Untersuchungszeitraum und Untersuchungsgegenstand festgelegt worden sind, geht es im Folgenden darum, die konkrete Umsetzung der Forschungsfragen im Untersuchungsinstrument zu erläutern.

7.3 Das Kategoriensystem

Die Variablen, aus denen später die Frames zusammengesetzt werden, bilden zusammen mit der Akteursvariablen das Herzstück des Kategoriensystems. Daneben gibt es eine Reihe weiterer Variablen, die zusätzlich Aufschluss über die allgemeine Thematisierung geben. Im Folgenden wird zunächst auf die Codiereinheiten eingegangen (Kap. 7.3.1), da diese die allgemeine Grundlage der Codierung darstellen. Anschließend werden nacheinander die Operationalisierungen der allgemeinen Thematisierung (Kap. 7.3.2) sowie der Frames und ihrer Urheber (Kap. 7.3.3) ausführlicher erläutert.

7.3.1 *Codiereinheiten*

Bereits Matthes (2007b) verweist in seiner Arbeit darauf, dass Frames zwingend mit spezifischen Akteuren verknüpft sind: »Ohne Akteur kein Frame« (ebd.: 152). Zurückzuführen ist dies darauf, dass Frames nur in Verbindung mit gesellschaftlichen Streitthemen vorhanden sind. Wo ein Thema nicht kontrovers diskutiert wird, existieren auch keine Frames. Die verschiedenen Sichtweisen auf ein Thema wiederum entstehen überhaupt erst dadurch, dass sich Akteure dazu äußern. Dies entspricht der Grundannahme des strategischen Framings, dass unterschiedliche Akteure mit ihren Sichtweisen um Deutungshoheit kämpfen. Um deren Frames voneinander unterscheiden zu können, ist es notwendig, die Frames auf Akteursebene zu erheben. Pfetsch und Wehmeier (2002) verwenden für Akteure, die sich zu einer Thematik äußern, die Bezeichnung des Sprechers. Codiereinheit für die Frame-Elemente ist daher die Akteurs- bzw. Sprecheräußerung. Diese umfasst sämtliche Äußerungen eines Akteurs, die ihm direkt oder indirekt im zu analysierenden Text zugeschrieben werden. Matthes (2007b) verweist zu Recht darauf, dass vor diesem Hintergrund konsequenterweise alle Äußerungen, die nicht einem spezifischen gesellschaftlichen Akteur zugeordnet werden können, Äußerungen des Journalisten sind. Das bedeutet, dass der Journalist nicht nur in Kommentaren, sondern auch in nachrichtenbetonten Stilformen seine eigene Meinung äußern kann. Neben der Sprecheräußerung gibt es noch eine zweite Codiereinheit. Dabei handelt es sich um den jeweiligen Textbeitrag als solchen. Auf dieser Ebene werden die formalen Variablen zur Identifikation und formalen Beschreibung der Textbeiträge sowie allgemeine inhaltliche Variablen, die nicht in Abhängigkeit von einem Akteur bzw. Sprecher erhoben werden, codiert.

7.3.2 *Allgemeine Thematisierung*

Die Variablen, die der allgemeinen Thematisierung zugerechnet werden können, dienen dazu, einen ersten Überblick über den Analysegegenstand und seine medienöffentliche Diskussion zu geben. Einige von ihnen erlauben aber auch die Unterteilung der Daten in verschiedene Analysegruppen. Ihre Erhebung erfolgt generell auf Beitragsebene. In erster Linie handelt es sich um formale Variablen, aber auch um einige inhaltliche Standardvariablen.[40] Da für die Codierung der Pressemitteilungen nicht alle formalen Variablen sinnvoll sind, wurde bei diesen nur ein Teil davon erhoben.

Allgemein gelten die formalen Variablen Seite, Platzierung und Umfang als Indikator für die generelle Aufmerksamkeit. In der Literatur wird dabei davon ausgegangen, dass die mediale Aufmerksamkeit umso höher ist, je größer ein Artikel ist und je weiter vorn er platziert wird (vgl. u.a. KOLB 2006). Bezogen auf die Zeitungsartikel, gibt das Ressort darüber Aufschluss, in welchem Ausmaß die Stammzelldebatte bereits eine allgemeinere gesellschaftliche Ebene erreicht hat. Je stärker die Thematisierung außerhalb des Wissenschaftsressorts erfolgt, desto höher ist vermutlich die gesellschaftspolitische Durchdringung und Diskussion. In diesem Rahmen lassen die inhaltlichen Variablen Verfasser und Stilform detailliertere Aussagen darüber zu, wie stark die journalistische Eigenleistung bei der Thematisierung ausgeprägt ist und in welchem Ausmaß nicht nur über Ereignisse und Themenaspekte berichtet wird, sondern diese auch kommentiert werden. Das Datum wiederum ermöglicht generell Aussagen über die zeitliche Entwicklung, die grundlegend für die Analyse strategischer Framing-Prozesse ist.

7.3.3 *Frame-Urheber und Frame-Elemente*

Die Frame-Elemente und ihre Urheber bilden das Kernstück des Kategoriensystems. Mithilfe dieser Variablen werden später die Frames zusammengesetzt und die strategischen Framing-Aktivitäten der einzelnen Akteure untersucht. Entsprechend detailliert sind die Variablen und ihre Ausprägungen.

40 Letztere werden im Rahmen der vorliegenden Arbeit nicht genauer ausgewertet und werden daher an dieser Stelle nicht weiter berücksichtigt.

Die Codierung der Frame-Elemente erfolgte, wie bereits bei den Codiereinheiten erwähnt, in Abhängigkeit von einzelnen Akteuren bzw. Sprechern. Die Sprecher, d.h. die Akteure, die in den Analysetexten mit einer Äußerung zur Stammzelldebatte vertreten sind und denen die einzelnen Frame-Elemente zugeordnet werden, wurden auf der Ebene des Textbeitrags codiert. Pro Text konnte somit jeder Akteur nur einmal codiert werden; insgesamt wurden aber je Text alle Akteure erfasst, die sich direkt oder indirekt zur Stammzelldebatte äußern. Damit zählt bei den Zeitungsartikeln grundsätzlich auch der Journalist, der den jeweiligen Artikel verfasst hat, zu den Sprechern. Die Codierung der Sprecher erfolgte zum einen mit namentlicher Nennung über eine String-Variable; zum anderen wurden sie zusätzlich durch die Funktion spezifiziert, mit der sie im Text genannt wurden. Diese umfasst sowohl die Zugehörigkeit zu einer bestimmten Akteursgruppe als auch die Besetzung einer spezifischen gesellschaftlichen oder politischen Position oder Funktion. Die Liste der codierbaren Funktionen wurde wiederum in einem gemischt induktiven und deduktiven Vorgehen anhand des Untersuchungsmaterials und bestehender Literatur erstellt. Pro Sprecher waren bis zu drei Funktionscodierungen möglich. Zusätzlich dazu wurde die Nationalität des Sprechers erhoben, um in der Kombination mit der Funktionsvariable v. a. für die deutsche Stammzelldebatte nicht unmittelbar relevante ausländische politische Akteure später in der Analyse separat ausweisen zu können.

Zentral für die vorliegende Framing-Analyse ist die Frage, welche abstrakten Frame-Elemente die Ausgangsbasis für die spätere Dimensionenreduktion bilden sollen. Bei der Entscheidung über die Frame-Elemente kann die Definition von Entman (1993), die einen Frame in die Teilkomponenten Problemdefinition, Ursachenidentifikation, Lösung und Bewertung zerlegt, als allgemein akzeptierte Kerndefinition gelten (vgl. Kap. 3.2.2). Sie liegt daher auch der hier vorgenommenen Analyse zugrunde. Allerdings wurde sie in der konkreten empirischen Umsetzung leicht modifiziert: Problemdefinition und Ursachenidentifikation wurden nicht getrennt voneinander erhoben, sondern zu einer über inhaltliche Aspekte definierten Argumentaussagenvariable verschmolzen. Dahinter steht die Überlegung, dass Ursachenzuschreibungen in der Stammzelldebatte wenn überhaupt eher situativ – d.h., ein bestimmtes Ereignis oder eine Situation ist für das Problem verantwortlich – als personal – d.h., dass einer bestimmten Person die Schuld an dem debattierten Sachverhalt gegeben wird – erfolgen. Im Prinzip geht es in der Debatte nicht darum, einer Person oder einer Situation rückblickend die Schuld dafür zu geben, dass die gesetzliche Regulierung der Stammzellforschung unklar ist. Vielmehr befassen sich die Äußerungen der Akteure in die Zukunft gerichtet mit der Frage, welche Regulierung sinnvoll ist und aus welchen Gründen dies der Fall ist. Insofern ist die Ursachenidentifikation integraler Teil der Problemdefinition. Letztere wird von Matthes (2007b: 135) auch als »Themendefinition« bezeichnet und umfasst jeweils einen konkreten Themenaspekt, zu dem sich ein Akteur äußert.

Spezifisch für die Stammzelldebatte wurden die einzelnen Argumentaussagen, die die Problemdefinition und Ursachenidentifikation operationalisieren, in einer qualitativen Voranalyse sowohl deduktiv aus bestehenden Studien mit ähnlicher Thematik als auch induktiv anhand einer Stichprobe des Analysematerials bestimmt (vgl. Kap. 5.2.4). In der anschließenden quantitativen Codierung wurden pro Akteur alle die von ihm erwähnten Aussagen codiert. Dabei waren auch Mehrfachcodierungen derselben Aussage möglich, wenn diese an unterschiedlichen Stellen der Akteursäußerung auftauchte. Für jede Aussage wurde zudem die Richtung codiert. Der sie äußernde Akteur konnte sie stützend für die Stammzellforschung oder ablehnend dagegen verwenden oder sie neutral erwähnen, also ohne damit eine bestimmte Bewertung der Stammzellforschung zu implizieren. Für die Codierung der Lösungsvorschläge wurde die allgemeine Thematik der Stammzellforschung in die drei Unteraspekte Forschung mit ES-Zellen, Import von ES-Zellen sowie Umgang mit dem Embryonenschutzgesetz unterteilt. Für alle drei Aspekte wurde jeweils gesondert auf einer fünfstufigen Skala codiert, ob der Akteur dafür eine in ihrer Konsequenz forschungsfreundliche oder forschungskritische Lösung fordert. Die allgemeine Bewertung des Debattengegenstandes wurde, auch nach den drei genannten Bereichen unterteilt, in Form einer expliziten Stellungnahme erhoben. Deren Codierung erfolgte ebenfalls auf einer fünfstufigen Skala, die das Spektrum von forschungsfreundlich bis forschungskritisch abdeckte.

Codiert wurden bei allen Frame-Elementen nur explizite Nennungen; latente Strukturen und Aspekte ›zwischen den Zeilen‹ waren von der Codierung ausgeschlossen. Die Codieranweisungen wurden jedoch so formuliert, dass sie den Codierern die Interpretation impliziter Bedeutungen im Rahmen der expliziten Nennungen erlauben. Durch die Codierung nur expliziter Nennungen läuft die Analyse zwar Gefahr, dass der Frame unterspezifiziert wird, er also gar nicht oder nur teilweise erkennbar wird, obwohl er im Text vorhanden ist (vgl. VAN GORP 2007). Andererseits erhöht die Beschränkung auf möglichst manifeste Aspekte die Reliabilität der Codierung. Die Gefahr der Unterspezifikation wird deshalb in Kauf genommen.

Mit den bisherigen Ausführungen sind die Voraussetzungen für das Verständnis der vorliegenden Untersuchung geschaffen. Da bei einer Framing-Analyse die Datenqualität noch stärker als bei anderen Inhaltsanalysen von der Sorgfalt bei der Untersuchungsdurchführung abhängt, wird im nächsten Unterkapitel detaillierter auf das konkrete Vorgehen eingegangen.

7.4 Durchführung der Untersuchung

Um das Vorgehen bei der Analyse für Außenstehende transparent zu machen, besteht eine zentrale Aufgabe jeder Methodenbeschreibung darin, die Untersuchungsdurchführung zu dokumentieren. Wichtig für die vorliegende Arbeit sind dabei v. a. zwei Aspekte: der Ablauf der Codierung sowie die Reliabilität des Kategoriensystems. Beides wird im Folgenden genauer beschrieben. Abschließend wird außerdem kurz auf die Datenaufbereitung eingegangen.

7.4.1 *Ablauf der Codierung*

Über den Ablauf der Codierung geben drei zentrale Parameter Aufschluss: die Codiereranzahl, die Codiererschulung sowie der Codierungszeitraum. Der Codierungsprozess verlief insgesamt zweigeteilt. Um sowohl einen Inter- als auch einen Intracoder-Reliabilitätstest durchführen zu können, wurden vier Codiererinnen anhand des Analysematerials intensiv geschult und einige ausgewählte Analysetexte von ihnen codiert (ausführlicher zum Reliabilitätstest vgl. Kap. 7.4.2). Bei den Codiererinnen handelte es sich um die Autorin der Arbeit sowie um drei mit Inhaltsanalysen vertraute studentische Hilfskräfte aus höheren Studiensemestern. Die anschließende quantitative Hauptcodierung erfolgte nur noch durch zwei Codiererinnen (die Autorin sowie eine der Hilfskräfte). Die Codiererschulung umfasste insgesamt 60 Stunden. In der ersten

Phase der Schulung wurde das Codebuch ausführlich mit den Codiererinnen durchgesprochen, und die einzelnen Variablen wurden anhand von Beispielen erläutert. Dazu wurden die Codiererinnen zunächst umfassend mit dem Sachgegenstand vertraut gemacht. Besonderes Augenmerk lag dann darauf, die korrekte Identifikation der Codiereinheiten sowie die zuverlässige Unterscheidung und Codierung ähnlicher Argumentaussagen zu gewährleisten. Zu diesem Zweck wurde jede Argumentaussage in der der Codierung zugrunde liegenden Liste mit einem oder mehreren Beispielen versehen, die die jeweilige Aussage genauer erläutern und prototypische Umschreibungen enthalten. Die Beispielliste wurde im Verlauf der Codiererschulung fortwährend ergänzt. In der zweiten Schulungsphase wurden gemeinsam mehrere Artikel codiert, um die Sicherheit im Umgang mit dem Codebuch zu erhöhen und unklare Grenzfälle gemeinsam diskutieren zu können. In diesem Zuge wurden einige der Aussagen noch einmal zusammengefasst und einige weitere präziser formuliert. In der dritten Schulungsphase codierten die Codiererinnen zehn Artikel eigenständig. Diese wurden anschließend miteinander verglichen und hinsichtlich der abweichenden Codierungen in der Gruppe diskutiert. In der Folge wurden die Formulierungen v. a. der Argumentaussagen ein weiteres Mal präzisiert und noch bestehende Missverständnisse hinsichtlich einzelner Variablendefinitionen ausgeräumt. Anschließend erfolgte die Codierung für den Reliabilitätstest.

Die eigentliche Codierung des Untersuchungsmaterials fand nach der Codiererschulung von April bis August 2006 statt. Um eventuell auftretende Codiereigenheiten der beiden Codiererinnen gleichmäßig über den Untersuchungszeitraum zu verteilen, wurden die einzelnen Analysetexte zeitlich sortiert und abwechselnd einer der beiden Codiererinnen zugewiesen.

7.4.2 *Reliabilität des Kategoriensystems*

Der Reliabilitätstest erfolgte, wie bereits beschrieben, im Anschluss an die Codiererschulung. In der Literatur gilt die Faustregel, pro Variable 200 bis 300 Nennungen in die Reliabilitätscodierung einzubeziehen; als Mindestgröße werden 30 bis 50 Nennungen angegeben (vgl. FRÜH 2007). Bei komplexen Kategoriensystemen sprengt dies jedoch schnell den noch mit vertretbarem Aufwand verbundenen Rahmen der Codierung. Früh (2007) schlägt zwar vor, im Zweifel auf einen Reliabilitätstest für die formalen Variablen zu verzichten und die dadurch frei werdenden Kapazitäten zugunsten der zentralen inhaltlichen Variablen zu nutzen. In der vorliegenden Arbeit war dies jedoch angesichts der differenzierten Erhebung der Frame-Elemente auf der Ebene der Akteursäußerungen forschungsökonomisch nicht zu leisten. Dadurch dass die Aussagenliste sehr umfangreich ist und keine Beschränkung existiert, wie viele Lösungen und Aussagen pro Artikel und Sprecher codiert werden dürfen, war nicht abschätzbar, wie viele Artikel notwendig sind, um für jede Aussage die notwendige Mindestfallzahl zu erreichen. Verschärft wird dieses Problem dadurch, dass einzelne Aussagen nur selten auftauchen, während andere sehr häufig genannt werden. Eine disproportionale Schichtung, wie Lauf (2001) sie für solche Fälle vorschlägt, fiel vor diesem Hintergrund als Möglichkeit aus. Aufgrund der beschriebenen Ausgangssituation wurde für den vorliegenden Reliabilitätstest von den Fallzahl-Empfehlungen der Literatur abgewichen.

Für die konkrete Zusammenstellung der Reliabilitätsstichprobe wurden die Texte gemäß den Empfehlungen in der Literatur (FRÜH 2007; RÖSSLER 2005) nach ihrer Komplexität geschichtet. Dazu wurden die Texte in drei Längenkategorien unterteilt (kurze Texte: Texte mit bis zu 40 Spaltenzeilen; mittellange Texte: Texte mit 40 bis 110 Spaltenzeilen; lange Texte: Texte mit mehr als 110 Spaltenzeilen). Für jede der drei Längenkategorien wurden pro Zeitung drei Artikel zufällig aus dem Analysematerial ausgewählt und der Reliabilitätscodierung unterzogen. Die Pressemitteilungen wurden bei der Reliabilitätscodierung nicht berücksichtigt, da sie überwiegend nur der kürzesten Kategorie angehören und in ihrem Aufbau deutlich weniger komplex und damit leichter codierbar sind als die Zeitungsartikel.

Wie bereits erwähnt, wurde die Reliabilität des Kategoriensystems mit insgesamt vier Codiererinnen überprüft. Alle vier wurden jedoch nur zur Prüfung der Intercoderreliabilität eingesetzt. Die Intracoderreliabilität wurde nur über eine Codiererin ermittelt. Dazu wurden die Artikel der Reliabilitätsstichprobe von der Autorin sechs Wochen nach der ersten Reliabilitätscodierung ein zweites Mal codiert. Als Reliabilitätsmaß wurde Scotts π berechnet. Dieses bereinigt die Berechnung um zufällige Übereinstimmungen und ist daher besser geeignet als der häufig verwendete Holsti-Koeffizient (FRÜH 2007; KRIPPENDORFF 2004). Darüber hinaus ist es gut bei nominalen Daten anwendbar (LAUF 2001). Da ein Gesamtwert für alle Variablen wenig über die Reliabilität der einzelnen

Variablen aussagt, wurden die Inter- und Intracoderreliabilität für jede Variable einzeln berechnet. An dieser Stelle kann aus Platzgründen nicht ausführlich auf jeden einzelnen Reliabilitätswert eingegangen werden. Hier soll lediglich eine zusammenfassende Gesamtbewertung mit Blick auf die Anforderungen an eine Frame-Analyse und die damit verbundenen Besonderheiten vorgenommen werden.[41]

Bevor dazu die einzelnen Variablenkomplexe genauer betrachtet werden, wird kurz auf die generelle Codierleistung der einzelnen Codiererinnen eingegangen. In der paarweisen Übereinstimmung wich keine der Codiererinnen mit ihren Codierungen übermäßig von denen der anderen ab. Dies kann als Indikator dafür gelten, dass das Kategoriensystem insgesamt von allen gleich verstanden wurde, und weist mit Einschränkungen auf die inhaltliche Validität der Kategoriendefinitionen hin (vgl. FRÜH 2007).

Die formalen und inhaltlichen Variablen auf Beitragsebene weisen mit Werten zwischen .80 und 1 sehr gute bis gute Inter- und Intracoderreliabilitäten auf. Dies lässt insgesamt darauf schließen, dass Variablendefinitionen und Codieranweisungen genügend präzise formuliert sind und auch in zeitlicher Hinsicht ausreichend verlässliche Codierungen ermöglichen. Die wenigen Variablen, deren Reliabilitätswerte etwas niedriger liegen, sind vermutlich schwieriger zu identifizieren, weil sie komplexere Sachverhalte widerspiegeln. Auch bei der Sprechervariablen als zentraler Variable, über die die Codiereinheit der Sprecheräußerung und damit die Erhebung der Frame-Elemente definiert ist, weisen die Reliabilitätswerte darauf hin, dass die Identifikation der Sprecher und der sie charakterisierenden Variablen im Großen und Ganzen gelingt.

Als ein zentraler Vorteil bei der Erhebung einzelner Frame-Elemente anstelle von ganzen Frames war in Kapitel 7.1.2 die hohe Reliabilität der Codierung genannt worden. Insgesamt bestätigt der Blick auf die Inter- und Intracoderreliabilitätswerte der Lösungs- und Aussagenvariablen sowie der Stellungnahmen zu den verschiedenen Aspekten der Stammzelldebatte diesen Sachverhalt. Wie der niedrigste vorhandene Wert von .54 zeigt, scheinen aber einzelne, v. a. inhaltlich sehr umfassende Aussagenvariablen schwieriger identifizierbar zu sein. Dies ist plausibel, wenn man sich verdeutlicht, dass bei solchen Aussagen – vergleichbar mit der

41 Eine genaue Aufschlüsselung der Reliabilitätswerte ist auf Anfrage bei der Autorin erhältlich.

Codierung kompletter Frames – die Codierentscheidung aufgrund der inhaltlichen Komplexität schwieriger ist. Auch bei der Richtungscodierung ist offenbar nicht immer eindeutig entscheidbar, für welche Seite (forschungsbefürwortend oder -kritisch) die Aussage argumentativ eingesetzt wird. Allerdings muss berücksichtigt werden, dass der Reliabilitätsberechnung teilweise sehr geringe Fallzahlen – z.T. nur eine Codierung – zugrunde liegen. Es ist durchaus möglich, dass gerade bei dieser einen im Sinne des Codebuchs positiv zu fällenden Codierentscheidung die Aussage schwieriger erkennbar ist als an anderer Stelle. Insofern dürfen weder die hohen noch die niedrigen Reliabilitätswerte überinterpretiert werden. Sie sind lediglich ein Hinweis darauf, dass das Codebuch bzw. das Kategoriensystem an einigen Stellen etwas verlässlicher ist als an anderen. Auch angesichts der insgesamt eher geringen Zahl der in den Reliabilitätstest einbezogenen Beiträge empfiehlt es sich, die Reliabilitätswerte mit einer gewissen Vorsicht zu betrachten.

Dennoch stellt sich die Frage, ob v. a. einzelne Aussagenvariablen aufgrund zu niedriger Reliabilitätswerte aus der Analyse ausgeschlossen werden sollten. Für Scotts π finden sich in der Literatur Lauf (2001) zufolge noch akzeptierbare Untergrenzen zwischen .60 und .75. Legt man diese Kriterien an, müssten rund 20 Prozent der Aussagen aus der Analyse ausgeschlossen oder dürften nur sehr vorsichtig interpretiert werden. Dieses Vorgehen kann allerdings nur begrenzt zielführend für die Analyse von Frames sein – v. a. wenn sie noch dazu getrennt nach Akteuren analysiert werden. Selbst bei der Erhebung von Frame-Elementen sind die Codierentscheidungen noch so komplex, dass sehr hohe Reliabilitätswerte nahezu unerreichbar sind. Es kann jedoch nicht im Sinne einer Framing-Analyse sein, die ja genau die Identifikation solcher inhaltlich komplexen Muster zum Ziel hat, zugunsten der Reliabilitätsoptimierung die Komplexität der Frame-Elemente und ihrer Beziehungen zueinander noch weiter zu reduzieren. Dieses Vorgehen würde über kurz oder lang zur computerbasierten, an reine Schlagworte gebundenen Erhebung führen, die in Kapitel 7.1.2 hinsichtlich ihrer Inhaltsvalidität als unzureichend kritisiert worden war. Van Gorp (2005: 488) bringt diese entscheidende Tatsache gut auf den Punkt: »Paradoxically, if frame analysts concentrate on reliability checks too much, they run the risk of recording all kinds of media content and missing the frame.« Eine Inhaltsanalyse, die inhaltlich definierte Frames erhebt, muss und darf daher zwangsläufig geringere Reliabilitätswerte aufweisen als andere Inhaltsanalysen. Vor diesem Hintergrund wird auf den Ausschluss einzelner Aussagenvariablen verzichtet. Selbstverständlich sollten die im Folgenden beschriebenen Ergebnisse dennoch vorsichtig betrachtet und in der Interpretation nicht überstrapaziert werden.

7.4.3 *Datenaufbereitung*

Für die Beantwortung der Forschungsfragen ist die Identifikation von Akteursframes grundlegend. Um diese ermitteln zu können, müssen die erhobenen Rohdaten entsprechend aufbereitet werden. Da dies auf verschiedenen Wegen geschehen kann, hat das vorliegende Unterkapitel zwei Ziele: Zum einen soll allgemein erläutert werden, wie die Frames gebildet werden. Die Beschreibung des konkreten Vorgehens ist dann Teil der nachfolgenden Ergebnisdarstellung. Zum anderen soll die allen Analyseschritten zugrunde liegende Umformung der Daten transparent gemacht werden. Diese ist notwendig, da die Frames sowohl in den Pressemitteilungen als auch der Medienberichterstattung akteursspezifisch analysiert werden sollen. Auch hier geht es zunächst darum, das generelle Vorgehen zu erläutern. Auf die konkrete Umsetzung wird dann ebenfalls ausführlicher im Ergebniskapitel eingegangen.

Wie bereits beschrieben, wurden die Frames nicht als Ganzes erhoben, sondern in Form von einzelnen Frame-Elementen. Diese lassen sich datenanalytisch zu Frames zusammensetzen. Der Vorteil dieses Vorgehens besteht darin, dass auf diese Weise zeitliche Veränderungen und Verschiebungen in den Frames identifiziert werden können. Da die Frame-Elemente in der vorliegenden Arbeit akteursgebunden erhoben wurden, ist diese Aufschlüsselung zusätzlich auch akteursspezifisch möglich. Damit ist eine Grundvoraussetzung für das Ziel gegeben, die Dynamik im strategischen Framing zu untersuchen. Für die konkrete Zusammensetzung der Frames stehen verschiedene Vorgehensweisen zur Verfügung. Häufig erfolgt sie über dimensionsreduzierende und/oder gruppierende Verfahren wie Faktoren- und Clusteranalyse (z.B. KOHRING/MATTHES 2002; MATTHES/KOHRING 2004). In seiner aktuellsten Arbeit verwendet Matthes (2007b) die Analyse latenter Klassen, ein in seiner generellen Zielsetzung mit der Clusteranalyse vergleichbares Verfahren. Einige Autoren greifen auch auf Korrelationen (z.B. OTTO 2001) oder Mehrfachantwortensets (z.B. RÜDIGER 2002) zurück.

In der vorliegenden Arbeit werden die Frames mithilfe einer Clusteranalyse zusammengesetzt. Das Verfahren der Clusteranalyse dient der Identifikation von homogenen Teilmengen in einer heterogenen Gruppe von Objekten (BACKHAUS/ERICHSON/PLINKE/WEIBER 1996). Von der Existenz eines Frames kann dann gesprochen werden, wenn die Ausprägungen der Frame-Elemente sich über mehrere Texte – bzw. in der vorliegenden Arbeit Akteure – hinweg zu charakteristischen Mustern gruppieren (vgl. MATTHES 2007b). Solche Muster lassen sich mithilfe einer Clusteranalyse identifizieren. Wie viele Texte bzw. Akteure im Einzelnen das gleiche Muster aufweisen müssen, um von der Existenz eines Frames sprechen zu können, lässt sich nur analysespezifisch festlegen (MATTHES 2007b). Die Clusteranalyse sorgt jedoch allein durch ihre Gruppierungsalgorithmen dafür, dass nur häufiger auftretende Muster identifiziert werden.

Da die Forschungsfragen darauf abzielen, die Frames sowohl in den Pressemitteilungen als auch in der Medienberichterstattung akteursspezifisch zu analysieren, ist vor der Durchführung der Clusteranalyse eine Umformung der Daten nötig. Im Ausgangsdatensatz liegen die verschiedenen Ausprägungen der Frame-Elemente in nominal skalierten Variablen vor, die je nach Umfang der Akteursäußerung auch mehrfach codiert sein können. Ziel der Umformung ist die Erzeugung eines Datensatzes, in dem alle Äußerungen eines Akteurs bzw. einer Akteursgruppe auf Beitragsebene – entweder Zeitungsartikel oder Pressemitteilung – zusammengefasst sind. Dies lässt sich durch eine Aggregation der Daten erreichen. Anders als beispielsweise bei der Bildung von Indizes werden dabei nicht mehrere *Variablen* zu einer zusammengefasst, sondern mehrere *Fälle* zu einem verdichtet. Entscheidend bei der Aggregation ist die Wahl des Aggregationsverfahrens. Dieses ist wiederum abhängig vom Datenniveau der zu aggregierenden Variablen. Für metrische Daten stehen verschiedene Aggregationsmöglichkeiten zur Verfügung, die die einzelnen Werte der zusammenzufassenden Fälle jeweils miteinander verrechnen und daher alle Informationen aus den Ausgangsdaten auch in den aggregierten Datensatz übernehmen können (z.B. Summen- oder Mittelwertsbildung). Demgegenüber gehen bei der Aggregation nominaler Daten Informationen einzelner Fälle verloren, weil die Fallinformationen nicht über metrische Verfahren verdichtet werden können. Dies ist nicht zwingend problematisch, weil oftmals auch die Information nur eines bestimmten Falls auf der aggregierten Ebene von Interesse ist (z.B. der Fall, der den höchsten Wert bei einer bestimmten Variablen aufweist).

Problematisch wird es allerdings dann, wenn die nominalen Variablen bei den zu aggregierenden Fällen unterschiedliche Informationen tragen, die alle auch auf der aggregierten Ebene erhalten bleiben sollen. In diesem Fall bietet sich die Umcodierung der betroffenen nominalen Variablen in dichotome Variablen an. Dabei erhält jede nominale Ausprägung den Status einer eigenständigen Variablen, die mit Null oder Eins codiert ist. Die Eins steht dabei dafür, dass die Ausprägung vorhanden ist, während die Null das Fehlen der Ausprägung anzeigt. Diese dichotomen Variablen lassen sich anschließend mit metrischen Verfahren aggregieren, sodass die gesamten Informationen der eingehenden Fälle erhalten bleiben. Im vorliegenden Datensatz sind die Frame-Element-Variablen nominal codiert. Da jedoch deren Ausprägungen von jedem einzelnen Fall wichtig sind, werden sie in der beschriebenen Weise dichotomisiert und anschließend mit einem metrischen Verfahren aggregiert. Spezifischeren Aufschluss über das genaue Vorgehen gibt Kapitel 8.1.1. Die weiteren Variablen, die im Sinne der Forschungsfragen zur genaueren Analyse des Framing-Prozesses notwendig sind, werden im Bedarfsfall ebenfalls entsprechend umgeformt und je nach der für die Analyse erforderlichen Information aggregiert.

8. ERGEBNISSE

Im Folgenden werden gemäß der in Kapitel 6 genannten Forschungsfragen die Ergebnisse der Untersuchung geschildert. Da die Identifikation der akteursbezogenen Frames allen folgenden Auswertungsschritten zugrunde liegt, befasst sich das erste Unterkapitel (Kap. 8.1) ausführlicher mit der Frame-Bildung und den resultierenden Frames. Um den Verständnishintergrund für das strategische Framing der an der Stammzelldebatte beteiligten Akteure zu schaffen, wird dann im folgenden Unterkapitel (Kap. 8.2) zunächst auf das Medienbild der Stammzelldebatte eingegangen. Die Analyse des strategischen Framings selbst bildet den Abschluss des Ergebnisteils (Kap. 8.3).

8.1 Akteursframes in der Stammzelldebatte

Die Akteursframes stellen das Kernelement der vorliegenden Untersuchung dar. Wie sie konkret aussehen, ist dabei entscheidend von der Art ihrer Erstellung mitgeprägt. Das nächste Unterkapitel geht deshalb zunächst auf das datenanalytische Vorgehen bei der Frame-Bildung ein (Kap. 8.1.1). Die Beschreibung der resultierenden Frames ist Gegenstand des anschließenden Unterkapitels (Kap. 8.1.2). Die weiteren Unterkapitel geben einen Überblick über die generelle Verteilung der einzelnen Frames in der Stammzelldebatte (Kap. 8.1.3) und diskutieren die Frames vor dem Hintergrund der theoretischen Erkenntnisse (Kap. 8.1.4).

8.1.1 *Identifikation der Akteursframes*

Wie bereits im Kapitel zur Datenaufbereitung erwähnt (vgl. Kap. 7.4.3), ist zur Bildung der Frames eine Aggregation der Frame-Element-Variablen auf der Ebene des Akteurs im Beitrag notwendig. Mit der Aggregation ist insbesondere das Problem des nominalen Datenniveaus verbunden, das ebenfalls bereits im Zuge der Datenaufbereitung angesprochen wurde. Als Lösung war dort die Bildung dichotomer Variablen für jede Ausprägung der Frame-Element-Variablen genannt worden. Zur Vorbereitung der Frame-Bildung wurden deshalb in einem ersten Schritt die nominal codierten Frame-Elemente in solche dichotomen Variablen überführt. Konkret erfolgte die Umcodierung so, dass sowohl bei den einzelnen Argumentaussagen als auch bei den Lösungsvorschlägen für jede Ausprägung zwei getrennte Variablen erstellt wurden: Die eine umfasst nur die Nennungen der Ausprägung, die sich positiv für die Stammzellforschung aussprechen. Die andere umfasst im Gegenzug die Nennungen der Ausprägung, die sich negativ gegen die Stammzellforschung aussprechen. Für die neutralen, d.h. ohne eine klare Richtung getätigten Äußerungen wurden keine gesonderten Variablen erstellt. Da ein Frame – wie im Theorieteil beschrieben – per Definition wertende Komponenten enthält, gehen diese nicht in die weitere Analyse ein. Die auf die beschriebene Weise dichotomisierten Argumentaussagen und Lösungsvorschläge wurden anschließend über die Mittelwertfunktion auf die Ebene des Akteurs im Beitrag aggregiert. Der resultierende Datensatz enthält für jeden Beitrag so viele Fälle, wie Akteure in diesem Beitrag zu Wort kommen. Jedem Akteur ist darüber hinaus spezifisch für jede positive bzw. negative Argumentaussage und jeden positiven bzw. negativen Lösungsvorschlag ein Wert zugeordnet, der angibt, welchen Prozentanteil die jeweilige Argumentaussage an allen seinen Argumentaussagen bzw. der konkrete Lösungsvorschlag an allen seinen Lösungsvorschlägen einnimmt.

Durch die vorgenommene Aggregation verteilen sich die Werte der einzelnen Variablen stetig; je nach Argumentationsmuster eines Akteurs variiert der konkrete Wert jeder Argumentaussage und jedes Lösungsvorschlags zwischen null und eins. Damit erfüllen die aggregierten Variablen die Voraussetzung für die Anwendung metrischer Rechenverfahren. Darüber hinaus bieten sie den Vorteil, dass aufgrund ihres gleichen Wertebereichs bei der nachfolgenden clusteranalytischen Frame-Erstellung keine z-Standardisierung zur Vermeidung von Verzerrungen bei der

Clusterbildung erforderlich ist. Gegenüber anderen Umformungen (z.B. der Verrechnung von befürwortenden und kritischen Äußerungen einer Argumentaussage zu einer mittleren Tendenz) hat die getrennte Verwendung der positiven und negativen Werte der Argumentaussagen und Lösungsvorschläge einen weiteren wichtigen Vorteil: Bei diesen Variablen sind auf der aggregierten Ebene Null-Werte ›echte‹ Nullen, d.h. sie beinhalten nur die eine Information, dass die jeweilige Argumentaussage von dem Akteur nicht genannt wurde. Demgegenüber enthält eine Tendenzvariable, deren Wertbereich sowohl positive als auch negative Werte umfasst, auch ›falsche‹ Nullen. Diese Null-Ausprägungen beinhalten verschiedene Informationen zugleich. Im Fall der Tendenzvariablen trägt die Null nicht nur die Information des Nichtvorhandenseins, sondern steht zugleich auch für neutrale Aussagen. Während Letzteres hinsichtlich des Sinns einer Tendenzvariablen die Kernbedeutung der Null umfasst, handelt es sich bei Ersterem um eine unerwünschte Bedeutung. Da fehlende Werte bei einer Variablen in der Clusteranalyse zu einem Ausschluss des gesamten Falls und damit im konkreten Fall zu einer erheblichen Reduktion der in die Analyse eingehenden Fälle führen, lassen sich diese ›falschen‹ Nullen nicht einfach durch als systemfehlend definierte Werte ersetzen. Sie sind vielmehr zwangsläufig Bestandteil der Clusterung, wirken sich dabei aber verzerrend auf den Clusterungsprozess und die resultierenden Cluster aus: Indem sie in die Clusterung fälschlicherweise mit der Bedeutung der neutralen Null eingehen, reduzieren sie insgesamt die positiven und negativen Tendenzausschläge einer Argumentaussage, und zwar umso mehr, je mehr solcher ›falschen‹ Nullen diese enthält. Im besten Fall führt dies nur dazu, dass die Cluster inhaltlich schwieriger interpretierbar sind, weil die Unterschiede in den einzelnen Argumentaussagen zwischen ihnen geringer sind. In der Regel dürfte sich dies jedoch auch unmittelbar auf die Clusterbildung selbst auswirken und im schlimmsten Fall völlig andere Cluster erzeugen.

Die in ihre positiven und negativen Bestandteile getrennten, aggregierten Argumentaussagen und Lösungsvorschläge bilden die Ausgangsbasis für die Clusterung. Mit deren Hilfe werden die einzelnen Ausprägungen der Frame-Elemente zu größeren, überzufällig auftretenden Mustern, den Frames, verdichtet. Vor der Durchführung der Clusteranalyse sind jedoch einige weitere theoretische Überlegungen notwendig. Bei der Clusterung ist nämlich zu berücksichtigen, dass die Einbeziehung von Frame-Element-Ausprägungen mit sehr geringen Fallzahlen die Bildung charakteristischer Muster erschwert. Bildlich gesprochen, erzeugen diese lediglich ein ›Rauschen‹ in den Daten, das keinen substanziellen Beitrag zur Clusterbildung leistet, weil es unterhalb der Häufigkeitsschwelle liegt, die überhaupt für die Chance auf ein überzufälliges, gemeinsames Auftreten mit anderen Ausprägungen nötig ist. Aus diesem Grund ist es sinnvoll, in einem ersten Schritt Ausprägungen mit sehr geringen Fallzahlen zu größeren Gruppen zusammenzufassen oder – falls das nicht möglich ist – in einem zweiten Schritt generell aus der Clusterung auszuschließen. Von den insgesamt 80 Argumentaussagen ließen sich inhaltlich lediglich je zwei bzw. drei zu größeren Gruppen zusammenfassen.[42] Bei den übrigen Variablen hätte eine Zusammenfassung zu einer zu starken inhaltlichen Abstraktion geführt und damit letztlich den Verlust des Argumentaussagen-Charakters bedeutet. Damit wäre das Analyseziel, ›echte‹ Frames und nicht nur Themenmuster zu identifizieren, grundlegend infrage gestellt worden. Im weiteren Vorgehen wurden deshalb die Variablen mit zu geringen Fallzahlen aus der Analyse ausgeschlossen. Der genaue Grenzwert hierfür wurde aufgrund theoretischer Überlegungen festgelegt. In der vorliegenden Arbeit geht es darum, die Wechselwirkungen und Veränderungen zwischen Frames in den Pressemitteilungen verschiedener Akteure und denen in der Medienberichterstattung zu vergleichen. Demnach ist es wenig sinnvoll, den Grenzwert so hoch anzusetzen, dass sämtliche Äußerungen einer Akteursgruppe von vornherein unter die Marginalitätsschwelle fallen und überhaupt nicht in die Analyse eingehen. Dies gilt in besonderem Maß für die Pressemitteilungen, in abgeschwächter Form jedoch auch für die Medienberichterstattung. Hinsichtlich der Argumentaussagen und Lösungsvorschläge der Akteure wurde der Grenzwert deshalb so gewählt, dass zumindest die Aussagen und Lösungen in die Clusterung eingingen, bei denen aufgrund ihrer Häufigkeit in den Pressemitteilungen eine besondere Bedeutung für eine oder mehrere der einbezogenen gesellschaftlichen Akteursgruppen anzunehmen ist. Mit Blick auf das Analyseziel handelt es sich dabei um eine notwendige, jedoch nicht hinreichende

42 Im Einzelnen handelt es sich hier um zwei Variablen aus dem Themenfeld Forschung (›Wissenschaftliche Objektivität/Unfehlbarkeit/Unabhängigkeit/Vertrauen in Wissenschaft‹ und ›Wissenschaftliche Karriere/Interessengebundenheit‹) sowie drei Variablen aus dem Themenfeld Religion (›Schöpfungsauftrag/Verantwortung vor Gott‹, ›menschliche Hybris‹ und ›Nichtexistenz eines Schöpfergottes‹). Erstere wurden zu der neuen Variable ›wissenschaftliche Objektivität/Interessengebundenheit‹ und Letztere zu der Variable ›Schöpfergott/Schöpfungsauftrag/menschliche Hybris‹ zusammengefasst.

Bedingung. Es kann nämlich durchaus sein, dass Argumentaussagen oder Lösungen in den Pressemitteilungen kaum genannt werden, dafür aber in der Medienberichterstattung umso häufiger auftauchen. Dies weist darauf hin, dass die Medien andere inhaltliche Schwerpunkte setzen als die gesellschaftlichen Akteure, und wirkt sich unmittelbar auf die resultierenden Frames aus. Der gewählte Grenzwert wurde deshalb nur dann tatsächlich auch als Ausschlusskriterium verwendet, wenn die in den Pressemitteilungen selten vorhandenen Argumentaussagen und Lösungen auch in den Zeitungsartikeln unter einem bestimmten Häufigkeitswert liegen. Konkret wurden alle Argumentaussagen, die sowohl in den Pressemitteilungen als auch den Zeitungsartikeln weniger als 1,3 Prozent der Gesamtaussagen ausmachen, aus der Clusterung ausgeschlossen. Dieser Grenzwert gewährleistet, dass zumindest die in den Pressemitteilungen der verschiedenen gesellschaftlichen Akteure am häufigsten genannten Argumentaussagen Teil der weiteren Analyse sind. Mit diesem Vorgehen reduziert sich generell das ›Rauschen‹ in den Daten. Gleichzeitig bleibt jedoch die Möglichkeit erhalten, Unterschiede in den Frames der strategischen Akteure und der Medien zu identifizieren, die nicht nur Intensitätsverschiebungen der gleichen Argumentaussage, sondern auch deren generelles Vorliegen betreffen. An dieser Stelle muss jedoch auch explizit darauf hingewiesen werden, dass die Wahl des genannten Grenzwertes auch Nachteile mit sich bringt. Streng genommen ist dieser noch zu niedrig, um das ›Rauschen‹ angemessen zu reduzieren. Dies erschwert möglicherweise die Clusterdifferenzierung und -interpretation. Aufgrund des Analyseziels muss dieses Problem jedoch in Kauf genommen werden. Von den drei codierten Lösungsvorschlägen wurde keiner ausgeschlossen, da alle drei mit Werten zwischen sieben und 59 Prozent genügend häufig genannt werden. Einen Überblick über die für die Analyse verbleibenden Variablen sowie ihre Häufigkeiten in den Pressemitteilungen und Zeitungsartikeln gibt Tabelle 6.

Bevor diese verbleibenden Variablen clusteranalytisch zu Frames zusammengesetzt wurden, wurde die generelle Zulässigkeit der Anwendung einer Clusteranalyse geprüft. Eine wesentliche Anwendungsvoraussetzung ist die Unabhängigkeit der für die Clusterbildung verwendeten Variablen (vgl. BACKHAUS et al. 1996). Üblicherweise wird dies durch die Vorschaltung einer Faktorenanalyse erreicht. Bei der vorliegenden Analyse wurde allerdings auf eine vorhergehende Faktorisierung verzichtet. Ausschlaggebend dafür war die Tatsache, dass die einzelnen Argumentaussagen in ihren positiven und negativen Bestandteilen bis auf wenige Ausnahmen untereinander zu maximal .10 korreliert und damit praktisch voneinander unabhängig sind. Bei den Ausnahmen handelt es sich jeweils um zwei Argumentaussagen aus dem religiösen Themenfeld sowie je eine aus dem religiösen und eine aus dem ethischen Themenfeld. Deren Korrelationen überschreiten den genannten Korrelationswert jedoch nur sehr gering (r = .11 bis .14), weshalb auch bei ihnen die Unabhängigkeit angenommen werden kann. Die drei möglichen Lösungsvorschläge korrelieren dagegen sehr hoch miteinander (r > .60). Ihre positiven bzw. negativen Bestandteile wurden deshalb vor der Clusterung zu jeweils einer Variablen zusammengefasst.

TABELLE 6

Häufigkeiten der Argumentaussagen und Lösungsvorschläge in den Pressemitteilungen und Zeitungsartikeln (in %)

Argumentaussage/Lösungsvorschlag	Pressemitteilung (N=1127 /226) [a]	Zeitungsartikel (N=9892 /2451) [a]
Themenfeld Ethik		
Unspezifische ethische Unbedenklichkeit	6,6	4,6
Beständigkeit ethischer Grenzen	5,1	3,6
Gestufter Lebensschutz	9,3	3,4
Kein Menschenstatus von Embryonen/ ES-Zellen	5,8	6,4
Existenz/fehlende Lebenschance überzähliger Embryonen	0,7	3,5
Gestufte Menschenwürde	6,9	4,8
Moralische Vertretbarkeit künstlich erzeugter Embryonen	1,4	1,5
Instrumentalisierung des Menschen	2,7	1,9
Themenfeld Gesellschaft/Kultur		
Unsachlicher/unausgewogener gesellschaftl. Diskurs	1,1	2,1
Themenfeld Medizin		
Verpflichtung zum Heilen	4,5	2,4
Möglichkeiten für die Transplantationsmedizin	0,4	1,5

	Pressemitteilung (N=1127 /226) [a]	Zeitungsartikel (N=9892 /2451) [a]
Themenfeld Forschung		
Möglichkeit eines Erkenntnis-/ Forschungsfortschritts	2,9	1,1
Wissenschaftliche Unabhängigkeit/ Forschungsfreiheit	2,5	2,0
ES: Therapiemöglichkeiten/ Heilungschancen	5,5	7,9
ES: Brauchbarkeit von ES-Zellen	0,8	2,9
ES: (weiterer) Embryonenverbrauch/ bestehende Stammzelllinien	4,2	6,0
AS: Therapiemöglichkeiten/ Heilungschancen	1,1	4,1
AS: Brauchbarkeit von AS-Zellen	1,2	2,2
Tierische Stammzellen: Tierversuche /-forschung mit ES-Zellen	1,1	1,4
Forschungsstandort: Wettbewerbsfähigkeit	0,2	1,4
Themenfeld Politik		
Fähigkeit der Politik/polit. Gremien	0,7	1,5
Regulierung in anderen Ländern	0,9	1,3
Themenfeld Religion		
(christliches) Menschenbild	1,9	0,4
Gottesebenbildlichkeit des Menschen	1,3	0,8
Schöpfungsauftrag/Schöpfergott/ menschliche Hybris	2,0	0,8
Themenfeld Recht		
Unspezifische rechtl. Unbedenklichkeit	1,2	1,9
Vereinbarkeit mit ESchG/StZG	4,3	3,1
Diskrepanz zwischen ESchG und Abtreibungsregelung	0,4	1,5
Vereinbarkeit mit Verfassung/GG/ Menschenrechten	6,1	3,1
Lösungsvorschläge		
Lösungsvorschlag ES-Forschung	58,8	57,4
Lösungsvorschlag ES-Import	33,6	34,4
Lösungsvorschlag ESchG	7,5	8,2

[a] Die jeweils erste Fallzahl bezieht sich auf die Gesamtanzahl der Argumentaussagen, die zweite auf die Gesamtanzahl der Lösungsvorschläge.

In die Clusterbildung selbst gingen nur die Fälle ein, in denen ein Akteur mindestens zwei *inhaltlich verschiedene* Argumentaussagen geäußert hat. Dahinter steht die Überlegung, dass ein Frame einen umfassenderen Komplex mit mehreren, inhaltlich verschiedenen Bestandteilen darstellt. Zugleich ist es jedoch sehr unwahrscheinlich, dass ein Akteur in seinen Äußerungen tatsächlich alle Bestandteile eines Frames anspricht. Vielmehr wird er in den meisten Fällen lediglich einen Teil davon nennen, im Extremfall vielleicht auch nur eine einzige Argumentaussage. Der Rückschluss aus Akteursäußerungen auf den kompletten Frame kann deshalb immer nur eine vage Annäherung sein. Der vollständige Frame ist im Prinzip gar nicht bekannt; vielmehr liegen immer nur mehr oder weniger umfangreiche Ausschnitte davon vor. Die Annäherung an den Frame über die von den Akteuren genannten Ausschnitte ist jedoch valider, wenn diese Ausschnitte nicht nur eine einzige Argumentaussage umfassen. Auch bei zwei Argumentaussagen ist es zwar theoretisch noch möglich, dass diese nicht eindeutig nur einem Frame zugeordnet werden können. Diese Gefahr dürfte jedoch im Vergleich zu singulären Argumentaussagen deutlich geringer sein. Mit Blick auf die inhaltliche Validität wäre es sinnvoll, die Mindestanzahl an verschiedenen Argumentaussagen für die Identifikation der Frames noch weiter heraufzusetzen. In der Praxis sind diesem Vorgehen jedoch Grenzen gesetzt. Die differenzierte Erhebung der Frame-Elemente auf Akteursebene führt zwangsläufig dazu, dass oftmals aus sehr kurzen Statements auf die größeren Frames geschlossen werden muss. Es ist unwahrscheinlich, dass diese kurzen Statements zahlreiche verschiedene Argumentaussagen enthalten. Dies zeigt sich auch in den vorliegenden Daten: Von den insgesamt 3867 Akteuren, die in den einzelnen Beiträgen zu Wort kommen, äußern lediglich 1194 überhaupt mehr als eine Argumentaussage. Eine weitere Heraufsetzung der Mindestanzahl an Argumentaussagen und damit eine weitere Verringerung der Fallbasis für die Clusterung erscheint vor diesem Hintergrund nicht sinnvoll.

Für die weitere Auswertung ergibt sich aufgrund des gewählten Kriteriums zur Frame-Bildung das Problem, dass die verbleibenden 2673 Fälle zunächst keinem Frame-Cluster zugewiesen werden. Um diese jedoch nicht von vornherein aus der Analyse auszuschließen und damit die Fallzahlen unnötig zu reduzieren, werden sie später manuell dem Cluster zugewiesen, das den höchsten Wert für ihre jeweilige Argumentaussage aufweist. Dieses Vorgehen ist damit begründbar, dass die Argumentaussage am ehesten repräsentativ für das Cluster bzw. den Frame ist, in dem sie am häufigsten auftaucht. Daraus ergibt sich aber auch unmittelbar die Konsequenz, die Fälle aus der weiteren Analyse auszuschließen, deren Argumentaussage in zwei oder mehr Clustern vergleichbar häufig auftaucht.

Um möglichst gleich große Gruppen zu erzeugen, erfolgte die Clusterbildung über den Ward-Algorithmus unter Verwendung der quadrierten Euklidischen Distanz. Als Indikator für die genaue Clusteranzahl wird üblicherweise ein sprunghafter Anstieg der Fehlerquadratsumme im Verlauf des Clusterungsprozesses herangezogen (vgl. BACKHAUS et al. 1996). Die optimale Clusteranzahl ist demnach die Anzahl, die vor diesem ›Sprung‹ identifiziert wurde. Grafisch wird der Sprung in einem deutlichen Abknicken der Kurve, dem sogenannten ›Elbow‹, sichtbar. Da es im Clusterungsprozess mehrere solcher Sprünge geben kann, ist allerdings eine gewisse Willkür bei der Entscheidung über die Clusteranzahl vorhanden (vgl. FORMANN 1984; MAGIDSON/VERMUNT 2002). In der Regel wird die genaue Clusteranzahl in einem solchen Fall auf Basis der inhaltlichen Interpretierbarkeit der Cluster festgelegt. Bei der vorliegenden Analyse ergaben sich aufgrund der spezifischen Datenstruktur mehrere Probleme bei der zur Frame-Bildung vorgenommenen Clusterung. Da diese sich auf die gesamte weitere Analyse und insbesondere die Entscheidung über die Frame-Anzahl auswirken, soll an dieser Stelle ausführlicher darauf eingegangen werden.

Bedingt durch die verhältnismäßig hohe Zahl an Akteuren, die im Zeitverlauf in den analysierten Beiträgen zu Wort kommen (N=3867), steigt die Fehlerquadratsumme zum Ende des Clusterungsprozesses enorm an. In der grafischen Abtragung ist dadurch zwangsläufig kein klarer ›Elbow‹ mehr zu erkennen. Dieses Problem wurde durch das Abtragen der Fehlerquadratsummen*differenz* beseitigt. Bei diesem Vorgehen ergab sich ein klarer ›Elbow‹ jeweils bei drei bzw. vier Clustern sowie weitere, allerdings sehr kleine ›Elbows‹ bei acht und zehn Clustern. Die Drei- und Vier-Cluster-Lösungen erwiesen sich als nicht praktikabel, da sie inhaltlich nicht genügend zwischen den einzelnen Clustern differenzieren. Aufgrund der geringen Ausprägung der anderen beiden ›Elbows‹ wurden bei beiden nicht nur die ›Elbows‹ selbst, sondern auch deren vor- und nachgelagerte Clusterzahlen auf ihre Brauchbarkeit und inhaltliche Plausibilität überprüft. Hinsichtlich der Fallzahlen erweisen sich grundsätzlich alle dieser Clusterlösungen als brauchbar. Zwar weisen sie alle ein dominantes Hauptcluster auf, in dem sich gut 40 Prozent der Fälle befinden. Dessen inhaltliche Schwerpunkte lassen dabei vermuten, dass es sich um eine Art ›Restcluster‹ handelt, das – als Sammelbecken für unscharfe bzw. wenig pointierte Äußerungen – eher durch eine Vielzahl verschiedener Argumentaussagen als durch ein klares Profil gekennzeichnet ist. Die übrigen Fälle verteilen sich jedoch relativ gleichmäßig auf die weiteren Cluster; dabei gibt es je nach Clusterlösung zwei bis drei verhältnismäßig große Cluster mit ca. zehn bis 20 Prozent der Fälle sowie einige sehr kleine Cluster mit ca. ein bis fünf Prozent der Fälle. Das Muster eines dominanten Hauptclusters sowie z.T. sehr kleiner Nebencluster taucht im Übrigen bereits in der Vier-Cluster-Lösung auf. Zusammen mit den schwer identifizierbaren ›Elbows‹ weist dies darauf hin, dass die Daten trotz der vorgenommenen Einschränkung der Variablenanzahl generell eine sehr hohe Varianz aufweisen, die eine klare Gruppenbildung schwierig macht und im Ergebnis zu einer sehr großen und etlichen verhältnismäßig kleinen Gruppen führt. Allgemein können die hohe Varianz sowie die Schwierigkeit der klaren Gruppenbildung auch als Hinweis darauf gesehen werden, dass die Stammzelldebatte weniger von klar abgegrenzten Argumentationsmustern gekennzeichnet ist, sondern die große Mehrzahl der Akteure eine sehr ähnliche Sichtweise bzw. ähnliche Frames aufweist. Da in der vorliegenden Arbeit die Herausarbeitung unterschiedlicher Gruppen bzw. Frames grundlegend für die Durchführung der weiteren Analyse ist, erfolgte die Entscheidung über die genaue Clusteranzahl v. a. mit Blick auf die inhaltliche Interpretier- und Abgrenzbarkeit der Cluster. Dass es sich dabei um eine Gratwanderung handelt, die der oben angesprochenen, mit Clusterungen verbundenen Willkür bei der Entscheidung über die Clusteranzahl noch mehr Raum eröffnet als bei einem klaren ›Elbow‹, darauf sei an dieser Stelle deutlich hingewiesen.

Der inhaltliche Vergleich der Sieben- bis Elf-Cluster-Lösungen zeigt, dass insbesondere die Sieben-Cluster-Lösung nicht genügend zwischen den einzelnen Clustern trennt. Demgegenüber sind die Zehn- und Elf-Cluster-Lösungen zu fein ausdifferenziert. Während sich die neuen Cluster bis zur Neun-Cluster-Lösung jeweils durch Abspaltung vom Hauptcluster bilden, spalten sich ab der Zehn-Cluster-Lösung die ohnehin schon kleinen Nebencluster noch weiter auf. Im Gegensatz zu den niedrigeren Clusterlösungen sind die höheren damit nicht überkomplex, sondern unterkomplex. Die Betrachtung der verbleibenden Acht- und Neun-

Cluster-Lösungen zeigt, dass die Bildung des neunten Clusters dazu führt, dass sowohl das Hauptcluster als auch zwei weitere Nebencluster in ihren spezifischen inhaltlichen Eigenschaften sowie auch in ihren Unterschieden zu den anderen Clustern klarer hervortreten. Aufgrund dieser Tatsache erfolgt die Untersuchung der Forschungsfragen auf der Basis der Neun-Cluster-Lösung. Die genaue Beschreibung der einzelnen Cluster und damit der Frames ist Gegenstand des folgenden Unterkapitels.

8.1.2 *Beschreibung und Interpretation der Akteursframes*

Üblicherweise erfolgt bei metrischen Variablen die inhaltliche Beschreibung von Clustern über die Mittelwerte der einzelnen Variablen in den verschiedenen Clustern (vgl. z.B. MATTHES/KOHRING 2004). Wichtig für die Beschreibung und Interpretation der Cluster sind dabei zwei Aspekte: Zum einen ist von Bedeutung, wie sich der Wert einer Variablen *zwischen* den Clustern verändert. Je höher der Wert in einem Cluster im Vergleich zu den übrigen Clustern ist, desto zentraler ist die jeweilige Variable für die inhaltliche Bedeutung des Clusters. Dies gilt umso mehr, je deutlicher sich der Wert von den Werten in den übrigen Clustern unterscheidet. Für das Cluster, in dem die Variable den höchsten Wert aufweist, ist sie konstitutiv. Zum andern spielen aber auch die Variablenwerte *innerhalb* eines Clusters eine zentrale Rolle. Auch hier gilt, dass eine Variable umso wichtiger für die inhaltliche Bedeutung des Clusters ist, je höher ihr Wert in diesem Cluster ist. Anders als beim Vergleich zwischen den Clustern ist sie dabei jedoch nicht konstitutiv für das Cluster, sondern sagt etwas über die generellen inhaltlichen Schwerpunkte des Clusters aus. Beide Aspekte liegen der inhaltlichen Beschreibung der zuvor gebildeten neun Cluster zugrunde. Zum besseren Verständnis dieser Beschreibung sei an dieser Stelle noch einmal die inhaltliche Bedeutung der Variablenwerte in Erinnerung gerufen: Sie geben den Prozentanteil an, zu dem die jeweilige Argumentaussage bzw. der Lösungsvorschlag Bestandteil der Akteursäußerungen ist. Ein Wert von 5,7 bedeutet beispielsweise, dass die entsprechende Argumentaussage im Durchschnitt knapp sechs Prozent der gesamten Akteursäußerungen in dem Cluster ausmacht. Einen Überblick über die Ausprägungen der positiven und negativen Argumentaussagen und Lösungsvorschläge in den Clustern geben die Tabellen 7a und 7b. Aus Gründen der Übersichtlichkeit sind darin die ein Cluster konstituierenden Argumentaussagen und Lösungsvorschläge grau hinterlegt. Um einen schnellen Überblick über das Verhältnis von positiven zu negativen Argumentaussagen je Cluster und Themengebiet zu bekommen, enthalten beide Blöcke außerdem zusätzliche Zeilen, die die Summen der Prozentanteile an positiven bzw. negativen Argumentaussagen je Themengebiet und insgesamt angeben. Dass sich die darin enthaltenen Werte pro Cluster über beide Tabellen nicht zu 100 Prozent aufaddieren, ist der Tatsache geschuldet, dass die neutralen Argumentaussagen aus der Clusterung ausgeschlossen wurden. Die positiven und negativen Argumentaussagen zusammengenommen, gibt die Differenz zu 100 jedoch Aufschluss darüber, in welchem Ausmaß das Cluster allgemein durch neutrale Argumentaussagen gekennzeichnet ist. Damit erlauben sie auch eine generelle Einschätzung, wie deutlich die Tendenz des Clusters für oder gegen die Stammzellforschung ist. Gleiches gilt auch für die positiven und negativen Lösungsvorschläge. In einigen Clustern kommt es vor, dass eine spezifische Argumentaussage sowohl in ihrer positiven als auch ihrer negativen Bedeutung für die Stammzellforschung erwähnt wird. Auf den ersten Blick – und auch um die Clusterübersicht lesbarer zu gestalten – bietet sich hier die Verrechnung der positiven und negativen Nennungen der gleichen Argumentaussage an. Aus einem wesentlichen Grund wurde jedoch darauf verzichtet: Die Verrechnung lässt nur noch eine Aussage darüber zu, ob die Nennungen der Argumentaussage in ihrer positiven oder ihrer negativen Form überwiegen, nicht aber über die absolute Häufigkeit der Nennungen. Gerade diese ist jedoch wichtig, um die Zentralität der Argumentaussage für das jeweilige Cluster beurteilen zu können.

Die nachfolgende Beschreibung der einzelnen Cluster bzw. Frames orientiert sich für jedes Cluster an drei Aspekten: der generellen Größe des Clusters, den das Cluster konstituierenden Argumentaussagen sowie weiteren wichtigen Argumentaussagen. Da die Stammzelldebatte inhaltlich sehr heterogen ist, wird als Kriterium dafür, dass eine Argumentaussage innerhalb eines Clusters wichtig ist, ein verhältnismäßig niedriger Mindestwert von drei Prozent angesetzt. Ziel der Beschreibung ist die Herausarbeitung einer Clusterinterpretation, die die inhaltlichen Eigenschaften des durch das jeweilige Cluster repräsentierten Frames verdeutlicht. Für einen ersten Überblick und zum besseren Verständnis der Clustertabellen sind die aus der Beschreibung resultierenden Clusterbenennungen in Tabelle 8 dargestellt.

TABELLE 7a

Mittlere Nennungshäufigkeit der forschungsbefürwortenden Äußerungen in den neun Clustern (in %)

			Cluster								
			1	2	3	4	5	6	7	8	9
	forschungsbefürwortende Äußerungen	N	503	213	194	129	45	31	30	29	20
		%	42,1	17,8	16,3	10,8	3,8	2,6	2,5	2,4	1,7
Ethik	unspezif. eth. Unbedenklichkeit		0,8	**1,9**	0,1	0,3	0,0	0,2	0,0	1,3	1,0
	Beständigkeit eth. Grenzen		1,2	**1,9**	0,1	0,4	0,0	1,4	0,0	0,0	0,0
	gestufter Lebensschutz		1,0	1,2	0,6	0,2	0,0	1,0	0,0	0,0	**5,0**
	kein Menschenstatus von Embryonen		1,1	1,9	0,3	0,2	0,0	1,4	0,0	4,7	**45,3**
	fehlende Lebenschance überzähliger Embryonen		2,6	**6,9**	1,0	0,5	0,2	4,8	0,0	0,0	6,2
	gestufte Menschenwürde		1,2	0,6	0,2	0,0	0,0	0,7	0,0	0,0	**13,5**
	Moral. Vertretbarkeit künstlich erzeugter Embryonen		0,3	**1,1**	0,0	0,1	0,0	0,0	0,0	0,0	0,0
	Instrumentalisierung d. Menschen		0,1	0,2	0,1	0,0	0,0	0,2	**1,7**	0,0	0,0
	Summe Ethik		*8,4*	*15,7*	*2,4*	*1,7*	*0,2*	*9,7*	*1,7*	*6,0*	*71,0*
Medizin & Gesellschaft	unausgewogener Diskurs		0,3	**0,6**	0,0	0,0	0,0	0,0	0,0	0,0	0,0
	Verpflichtung zum Heilen		0,8	1,7	0,5	0,3	0,0	**2,4**	0,0	0,7	0,7
	Möglichkeiten für Transplantationsmedizin		1,0	1,5	0,4	0,1	0,5	0,6	**3,3**	0,0	0,0
	Summe Medizin		*1,7*	*3,2*	*0,9*	*0,4*	*0,5*	*3,0*	*3,3*	*0,7*	*0,7*
Forschung	Erkenntnis-/Forschungsfortschritt		0,4	1,4	0,2	0,3	0,4	1,5	0,0	**5,9**	0,0
	wiss. Unabhängigkeit/ Forschungsfreiheit		1,5	**2,7**	0,6	1,3	0,0	1,7	0,0	0,0	0,0
	ES: Therapiemöglichkeiten		4,6	10,1	2,0	1,5	0,8	4,4	15,0	**44,8**	0,0
	ES: Brauchbarkeit		2,8	2,9	0,3	0,2	3,4	0,2	0,0	**6,7**	4,2
	ES: (weiterer) Embryonenverbrauch		1,5	**5,1**	0,9	0,0	3,0	3,0	0,0	0,0	0,0
	AS: Therapiemöglichkeiten		0,4	**1,3**	0,2	0,3	0,1	0,0	0,0	0,0	0,0
	AS: Brauchbarkeit		0,5	0,4	0,2	0,0	0,6	0,4	**1,1**	0,0	0,0
	tierische SZ: Tierversuche mit ES-Zellen		1,6	**1,9**	0,2	0,0	**1,9**	0,9	0,0	0,0	0,0
	Standort: Wettbewerbsfähigkeit		1,2	2,1	0,4	0,1	0,0	**3,0**	0,0	0,0	0,0
	Summe Forschung		*14,5*	*28,0*	*5,0*	*3,7*	*10,2*	*15,1*	*16,1*	*57,4*	*4,2*
Politik	Fähigkeit der Politik		0,5	0,3	0,3	0,0	0,0	1,6	0,0	0,0	0,0
	Regulierung in anderen Ländern		0,5	**1,5**	0,1	0,0	0,0	0,0	0,0	0,0	**1,7**
	Summe Politik		1,0	1,8	0,4	0,0	0,0	**1,6**	0,0	0,0	1,7
Religion	christl. Menschenbild		**0,1**	0,0	0,0	0,0	0,0	0,0	0,0	0,0	0,0
	Gottesebenbildlichkeit		0,0	0,0	0,0	0,0	0,0	0,0	0,0	0,0	**2,5**
	Schöpfungsauftrag/ Schöpfergott/ menschl. Hybris		0,2	**0,3**	0,0	0,0	0,0	0,0	0,0	0,0	0,0
	Summe Religion		*0,3*	*0,3*	*0,0*	*0,0*	*0,0*	*0,0*	*0,0*	*0,0*	*2,5*
Recht	unspezif. rechtl. Unbedenklichkeit		0,6	2,2	0,2	0,8	1,3	0,0	0,0	**4,6**	0,0
	Vereinbarkeit mit ESchG/StZG		1,9	2,6	0,6	1,0	0,2	0,9	**4,4**	0,0	0,0
	Brauchbarkeit von ESchG/StZG		0,5	0,5	0,0	0,2	0,0	0,2	**0,8**	0,0	0,0
	Diskrepanz ESchG - Abtreibungsregelung		1,0	1,2	0,2	0,1	0,0	0,4	**1,7**	0,0	0,0
	Vereinbarkeit mit Verfassung/GG/ Menschenrechten		0,5	**1,5**	0,3	0,1	0,0	1,1	0,0	0,0	0,0
	Summe Recht		*4,4*	*8,0*	*1,3*	*2,1*	*1,4*	*2,5*	*6,9*	*4,6*	*0,0*
	Summe befürwortende Argumentaussagen		*30,7*	*57,4*	*10,0*	*7,9*	*12,4*	*31,9*	*28,1*	*68,6*	*80,0*
	Prozentanteil befürwortende Lösungsvorschläge		0,1	99,5	0,1	0,0	0,0	43,8	0,0	0,0	0,0

Die ein Cluster konstituierenden Argumentaussagen sind grau hinterlegt.

TABELLE 7b

Mittlere Nennungshäufigkeit der forschungskritischen Äußerungen in den neun Clustern (in %)

			Cluster								
			1	2	3	4	5	6	7	8	9
forschungskritische Äußerungen		N	503	213	194	129	45	31	30	29	20
		%	42,1	17,8	16,3	10,8	3,8	2,6	2,5	2,4	1,7
Ethik	unspezif. eth. Unbedenklichkeit		0,4	1,6	5,5	**9,1**	0,0	5,0	0,0	0,0	0,0
	Beständigkeit eth. Grenzen		3,9	0,5	**5,2**	1,0	0,2	0,8	0,0	1,7	0,0
	gestufter Lebensschutz		1,5	1,1	6,2	**10,1**	0,0	0,1	0,0	0,0	1,0
	kein Menschenstatus von Embryonen		1,5	1,2	5,4	**13,6**	0,9	3,1	0,0	1,4	0,7
	fehlende Lebenschance überzähliger Embryonen		0,8	0,3	1,8	0,5	0,0	0,2	**4,2**	0,0	0,0
	gestufte Menschenwürde		1,2	0,2	6,8	**14,4**	0,0	1,6	0,0	1,7	0,0
	Moral. Vertretbarkeit künstlich erzeugter Embryonen		2,0	**2,3**	1,9	0,7	0,0	0,6	1,1	0,6	1,7
	Instrumentalisierung d. Menschen		2,4	0,7	3,1	**3,7**	0,9	0,2	0,0	0,0	1,7
	Summe Ethik		*16,7*	*7,9*	*35,8*	*53,1*	*5,0*	*12,4*	*8,6*	*5,4*	*5,0*
Medizin & Gesellschaft	unausgewogener Diskurs		0,2	0,6	**1,4**	0,8	0,0	0,0	0,0	1,1	0,0
	Verpflichtung zum Heilen		0,7	0,1	**1,4**	0,3	0,0	0,1	0,0	0,0	0,0
	Möglichkeiten für Transplantationsmedizin		0,1	0,1	0,4	0,0	**0,8**	0,0	0,0	0,0	0,0
	Summe Medizin		*0,8*	*0,2*	*1,8*	*0,3*	*0,8*	*0,1*	*0,0*	*0,0*	*0,0*
Forschung	Erkenntnis-/Forschungsfortschritt		0,4	0,1	0,6	**2,2**	0,0	0,0	0,0	0,0	0,0
	wiss. Unabhängigkeit/Forschungsfreiheit		0,6	0,8	0,5	**1,0**	0,0	0,7	0,0	0,0	0,0
	ES: Therapiemöglichkeiten		**3,0**	1,0	2,4	0,4	0,7	0,4	0,0	1,6	0,0
	ES: Brauchbarkeit		0,6	0,5	0,6	0,4	**9,8**	0,5	0,0	0,0	0,0
	ES: (weiterer) Embryonenverbrauch		3,1	2,6	8,6	2,5	6,4	3,1	**46,1**	0,0	0,0
	AS: Therapiemöglichkeiten		1,9	3,7	5,2	1,0	**32,0**	2,1	0,0	11,6	0,0
	AS: Brauchbarkeit		1,1	0,2	1,1	0,0	**19,3**	1,8	0,0	1,7	0,0
	tierische SZ: Tierversuche mit ES-Zellen		0,1	0,0	0,3	0,1	0,0	0,2	0,0	**1,7**	0,0
	Standort: Wettbewerbsfähigkeit		0,4	0,3	0,1	0,2	0,0	**1,7**	1,1	0,0	0,0
	Summe Forschung		*11,2*	*9,1*	*19,4*	*7,7*	*68,2*	*10,6*	*47,2*	*16,6*	*0,0*
Politik	Fähigkeit der Politik		**1,8**	1,5	0,3	0,3	0,0	0,5	0,0	0,0	0,0
	Regulierung in anderen Ländern		0,3	0,0	**0,7**	0,0	0,0	0,0	0,0	0,0	0,0
	Summe Politik		*2,1*	*1,5*	*1,0*	*0,3*	*0,0*	*0,5*	*0,0*	*0,0*	*0,0*
Religion	christl. Menschenbild		0,3	0,0	0,2	1,0	0,0	0,0	**1,7**	0,0	0,0
	Gottesebenbildlichkeit		0,2	0,1	0,4	**0,5**	0,0	0,0	0,0	0,0	0,0
	Schöpfungsauftrag/Schöpfergott/menschl. Hybris		**1,1**	0,0	0,4	0,4	0,0	0,0	0,0	0,0	0,7
	Summe Religion		*1,7*	*0,1*	*1,1*	*2,0*	*0,0*	*0,0*	*1,7*	*0,0*	*0,7*
Recht	unspezif. rechtl. Unbedenklichkeit		0,7	0,2	**1,4**	1,1	0,0	0,5	0,0	0,0	0,0
	Vereinbarkeit mit ESchG/StZG		2,2	0,7	2,3	1,0	0,0	1,8	**5,6**	0,0	0,0
	Brauchbarkeit von ESchG/StZG		0,3	0,2	0,2	0,6	0,0	**1,4**	0,0	0,0	0,0
	Diskrepanz ESchG - Abtreibungsregelung		0,2	0,0	0,7	0,1	0,0	**0,9**	0,0	0,0	0,0
	Vereinbarkeit mit Verfassung/GG/Menschenrechten		1,6	0,9	4,4	**8,0**	0,0	3,5	0,0	0,0	0,0
	Summe Recht		*5,0*	*2,0*	*9,1*	*10,6*	*0,0*	*8,1*	*5,6*	*0,0*	*0,0*
	Summe kritische Argumentaussagen		*37,7*	*21,5*	*69,6*	*74,7*	*74,0*	*31,7*	*63,1*	*23,1*	*5,8*
	Prozentanteil kritische Lösungsvorschläge		0,0	0,1	99,9	0,4	0,0	37,1	0,0	0,0	0,0

Die ein Cluster konstituierenden Argumentaussagen sind grau hinterlegt.

TABELLE 8
Benennung der Cluster

Cluster	*Frame*
1	Sicherheitsphilosophie
2	Pragmatische, chancenorientierte Forschung
3	Verantwortungsethik
4	Gesinnungsethik
5	Potenzial der AS-Zellen-Forschung
6	Unentschlossenheit
7	Embryonen verbrauchende Forschung
8	Potenzial der ES-Zellen-Forschung
9	Forschung an Prä-Embryonen

Cluster 1: Christlich-ethische Sicherheitsphilosophie

Das erste Cluster ist mit Abstand am größten. Mit gut 40 Prozent der Fälle ist es mehr als doppelt so groß wie das nächstgrößere Cluster. Inhaltlich zeichnet es sich jedoch eher durch eine Vielzahl unterschiedlichster Argumentaussagen als durch ein klares Profil aus. Dies gilt sowohl für die Argumentaussagen, die sich positiv für die Stammzellforschung aussprechen, als auch für die, die sich negativ dagegen wenden. Zwar liegt der Schwerpunkt des Clusters insgesamt deutlich auf Aspekten der ethischen und forschungsbezogenen Themenfelder, im Vergleich zu den übrigen Clustern finden aber alle Themenfelder verhältnismäßig stark Beachtung. Insgesamt überwiegen leicht die Argumentaussagen, die die Stammzellforschung ablehnen. Deutlich ist das Übergewicht der negativen Argumentaussagen insbesondere im ethischen Themenfeld. Aber auch das politische und das religiöse Themenfeld sind stärker von die Stammzellforschung ablehnenden als sie befürwortenden Argumentaussagen geprägt. Dagegen überwiegen im Themenfeld Forschung und Wissenschaft leicht die positiven Argumentaussagen. Das rechtliche Themenfeld wiederum ist in etwa ausgeglichen.

Konstituierend für das Cluster ist aufseiten der forschungsbefürwortenden Argumentaussagen die Ablehnung des christlichen Menschenbildes als unvereinbar mit der Stammzellforschung. Aufseiten der forschungskritischen Argumentaussagen unterscheidet sich das Cluster von den übrigen einerseits im deutlichen Zweifel, dass ES-Zellen tatsächlich für Therapien am Menschen geeignet sind, und andererseits im Vertrauen in die Politik, die Stammzellforschung genügend restriktiv zum Schutz menschlicher Embryonen zu regulieren. Darüber hinaus weist das Cluster auch hinsichtlich der Beurteilung der Stammzellforschung als menschliche Hybris, bei der sich der Mensch selbst zum Schöpfer aufschwingt, mit den höchsten Wert auf. Insgesamt sind die Werte der konstituierenden Aussagen jedoch eher niedrig und teilweise deutlich geringer als die anderer Argumentaussagen. Insofern dürfen sie in ihrer Bedeutung nicht überinterpretiert werden. Zusammen mit der inhaltlichen Heterogenität der konstituierenden Argumentaussagen bestätigen deren niedrige Werte alles in allem, dass das Cluster offensichtlich eine Art Mainstream-Cluster darstellt, in dem sich wenig pointierte Akteursäußerungen sammeln. Dennoch weisen die Unterschiede in der Anzahl der forschungsbefürwortenden und forschungskritischen Argumentaussagen insgesamt und innerhalb der verschiedenen Themenfelder darauf hin, dass die Akteure in diesem Cluster sich einerseits durchaus der positiven Aspekte der Forschung bewusst sind. Insbesondere die potenziellen Therapiemöglichen durch ES-Zellen werden von ihnen zugunsten der Stammzellforschung ins Feld geführt. Auf der anderen Seite hegen sie aber auch mehr oder weniger substanzielle ethische und forschungsbezogene Bedenken. Hier konzentrieren sie sich v. a. auf die Befürchtung eines ethischen Dammbruchs, allgemeine ethische Einwände sowie die Gefahr des weiteren Embryonenverbrauchs. Auch die potenziellen Therapiemöglichkeiten durch ES-Zellen werden von ihnen in einem ähnlichen Ausmaß wie aus positiver auch aus kritischer Perspektive angesprochen. Die das Cluster in gewisser Weise kennzeichnende Unentschlossenheit spiegelt sich auch in den Lösungsvorschlägen. Bezeichnenderweise äußern die Akteure fast keine Lösungsvorschläge, die sich positiv für oder negativ gegen die Stammzellforschung aussprechen. Mit Blick auf die der Clusterung zugrunde liegenden Variablen bedeutet das, dass nahezu alle Lösungsvorschläge der Akteure in diesem Cluster in irgendeiner Weise neutral zur Stammzellforschung stehen, sei es dass die Akteure ein Moratorium oder einfach nur einen offenen Dialog fordern.

Das Cluster lässt sich damit insgesamt als gemäßigt negativ mit inhaltlichen Schwerpunkten auf den eventuellen Möglichkeiten der Stammzellforschung bei gleichzeitig ethisch nicht klar abschätzbaren Folgen und allgemeineren ethischen Bedenken charakterisieren. Die Abwägung zwischen den positiven Forschungsaspekten auf der einen und den ethischen Bedenken auf der anderen Seite erinnert dabei stark an die aus der Historie bekannte und in Kapitel 5.2.1 erwähnte deutsche Vorsorgephilosophie bei der Regulierung von Risikotechnologien. Mit Blick auf die bereits angesprochenen weiteren inhaltlichen Facetten erhält der durch das Cluster repräsentierte Frame daher die Bezeichnung *Sicherheitsphilosophie*.

Cluster 2: Pragmatische, chancenorientierte Forschung

Das zweite Cluster ist deutlich kleiner als das erste Cluster, vereint aber immer noch die Äußerungen von knapp 20 Prozent der Akteure auf sich. Im Gegensatz zum ersten Cluster ist es inhaltlich deutlich pointierter. Dies gilt sowohl für die forschungsbefürwortenden als auch für die forschungskritischen Argumentaussagen. Beim Blick auf die Themenfelder allgemein fällt zunächst auf, dass das Cluster v. a. durch forschungsbefürwortende Argumentaussagen aus dem ethischen und dem forschungsbezogenen Themenfeld gekennzeichnet ist. Im Vergleich zu den anderen Clustern findet auch das rechtliche Themenfeld sehr stark Erwähnung, allerdings wiederum nur in forschungsbefürwortender Hinsicht. Gleiches gilt auch für das religiöse Themenfeld, auch wenn dessen Anteil an den Argumentaussagen insgesamt verschwindend gering ist. Politische Aspekte sind dagegen gleichermaßen sowohl auf der Pro- als auch auf der Kontra-Forschungs-Seite zu finden, im Vergleich zu den anderen Themenfeldern aber ebenfalls in sehr geringem Ausmaß.

Das deutliche Übergewicht der forschungsbefürwortenden Argumentaussagen in nahezu allen Themenfeldern spiegelt sich auch in den das Cluster konstituierenden einzelnen Argumentaussagen. Im Vergleich zu den übrigen Clustern enthält das zweite Cluster die meisten clusterkonstituierenden forschungsbefürwortenden Argumentaussagen. Diese verteilen sich über nahezu alle Themenfelder, ihr Schwerpunkt liegt jedoch im forschungsbezogenen sowie im ethischen Themenfeld. Hinsichtlich Ersterem unterscheidet sich das Cluster von den übrigen durch die starke Betonung, dass im Zuge der Stammzellforschung keine verbrauchende Embryonenforschung zu befürchten ist, sowie durch deutliche Hinweise auf die Forschungsfreiheit, die Erfolge in der Forschung mit ES-Zellen am Tiermodell und die geringere Brauchbarkeit von AS-Zellen gegenüber ES-Zellen für den therapeutischen Einsatz. Hinsichtlich Letzterem zeichnet sich das zweite Cluster gegenüber den anderen durch

Verweise auf die Existenz von aus künstlichen Befruchtungen übriggebliebenen Embryonen, auf die Beständigkeit ethischer Grenzen auch bei Erlaubnis der Forschung, auf die allgemeine ethische Unbedenklichkeit der Forschung sowie auch auf die moralische Zulässigkeit, Embryonen extra für die Forschung zu erzeugen, aus. Der letzte Aspekt wird allerdings dadurch relativiert, dass sich die einzige clusterkonstituierende Argumentaussage unter den forschungskritischen Argumentaussagen ebenfalls genau auf diesen Sachverhalt bezieht und zudem etwas häufiger genannt wird. Dies deutet darauf hin, dass das Cluster trotz seiner der Stammzellforschung sehr offen gegenüberstehenden Grundhaltung von der Akzeptanz absoluter ethischer Grenzen geprägt ist, die sich in der Ablehnung künstlich erzeugter Embryonen manifestiert. Abgesehen davon herrscht jedoch eine insgesamt eher pragmatische Sichtweise vor, die sich auch in den drei letzten clusterkonstituierenden Argumentaussagen – der Einschätzung, dass die Stammzellforschung mit Verfassung und Menschenrechten vereinbar ist, der Verneinung, dass der Mensch sich damit die Schöpferrolle anmaßt, und der Zurückweisung eines einseitig forschungsfreundlichen gesellschaftlichen Diskurses – äußert.

Der Eindruck einer weitgehend pragmatischen, an äußeren Gegebenheiten orientierten forschungspositiven Sichtweise wird im Wesentlichen durch die weiteren häufiger im Cluster vertretenen Argumentaussagen bestätigt. Dabei stellt v. a. die Betonung des therapeutischen Potenzials von ES-Zellen einen inneren Rechtfertigungsgrund für die Stammzellforschung dar. Wie die zentralen forschungskritischen Argumentaussagen des Clusters zeigen, bestehen dabei in der gezielten Herstellung von Embryonen für Forschungszwecke jedoch absoluten Grenzen. Dass die Forschungsbefürwortung nicht mit Betriebsblindheit gleichzusetzen ist, zeigt auch die verhältnismäßig häufige Erwähnung des therapeutischen Potenzials von AS-Zellen in dem Cluster. Im Vergleich zum Potenzial der ES-Zellen wird aber deutlich seltener darauf verwiesen. Dies kann als Hinweis auf eine bewusste Bevorzugung der ES-Zellen gegenüber den AS-Zellen gesehen werden. Dass das Cluster insgesamt von einer sehr forschungspositiven Sichtweise geprägt ist, zeigen auch die Lösungsvorschläge. Diese sind fast ausschließlich forschungsbefürwortend; zudem ist ihr Anteil in keinem anderen Cluster so hoch wie in diesem.

Alles in allem lassen sowohl die exklusiv clusterbestimmenden Aspekte als auch die generell häufig genannten Argumentaussagen eine breit gefächerte forschungsfreundliche, ethisch und rechtlich pragmatische Sichtweise erkennen. Auf der einen Seite werden die in der Gesellschaft vorhandenen ethischen und rechtlichen Bedenken und Befürchtungen weitgehend negiert. Auf der anderen Seite werden aktiv die wissenschaftlichen und therapeutischen Vorteile der Stammzellforschung betont und auch Verweise auf bestehende nationale und internationale Regelungen dazu genutzt, die Zulassung der Stammzellforschung einzufordern. Dass es sich dabei allerdings um keine völlig unkritische forschungspositive Sichtweise handelt, zeigt einerseits die Ablehnung, Embryonen extra für die Forschung zu erzeugen. Andererseits ist auch die verhältnismäßig starke Erwähnung des therapeutischen Potenzials von AS-Zellen ein Hinweis darauf, dass eine gewisse Differenziertheit in der Betrachtung vorhanden ist. Im Vergleich zu den übrigen Werten ist der letztgenannte jedoch verhältnismäßig niedrig. Insofern erscheint die Benennung des durch das Cluster repräsentierten Frames mit *Pragmatische, chancenorientierte Forschung* gerechtfertigt.

Cluster 3: Verantwortungsethik

Das dritte Cluster ist mit gut 16 Prozent der Akteure ähnlich groß wie das zweite, unterscheidet sich inhaltlich jedoch deutlich von diesem. Ein Blick auf das Verhältnis von forschungsbefürwortenden zu forschungsablehnenden Argumentaussagen zeigt, dass hier offensichtlich deutlich eine forschungskritische Sichtweise überwiegt. Während die Stammzellforschung unterstützende Argumentaussagen fast überhaupt nicht vorhanden sind, finden sich v. a. im ethischen und im forschungsbezogenen Themenfeld zahlreiche forschungskritische Argumentaussagen. Die negative Sichtweise zeigt sich auch in den clusterbestimmenden Argumentaussagen. Diese stammen ausschließlich aus dem forschungsablehnenden Bereich. Ähnlich wie beim ersten Cluster verteilen sie sich dabei über alle Themenfelder. Ein konsistentes Muster ist auf den ersten Blick nicht zu erkennen. Die das Cluster von den anderen Clustern unterscheidende ablehnende Argumentation reicht von der Befürchtung eines ethischen Dammbruchs über allgemeine rechtliche Bedenken, die Bemängelung eines einseitig forschungspositiven gesellschaftlichen Diskurses sowie die Infragestellung des Heilungsprimats bis hin zur Ablehnung international freizügigerer Regulierungen als Vergleichsmaßstab. Erst das Hinzuziehen der übrigen häufig genannten Argumentaussagen lässt den Charakter des Clusters klarer hervortreten. Im ethischen Themenfeld weisen fast ausnahmslos alle forschungskritischen Argumentaussagen substanzielle Erwähnungen auf. Der höchste Wert entfällt dabei auf die grundsätzliche Feststellung, dass der menschliche Embryo ethisch mit einem bereits geborenen Menschen gleichzusetzen ist und deshalb volle Menschenwürde besitzt und ausnahmslos schützenswert ist. Diese Sichtweise zeigt sich im Übrigen auch in der Einschätzung, dass die Stammzellforschung nicht mit der Verfassung bzw. dem Grundgesetz vereinbar ist. Neben diesen allgemeinen Prinzipien spielen jedoch auch ganz praktische ethische Überlegungen eine Rolle. Diese manifestieren sich einerseits in der bereits genannten Befürchtung eines ethischen Dammbruchs. Andererseits spiegeln sie sich auch in den starken allgemeinen ethischen Bedenken sowie der Sorge vor einer Instrumentalisierung des Menschen. Auch im Themenfeld Forschung sind die anwendungsbezogenen ethischen Überlegungen deutlich erkennbar. Im Zentrum steht hier die Befürchtung, dass mit der Forschungszulassung der Einstieg in die verbrauchende Embryonenforschung verbunden ist. Entsprechend stark werden die Therapiepotenziale von AS-Zellen betont. Die Akteure mit der Sichtweise dieses Clusters lehnen die Stammzellforschung aus ethischen Überlegungen heraus deutlich ab. Die klare Ablehnung der Forschung zeigt sich auch in den Lösungsvorschlägen. Genau entgegengesetzt zum zweiten Cluster zeigen die Lösungsvorschläge fast ausschließlich eine ablehnende Haltung gegenüber der Stammzellforschung. Diese ist auch im Vergleich zwischen den verschiedenen Clustern deutlich am höchsten.

Insgesamt spiegelt sich damit im dritten Cluster eine sehr anwendungs- bzw. folgenorientierte Ablehnung der Stammzellforschung, die ihre Wurzeln in allgemeineren ethischen Prinzipien besitzt. Diese gründen auf dem modernen abendländischen, von der christlichen Religion geprägten Verständnis des Menschen als vollwertigem und einzigartigem Individuum vom Zeitpunkt der Zeugung an. Die Betonung der möglichen negativen Folgen einer Forschungserlaubnis erinnert dabei stark an die von Max Weber geprägten Begriffe der Gesinnungs- und Verantwortungsethik (vgl. MÖLLER 1983), wobei der Fokus hier eindeutig auf der Verantwortungsethik liegt. Der durch das Cluster repräsentierte Frame erhält deshalb die Bezeichnung *Verantwortungsethik*.

Cluster 4: Gesinnungsethik

Das vierte Cluster ist mit gut einem Zehntel der Akteure etwas kleiner als das dritte, steht ihm inhaltlich jedoch sehr nahe. Ebenso wie dieses enthält es nur sehr wenige forschungsbefürwortende Argumentaussagen, im Vergleich zwischen allen Clustern sogar am wenigsten. Stattdessen liegt sein Fokus klar auf den forschungskritischen Argumentaussagen, und hier unverkennbar im ethischen Themenfeld. Nahezu alle forschungskritischen ethischen Argumentaussagen sind zugleich auch clusterkonstituierend. Erkennbar an der Häufigkeit ihrer Nennungen spielen dabei insbesondere die drei mit der Frage des Menschseins von Embryonen verbundenen Argumentaussagen eine Rolle. Die Akteure in diesem Cluster betrachten menschliche Embryonen grundsätzlich als vollwertige Menschen, denen daher die gleiche Menschenwürde und das gleiche Recht auf Lebensschutz zusteht wie jedem anderen Menschen auch. Diese Sichtweise spiegelt sich deutlich auch in einem weiteren clusterkonstituierenden Merkmal, und zwar der Überzeugung, dass die Stammzellforschung nicht mit der Verfassung und dem Grundgesetz – das ja die Menschenwürde garantiert – vereinbar ist. Dass die Wurzeln davon in der christlich-abendländischen Tradition zu finden sind, darauf weist die zwar gering vorhandene, aber ebenfalls clusterkonstituierende Erwähnung der menschlichen Gottesebenbildlichkeit hin. In ethischer Hinsicht konstituierend für das Cluster sind darüber hinaus allgemeine Bedenken gegen die Stammzellforschung sowie die konkrete Befürchtung der menschlichen Instrumentalisierung. Diese Argumentaussagen sind jedoch weniger wichtig als das allgemeine Prinzip des Menschseins. Damit offenbart sich in den clusterkonstituierenden Argumentaussagen ein wichtiger Unterschied zum dritten Cluster: Während der Fokus von Letzterem – wie gesehen – auf den negativen Folgen einer Forschungserlaubnis liegt, umfasst er hier unmittelbar die ethischen Prinzipien selbst. Das zeigen auch die übrigen, allerdings seltener genannten clusterkonstituierenden Argumentaussagen. Diese beziehen sich auf die Ablehnung der Forschungsbefürworter-Argumente, dass mit der Stammzellforschung ein Erkenntnisfortschritt verbunden und sie aus Gründen der Forschungsfreiheit notwendig sei. Die ethischen Prinzipien werden damit absolut gesetzt. Zu dem ethisch abstrakten Argumentationsmuster passt ebenfalls, dass trotz des sehr deutlichen Übergewichts der forschungskritischen Argumentaussagen in dem Cluster nahezu keine konkreten Lösungsvorschläge geäußert werden, selbst nicht in forschungsablehnender Hinsicht. Offensichtlich geht es in diesem Cluster gerade nicht um die Diskussion konkreter Folgen, sondern um die abstrakten ethischen Prinzipien an sich.

Insgesamt weist das vierte Cluster damit einerseits Parallelen, andererseits aber auch deutliche Unterschiede zum dritten Cluster auf. Ebenso wie dieses ist es klar von einem ethischen Argumentationsmuster geprägt, dessen Wurzeln in der modernen, abendländisch-christlichen Tradition zu finden sind. Anders als beim dritten Cluster bildet dieses ethische Argumentationsmuster jedoch nicht die Ausgangsbasis für die Diskussion der praktischen Folgen, sondern bleibt für sich selbst stehen. Das ethische Argument des Menschseins und der Menschenwürde auch von Embryonen wird absolut gesetzt und allein aufgrund seiner Existenz als Begründung für die Ablehnung der Stammzellforschung verwendet. In diesem Vorgehen spiegelt sich deutlich das bereits genannte zweite Weber'sche Ethikprinzip, die Gesinnungsethik. Der vom vierten Cluster repräsentierte Frame wird daher als *Gesinnungsethik* bezeichnet.

Cluster 5: Potenzial der AS-Zellen-Forschung

Das fünfte Cluster ist das erste der kleineren Cluster, unter diesen mit knapp vier Prozent der Akteure aber noch am größten. Ebenso wie das vierte Cluster ist es von einem deutlichen Übergewicht forschungskritischer Argumentaussagen geprägt. Im Gegensatz zu diesem liegt der Schwerpunkt hier jedoch eindeutig auf den Argumentaussagen aus dem forschungsbezogenen Themenfeld. Diesem entstammen auch nahezu alle das Cluster originär konstituierenden Argumentaussagen. Mit deutlichem Abstand an der Spitze befindet sich dabei der Verweis auf das Therapiepotenzial von AS-Zellen, gefolgt von dem auf ihre Brauchbarkeit für die Entwicklung von Therapien sowie Zweifeln am therapeutischen Potenzial von ES-Zellen. Zwar findet sich auch unter den forschungsbefürwortenden Argumentaussagen mit dem Hinweis auf vielversprechende Versuche mit ES-Zellen am Tiermodell eine clusterkonstituierende Aussage. Diese wird jedoch erheblich seltener genannt als die forschungskritischen Äußerungen und spielt insofern eine untergeordnete Rolle für die Clusterinterpretation. Gleiches gilt für die Ablehnung der potenziellen Möglichkeiten, die die embryonale Stammzellforschung für die Transplantationsmedizin eröffnet, aus dem medizinischen Themenfeld. Diese korrespondiert jedoch erkennbar mit den kritischen Argumentaussagen aus dem Themenfeld Forschung. Abgesehen von wenigen Ausnahmen gehören auch die übrigen im Cluster häufiger auftauchenden Argumentaussagen dem forschungsbezogenen Themenfeld an. Insgesamt stützen sie dabei den bisher gewonnenen Eindruck. Deutlich kritisch sehen die Akteure in diesem Cluster die Gefahr eines weiteren Embryonenverbrauchs, verbunden mit allgemeinen ethischen Bedenken. Zwar gibt es offensichtlich auch Akteure, die nicht von einem weiteren Embryonenverbrauch ausgehen und auch den ES-Zellen generell Brauchbarkeit unterstellen. Im Vergleich zur dominierenden forschungskritischen Sichtweise ist der Anteil ihrer Äußerungen in diesem Cluster jedoch eher gering.

Alles in allem liegt der Schwerpunkt des Clusters auf der Abwägung, ob die Stammzellforschung sich eher auf AS- oder ES-Zellen konzentrieren sollte. Diese fällt deutlich zugunsten der AS-Zellen aus. Offensichtlich bevorzugen die Akteure in diesem Cluster die Alternative der AS-Forschung, allerdings ohne dies argumentativ mit weiteren Aspekten zu verknüpfen. Ethische, rechtliche oder auch religiöse Überlegungen sind für das Cluster praktisch bedeutungslos. Angesichts dieses Bildes wird der durch das fünfte Cluster repräsentierte Frame mit *Potenzial der AS-Zellen-Forschung* bezeichnet.

Cluster 6: Unentschlossenheit

Das sechste Cluster ist mit etwas über zwei Prozent der Akteure etwas kleiner als das fünfte. Auch inhaltlich unterscheidet es sich substanziell von diesem. Auf den ersten Blick weist es eine ähnlich unklare inhaltliche Aussage auf wie das als Mainstream-Cluster identifizierte erste Cluster. Noch deutlicher als in diesem halten sich hier forschungsbefürwortende und -kritische Argumentaussagen die Waage. Dabei verteilen sich die clusterkonstituierenden Aussagen wiederum relativ gleichmäßig über alle Themenfelder. Auf forschungsbefürwortender Seite handelt es sich um Verweise auf die internationale Wettbewerbsfähigkeit der wissenschaftlichen Forschung, die Verpflichtung zum Heilen von schwer Kranken sowie die Überzeugung, dass die Politik für die Forschung positive Rahmenbedingungen setzen wird. Auf forschungskritischer Seite werden allerdings ebenfalls die Wettbewerbsfähigkeit sowie die Brauchbarkeit des ESchG angesprochen und die logische Konsequenz der embryonalen Stammzellforschung aus der bestehenden Abtreibungsregelung abgelehnt. Wie die verhältnismäßig geringen Prozentanteile zeigen, besitzt jedoch keine dieser Aussagen eine dominierende Position in dem Cluster. Etwas klarer wird das Bild, wenn zusätzlich die generell häufiger in diesem Cluster genannten Argumentaussagen herangezogen werden. Im

Vergleich der einzelnen Themenfelder finden sich diese überwiegend im forschungsbezogenen und im ethischen Themenfeld, und zwar sowohl in forschungsbefürwortender als auch -kritischer Hinsicht. Auf positiver Seite betonen die Akteure v. a. das Therapiepotenzial von ES-Zellen und die Vermeidung eines weiteren Embryonenverbrauchs. Dem steht auf negativer Seite in gleichem Ausmaß wie in positiver Hinsicht die Befürchtung einer Embryonen verbrauchenden Forschung gegenüber. Im ethischen Themenfeld äußert sich die forschungspositive Sichtweise in einer bemerkenswert hohen Zustimmungsrate zur Verwendung überzähliger Embryonen in der Forschung. Demgegenüber findet sich auf forschungskritischer Seite in gleichem Umfang auch die Sichtweise, dass Embryonen sehr wohl Menschenstatus besitzen. Hinzu kommen massive allgemeine ethische Bedenken gegenüber der embryonalen Stammzellforschung. Diese zeigen sich auch in deutlichen Zweifeln daran, ob die Forschung mit dem Grundgesetz vereinbar ist.

Insgesamt erweckt das sechste Cluster den Anschein einer Patt-Situation. Den forschungsbefürwortenden stehen in nahezu gleichem Ausmaß forschungskritische Argumentaussagen gegenüber. Auf der positiven Seite überwiegt leicht die forschungsbezogene Argumentation, auf der negativen dagegen leicht die ethikbezogene. Die für das Cluster wichtigen Aspekte deuten dabei darauf hin, dass ein gewisser Fokus – sofern überhaupt von einem solchen gesprochen werden kann – auf originär wissenschaftlichen Belangen wie wissenschaftlicher Wettbewerbsfähigkeit liegt. Die leichte Dominanz forschungspositiver gegenüber forschungsablehnenden Lösungsvorschlägen deutet zudem auf eine tendenziell forschungsbefürwortende Sichtweise hin. Bemerkenswert ist in diesem Kontext, dass dieses Cluster überhaupt substanzielle Nennungen von Lösungsvorschlägen aufweist. Das ist ansonsten nur beim zweiten und dritten Cluster der Fall. Dennoch zeichnet sich das Cluster insgesamt durch eine abwägende Haltung und Unentschlossenheit aus, die so in keinem anderen Cluster zu finden ist. Es lässt sich nur spekulieren, ob der dahinterstehende Frame in seiner Reinform tatsächlich so aussieht oder einfach nicht genügend klar hervortritt. Unter der Annahme von Ersterem ist zu vermuten, dass sich unter diesem Frame alle Akteure versammeln, die aus einer wissenschaftsnahen Perspektive einerseits die wissenschaftlichen und medizinischen Möglichkeiten der embryonalen Stammzellforschung erwähnen und andererseits aufgrund möglicher Gefahren auch die alternative Möglichkeit der Forschung an AS-Zellen im

Blick haben. Angesichts dieses Profils erhält der durch das Cluster repräsentierte Frame die Bezeichnung *Unentschlossenheit*.

Cluster 7: Embryonen verbrauchende Forschung

Das siebte Cluster, das nahezu genauso groß bzw. klein ist wie das sechste, zeichnet sich durch eine klar kritische Sichtweise auf die embryonale Stammzellforschung aus. Überdeutlich clusterbestimmend mit fast der Hälfte aller Äußerungen ist dabei die Befürchtung eines weiteren Embryonenverbrauchs. Damit einher geht die deutliche Ablehnung der Forschung an bei künstlichen Befruchtungen übrig gebliebenen Embryonen. Wie der Verweis auf das christliche Menschenbild zeigt, ist dies offensichtlich in gewisser Weise religiös motiviert. Auch die Unvereinbarkeit mit dem ESchG bzw. dem StZG bringen die Akteure in diesem Cluster als wichtiges Argument gegen die embryonale Stammzellforschung ein. Auf der anderen Seite werden ESchG und StZG fast in gleichem Ausmaß auch im Kontext der Forschungsbefürwortung erwähnt – diesmal unter Verweis auf ihre Vereinbarkeit mit der Forschung. Daneben spielen auf der forschungsbefürwortenden Seite spezifisch für dieses siebte Cluster zwei weitere, dem rechtlichen Themenfeld zuzuordnende Aspekte eine gewisse Rolle. Sowohl die pragmatische Abtreibungsregelung als auch die Brauchbarkeit des bestehenden ESchG bzw. StZG werden argumentativ für die embryonale Stammzellforschung eingesetzt. Hinzu kommen einzelne Argumentaussagen aus den übrigen Themenfeldern. Dabei handelt es sich einerseits um die Möglichkeiten, die die embryonale Stammzellforschung u. U. für die Transplantationsmedizin eröffnet, und andererseits um die Ablehnung der Befürchtung, dass durch Forschung an ES-Zellen der Mensch instrumentalisiert wird. In geringerem Ausmaß spezifisch für das Cluster ist auch die Einstufung von AS-Zellen als weniger brauchbar für die Forschung und Therapieentwicklung. Der Blick auf die weiteren aufgrund ihrer Häufigkeit für das Cluster bedeutsamen Argumentaussagen zeigt, dass auf der forschungsbefürwortenden Seite das vermutete Therapiepotenzial von ES-Zellen eine zentrale Rolle spielt. Nur ein anderes Cluster weist bei dieser Argumentaussage noch eine höhere Nennungshäufigkeit auf. Demgegenüber werden für das Cluster bedeutsame forschungskritische Argumentaussagen eher selten genannt. Relevant sind hier lediglich allgemeine ethische Bedenken.

Insgesamt weist das Cluster eine gewisse Zwiespältigkeit gegenüber der embryonalen Stammzellforschung auf. Das Therapiepotenzial von ES-Zellen wird deutlich betont, klar clusterbestimmend ist jedoch die Befürchtung des Embryonenverbrauchs. In diesem Zusammenhang wird auch die Forschung nur an überzähligen Embryonen abgelehnt, offensichtlich auf der Basis christlicher Werthaltungen. Im rechtlichen Themenfeld halten sich Pro- und Kontra-Argumente in etwa die Waage; auf beiden Seiten liegt dort der Fokus v. a. auf der Frage der Vereinbarkeit mit dem ESchG bzw. StZG. Auf der forschungskritischen Seite bilden die clusterbestimmenden Argumentaussagen ein konsistentes Muster. Auf der forschungsbefürwortenden Seite ist ein solches Muster dagegen nicht klar erkennbar. Dies mag auch mit durch die insgesamt eher geringe Fallzahl in dem Cluster bedingt sein, die möglicherweise ein klareres Hervortreten des dahinterstehenden Frames verhindert. Angesichts der generellen Dominanz der forschungsablehnenden Argumentaussagen und dabei insbesondere des Hinweises auf den bevorstehenden Embryonenverbrauch erhält das Cluster bzw. der repräsentierte Frame die Bezeichnung *Embryonen verbrauchende Forschung*.

Cluster 8: Potenzial der ES-Zellen-Forschung

Das achte Cluster entspricht in seiner Größe dem sechsten und siebten. Inhaltlich ist es in gewisser Weise das negative Pendant zum siebten Cluster. Entgegengesetzt zu diesem werden hier v. a. die Vorteile der embryonalen Stammzellforschung betont. Mit Abstand clusterbestimmend ist der Verweis auf das therapeutische Potenzial von ES-Zellen. Dieser wird verknüpft mit dem Hinweis auf die Brauchbarkeit von ES-Zellen sowie dem durch die Forschung möglichen Erkenntnisfortschritt. In rechtlicher Hinsicht erscheint den Akteuren mit diesem Argumentationsmuster die Forschung an ES-Zellen unproblematisch. Überhaupt äußern sie Bedenken an der embryonalen Stammzellforschung – wenn überhaupt – überwiegend mit Blick auf pragmatische Belange der Forschung. Einziges clusterbestimmendes Merkmal unter den forschungskritischen Argumentaussagen ist der Hinweis, dass die Erkenntnisse aus der Forschung am Tiermodell nicht unbedingt für die Forschung an menschlichen ES-Zellen sprechen. Diese leisen Bedenken stehen jedoch gegenüber dem starken Fokus auf den Möglichkeiten der Forschung deutlich zurück. Unter den übrigen, für das Cluster relevanten Argumentaussagen dominiert auf forschungskritischer Seite mit Abstand die Argumentation, dass AS-Zellen ein ebenso gutes therapeutisches Potenzial aufweisen wie ES-Zellen. Aber auch ethische Überlegungen sind Teil dieses Clusters. Überwiegend geht es dabei um die Frage, ob Embryonen vollwertige Menschen sind. Dabei dominiert leicht die forschungsbefürwortende Seite, die menschlichen Embryonen den gleichen moralischen Status wie bereits lebenden Menschen abspricht.

Insgesamt liegt der Fokus des achten Clusters klar auf den Möglichkeiten, die ES-Zellen für die Forschung und die Entwicklung von Therapien bieten. Ethische Bedenken sind eher marginal und spielen ebenso wie religiöse, medizinische, gesellschaftliche und differenziertere rechtliche Überlegungen keine große Rolle. Einzig die Alternative der AS-Zellen erhält substanzielle Aufmerksamkeit, bleibt dabei jedoch deutlich hinter der positiven Betrachtung der ES-Zellen zurück. Damit stellt das achte Cluster das inhaltliche Gegenüber zum fünften Cluster dar. Während Letzteres die Vorteile der AS-Zellen betont, fokussiert dieses auf die Vorteile der ES-Zellen. Das achte Cluster bzw. der Frame wird deshalb mit *Potenzial der ES-Zellen-Forschung* bezeichnet.

Cluster 9: Forschung an Prä-Embryonen

Das neunte Cluster ist mit knapp zwei Prozent der Fälle das kleinste von allen. Wie die anderen kleineren Cluster auch weist es einen sehr klaren inhaltlichen Schwerpunkt auf. Dieser liegt ebenso wie beim vierten Cluster im ethischen Themenfeld, konzentriert sich hier jedoch auf die Argumentaussagen, die die embryonale Stammzellforschung befürworten. Überhaupt ist das neunte Cluster das Cluster, das den größten Anteil forschungsbefürwortender Argumentaussagen aufweist. Wie bei den anderen kleinen Clustern entfällt auch hier nahezu die Hälfte aller Argumentaussagen auf einen Aspekt. Dabei handelt es sich um die Ablehnung des Menschenstatus von frühen Embryonen. Rechnet man auch noch die beiden eng damit verknüpften, ebenfalls clusterkonstituierenden Aspekte der gestuften Menschenwürde und des gestuften Lebensschutzes für Embryonen hinzu, beziehen sich sogar knapp zwei Drittel aller Argumentaussagen in diesem Cluster darauf, dass menschlichen Embryonen das Menschsein abgesprochen wird. Konsistent dazu wird auch die Gottesebenbildlichkeit des Embryos verneint. Dass diese Sichtweise im Übrigen auch international vorherrscht, versuchen die Akteure in diesem Cluster

z. T. offensichtlich mit dem Verweis auf die internationale Regulierung der embryonalen Stammzellforschung zu begründen. Weitere für die inhaltliche Ausrichtung des Clusters relevante Argumentaussagen beziehen sich v. a. auf die pragmatische Sichtweise, dass bei künstlichen Befruchtungen übrig gebliebene Embryonen sowieso schon existieren und ES-Zellen aufgrund ihrer Eigenschaften am besten für die Forschung und Therapieentwicklung geeignet sind. In forschungskritischer Hinsicht bringen die Akteure in diesem Cluster nahezu keine Argumentaussagen ein. Es finden sich lediglich einige spärliche Verweise auf ethische Aspekte.

Insgesamt zeigt das neunte Cluster damit ebenso wie das achte eine sehr forschungspositive Sichtweise. Anders als bei diesem liegt sein Schwerpunkt jedoch nicht auf den konkreten Aspekten der Forschung selbst, sondern allgemeiner auf den dahinterstehenden ethischen Überlegungen. Die Kernargumentation konzentriert sich dabei auf die Unterscheidung des moralischen Status von frühen Embryonen und bereits lebenden Menschen. Den Embryonen wird das vollwertige Menschsein abgesprochen und daher die Forschung an ihnen als unproblematisch beurteilt. Dennoch scheint ein gewisser Konsens zu bestehen, dass die gezielte Herstellung von Embryonen für die Forschung tabu ist. Die Sichtweise, dass frühe Embryonen noch keine Menschen sind, erinnert stark an die bei Mulkay (1994d) erwähnte Bezeichnung des Prä-Embryos. Der Begriff war in der britischen Stammzelldebatte geprägt worden und diente der Abgrenzung der nur aus wenigen Zellen bestehenden frühen Embryonen von bereits weiter entwickelten Embryonen. Ersteren wurde durch die Bezeichnung als Prä-Embryo indirekt der Menschenstatus abgesprochen und damit die Zulässigkeit der Forschung suggeriert. Der vom neunten Cluster repräsentierte Frame erhält deshalb die Bezeichnung *Forschung an Prä-Embryonen*.

8.1.3 *Allgemeine Verteilung der Akteursframes*

Die Clusterbeschreibung hat u. a. verdeutlicht, dass die identifizierten Frames unterschiedlich groß sind, d. h. von unterschiedlich vielen Akteuren verwendet werden. Aufgrund des gewählten Frame-Bildungs-Kriteriums waren allerdings rund zwei Drittel der Akteure mit ihren Äußerungen von vornherein aus der Analyse ausgeschlossen worden. Der Ausschluss bedeutet jedoch nicht zwingend, dass diese Akteure keinen Frame verwenden. Vielmehr sind auch die von ihnen genannten, einzelnen Argumentaussagen i.d.R. Bestandteil eines komplexeren Frames. Sie waren lediglich deshalb nicht bei der Frame-Erstellung berücksichtigt worden, weil solche einzelnen Argumentaussagen die Bildung klar voneinander abgrenzbarer Frames erschweren (vgl. Kap. 8.1.1). Vor der Durchführung der weiteren Analyse ist es deshalb notwendig, diese Fälle nachträglich einem der identifizierten Frames zuzuordnen. Die Zuweisung erfolgt dabei jeweils zu dem Frame, den sie am besten repräsentieren. Konkret wurde jeder Akteur mit nur einer Argumentaussage jeweils dem Frame zugeordnet, in dem seine Argumentaussage prozentual am häufigsten vorkommt. Da die Argumentaussagen in den verschiedenen Frames z.T. allerdings ähnlich hohe Werte aufweisen, erfolgte die Zuweisung nur dann, wenn die durchschnittliche Nennungshäufigkeit der Argumentaussage in dem jeweiligen Frame um mindestens 0,5 Prozentpunkte über der in den übrigen Frames liegt. Damit ist gewährleistet, dass alle Akteure, deren Argumentaussage nicht eindeutig einem Frame zugeordnet werden kann, aus der weiteren Analyse ausgeschlossen sind. In der Theorie war darauf hingewiesen worden, dass sich Akteure in ihren Framing-Aktivitäten möglicherweise sogar nur auf die Nennung eines Lösungsvorschlags beschränken. Um auch diese Akteure in die weitere Analyse einbeziehen zu können, wurden sie anhand ihrer Lösungsvorschläge ebenfalls nachträglich einem der neun Frames zugeordnet. Analog zur Zuordnung der einzelnen Argumentaussagen wurden dabei nur die Akteure berücksichtigt, die anhand ihrer Lösungsvorschläge eindeutig einem der Frames zugewiesen werden können. Wie gesehen, enthält der zweite der neun Frames fast ausschließlich forschungsbefürwortende, der dritte dagegen fast ausschließlich forschungsablehnende Lösungsvorschläge. Deshalb wurden alle Akteure, deren Lösungsvorschläge sich zu 100 Prozent für die embryonale Stammzellforschung aussprechen, dem zweiten Frame zugeordnet. Alle Akteure, deren Lösungsvorschläge sich zu 100 Prozent gegen die embryonale Stammzellforschung wenden, wurden dagegen dem dritten Frame zugeordnet. Aus der Analyse ausgeschlossen wurden die Akteure, die sowohl befürwortende als auch ablehnende Lösungsvorschläge äußern, da ihre Haltung nicht klar einem Frame zuzuordnen ist. Für die weitere Auswertung ergeben sich dadurch insgesamt 3088 Fälle; die übrigen 779 Fälle werden ausgeschlossen.

Durch die beschriebene nachträgliche manuelle Zuordnung von Fällen verändern sich die Häufigkeiten der einzelnen Frames im Vergleich

TABELLE 9
Häufigkeiten der Frames in der Stammzelldebatte (in %)

Frame	*Anzahl*	*Prozent*
Pragmatische, chancenorientierte Forschung	956	31,0
Verantwortungsethik	552	17,9
Sicherheitsphilosophie	523	16,9
Gesinnungsethik	318	10,3
Potenzial der ES-Zellen-Forschung	209	6,8
Embryonen verbrauchende Forschung	193	6,3
Potenzial der AS-Zellen-Forschung	153	5,0
Unentschlossenheit	101	3,3
Forschung an Prä-Embryonen	83	2,7
Gesamt	3088	100

Abweichungen von 100 % sind rundungsbedingt.

zur Frame-Identifikation (vgl. Tab. 9). Insbesondere der zweite Frame, *Pragmatische, chancenorientierte Forschung*, gewinnt erheblich an Bedeutung in der Stammzelldebatte. Im Gegenzug nimmt die Bedeutung des ersten Frames, *Sicherheitsphilosophie*, deutlich ab. Die übrigen Frames bleiben in ihrer Größe etwa gleich oder nehmen leicht zu. Insgesamt tauchen die bereits zuvor als selten identifizierten Frames jedoch auch weiterhin eher selten in der Stammzelldebatte auf. Zusammen mit den beiden ethikorientierten Frames *Verantwortungsethik* und *Gesinnungsethik* nehmen die beiden bereits genannten Frames mit gut drei Viertel aller Nennungen deutlich den meisten Raum in der Debatte ein. Dies zeigt, dass die Stammzelldebatte zwei Hauptschwerpunkte besitzt: einerseits die ethische Diskussion um das Menschsein von frühen Embryonen und die negativen gesellschaftlichen Folgen von dessen Ablehnung und andererseits den mehr oder weniger vorsichtigen Blick auf die Potenziale und Chancen der embryonalen Stammzellforschung. Der allgemeine inhaltliche Fokus der Stammzelldebatte ist damit durchaus konsistent zu bisherigen Framing-Studien über biotechnologische Themen. Dennoch sind auch kleinere Unterschiede vorhanden: Wirtschaftliche Belange spielen praktisch keine Rolle, dafür nehmen rechtliche Aspekte einen größeren Stellenwert ein.

Die Clusterbeschreibungen verdeutlichen insgesamt, dass sich die einzelnen Cluster bzw. Frames auf einer allgemeineren Ebene in forschungsbefürwortende und forschungskritische Frames zusammenfassen lassen. Zu den eindeutig forschungsbefürwortenden Frames zählen die drei Frames *Pragmatische, chancenorientierte Forschung*, *Potenzial der ES-Zellen-Forschung* sowie *Forschung an Prä-Embryonen*. Die Frames *Verantwortungsethik*, *Gesinnungsethik*, *Potenzial der AS-Zellen-Forschung* sowie *Embryonen verbrauchende Forschung* können dagegen den forschungskritischen Frames zugerechnet werden. Die übrigen beiden Frames sind weder klar der einen noch der anderen Seite zuzuordnen.

Ziel der vorliegenden Arbeit ist es, die Zusammenhänge und Wechselwirkungen zwischen den Akteursframes in den Zeitungsartikeln und denen in den Pressemitteilungen der strategischen Framing-Akteure zu untersuchen. Diesbezüglich stellt sich angesichts der klaren Dominanz der vier genannten Frames in der Stammzelldebatte die Frage, inwieweit diese sowohl für die Akteursframes in den Medien als auch für die Frames, die die strategischen Framing-Akteure einzubringen versuchen, gilt. Möglicherweise setzen die strategischen Framing-Akteure andere Frame-Schwerpunkte als die untersuchten Tageszeitungen. Dies würde darauf hindeuten, dass die Akteure ihre Frames nicht so wie von ihnen gewünscht in den Medien platzieren können. Inwieweit dies tatsächlich der Fall ist, wird später beim Vergleich zwischen Medieninput der Akteure und Medienoutput ausführlicher untersucht (Kap. 8.3). Im Folgenden werden zunächst die über die Clusteranalyse identifizierten Frames diskutiert.

8.1.4 *Diskussion der Akteursframes*

Wie die Clusteranalyse gezeigt hat, repräsentieren die neun identifizierten Akteursframes eine große Bandbreite an verschiedenen Sichtweisen in der Stammzelldebatte. Sie unterscheiden sich dabei sowohl in ihrer Konkretheit als auch in ihrem inhaltlichen Fokus sowie der Bewertung der embryonalen Stammzellforschung. Alle drei Aspekte sind sowohl allgemein als auch im Licht des strategischen Framings diskutierbar.

Die Frame-Benennungen zeigen, dass es sich bei den neun Frames um thematisch sehr spezifische Frames handelt, die bei anderen Themen kaum in dieser Form auftauchen dürften. Dies bestätigt die Forderung von Matthes (2007b) nach einer themen- und fallspezifischen Erhebung und Bestimmung von Frames. Nur auf diese Weise lassen sich die spezifischen Nuancen der analysierten Thematik adäquat erfassen und abbilden. Wie der Vergleich mit den in Kapitel 5.1.1 genannten Inhaltsframes in der Biotechnologie-Berichterstattung zeigt, hängt die Konkretheit der resultierenden Frames dabei offensichtlich nur begrenzt vom Untersuchungsthema ab. Die Studie von Kohring und Matthes (2002) zur medialen Darstellung der Biotechnologie generell weist teilweise deutlich konkretere Frames auf als die Studie von Nisbet et al. (2003) zur spezifischeren Thematik der Stammzellforschung. Dies deutet darauf hin, dass weniger die Thematik, sondern eher die Erhebungsmethode für den Abstraktionsgrad der resultierenden Frames relevant ist. Im Gegensatz zu Nisbet et al. (2003) erheben Kohring und Matthes (2002) ebenso wie die vorliegende Arbeit keine im Ganzen vordefinierten Frames, sondern Frame-Elemente. Offensichtlich führt dieses Vorgehen dazu, dass die Frames das Untersuchungsmaterial besser repräsentieren als vordefinierte Frames und daher feinere Nuancen abbilden können. Dies ist unmittelbar einleuchtend. Indem die Ausprägungen der Frame-Elemente direkt aus dem Material extrahiert und später zu den Frames verdichtet werden, bergen sie nicht wie im Vorhinein definierte Frames die Gefahr, nicht richtig auf den Untersuchungsgegenstand zu passen. Die bessere Anpassungsleistung an den Gegenstand wird jedoch nicht nur durch den Verzicht auf die Vorherdefinition der Frames erreicht, sondern ist wesentlich auch durch die Erhebung von einzelnen Frame-Elementen bedingt. Diese sind in ihrer inhaltlichen Aussage nuancierter und ermöglichen daher auch eine spezifischere Interpretation und Benennung der resultierenden Frames. Je mehr Ausprägungen zu den einzelnen Frame-Elementen erhoben werden, desto genauer ist dabei die inhaltliche Aussage. Dies zeigt sich auch in der vorliegenden Untersuchung. Themenspezifische Eigenheiten wie die verschiedenen ethischen Nuancen, die sich in den hier identifizierten Frames widerspiegeln, sind ohne die Erhebung einzelner Frame-Elemente kaum erfassbar. Auch der Vergleich mit den in Kapitel 5.2.4 geschilderten idealtypischen Positionen in der Stammzelldebatte weist darauf hin, dass eine – theoretisch noch so sorgfältig durchgeführte – vorhergehende Definition der Frames den tatsächlich im Material vorhandenen Sichtweisen nicht gerecht wird. Keiner der identifizierten neun Frames lässt sich eindeutig einer der vier Positionen zuordnen. In forschungsbefürwortender Hinsicht entspricht noch am ehesten der Frame *Pragmatische, chancenorientierte Forschung* der Sichtweise, die hinter der Forderung nach einer begrenzten Freigabe steht. Umgekehrt entspricht in forschungskritischer Hinsicht der Frame *Verantwortungsethik* am ehesten der Sichtweise, die hinter der Forderung nach einem absoluten Verbot der Forschung steht. Generell enthalten die einzelnen Frames jedoch immer nur Teilaspekte der vier idealtypischen Positionen. Die Frames *Sicherheitsphilosophie, Gesinnungsethik, Potenzial der AS-Zellen-Forschung* sowie *Embryonen verbrauchende Forschung* beziehen sich auf Teile der absoluten und gemäßigten Ablehnung der embryonalen Stammzellforschung. Die Frames *Potenzial der ES-Zellen-Forschung* sowie *Forschung an Prä-Embryonen* enthalten dagegen jeweils Teilaspekte der gemäßigten oder absoluten Befürwortung der Forschung. Der Unentschlossenheits-Frame wiederum lässt sich keiner der idealtypischen Positionen richtig zuordnen.

Eng verknüpft mit der Konkretheit der Frames ist ihr genereller inhaltlicher Fokus. Mit Blick auf diesen fällt zunächst auf, dass die verschiedenen Frames unterschiedlich breit sind. Während einige von ihnen, beispielsweise der zweite Frame, sehr viele verschiedene Aspekte umfassen, konzentrieren sich andere auf einige wenige Argumentationspunkte, beispielsweise der fünfte oder der siebte Frame. Allgemein ist der inhaltliche Fokus der in der vorliegenden Analyse identifizierten Frames offensichtlich umso enger, je weniger Fälle den Frame konstituieren. Dies könnte als Hinweis darauf gesehen werden, dass kleine Akteursgruppen ihre Frames pointierter gestalten. Wahrscheinlicher ist jedoch, dass es sich dabei um ein methodisches bzw. datenanalytisches Artefakt handelt. Je weniger Akteure den Frame konstituieren, desto unwahrscheinlicher ist es, dass diese mit ihren Äußerungen eine große inhaltliche Bandbreite abdecken. Insgesamt verdeutlichen insbesondere die inhaltlich sehr breiten Frames, dass ein Frame eine komplexe Sinneinheit darstellt, die nicht durch einen singulären thematischen Oberbegriff beschreibbar ist. Frames sind damit mehr als nur die Spezifizierung eines bestimmten Themas. Sie liegen quer zu verschiedenen Themen und verknüpfen zahlreiche verschiedene thematische Aspekte zu einem größeren Gesamtbild. Darauf haben auch schon andere Autoren hingewiesen (u.a. LEONARZ 2006; MATTHES 2007b), in der aktuellen Framing-Forschung wird dies jedoch nach wie vor häufig vernachlässigt. Die Berücksichtigung dieses Unterschieds zwischen einem Frame und einem Thema ist jedoch grundlegend dafür, dass die Verwendung des Frame-Begriffs nicht zur reinen Willkür wird. Nur durch die klare Abgrenzung ist es möglich, den Frame-Begriff wieder grundlegend zu schärfen und für die weitere Forschung nutzbar zu machen. Andernfalls enden sowohl der Begriff als auch der gesamte Framing-Ansatz als reines »buzzword used to signal theoretical sympathy« (WILLIAMS/BENFORD 2000: 128), das keinerlei theoretisches Potenzial mehr aufweist.

Hinsichtlich ihrer medialen Durchsetzungskraft dürften die engeren Frames einen Vorteil haben: Da sie durch die Fokussierung auf einige wenige Kernaspekte inhaltlich weniger komplex sind, lassen sie sich in den Medien leichter darstellen und werden daher vermutlich häufiger erwähnt (vgl. Kap. 4.3.2). Die z.T. deutlich unterschiedlichen Fallzahlen weisen zudem darauf hin, dass einige Frames offensichtlich mehr Anhänger haben als andere. Mit Blick auf die Inhalte der jeweiligen Frames lässt sich vermuten, dass die Anhängerschaft eines Frames mit seiner Radikalität sinkt. Dies kann auch dadurch bedingt sein, dass ein solcher Frame eben aufgrund seiner Radikalität schwieriger mit anderen Frames verknüpft werden kann. In den Begrifflichkeiten der Framing-Forschung ausgedrückt bedeutet das, dass die Möglichkeiten zum Frame-Bridging bei radikalen Frames geringer sind. Demgegenüber zeigen die inhaltlich breiteren, i.d.R. gemäßigteren Frames vielfältige Anknüpfungsmöglichkeiten für andere Akteure und ihre Frames. Denkbar ist allerdings auch andersherum, dass ein Frame durch eine große Anhängerschaft vielfältiger wird. Mehr Anhänger infolge von strategischem Frame-Bridging bringen zwangsläufig auch eine inhaltliche Verwässerung des Frames mit sich und bergen für die strategischen Akteure die Gefahr, die Autonomie über ihren Frame zu verlieren.

Die Annahme einer strategischen Anwendung der Frames vonseiten der Akteure impliziert, dass einzelne Frames durchaus auch in Konkurrenz zueinander stehen können. Matthes (2007b: 264) bezeichnet solche Frames als »antagonistische Frames« und weist deren Existenz in seiner Analyse nach. Auch einige der in der vorliegenden Arbeit identifizierten Frames weisen solche antagonistischen Eigenschaften auf. Insbesondere der fünfte und der achte Frame sind offensichtlich gegensätzlich aufeinander bezogen. Während der fünfte Frame das Potenzial der Forschung an AS-Zellen betont, hebt der achte Frame das Potenzial der Forschung an ES-Zellen hervor. Eng mit dem Antagonismus verbunden ist die Bewertungskomponente. Bereits die im Kapitel 3.2.2 erwähnte Frame-Definition nennt diese als einen wichtigen Bestandteil von Frames, und auch Matthes (2007b) zeigt deren zentrale Bedeutung innerhalb eines Frames auf. Die Bewertung kann dabei sowohl implizit als auch explizit im Frame enthalten sein. Implizit vorhanden ist sie i.d.R. allein durch die

Fokussierung der einzelnen Frames auf verschiedene inhaltliche Aspekte. Dies zeigt sich auch in den Frames der vorliegenden Arbeit. Explizit äußern sich die Bewertungen einerseits in der forschungsbefürwortenden oder forschungsablehnenden Verwendung der Argumentaussagen und andererseits in den Lösungsvorschlägen. Dass Bewertungen für Frames zentral sind, zeigt auch diese Arbeit. Nahezu jeder der neun Frames spricht sich für oder gegen die embryonale Stammzellforschung aus und enthält damit eine klare Bewertung. Erst durch die Bewertungskomponente lassen sich zudem auch nuancierte Unterschiede zwischen den Frames erkennen.

Bemerkenswert ist darüber hinaus, dass ein Frame offensichtlich nicht zwingend in sich konsistent bzw. logisch sein muss. Ein Blick auf die im Rahmen dieser Arbeit identifizierten Frames zeigt, dass insbesondere der sechste Frame, der als Unentschlossenheits-Frame bezeichnet worden war, kein klares Profil aufweist und alles andere als in sich logisch ist. Vielmehr zeichnet er sich gerade dadurch aus, dass er keine inhaltlich konsistent miteinander verbundenen Aspekte enthält. Das einzig Verbindende zwischen den verschiedenen Argumentaussagen stellt die durch ihre Gesamtanordnung ausgedrückte Unentschlossenheit dar. Wie die Schwierigkeiten bei der Frame-Interpretation gezeigt haben, finden sich kleinere solcher Inkonsistenzen auch in den übrigen Frames. Inkonsistenzen zeigen sich im Übrigen auch bei den Lösungsvorschlägen. Einige der identifizierten Frames – z. B. der als *Gesinnungsethik* bezeichnete vierte Frame – weisen neutrale Lösungsvorschläge auf, obwohl sie sich inhaltlich durchaus klar für oder gegen die Forschung an embryonalen Stammzellen aussprechen. Die Erkenntnis, dass ein Frame nicht unbedingt inhaltlich logisch sein muss, widerspricht den Annahmen von Harden (2002) und Matthes (2007b) und bestätigt die Vermutung von Entman (2003). Auch die Annahme von Benford und Snow (2000), dass die Frames sich weniger in den einzelnen Problemdefinitionen, sondern vielmehr in den Lösungsvorschlägen unterscheiden, lässt sich – zumindest für die hier untersuchte Diskussion der embryonalen Stammzellforschung – nicht bestätigen. Angesichts der wenigen Frames mit klaren Lösungsvorschlägen scheint es eher umgekehrt zu sein, dass sich nicht die Lösungsvorschläge, sondern die Problemdefinitionen bzw. die durch sie repräsentierten Frames unterscheiden. Das wirft die Frage auf, ob es möglicherweise typische Konstellationen zwischen Argumentaussagen und Lösungsvorschlägen gibt. Beispielsweise könnte es sein, dass radikale, argumentarme Frames grundsätzlich keine Lösungen enthalten, während sich in Frames mit eindeutig bewertenden Argumentaussagen nur neutrale Lösungen finden.

In Kapitel 4.2 war erwähnt worden, dass sich strategische Framing-Akteure verschiedener Taktiken bedienen, um die Überzeugungs- und Durchsetzungskraft ihrer Frames zu erhöhen. Da das generelle Überzeugungspotenzial der verschiedenen Frames die Grundlage für das Verständnis der später analysierten Einflussprozesse zwischen den gesellschaftlichen Akteuren und den Medien darstellt, sollen die relevanten Taktiken an dieser Stelle ausführlicher beleuchtet werden. Die strategischen Taktiken ›frame bridging‹, ›frame amplification‹, ›frame extension‹ und ›frame transformation‹ sind nur im Zeitverlauf analysierbar und werden daher in Kapitel 8.3.4 ausführlicher behandelt. Zeitunabhängig und daher an dieser Stelle sinnvoll betrachtbar sind dagegen die von Westby (2005) genannten strategischen Taktiken ›inversion of meaning‹ sowie ›moral cover‹. Die ›Exposure-of-contradiction‹-Taktik dagegen bezieht sich auf die grundlegende ideologische Legitimität eines (politischen) Systems und ist daher im Rahmen der untersuchten Stammzellthematik nicht sinnvoll betrachtbar. Von den inhaltlichen Taktiken spielen hier das Counter-Framing sowie die allgemeine sprachliche Ausgestaltung eine Rolle. Letztere ist eng verknüpft mit der ›Moral-cover‹-Taktik: Bei beiden geht es im Grunde darum, mit den Frames auf moralische Werte Bezug zu nehmen. Wie im Theorieteil gesehen, stellt die moralische Aufladung bzw. die Differenzierung zwischen ›gut‹ und ›böse‹ der Literatur zufolge eines der effektivsten Mittel unter den Framing-Taktiken dar. Wenn es gelingt, die eigene Sichtweise als moralisch legitim, die anderen Sichtweisen dagegen als moralisch nicht vertretbar zu präsentieren, steigt deren Durchsetzungskraft. Eng damit verbunden ist die an anderer Stelle (Kap. 3.2.3 und 4.3.2) erwähnte kulturelle Resonanz. Bestimmte Begrifflichkeiten und Werthaltungen sind kulturell tiefer verankert als andere und besitzen dadurch von vornherein ein höheres Überzeugungspotenzial. Im Rahmen der hier untersuchten Thematik dürften zwei solcher gesellschaftlichen Werthaltungen von besonderer Bedeutung sein: einerseits die in der abendländischen Kultur und christlichen Religion verankerte Einzigartigkeit und Individualität jedes Menschen und andererseits der gesellschaftliche Grundkonsens, alles im Bereich des Machbaren Liegende zu tun, um Krankheiten zu heilen. Der Blick auf die zuvor identifizierten Frames zeigt, dass diese unterschiedlich stark auf diese beiden Werthaltungen zurückgreifen. Die Einzigartigkeit des Menschen unter Verweis auf Menschenwürde und Menschsein von Embryonen betonen v. a. die beiden als *Gesinnungsethik* und *Verantwortungsethik* bezeichneten Frames. Demgegenüber heben die Frames *Potenzial der ES-Zellen-Forschung* und *Pragmatische, chancenorientierte Forschung* sowie eingeschränkt auch der Unentschlossenheits-Frame den Heilungsaspekt hervor. Deutliche Counter-Frames dazu – bzw. nach Matthes (2007b) antagonistische Frames – stellen die beiden Frames *Forschung an Prä-Embryonen* sowie *Potenzial der AS-Zellen-Forschung* dar. Ersterer ist dadurch gekennzeichnet, dass er im Wesentlichen lediglich die Annahme des Menschseins für frühe Embryonen negiert, ohne eigene zusätzliche Aspekte einzubringen. Letzterer negiert dagegen indirekt das therapeutische Potenzial der ES-Zellen. Die drei übrigen Frames, *Sicherheitsphilosophie, Unentschlossenheit* und *Embryonen verbrauchende Forschung* fokussieren weder eindeutig auf die eine noch auf die andere Werthaltung. Sie betonen vielmehr andere, in ihrer kulturellen Resonanz vermutlich weniger bedeutsame Aspekte, beispielsweise die Gefahr des Embryonenverbrauchs. Interessant ist, dass bei keinem der Frames, die eine der beiden Werthaltungen positiv oder negativ betonen, innerhalb des Frames selbst ein substanzielles Ausmaß an Counter-Framing erkennbar ist. Offenbar bevorzugen es die Akteure unisono, eher die eigene Sichtweise herauszustellen als der gegnerischen die Legitimität abzusprechen. Counter-Framing erfolgt also – wenn überhaupt – über einen gesonderten Frame. Innerhalb der einzelnen Frames lässt sich am ehesten noch beim Sicherheitsphilosophie-Frame davon sprechen, dass Framing und Counter-Framing zugleich vorliegen. Da dieser Frame allerdings grundsätzlich keine der beiden Werthaltungen erkennbar betont, ist fraglich, ob hier überhaupt von Counter-Framing gesprochen werden kann oder ob es sich nicht vielmehr nur um eine Abwägung der verschiedenen Aspekte handelt.

Dem Counter-Framing innerhalb eines Frames ähnlich ist die ›Inversion-of-meaning‹-Taktik. Dabei wird eine oppositionelle mit einer vorherrschenden Ideologie verknüpft und auf diese Weise die Ablehnbarkeit des Frames erschwert. Bei den im Rahmen dieser Arbeit identifizierten Frames weist allerdings keiner klar erkennbar diese Taktik auf. Am ehesten ist sie noch beim chancenorientierten Forschungs-Frame sowie beim ES-Zellen-Frame zu finden, die beide mit ihrer Argumentationsweise das Heilungsprimat betonen. Dieses dürfte in gewisser Weise mit dem

Hinweis verbunden sein, dass ein Abrücken davon gegen die Menschenwürde – nämlich die der Kranken – verstößt. Diese Sichtweise ist in den einzelnen Argumentaussagen jedoch nicht unmittelbar erkennbar und die genannte Schlussfolgerung insofern verhältnismäßig spekulativ.

Mit Blick auf die offensichtlich verschiedenen hinter den Frames stehenden Taktiken stellt sich generell die Frage, welche davon die größte mediale Durchsetzungskraft besitzt. Theoretisch am effektivsten sollte die Herausstellung der eigenen bei gleichzeitiger Ablehnung der entgegengesetzten Sichtweise sein. Wie die Analyse jedoch gezeigt hat, betont kein Frame die eigene Werthaltung und lehnt zugleich die in ihren Konsequenzen für die embryonale Stammzellforschung entgegengesetzte Werthaltung ab. Insofern lässt sich nur vermuten, welcher Frame letztlich am effektivsten sein wird. Hinzu kommt, dass sowohl die Menschenwürde als auch das Heilen von Krankheiten vermutlich einen in etwa vergleichbaren gesellschaftlichen Wert besitzen. Diese Tatsache erschwert zusätzlich die Aussage darüber, welcher Frame die aussichtsreichste Ausgangsposition hat. Unter Umständen ist sogar keiner der Frames im Vorteil, die klar für oder gegen eine der beiden Werthaltungen Stellung beziehen. Denkbar ist vielmehr, dass der Frame, dem die beste Abwägung zwischen den beiden Gütern gelingt, das höchste Erfolgspotenzial aufweist, weil er am wenigsten polarisiert. In diesem Fall wäre zu vermuten, dass sich der Sicherheitsphilosophie-Frame am ehesten durchsetzen wird. Dagegen sprechen jedoch die Fallzahlen des chancenorientierten Forschungs-Frames. Für eine genaue Beurteilung dieses Sachverhaltes ist es jedoch notwendig, die Verwendung der Frames durch die Akteure, deren zeitliche Verschiebungen sowie ihre Verschiebungen zwischen Medien und Pressemitteilungen zu analysieren. Das folgende Unterkapitel befasst sich zunächst allgemein mit dem medialen Bild der Stammzelldebatte und dabei im Schwerpunkt mit den medialen Frames der Akteure. Die spezifischere Analyse des strategischen Framings ist dann Gegenstand von Kapitel 8.3.

8.2 Das Medienbild der Stammzelldebatte

Die Beschreibung des Medienbildes der Stammzelldebatte stellt die Grundlage für die Analyse des strategischen Framings dar. Sie bietet einen generellen Überblick über die Debatte und ermöglicht dadurch das genauere Verständnis der Beeinflussungsbemühungen durch die strategischen Framing-Akteure. Im Einzelnen sind dabei drei Aspekte relevant, die Gegenstand der nachfolgenden Unterkapitel sind: der generelle Verlauf der medialen Stammzelldebatte (Kap. 8.2.1), die generellen medialen Akteursframes und ihre zeitlichen Veränderungen (Kap. 8.2.2) sowie die spezifischen Medienframes der einzelnen Akteure (Kap. 8.2.3). Im abschließenden Unterkapitel (Kap. 8.2.4) werden die Erkenntnisse mit Blick auf das strategische Framing diskutiert.

8.2.1 *Allgemeiner Verlauf der medialen Stammzelldebatte*

Die Analyse des allgemeinen Verlaufs der medialen Stammzelldebatte schafft ein generelles Grundverständnis des Untersuchungsgegenstandes, das die detaillierte Analyse des strategischen Framings vorbereitet. Der Verlauf der Stammzelldebatte lässt sich dabei am besten mithilfe von drei Parametern beschreiben: (1) der generellen Medienaufmerksamkeit, gekennzeichnet durch das Berichterstattungsausmaß, der Länge der Artikel sowie deren Platzierung, (2) den verwendeten Stilformen sowie (3) den Ressorts, in denen die Berichterstattung stattfindet. Die generelle Medienaufmerksamkeit gibt Aufschluss über die mediale Beachtung der Thematik. Die Stilformen sowie die Ressorts lassen Rückschlüsse darauf zu, welche Bedeutung der Thematik von den Medien zugemessen wird. Ein hohes Ausmaß an kommentierenden Stilformen weist darauf hin, dass die Medien sich nicht nur neutral berichtend mit der Stammzellforschung auseinandersetzen, sondern diese gesellschaftlich reflektieren und einordnen. In gewisser Weise gibt auch die Verteilung der Ressorts über diesen Aspekt Aufschluss. Sie ermöglicht zudem Aussagen über die politische Bedeutung der Thematik. Je stärker die Berichterstattung im politischen Ressort erfolgt, desto relevanter ist sie für das aktuelle politische Geschehen. Für die Fragestellung der vorliegenden Arbeit ist allerdings nicht von Bedeutung, in welchem Ausmaß sich die genannten Aspekte auf die Zeitungsartikel beziehen. Wichtig ist vielmehr, wie sie mit den Akteuren zusammenhängen, die in den Medien mit ihren Äußerungen präsent sind. Im Folgenden erfolgt die Analyse deshalb nicht auf Artikel-, sondern auf Akteursebene. Lediglich beim Berichterstattungsausmaß wird zusätzlich auch noch auf die generelle Anzahl der Zeitungsartikel eingegangen.

Der Blick auf die allgemeine Medienaufmerksamkeit in der Stammzelldebatte zeigt zunächst, dass die Intensität der Berichterstattung über den Analysezeitraum hinweg stark schwankt (vgl. Abb. 5).[43] Vor allem in der ersten Hälfte sind die Artikelzahlen, und damit verbunden auch die Akteursäußerungen, eher gering. Stärkere Medienaufmerksamkeit erhalten hier lediglich drei unmittelbar mit der embryonalen Stammzellforschung verbundene Ereignisse, von denen zwei die deutsche Forschung betreffen und eines sich auf die Forschungsregulierung in Großbritannien bezieht. Erst im Zuge der in Kapitel 5.2.2 erwähnten Kehrtwende der DFG im Mai 2001 nehmen Berichterstattungsintensität und Akteursäußerungen stark zu. Die folgenden Berichterstattungshöhepunkte spiegeln deutlich den einsetzenden politischen Regulierungsprozess. Die Bundestagsentscheidung über die embryonale Stammzellforschung im Januar 2002 erhält dabei erkennbar die höchste Medienaufmerksamkeit. Danach sinkt das Medieninteresse stark ab und erreicht nur mit dem Beschluss und dem Inkrafttreten des StZG erneut zwei lokale Höhepunkte. Insgesamt bildet die Berichterstattungsintensität deutlich die Ereignislage ab. In der ersten Hälfte des Analysezeitraums handelt es sich dabei eher um konkrete Forschungsereignisse, in der zweiten um mit der embryonalen Stammzellforschung verbundene politische Ereignisse. Ersteres deutet darauf hin, dass insbesondere die forschungsnahen Akteure unter den strategischen Framing-Akteuren mit mehr oder weniger gezielt geplanten Ereignissen einen Einfluss auf die Medienberichterstattung nehmen können. Vermutlich werden die Ereignisse von erhöhter PR-Aktivität begleitet. Dabei ist anzunehmen, dass nicht nur die Ereignisurheber, sondern auch andere Akteure das Ereignis nutzen, um ihre eigene Sichtweise dazu an die Medien heranzutragen. Ebenso ist zu erwarten, dass die strategischen Framing-Akteure auch die politischen Ereignisse für verstärkte Einflussnahmeversuche auf die Medien nutzen. Inwieweit diese tatsächlich erfolgen und dann auch erfolgreich sind, wird später die spezifischere Analyse des strategischen Framings zeigen.

Die zeitbezogene Analyse des Berichterstattungsausmaßes verdeutlicht, dass sich die Berichterstattung im Zeitverlauf in Abhängigkeit von den konkreten Ereignissen verändert. Diese stehen offensicht-

43 Aus Gründen der Lesbarkeit wurde der Analysemonat als Basis für die Darstellung gewählt. Für einen allgemeinen Überblick über den medialen Verlauf der Stammzelldebatte ist diese Zeiteinteilung hinreichend differenziert.

lich zumindest teilweise mit dem gezielten Handeln von Akteuren in Verbindung. Mit Blick auf das zentrale Ziel der vorliegenden Arbeit, das strategische Framing ausgewählter gesellschaftlicher Akteure zu untersuchen, ist es deshalb sinnvoll, auch die weiteren allgemeinen Berichterstattungsparameter jeweils zeitbasiert zu analysieren. Dabei stellt sich die Frage, in welche Zeitabschnitte der Analysezeitraum am sinnvollsten eingeteilt werden soll. Da diese Zeitphasen später auch

ABBILDUNG 5
Berichterstattungsintensität im Verlauf der Stammzelldebatte

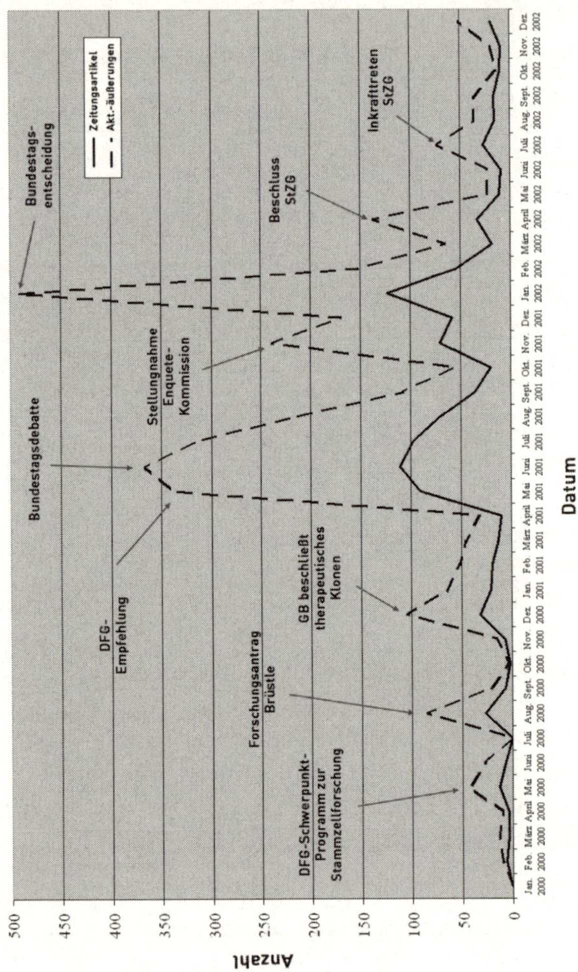

der genaueren Frame- und Framing-Analyse zugrunde liegen, muss die Einteilung den Anforderungen an eine solche Analyse genügen. Gemäß den theoretischen Annahmen ist davon auszugehen, dass v. a. das strategische Framing sehr dynamisch ist und daher die Zeitphasen nicht zu lang gewählt werden dürfen. Angesichts der Verteilungen in Abbildung 5 ist insbesondere rund um wichtige Ereignisse eine hohe Dynamik zu erwarten. Ein solches wichtiges Ereignis dürfte in der Stammzelldebatte u.a. die entscheidende Bundestagsdebatte im Januar 2002 sein. In praktischer Hinsicht ergeben sich aber Probleme mit der genannten Anforderung an die Zeitphaseneinteilung. Einerseits ist eine monatsbasierte Auswertung, wie sie Abbildung 5 zugrunde liegt, allein schon wegen der Darstellbarkeit nicht praktikabel. Andererseits ist aus der Abbildung ebenfalls ersichtlich, dass sich bei einer so detaillierten Aufschlüsselung Probleme mit den Fallzahlen ergeben. Diese sind insbesondere zu Beginn und zum Ende des Analysezeitraums sehr gering und machen eine monatsbasierte Analyse unmöglich. Um den aus der Dynamik des Framing-Prozesses erwachsenden Anforderungen dennoch möglichst gerecht zu werden, wurde als Zeitbasis für die Auswertung das Quartal gewählt. Dadurch ergeben sich zwölf Messzeitpunkte, welche die allgemeine Identifikation zeitlicher Veränderungen ermöglichen. Für einen ersten Überblick über die Dynamik der Berichterstattung und genügend aussagekräftige Ergebnisse über die medialen Akteursframes erscheint diese Zeiteinteilung ausreichend. Bei der spezifischeren Analyse des strategischen Framings in Kapitel 8.3 wird es dann – soweit die Fallzahlen dies zulassen – u.U. notwendig sein, die Zeitphasen weiter aufzuschlüsseln, um detaillierte Erkenntnisse über die Frame-Verschiebungen und Einflussprozesse zu gewinnen.

Die auf Basis der beschriebenen Phaseneinteilung vorgenommene Analyse der medialen Platzierung der Akteursäußerungen und der Größe der Artikel, in denen sie zu finden sind, zeigt, dass mit der insgesamt zunehmenden Berichterstattungs- und Äußerungsintensität im Zeitverlauf in gewisser Weise auch Veränderungen der inhaltlichen Aufmerksamkeit für die Akteursäußerungen einhergehen. Für die Analyse wurden die Platzierung und die Artikelgröße zu einem Aufmerksamkeitsindex verrechnet. Dessen Wert ist höher, wenn der zugehörige Artikel auf der Titelseite platziert wurde und wenn er außerdem sehr umfangreich ist. Konkret wurde zunächst der in Anschlägen vorliegende Artikelumfang in Seitenanteile recodiert, beginnend mit Artikeln bis zu einer Größe von

1/8 Zeitungsseite und dann schrittweiser Verdoppelung der Größenkategorie bis hin zu Artikeln mit einer Größe von mehr als einer Zeitungsseite. Insgesamt ergeben sich dadurch fünf im gleichen Verhältnis zueinander stehende Größenkategorien. Die Platzierung eines Artikels auf der Titelseite wurde mit dem Faktor drei gewichtet, um deren Aufmerksamkeitswert mit den Größenkategorien vergleichbar zu machen. Die Titelseitenplatzierung entspricht in ihrer Bedeutung damit der Größe eines viertel- bis halbseitigen Artikels. Anschließend wurden beide Werte aufaddiert. Insgesamt kann der Index Werte zwischen eins und acht annehmen. Ein höherer Wert ist dabei Indikator für einen aus der medialen Platzierung resultierenden höheren Aufmerksamkeitswert. Tabelle 10 gibt einen Überblick über den Aufmerksamkeitswert der Akteursäußerungen und dessen zeitliche Veränderungen. Tendenziell bestätigen die Werte die zentrale mediale Betonung herausragender Ereignisse und damit deren Bedeutung für strategische Framing-Akteure. Besonders hohe Aufmerksamkeitswerte weisen die Akteursäußerungen in den Pha-

TABELLE 10

Medialer Aufmerksamkeitswert der Akteursäußerungen im Verlauf der Stammzelldebatte

	Aufmerksamkeitsindex		
Quartal	N	M	SD
1/2000	18	$1,6^{ab}$	0,78
2/2000	63	$2,6^{e}$	1,25
3/2000	83	$2,2^{de}$	1,26
4/2000	99	$2,0^{bcd}$	1,41
1/2001	153	$1,9^{bcd}$	1,15
2/2001	627	$2,2^{cde}$	1,31
3/2001	561	$1,9^{bcd}$	1,12
4/2001	381	$2,0^{cd}$	1,25
1/2002	592	$1,9^{bcd}$	1,20
2/2002	139	$1,9^{bcd}$	1,38
3/2002	99	$1,4^{a}$	0,61
4/2002	64	$1,8^{abc}$	1,10
Gesamt	2879	2,0	1,23

Post-hoc-Test Duncan. Mittelwerte mit unterschiedlichen Kennbuchstaben unterscheiden sich signifikant.

TABELLE 11

Formale Gestaltung und Platzierung der Akteursäußerungen in der Stammzelldebatte im Zeitverlauf (in %)

		Quartal											
	Gesamt	1/2000	2/2000	3/2000	4/2000	1/2001	2/2001	3/2001	4/2001	1/2002	2/2002	3/2002	4/2002
Formale Gestaltung u. Platzierung	(N=2879)	(n=18)	(n=63)	(n=83)	(n=99)	(n=153)	(n=627)	(n=561)	(n=381)	(n=592)	(n=139)	(n=99)	(n=64)
Stilform													
tatsachenbetonte Stilform	63	44	59	55	65	44	61	53	61	77	81	74	59
meinungsbetonte Stilform	34	50	38	45	35	53	36	42	34	21	18	26	25
Sonstiges	3	6	3	0	0	3	4	5	5	2	1	0	16
Ressort													
Politik	45	22	19	49	51	27	45	36	45	59	64	36	31
Feuilleton	31	33	49	23	16	42	34	44	28	17	18	33	34
Wissenschaft	4	22	17	2	14	10	1	5	2	1	5	8	3
Meinungsseite	6	6	0	11	13	8	8	4	8	3	4	3	8
Leserbriefe	4	0	3	2	0	10	6	4	6	2	0	6	0
Lokal-/Regionalteil	4	0	2	7	3	1	2	1	3	11	1	4	11
Sonstiges	6	17	10	5	3	1	3	6	7	7	8	9	13

Die in den einzelnen Quartalen jeweils dominierenden Stilformen bzw. Ressorts sind grau hinterlegt.

sen auf, in denen wichtige Forschungsereignisse stattfinden: im zweiten und dritten Quartal 2000 das DFG-Schwerpunktprogramm zur Stammzellforschung und der Forschungsantrag von Oliver Brüstle und im zweiten Quartal 2001 die Empfehlung der DFG für die embryonale Stammzellforschung. Zwar unterscheiden sich diese nicht von allen anderen Zeitphasen signifikant in ihrem Aufmerksamkeitswert, insgesamt ist jedoch ein leichter Einfluss der Zeitebene erkennbar (F (11, 2867) = 6.444, $p < .001$, $\eta^2 = .024$). Vor allem die Akteursäußerungen zu Debattenbeginn und -ende besitzen signifikant niedrigere Aufmerksamkeitswerte. In den Phasen der politischen Entscheidungsfindung ist die Aufmerksamkeit für die Akteursäußerungen dagegen etwa gleichbleibend. Dass die Unterschiede nicht stärker ausfallen, ist vermutlich mit durch die eher grobe Einteilung des Artikelumfangs in fünf Größenklassen und die Differenzierung in der Platzierung nur zwischen Titelseite und sonstiger Platzierung bedingt.

Generell lässt die zunehmende Bedeutung politischer Ereignisse im medialen Bild der Stammzelldebatte vermuten, dass damit auch eine verstärkte politische und gesellschaftliche Diskussion der embryonalen Stammzellforschung einhergeht. Diese sollte sich einerseits in einer Zunahme kommentierender Stilformen im Zeitverlauf und andererseits in der steigenden Bedeutung des politischen Ressorts als Darstellungsraum äußern. Der Blick auf die Stilformen bestätigt diese Vermutung jedoch nur begrenzt (vgl. Tab. 11). Zwar verändern sich die Stilformen, in denen die Akteursäußerungen zu finden sind, im Zeitverlauf leicht (*Cramers V* = .17, $p < .001$). Die meinungsbetonten Stilformen weisen jedoch nicht im Verlauf des politischen Prozesses, sondern eher in der Zeit zuvor ihr höchstes Ausmaß auf. Dies deutet insgesamt darauf hin, dass eine umfassende (journalistische) Diskussion der Stammzellforschung überwiegend auf die ereignisärmeren Phasen beschränkt ist, in denen der politische Regulierungsprozess noch nicht konkret im Gang ist. Für die strategischen Framing-Akteure, die an einer solch grundlegenden Diskussion interessiert sind, dürfte die Einflussmöglichkeit auf die Medien in diesen Phasen deutlich größer sein.

Hinsichtlich des Ressorts fällt auf, dass die mediale Debatte überwiegend im Politikteil und im Feuilleton erfolgt. Alle anderen Ressorts und auch das Wissenschaftsressort, in dem angesichts der Thematik eine vermehrte Berichterstattung zu erwarten gewesen wäre, spielen mit etwas über oder unter fünf Prozent keine nennenswerte Rolle (vgl. Tab. 11). Dieser Eindruck gilt im Wesentlichen auch für die einzelnen Quartale. Dennoch ist ein leichter Zusammenhang zwischen den Ressorts und dem zeitlichen Verlauf der Stammzelldebatte vorhanden (*Cramers* $V = .17$, $p < .001$), der sich in kleineren Ressortverschiebungen äußert. Die Quartalsaufschlüsselung macht deutlich, dass der Berichterstattungsschwerpunkt zu Beginn noch nicht so klar im politischen Ressort und im Feuilleton liegt wie im weiteren Verlauf. Bis zum ersten Quartal 2001 nimmt – abgesehen von einer Ausnahme – auch das Wissenschaftsressort einen verhältnismäßig großen Anteil an der Berichterstattung ein. Dies deutet darauf hin, dass es anfangs noch weniger um die politische und gesellschaftliche Diskussion geht, sondern auch um konkrete Forschungserkenntnisse. Im weiteren Verlauf gewinnt dann das politische Ressort, zwischenzeitlich immer wieder vom Feuilleton abgelöst, zunehmend an Gewicht. Ab dem vierten Quartal 2001 und während der entscheidenden politischen Phase bildet es den Schwerpunkt der Berichterstattung. Das bestätigt die theoretische Annahme, dass sich die Berichterstattung mit Fortschreiten des politischen Entscheidungsprozesses zunehmend ins Politikressort verlagert und dort zur Zeit der politischen Entscheidungsfindung kulminiert. Danach verteilt sie sich wieder mehr auf die Ressorts.

Angesichts der politischen Relevanz der Stammzelldebatte ist es durchaus plausibel davon auszugehen, dass die einzelnen Akteure mit ihren Äußerungen umso stärker wahrgenommen werden und umso mehr Gewicht in der Debatte erhalten, je häufiger sie möglichst zentral – d.h. im politischen Ressort – auftauchen. Demzufolge dürfte eine Akteursäußerung, die beispielsweise überwiegend im Wissenschaftsressort zu finden ist, in ihrer Wahrnehmbarkeit benachteiligt sein. Die generelle Dominanz des Politikressorts und des Feuilletons deuten jedoch darauf hin, dass die Frage, ob die strategischen Framing-Akteure es schaffen, ihre Frames im ›richtigen‹ Ressort zu platzieren, weniger relevant ist als angenommen. Das Feuilleton wird zwar vermutlich immer noch weniger wahrgenommen als der Politikteil, dürfte dabei jedoch nicht so stark benachteiligt sein wie beispielsweise das Wissenschaftsressort. Dies lässt insgesamt vermuten, dass eine Ressortaufschlüsselung bei der späteren Analyse des strategischen Framings nur geringen Erkenntniswert hat. Endgültig lässt sich diese Frage aber erst nach einem Blick auf die Verteilung der medialen Akteursframes auf die einzelnen Ressorts beantworten. Deren Analyse zeigt, dass spezifisch für die verschiedenen Akteursframes nur ein schwacher Zusammenhang zwischen dem Ressort und den Frames besteht, die in diesem Ressort genannt werden (*Cramers V* = .14, *p* = .001).[44] Das weist darauf hin, dass kein Frame für ein bestimmtes Ressort prädestiniert ist. Für die strategischen Framing-Akteure bedeutet es, dass sie nicht befürchten müssen, allein aufgrund ihrer Frames keinen Zugang zu bestimmten Ressorts zu erhalten. Aus diesem Grund erfolgt später keine gesonderte Analyse des strategischen Framing-Erfolgs der Akteure nach Ressort.

Mit den bisherigen Analysen ist das allgemeine Grundverständnis für den Verlauf der medialen Stammzelldebatte gelegt. In Vorbereitung auf die Analyse des strategischen Framings geht es im Folgenden darum, die medialen Akteursframes genauer zu betrachten. Zwei Aspekte sind dabei besonders relevant: die allgemeinen Veränderungen der medialen Akteursframes im Zeitverlauf sowie die medial präsenten Akteure und ihre spezifischen Frames.

8.2.2 *Die medialen Akteursframes und ihre zeitlichen Veränderungen*

Zusammen mit den PR-Frames der strategischen Framing-Akteure bilden die medialen Akteursframes den zentralen Untersuchungsgegenstand der vorliegenden Arbeit. Der Vergleich zwischen beiden wird u.a. zeigen, in welchem Ausmaß es den Akteuren gelingt, sich mit ihrem spezifischen Framing in den Medien Gehör zu verschaffen. Da dieser Vergleich Gegenstand des Kapitels über das strategische Framing (Kap. 8.3) ist, soll an dieser Stelle nur sehr allgemein auf die medialen Akteursframes eingegangen werden. Ziel ist es, einen ersten Überblick über ihre Verteilung zu geben und damit wiederum das Verständnis der detaillierteren PR-Analyse zu erhöhen. Konkret geht es im Folgenden um die Veränderungen der medialen Akteursframes im Zeitverlauf. Die Aufschlüsselung der Frames nach den einzelnen Akteuren ist Thema des anschließenden Unterkapitels (Kap. 8.2.3).

Die bisherigen Erkenntnisse der Framing-Forschung zeigen, dass sich das mediale Framing einer Thematik im Allgemeinen im Zeitverlauf mehr oder weniger stark verändert. Auch für die Stammzelldebatte ist

44 Die Ressorts *Leserbriefe*, *Lokal-/Regionalteil* und *Sonstiges* wurden für diese Analyse zusammengefasst, da ihre Differenzierung hier aus theoretischen Überlegungen heraus nicht relevant ist.

daher zu erwarten, dass die in Kapitel 8.1.2 identifizierten und beschriebenen Frames im Debattenverlauf nicht gleich bleiben. Dies äußert sich in zeitlichen Anteilsveränderungen der kompletten Frames und ist über die Aufschlüsselung der Frame-Häufigkeiten nach einzelnen Zeitphasen analysierbar. Als Basis für die hier durchgeführte Zeitanalyse dient die in Kapitel 8.1.1 vorgenommene Quartalseinteilung.

Tabelle 12 gibt einen Überblick über die medialen Akteursframes und ihre Veränderungen im Zeitverlauf. Dabei fällt unmittelbar auf, dass das Framing offensichtlich nicht so dynamisch ist, wie dies die theoretischen Erkenntnisse vermuten lassen. Der insgesamt dominierende, chancenorientierte Forschungs-Frame beherrscht auch weitgehend die einzelnen Zeitphasen. Lediglich zu Beginn des Analysezeitraums sowie Ende 2000 und Anfang 2001 ist der Sicherheitsphilosophie-Frame medial stärker präsent. Auf die geringe Dynamik verweist im Übrigen auch der nur sehr schwache Zusammenhang zwischen den medialen Akteursframes und dem Analysequartal (*Cramers V* = .10, p < .001). Analog zur generellen Berichterstattungsintensität ist offenbar die Ereignislage maßgeblich mit verantwortlich für die Verschiebungen zwischen den Frames. Die kurzzeitige Dominanz des die Chancen der embryonalen Stammzellforschung betonenden Frames im dritten Quartal 2000 sowie sein kontinuierliches Übergewicht ab dem zweiten Quartal 2001 fallen mit zentralen Ereignissen zusammen: Im August 2000 hatte Oliver Brüstle seinen Antrag zur Forschung an importierten menschlichen ES-Zellen bei der DFG eingereicht; im Mai 2001 vollzog die DFG ihre Kehrtwende hin zur Befürwortung der Forschung an überzähligen Embryonen, gleichzeitig setzte Bundeskanzler Gerhard Schröder den Nationalen Ethikrat ein, und Oliver Brüstle und sein Kollege Otmar Wiestler vereinbarten eine Forschungskooperation mit der Universität Haifa. Alle diese Ereignisse spiegeln die forschungsbefürwortende Sichtweise des Frames und können daher als plausible Auslöser für die Frame-Verschiebung gelten.

Auf den ersten Blick scheint die Sachlage im medialen Framing der Stammzelldebatte damit klar zu sein: Der Fokus auf den Chancen der embryonalen Stammzellforschung überwiegt v. a. in der zweiten Debattenhälfte, in der auch die entscheidende Bundestagsabstimmung stattfand. Angesichts dieser Tatsache erscheint das vorsichtig positive Abstimmungsergebnis des Bundestages als unausweichliche logische Konsequenz des Debattenverlaufs. Im Hinblick auf diese vermeintli-

TABELLE 12

Mediale Akteursframes im Zeitverlauf (in %)

			Quartal											
		Gesamt	1/2000	2/2000	3/2000	4/2000	1/2001	2/2001	3/2001	4/2001	1/2002	2/2002	3/2002	4/2002
Frame		(N=2879)	(n=18)	(n=63)	(n=83)	(n=99)	(n=153)	(n=627)	(n=561)	(n=381)	(n=592)	(n=139)	(n=99)	(n=64)
Sicherheitsphilosophie	(n=487)	17	50	35	18	25	20	17	16	15	14	17	18	13
Pragmatische, chancenorientierte Forschung	(n=906)	31	11	22	30	19	18	31	31	36	36	32	29	34
Verantwortungsethik	(n=484)	17	6	13	19	21	17	17	14	15	22	15	8	14
Gesinnungsethik	(n=293)	10	6	14	11	11	16	14	9	10	8	9	4	3
Potenzial d. AS-Zellen-Forschung	(n=145)	5	6	3	4	6	8	4	7	3	5	4	6	11
Unentschlossenheit	(n=99)	3	6	2	0	3	2	4	3	3	4	5	3	2
Embryonen verbrauchende Forschung	(n=190)	7	6	5	6	4	3	6	7	8	5	12	14	8
Potenzial d. ES-Zellen-Forschung	(n=194)	7	11	5	8	9	7	5	9	7	4	4	15	11
Forschung an Prä-Embryonen	(n=81)	3	0	2	4	1	10	2	3	3	2	1	2	5
forschungsbefürwortend [a]	(n=1181)	41	22	29	42	29	35	38	44	46	42	37	47	50
forschungskritisch [b]	(n=1112)	39	22	35	40	42	43	41	36	35	40	41	32	36

Der jeweils dominierende Frame bzw. die dominierende Frame-Gruppe sind grau hinterlegt.

[a] Zu den forschungsbefürwortenden Frames zählen die Frames *Pragmatische, chancenorientierte Forschung, Potenzial der ES-Zellen-Forschung, Forschung an Prä-Embryonen.*

[b] Zu den forschungskritischen Frames zählen die Frames *Verantwortungsethik, Gesinnungsethik, Potenzial der AS-Zellen-Forschung, Embryonen verbrauchende Forschung*

che Unausweichlichkeit erwecken mögliche Framing-Bemühungen von Stammzellforschungsgegnern wie den beiden großen christlichen Kirchen von vornherein den Anschein nutzloser Zeitverschwendung.

Ein genauerer Blick auf das inhaltliche Zusammenspiel der einzelnen Frames relativiert diesen Eindruck jedoch. Betrachtet man die beiden eng miteinander in Beziehung stehenden Ethik-Frames gemeinsam und stellt sie dem chancenorientierten Forschungs-Frame gegenüber, wird klar, dass Letzterer nicht so konkurrenzlos dominiert, wie es zunächst aussieht. Im vierten Quartal 2000 sowie im ersten Quartal 2001 – also der Zeit, in der im Vergleich der einzelnen Frames der Sicherheitsphilosophie-Frame den meisten Raum einnimmt – bilden die beiden Ethik-Frames zusammengerechnet mit deutlichem Abstand den inhaltlichen Schwerpunkt der Debatte. Dies deutet darauf hin, dass in dieser Zeit verstärkt eine ethische Grundsatzdiskussion erfolgte, die möglicherweise auch durch die geringe Ereignislage mit begünstigt wurde. Auf eine solche Grundsatzdiskussion verweist im Übrigen auch die Stärke des Sicherheitsphilosophie-Frames. Im weiteren Debattenverlauf nimmt dann das Gewicht der beiden Ethikframes zunächst kontinuierlich ab, steigt jedoch zum ersten Quartal 2002 – in dem die entscheidende Bundestagsdebatte stattfand – noch einmal deutlich an. Zwar erreicht es nicht mehr ganz das Ausmaß des chancenorientierten Forschungs-Frames, kommt diesem jedoch recht nah. Dies deutet darauf hin, dass die Situation zum Zeitpunkt der Bundestagsdebatte alles andere als schon entschieden war und sich strategische Framing-Aktivitäten durchaus noch lohnten.

Diese Sichtweise wird durch einen zusätzlichen Blick auf das generelle Verhältnis von forschungsbefürwortenden zu -kritischen Frames gestützt. Zu Beginn des Analysezeitraums halten sich beide in etwa die Waage, wobei mal die eine und mal die andere Seite dominiert. Ab dem vierten Quartal 2000, also parallel zum Übergewicht der Ethik-Frames, gewinnen die forschungskritischen Frames die Oberhand. Dies ändert sich bis zum dritten Quartal 2001 nicht mehr, allerdings nimmt der Anteil der kritischen Frames bis dahin nach und nach ab und im Gegenzug derjenige der forschungsbefürwortenden Frames zu. Direkt vor der Bundestagsdebatte dominieren im dritten und vierten Quartal 2001 dann deutlich die forschungsbefürwortenden Frames.

Bis zu diesem Zeitpunkt spiegelt die allgemeine Entwicklung damit in etwa das Verhältnis zwischen dem chancenorientierten Forschungs-Frame und den beiden Ethik-Frames. Zum Zeitpunkt der unmittelbaren politischen Entscheidungsfindung im ersten Quartal 2002 sowie auch noch im nachfolgenden Quartal ist das Verhältnis zwischen forschungskritischen und -befürwortenden Frames jedoch nahezu ausgewogen. Dies deutet darauf hin, dass Gegner der embryonalen Stammzellforschung sehr wohl noch die Chance auf eine Beeinflussung der politischen Entscheidung über die Medien hatten. Allerdings ist angesichts des Abstimmungsergebnisses zu vermuten, dass das vorherige mediale Übergewicht der forschungsbefürwortenden Frames – neben anderen Einflussfaktoren – bis dahin bereits einen so nachhaltigen Eindruck hinterlassen hatte, dass die kurzzeitige Ausgewogenheit keine substanzielle Änderung mehr bewirken konnte. Im weiteren Debattenverlauf bestimmen dann wieder die forschungsbefürwortenden Frames das mediale Bild der Stammzelldebatte. Vermutlich ist dies wiederum auf entsprechende für die Forschung positive Ereignisse – v. a. die Erarbeitung des StZG sowie seine Umsetzung – zurückzuführen.

Abgesehen von den Verschiebungen der insgesamt dominierenden Frames spiegeln auch die Verteilungen der medial weniger häufig genannten Frames die Ereignislage. Dies lässt vermuten, dass strategisches Framing in Verbindung mit gezieltem Ereignismanagement – sei es die eigene Inszenierung von Ereignissen oder das geschickte Ausnutzen anderer Ereignisse – Aussicht auf Erfolg hat. Von den einzelnen Frames ist im ersten und zweiten Quartal 2000 der Sicherheitsphilosophie-Frame deutlich stärker vertreten als in den übrigen Quartalen. In diese Zeit fällt die Einsetzung der Enquête-Kommission durch den Bundestag, die die Chancen und Gefahren der Stammzellforschung klären soll. Insofern ist der Sicherheitsphilosophie-Frame, der genau diese Gegenüberstellung vornimmt, unmittelbar Ausdruck der Geschehnisse. Es ist anzunehmen, dass es sich zu diesem verhältnismäßig frühen Zeitpunkt in der Stammzelldebatte noch primär um eine journalistische Diskussion handelt. Dass die Diskussion zu diesem Zeitpunkt noch sehr grundsätzlich und abstrakt geführt wird, zeigt das verhältnismäßig hohe Ausmaß des Gesinnungsethik-Frames im zweiten Quartal 2000. Im dritten Quartal 2000 wird die mediale Diskussion dann deutlich konkreter, was sich im Anstieg des Verantwortungsethik-Frames äußert. Zurückzuführen sein dürfte dies auf den oben bereits erwähnten Forschungsantrag von Oliver Brüstle in dieser Zeit. Dessen Nachhall zeigt sich auch noch im vierten Quartal 2000 sowie im ersten Quartal 2001. Ende 2000 nimmt zunächst nach wie vor der Verantwortungsethik-Frame einen verhältnismäßig großen Raum ein, gemeinsam mit dem Frame zum Potenzial der ES-Zellen. Letzterer deutet darauf hin, dass angesichts von Brüstles Forschungsantrag die Frage nach den konkreten Möglichkeiten der embryonalen Stammzellforschung wichtiger wird. Zu Beginn des Jahres 2001 gerät die Diskussion dann wieder stärker auf eine abstrakte Ebene. Dies äußert sich im verhältnismäßig höchsten Anteil des Gesinnungsethik-Frames sowie des Prä-Embryonen-Frames. Beide Frames spiegeln die Grundsatzdiskussion, ob frühe menschliche Embryonen als vollwertige Menschen schützenswert sind oder nicht. Gleichzeitig nimmt auch der Frame zum Potenzial von AS-Zellen in diesem Quartal einen seiner höchsten Werte an. Offensichtlich wird die Grundsatzdiskussion relativ stark mit konkreten Alternativen zur embryonalen Stammzellforschung verknüpft. Da die Ereignislage in diesem Zeitraum insgesamt sehr mäßig ist, ist zu vermuten, dass die Journalisten dieser grundsätzlicheren Diskussion der Stammzellforschung in Ermangelung von konkreten, berichtenswerten Ereignissen mehr Raum gewähren. Für strategische Framing-Akteure wie die Kirchen, die ihr Framing genau auf diese Grundsatzdiskussion ausgerichtet haben, bietet diese Phase damit eine gute Gelegenheit, ihre Sichtweise an die Medien heranzutragen. Hier wird die detailliertere Analyse des strategischen Framings ebenfalls zeigen, in welchem Ausmaß die betreffenden Akteure diese Gelegenheit genutzt haben und wie erfolgreich sie dabei waren.

Auch im nachfolgenden zweiten Quartal 2001 weist der Gesinnungsethik-Frame im Vergleich zu den anderen Quartalen noch einen verhältnismäßig hohen Anteil an allen Frames auf. Offenbar sind die analysierten Medien auch hier noch offen für die ethische Grundsatzdiskussion. Insgesamt wird diese jedoch bereits von dem zentralen Ereignis in dieser Phase, der DFG-Kehrtwende, überlagert. In der Folge nimmt die Debatte wieder konkretere Züge an: Im dritten Quartal 2001 sind die beiden Frames zum Potenzial von AS-Zellen sowie von ES-Zellen verhältnismäßig stark in den Medien vertreten. Mit dafür verantwortlich ist wahrscheinlich auch der in diese Zeit fallende Beschluss der DFG, ein neues Schwerpunktprogramm zur Forschung an AS- und ES-Zellen aufzulegen. Das vierte Quartal 2001 weist bei keinem der nachrangigen Frames einen im Zeitvergleich auffällig hohen Wert auf. Offensichtlich setzen die Journalisten hier bei der Auswahl der Akteure und ihrer Frames kurzzeitig keinen besonderen Schwerpunkt. Im ersten Quartal 2002 ist dies jedoch wieder der Fall. Vermutlich mit Blick auf die bevorstehende Bundestagsdebatte erhalten Akteure, die den Verantwortungsethik-Frame verwenden, hier die im Zeitverlauf höchste mediale Aufmerksamkeit für ihren Frame. Dies zeigt einmal mehr, dass die generelle ethische Frage durchaus noch relevant für die Debatte ist. Zugleich wird jedoch auch deutlich, dass für die noch zu Beginn 2001 geführte abstrakte ethische Diskussion zu diesem Zeitpunkt kein großer Raum mehr vorhanden ist. Es ist daher anzunehmen, dass Akteure, die in ihrem strategischen Framing zu diesem Zeitpunkt noch auf der Kommunikation des Gesinnungsethik-Frames beharren, geringere Chancen auf mediale Wahrnehmung haben.

In den Zeitphasen nach dem Bundestagsentscheid überwiegt zunächst noch eine eher kritische Sichtweise. Im zweiten und dritten Quartal 2002 äußert sich dies bei den nachrangigen Frames in den im Zeitverlauf höchsten Werten des Frames *Embryonen verbrauchende Forschung*. In diesem schlägt sich offenbar die Reaktion der Forschungsgegner auf den Bundestagsbeschluss nieder. Ab dem dritten Quartal 2002 taucht allerdings der ES-Potenzial-Frame in seinem höchsten Ausmaß unter den nachrangigen Frames auf und ist auch im folgenden vierten Quartal im Vergleich zum übrigen Debattenverlauf stark medial präsent. Zugleich erreicht dort jedoch auch der AS-Potenzial-Frame seinen im Quartalsvergleich höchsten Wert. Dies verdeutlicht, dass die medial vermittelte Sicht auf die embryonale Stammzellforschung v. a. mit Blick auf deren Anwendung auch nach dem Bundestagsbeschluss nicht ausschließlich positiv ist. Insgesamt liegt der inhaltliche Schwerpunkt in diesen letzten Analysephasen wieder mehr auf sehr praktischen Aspekten.

Mit der Beschreibung, wie sich die medialen Akteursframes im Zeitverlauf verändern, sind die ersten spezifischeren Grundlagen für die Analyse des strategischen Framings gelegt. Vervollständigt werden diese durch die Analyse der konkreten Frames der verschiedenen medial präsenten Akteure.

8.2.3 *Die Akteure und ihre Medienframes*

Unmittelbar verbunden mit den medialen Akteursframes und ihren generellen Veränderungen im Zeitverlauf und im Ressort sind die Akteure selbst. Diese weisen vermutlich unterschiedliche Frame-Schwerpunkte auf, was einerseits Ausdruck ihres strategischen Framings, andererseits aber auch nur der journalistischen Selektion sein kann. Angesichts der

Vermittlerposition der Journalisten ist anzunehmen, dass beides eine Rolle dafür spielt, mit welchen Frames die Akteure in den Medien in Verbindung gebracht werden. Inwieweit die medialen Frames der strategischen Akteure tatsächlich auch ihren über die PR eingebrachten Frames entsprechen, wird später genauer untersucht (vgl. Kap. 8.3.2). Hier geht es zunächst darum, die generelle mediale Sichtbarkeit der Akteure und ihrer Frames genauer zu beleuchten. Diese bildet die Grundlage für die spezifischere PR-Analyse. Dabei wird darauf verzichtet, die Akteure und ihre Frames zusätzlich noch nach den einzelnen Zeitphasen aufzuschlüsseln. Zum einen ist dies mit Blick auf die z. T. geringen Fallzahlen in den einzelnen Phasen wenig sinnvoll. Zum anderen ist es für einen ersten, allgemeinen Überblick über das mediale Framing der Stammzelldebatte wenig zielführend. Diese Aufschlüsselung erfolgt – mit Fokus auf den strategischen Framing-Akteuren – ebenfalls bei der PR-Analyse.

Das Primärziel der strategischen Framing-Akteure besteht darin, über PR ihre eigenen Frames in den Medien zu platzieren. Um ihren Frames gesellschaftlich möglichst viel Durchsetzungskraft zu verleihen, ist es für sie jedoch genauso wichtig, dass andere Akteure die gleichen Frames verwenden. Dadurch erhöht sich die mediale Sichtbarkeit der Frames, was die Beeinflussung der Bevölkerung begünstigt. Die Akteure, deren Frames von anderen geteilt werden, sind also generell im Vorteil. Dabei ist aber auch von Bedeutung, ob die Akteure in den Medien eindeutig mit einem bestimmten Frame in Verbindung gebracht werden oder ob sie eher profillos mit verschiedenen Frames verknüpft sind. Letzteres kann zwar von Vorteil sein, wenn es darum geht, sich möglichst breit aufzustellen. Es birgt aber die Gefahr, sich aufgrund des fehlenden Profils nicht genügend von den anderen Akteuren abzuheben. Im Folgenden werden beide Aspekte genauer beleuchtet.

Für die Analyse ist es notwendig, die Akteure, die in den untersuchten Beiträgen zu Wort kommen, zu größeren Gruppen zusammenzufassen. Dabei müssen einerseits die analyserelevanten strategischen Framing-Akteure als gesonderte Akteursgruppen erhalten bleiben. Andererseits müssen die einzelnen Gruppen jedoch auch genügend Fälle für die weitere Analyse aufweisen. Tabelle 13 gibt neben der Differenzierung der Frames nach den Akteuren auch einen generellen Überblick über die aus der Zusammenfassung resultierenden Akteursgruppen. Die Fallzahlen zeigen dabei, dass die Äußerungen der analyserelevanten strategischen Framing-Akteure insgesamt nur einen kleinen Anteil an denen aller

TABELLE 13

Akteure und ihre Medienframes (in %)

Akteur		Frame: Sicherheits-philosophie	Pragmatische, chancen-orientierte Forschung	Verantwor-tungsethik	Gesinnungs-ethik	Potenzial der AS-Zellen-Forschung	Unentschlos-senheit	Embryonen verbrauchen-de Forschung	Potenzial der ES-Zellen-Forschung	Forschung an Prä-Em-bryonen
strategische Framing-Akteure										
DFG	(n=179)	13	59	6	1	8	8	2	4	0
Uni Bonn	(n=95)	4	58	7	3	3	6	5	12	1
BMBF	(n=65)	14	55	9	6	3	3	5	3	2
kath. Kirche/DBK	(n=95)	11	0	46	39	1	0	1	1	1
EKD	(n=55)	9	2	60	20	2	2	2	0	4
Bundesärztekammer	(n=21)	14	24	33	19	0	5	0	5	0
Marburger Bund	(n=4)	0	25	50	0	0	0	25	0	0
polit. Akteure										
dt. Politiker	(n=454)	9	39	26	10	1	4	6	3	2
Legislative Bund	(n=250)	8	33	34	12	1	3	8	0	1
Exekutive Bund	(n=155)	6	25	26	18	1	8	4	5	6
ausländ. Politiker	(n=185)	6	58	15	5	1	1	6	8	2
wissenschaftl. Akteure										
Naturwissenschaftler	(n=527)	17	33	6	2	17	3	7	12	3
sonst. Wissenschaftler	(n=114)	32	15	14	15	3	4	3	1	14
weitere Akteure										
diffuse Akteure	(n=372)	7	31	15	8	6	3	8	17	4
berichtender Jour-nalist	(n=407)	50	5	8	10	5	2	13	5	0
Sonstige	(n=513)	17	35	16	12	2	6	3	5	3
Gesamt	(N=3491)	17	32	17	10	5	4	6	7	3

Die von den übrigen Tabellen abweichende Gesamtfallzahl ist durch die Mehrfachcodierung der Akteursfunktion bedingt.

Der jeweils dominierende Frame pro Akteursgruppe ist grau hinterlegt.

Akteure ausmachen. Dies deutet darauf hin, dass sich bei der späteren Betrachtung des strategischen Framings möglicherweise Probleme mit den Fallzahlen ergeben.

Generell besteht ein leichter Zusammenhang zwischen den verschiedenen Akteuren und den von ihnen verwendeten Frames (*Cramers V* = .25, $p < .001$). Das zeigt, dass die verschiedenen Akteure durchaus jeweils spezifische Frame-Muster aufweisen. Wie diese im Einzelnen aussehen, wird weiter unten betrachtet. Allgemein weisen die Fallzahlen zunächst darauf hin, dass die strategischen Framing-Akteure mit ihren Frames teilweise deutlich weniger Medienaufmerksamkeit erhalten als die übrigen Akteure. Insbesondere der Marburger Bund und die Bundesärztekammer sind medial fast gar nicht präsent. Inwieweit dies darauf zurückzuführen ist, dass diese beiden Akteursgruppen möglicherweise auch kaum versuchen, die Medienberichterstattung über PR zu beeinflussen, wird später ausführlicher untersucht. Grundsätzlich sind die geringen Fallzahlen der strategischen Framing-Akteure ein Indikator dafür, dass sie im Vergleich zu anderen Akteuren eher wenig Medienaufmerksamkeit erhalten. Für den gesellschaftlichen Erfolg ihres Framings bedeutet das, dass sie vermutlich darauf angewiesen sind, solche Frames zu verwenden, auf die auch andere Akteure zurückgreifen. Andernfalls sind ihre Sichtweisen möglicherweise nicht genügend in den Medien wahrnehmbar. Dass sie tatsächlich überwiegend ähnliche oder gleiche Frames wie die Mehrzahl der übrigen Akteure verwenden – zumindest in Bezug auf die Frames, mit denen sie in den Medien präsent sind –, zeigen die Verteilungen der einzelnen Frames. Zusätzlich fällt auf, dass sie jeweils deutlich auf einen der neun Frames einen Schwerpunkt setzen. Dies deutet darauf hin, dass sie in ihrem Framing eher ein klar abgegrenztes Profil bevorzugen als sich möglichst breit aufzustellen. Inwieweit dies tatsächlich auch ihrem strategischen Framing entspricht oder zumindest durch die mediale Selektion mitbedingt ist, wird später die detailliertere PR-Analyse zeigen.

In inhaltlicher Hinsicht entsprechen die einzelnen Schwerpunktframes der strategischen Framing-Akteure ihrer inhaltlichen Ausrichtung und ihren gesellschaftlichen Zielen. Die DFG, die Universität Bonn sowie das Bundesministerium für Bildung und Forschung (BMBF) verwenden am häufigsten den forschungsbefürwortenden Frame *Pragmatische, chancenorientierte Forschung*. Demgegenüber erwähnen die katholische Kirche, die evangelische Kirche (EKD) sowie auch die Bundesärztekammer am häufigsten den forschungskritischen Verantwortungsethik-Frame.[45] Die katholische Kirche weist darüber hinaus auch noch einen zweiten, ähnlich häufig erwähnten Schwerpunktframe, den Gesinnungsethik-Frame, auf. Wie die Frame-Beschreibungen gezeigt haben, ist dieser eng mit dem Verantwortungsethik-Frame verknüpft und verstärkt insofern die ethisch-kritische Grundposition der katholischen Kirche gegenüber der embryonalen Stammzellforschung.

Die beiden Schwerpunktframes der strategischen Framing-Akteure werden auch von nahezu allen anderen Akteursgruppen in den Medien am häufigsten genannt, wenn auch i. d. R. in einem geringeren Ausmaß. Dabei schlägt sich die Mehrzahl von ihnen auf die Seite der Forschungsbefürworter. Sowohl die deutschen als auch die ausländischen Politiker, die Naturwissenschaftler sowie diffuse und sonstige Akteure betonen die Potenziale und Chancen der embryonalen Stammzellforschung. Lediglich die deutsche Regierung und die Legislative heben den Verantwortungsethik-Frame hervor. Dies wird jedoch dadurch relativiert, dass sie in gleichem Umfang auch den chancenorientierten Forschungs-Frame verwenden. Insbesondere bei der Legislative weist diese Ambivalenz darauf hin, dass die ihr zugehörigen einzelnen Akteure offensichtlich sehr unterschiedlicher Meinung bezüglich der embryonalen Stammzellforschung sind. Insgesamt ergibt sich jedoch eine erkennbare Dominanz der forschungspositiven Sichtweise. Dies ist umso bedeutsamer, als v. a. die Naturwissenschaftler vermutlich eine hohe Glaubwürdigkeit als Experten besitzen und mit ihrer Sichtweise daher ein besonderes Gewicht erhalten.

Die übrigen in den Medien präsenten Akteure – weitere Wissenschaftler sowie die Journalisten – legen ihren Schwerpunkt mit dem Sicherheitsphilosophie-Frame auf eine die embryonale Stammzellforschung nicht grundsätzlich ablehnende, sondern ambivalente Haltung. Damit unterstützen sie zwar nicht unbedingt den forschungspositiven Gesamteindruck, lassen aber im Gesamtbild die ethisch-kritische Sichtweise der kirchlichen Akteure noch stärker zurücktreten. Auffällig ist, dass die Hälfte der originär journalistischen Äußerungen diesem Frame zuzuordnen ist. Die Journalisten übernehmen hier offensichtlich eine Art Vermittlerposition, in der sie sich weder klar für noch gegen die embryonale Stammzellforschung aussprechen, sondern die verschiedenen Aspekte

45 Der Marburger Bund wird aufgrund seiner geringen Fallzahlen hier nicht weiter berücksichtigt.

gegeneinander abwägen. Die Darstellung der extremeren Positionen nehmen sie dagegen nicht unmittelbar selbst vor, sondern überlassen sie den anderen Akteuren. Indem sie deren Äußerungen für die Berichterstattung selektieren, können sie alle Aspekte der Debatte darstellen, ohne selbst für eine Seite Partei zu ergreifen. Hinter diesem Vorgehen lässt sich die journalistische Ausgewogenheitsnorm erkennen. Gleichzeitig deutet dies darauf hin, dass die strategischen Framing-Bemühungen der Akteure nicht grundsätzlich umsonst sind. Zu klären sein wird allerdings, in welchem Ausmaß sie Erfolg haben.

Eine ähnlich abwägende Rolle wie die Journalisten haben auch die Nicht-Naturwissenschaftler. Dass deren Sichtweise aber grundsätzlich deutlich heterogener ist, zeigen die Häufigkeiten, mit denen sie auch andere Frames ansprechen. Vier zusätzliche Frames werden von ihnen verhältnismäßig häufig genannt. Darunter sind einerseits die beiden allgemeinen Schwerpunktframes, andererseits aber auch zwei weitere Frames, von denen der eine klar forschungsbefürwortend und der andere klar forschungskritisch ausgerichtet ist. Bemerkenswert ist, dass sich unter den befürwortenden Frames auch der radikalste von allen, die *Forschung an Prä-Embryonen*, befindet. Insgesamt halten sich damit bei den Nicht-Naturwissenschaftlern forschungsbefürwortende und -kritische Frames die Waage. Vermutlich ist dieses Bild auch durch die Heterogenität dieser Akteursgruppe mit bedingt. Alles in allem verdeutlicht es, dass die Nicht-Naturwissenschaftler offenbar keine einheitliche Meinung zur embryonalen Stammzellforschung haben. Für den möglichen Einfluss ihrer Frames bedeutet das, dass der Vorteil, den sie als glaubwürdige wissenschaftliche Experten haben, in gewisser Weise durch ihre inhaltliche Uneinigkeit aufgehoben wird.

Wie der Blick auf die Nicht-Naturwissenschaftler zeigt, kann das den Schwerpunktframe begleitende Framing der Akteure durchaus heterogen sein. Für die Akteure selbst heißt das, dass ihre weiteren Frames möglicherweise den Hauptframe in seinen Implikationen konterkarieren und dadurch die Wirksamkeit des eigenen Framings beeinträchtigen. Dies ist insbesondere für die strategischen Framing-Akteure von Bedeutung. Im Folgenden soll deshalb kurz darauf eingegangen werden, inwieweit die übrigen medialen Frames der Akteure ein konsistentes Bild von ihrer Sicht auf die embryonale Stammzellforschung vermitteln. Insgesamt lässt sich für alle untersuchten strategischen Framing-Akteure ein solch konsistentes Bild feststellen. Dabei variiert allerdings das Ausmaß, in dem die einzelnen Akteursgruppen weitere Frames erwähnen, deren Ausrichtung zu ihrem Hauptframe passt. Insbesondere die beiden kirchlichen Akteursgruppen weisen ein sehr konsistentes Bild auf. Neben ihrem Hauptframe, der *Verantwortungsethik*, erwähnen sie lediglich zwei zusätzliche Frames in nennenswertem Ausmaß, den der *Gesinnungsethik* sowie den der *Sicherheitsphilosophie*. Alle drei Frames bringen die ausnahmslos forschungskritische Sichtweise der Kirchen zum Ausdruck. Bei den übrigen strategischen Framing-Akteuren spiegelt sich dagegen das Balancieren zwischen einer forschungsbefürwortenden, aber dennoch ethisch nicht zu radikalen Sichtweise in ihren weiteren Frames. Die DFG sowie das BMBF betonen zusätzlich zu ihrem Hauptframe v. a. den Sicherheitsphilosophie-Frame sowie – in unterschiedlichem Ausmaß – einen oder beide der Ethik-Frames. Im Gegensatz zum BMBF verwendet die DFG darüber hinaus verhältnismäßig stark auch den Unentschlossenheits- sowie den AS-Zellen-Potenzial-Frame. Die Universität Bonn ist unter den strategischen Framing-Akteuren der Akteur, der am deutlichsten das Potenzial von ES-Zellen herausstellt. Dennoch benutzt auch sie die forschungskritischen Ethik-Frames und weitere ambivalente oder kritische Frames wie den der *Embryonen verbrauchenden Forschung* oder den Unentschlossenheits-Frame. Von allen strategischen Framing-Akteuren schwankt die Bundesärztekammer mit ihren Frames am meisten zwischen einer forschungsbefürwortenden und einer forschungskritischen Sichtweise. Der chancenorientierte Forschungs-Frame nimmt als zweitwichtigster Frame verhältnismäßig viel Raum ein, auch wenn er in seiner Bedeutung durch die Nennungshäufigkeit des Gesinnungsethik- und des Sicherheitsphilosophie-Frames abgeschwächt wird.

Von den übrigen medial präsenten Akteuren betonen erwartungsgemäß die Naturwissenschaftler mit am stärksten die der embryonalen Stammzellforschung positiv gegenüberstehenden Frames und unterstützen damit die Sichtweise der Bonner Universität sowie teilweise auch der DFG und des BMBF. Bemerkenswerterweise finden sich jedoch auch hier verhältnismäßig häufige Nennungen eher forschungskritischer Frames, beispielsweise derjenige der verbrauchenden Forschung oder der Potenziale von AS-Zellen. Das deutet darauf hin, dass auch die Naturwissenschaftler eine nicht zu extreme Haltung zu vermitteln versuchen. Auch die diffusen, d.h. nicht als klar abgegrenzte Gruppe wahrnehmbaren Akteure verweisen relativ oft auf das Potenzial der ES-Forschung, erwähnen jedoch auch die Ethik-Frames und den Sicherheitsphilosophie-Frame häufiger. Die weiteren Frames der politischen Akteure verstärken im Wesentlichen das Bild, das sich bereits bei den Schwerpunktframes der Legislative und der Exekutive abgezeichnet hat. Kennzeichnend für die politischen Akteure ist eine offensichtlich eher abwägende Haltung, bei der die einen die Potenziale und Chancen der Forschung betonen und die anderen ethische Bedenken äußern. Lediglich die Regierung weicht in gewisser Weise von diesem Bild ab. Hier finden der Unentschlossenheits- sowie der Prä-Embryonen-Frame in durchaus relevantem Ausmaß Erwähnung. Dies deutet darauf hin, dass zumindest Teile der Regierung der embryonalen Stammzellforschung eher offen gegenüberstehen. Wie ihre Frames zeigen, ist dies auch für die ausländischen Politiker, die in den deutschen Medien zu Wort kommen, der Fall.

Insgesamt verdeutlicht die Aufschlüsselung der Frames nach den einzelnen Akteuren, dass sie in ihrem medialen Framing zwar durchaus unterschiedliche Schwerpunkte setzen, diese sich in der Hauptsache jedoch auf einige wenige Frames beziehen. Insbesondere die strategischen Framing-Akteure wählen dabei ihre Frames entsprechend ihrer eigenen inhaltlichen Interessen. In welchem Ausmaß dieses Bild durch die journalistische Selektion bedingt ist, wird später der Vergleich zwischen PR- und Medienframes zeigen.

8.2.4 *Diskussion des Medienbildes*

Insgesamt ist das mediale Bild, das sich von der Stammzelldebatte ergibt, weitgehend konsistent zu bisherigen Forschungserkenntnissen. Hinsichtlich der formalen Berichterstattungskennwerte zeigen die Analysen, dass der Debattenverlauf eine relativ starke Dynamik aufweist. Diese ist eng mit zentralen Ereignissen verbunden, die einerseits – themenspezifisch – wissenschaftliche Sachverhalte betreffen. Andererseits stehen sie – themenunspezifisch – im Zusammenhang mit dem politischen Prozess, der generell mit der Regulierung gesellschaftlich relevanter Sachfragen einhergeht. Dabei nimmt das Berichterstattungsausmaß im Schnitt bis zur zentralen politischen Entscheidung zu und sinkt danach rapide ab. Tendenziell mit dem erhöhten Berichterstattungsausmaß bei wichtigen Ereignissen einher geht eine aufmerksamkeitsträchtigere Platzierung der Diskussionsbeiträge. Die erhöhte Medienaufmerksamkeit für zentrale, v. a. politische Ereignisse eröffnet den strategischen Framing-Akteuren die Möglichkeit, für ihre Sichtweise stärker Gehör zu finden. Da diese Gelegenheiten jedoch vermutlich von allen strategischen Framing-Akteuren verstärkt genutzt werden, ist gleichzeitig auch mehr Konkurrenz um die mediale Aufmerksamkeit zu erwarten. Dies gilt v. a. für in ihrem Zeitpunkt im Vorhinein bekannte Ereignisse wie die Bundestagsentscheidung. Mit Blick auf die anschließende Analyse des strategischen Framings ist daher davon auszugehen, dass die gezielten Framing-Versuche der Akteure in diesem Zeitraum ein besonderes Ausmaß annehmen. Bei wichtigen Ereignissen, die nicht im Voraus bekannt sind, ist mit erhöhten Framing-Aktivitäten unmittelbar nach dem Ereignis zu rechnen.

Die hohe Bedeutung des Politikressorts und des Feuilletons weisen darauf hin, dass die Diskussion weniger rein wissenschaftszentriert als vielmehr politisch-reflektierend erfolgt. Gleichzeitig macht die Dominanz der tatsachenbetonten Stilformen klar, dass die Kommentierung Grenzen hat. Insbesondere zur Bundestagsentscheidung hin nimmt deren Ausmaß ab. Für die strategischen Framing-Akteure bedeutet das, dass sie mit der Durchsetzung von reflektierend-kritischen Sichtweisen vermutlich eher zu Debattenbeginn Erfolg haben werden, wo die untersuchten Medien noch mehr Offenheit für eine breitere Diskussion zeigen. Im Vergleich zu anderen Thematiken ist der Anteil an meinungsbetonten Stilformen jedoch verhältnismäßig hoch. Dies spricht insgesamt für einen hohen Reflexionsgrad in der Debatte und verdeutlicht zugleich, dass entsprechende Sichtweisen grundsätzlich Aussicht auf mediale Durchsetzung haben.

Den Eindruck, der sich aus den formalen Berichterstattungskennwerten ergibt, spiegeln im Wesentlichen auch die medialen Akteursframes. In der Mediendarstellung dominieren neben dem chancenorientierten Forschungs-Frame in erster Linie der auf mögliche Risiken und Gefahren abhebende Sicherheitsphilosophie-Frame sowie die beiden ethischen Frames. Dieses Bild unterstreicht auf inhaltlicher Ebene die grundsätzlich reflektierend-kritische Auseinandersetzung mit der embryonalen Stammzellforschung. Im Zeitverlauf zeigen sich jedoch Unterschiede in der Dominanz der einzelnen Frames und damit auch im Ausmaß der Reflexion. Während die Hochphase des Sicherheitsphilosophie- und auch der Ethik-Frames eher zu Beginn der Stammzelldebatte liegt, übernimmt mit der forschungspolitischen Kehrtwende der DFG im Mai 2001 der chancenorientierte Forschungs-Frame die Führung. Dies ändert sich bis zum Ende des Analysezeitraums nicht mehr. In der Phase der entscheidenden Bundestagsdebatte zu Beginn 2002 erreichen die Ethik-Frames zwar noch einmal annähernd das Ausmaß des Forschungs-Frames, und auch das generelle Verhältnis von forschungsbefürwortenden zu forschungskritischen Frames nähert sich einem Gleichgewicht an. Generell vermitteln die medialen Akteursframes jedoch den Eindruck, dass mit der DFG-Kehrtwende bereits die Vorentscheidung zugunsten der embryonalen Stammzellforschung gefallen ist.

Mit Blick auf die allgemeine Ereignislage weist der mediale Fokus auf dem Sicherheitsphilosophie-Frame und den Ethik-Frames zu Debattenbeginn darauf hin, dass solche eher auf die abstrakte Grundsatzdiskussion bezogenen Frames stärker in ereignisärmeren Phasen mediale Aufmerksamkeit erhalten. Für die strategischen Framing-Akteure bedeutet das wiederum, dass sie für das Einbringen solcher Frames am besten gezielt die ereignisarmen Zeiten nutzen.

Insgesamt machen die zeitlichen Frame-Verschiebungen klar, dass Frame-Wechsel weniger häufig stattfinden als aufgrund der theoretischen Erkenntnisse insbesondere zum strategischen Framing anzunehmen gewesen wäre. Mediale Frames sind demnach verhältnismäßig konstant. Vermutlich ist dies auf die kulturelle Resonanz zurückzuführen, die ebenfalls im Theorieteil erwähnt wurde. Frames als gesellschaftlich entstandene, komplexe Sinneinheiten sind relativ änderungsresistent, und einmal etablierte Frames befinden sich gegenüber anderen deutlich im Vorteil. Die geringe Dynamik darf an dieser Stelle jedoch nicht überbewertet werden. Zumindest teilweise ist sie vermutlich auch durch die vergleichsweise grobe Aufschlüsselung der Zeitebene nach Quartalen bedingt, die feinere Dynamiken nicht abbilden kann. Dennoch deutet die allgemeine Konstanz der medialen Akteursframes darauf hin, dass die strategischen Framing-Akteure mit einem ständigen Wechsel zwischen verschiedenen Frames wahrscheinlich weniger erfolgreich in ihren Einflussbemühungen sein werden. Dies ist umso mehr zu vermuten, je stärker sich die Frames inhaltlich voneinander unterscheiden und je weniger stark sie gesellschaftlich verankert sind. Strategisch kann es trotzdem sinnvoll sein, andere Frames als den vorherrschenden Frame zu verwenden. Für den politischen Erfolg der Forschungsbefürworter bzw. der Forschungsgegner in der Stammzelldebatte ist vermutlich nicht nur der dominante Frame, sondern das Gesamtbild der Frames entscheidend. Wie die Analyse zeigt, ergeben sich diesbezüglich trotz der Dominanz einzelner Frames in Nuancen wechselnde Frame-Zusammensetzungen. Insofern können sich die strategischen Framing-Akteure u. U. gerade dadurch von anderen Akteuren abheben und für die mediale Selektion interessanter machen, dass sie nicht die gleichen Frames wie die große Mehrheit verwenden, sondern einen Frame, der ihre generelle Haltung ähnlich gut repräsentiert. Die Tatsache, dass zu Beginn der Debatte eine größere Vielfalt an verschiedenen Frames herrscht, weist dabei darauf hin, dass vermutlich gerade in dieser Zeit größere Chancen bestehen, einen anderen als den Hauptframe medial zu platzieren. Wie auch im Theorieteil angesprochen, sind die Zeitungen offensichtlich in dieser Zeit noch offener für verschiedene Einflüsse, weil sich noch keine klar vorherrschende Sichtweise herausgebildet bzw. etabliert hat. Für die strategischen Framing-Akteure bedeutet das, dass sie in dieser Zeit die Chance haben, den »frame of reference« (CHRISTISON 1997: 46) für den weiteren Debattenverlauf zu setzen und diesen damit maßgeblich zu beeinflussen.

Die Analyse der medialen Frame-Verwendung durch die verschiedenen Akteure zeigt, dass v. a. die strategischen Framing-Akteure einen spezifischen Hauptframe aufweisen. Es ist plausibel, dass die Akteure sich bewusst auf einen Frame konzentrieren, um ihr eigenes Profil zu schärfen. An dieser Stelle kann jedoch nicht völlig ausgeschlossen werden, dass dabei auch die journalistische Selektion eine Rolle spielt. Möglicherweise bringen einzelne Akteure mehrere gleichwertige Frames ein, von denen die Journalisten jedoch überwiegend nur einen für die Berichterstattung auswählen. Die nachfolgende PR-Analyse wird darüber genauer Aufschluss geben. In inhaltlicher Hinsicht dominieren insbesondere bei den strategischen Framing-Akteuren jeweils die Frames, die ihren tatsächlichen oder u. U. auch nur ihnen zugeschriebenen Kompetenzen und Sichtweisen entsprechen. Bei den kirchlichen Akteuren sind dies die beiden ethischen Frames, bei den wissenschaftlichen bzw. wissenschaftsnahen Akteuren dagegen ist es der pragmatische, chancenorientierte Forschungs-Frame. Im Kern stoßen diese Frames überwiegend auch bei den übrigen medial präsenten Akteuren auf Resonanz. Die strategischen Framing-Akteure sind damit nicht nur auf ihr eigenes Framing angewiesen, sondern können auch die Übereinstimmung mit dem Framing anderer Akteure für die Verbreitung ihrer Sichtweise ausnutzen. Auffällig ist dabei, dass v. a. das Framing der verschiedenen politischen Akteure keinen so klaren Schwerpunkt aufweist wie das der strategischen Framing-Akteure. Dies lässt vermuten, dass hier für Letztere mehr Potenzial besteht, die allgemeine Resonanz ihrer eigenen Frames gezielt einzusetzen. Die selektierenden und kommentierenden Journalisten halten sich mit der eigenen Verwendung eindeutig forschungskritischer oder -befürwortender Frames eher zurück. Sie übernehmen durch ihre Selektion vielmehr die Vermittlerrolle zwischen den verschiedenen Positionen und lassen unterschiedliche Stimmen zu Wort kommen. Angesichts dieser Tatsache ist anzunehmen, dass alle strategischen Framing-Akteure – sofern sie den Medien Input liefern – in irgendeiner Weise auch damit Gehör finden. Die Frage ist also weniger, *ob* sie ihre Ansichten in den Medien platzieren können, sondern vielmehr *wie stark* und *wann* ihnen dies gelingt. Für den letzten Aspekt geben die zuvor diskutierten Ergebnisse erste Anhaltspunkte. Wahrscheinlich finden die kirchlichen Akteure eher in der ersten Debattenhälfte Gehör für ihre Frames. Direkt vor der Bundestagsdebatte im Januar 2002 scheint es für sie jedoch auch noch einmal ein »window of opportunity« (BAUMGARTNER/JONES 1993: 236) zu geben. Demgegenüber dürften die wissenschaftspolitischen bzw. wissenschaftlichen Akteure mit ihrem strategischen Framing mit fortschreitendem Debattenverlauf zunehmend mehr Chancen haben, ihre Frames in den Medien zu platzieren. Da angesichts der bisherigen Erkenntnisse auch sie unmittelbar vor der Bundestagsdebatte gute Einflusschancen auf die Medien haben dürften, ist insgesamt davon auszugehen, dass in diesem Zeitraum ein offener, verhältnismäßig ausgewogener Schlagabtausch zwischen den strategischen Framing-Akteuren erfolgt. Im Einzelnen wird aber erst die genauere Zeitanalyse zeigen, welche Akteure wann mit ihren Frames wie erfolgreich sind. Diese ist Teil der spezifischeren, auf das strategische Framing der ausgewählten Akteursgruppen ausgerichteten Analyse, die im folgenden Kapitel durchgeführt wird.

8.3 Strategisches Framing in der Stammzelldebatte

Das strategische Framing der für die vorliegende Analyse relevanten gesellschaftlichen Akteure lässt sich aus verschiedenen Blickwinkeln beleuchten. Im Zentrum dieses Kapitels stehen die verschiedenen Frames der Akteure und ihre zeitlichen Veränderungen. Bevor diese ausführlicher dargestellt werden können, ist es für das allgemeine Verständnis notwendig, einen generellen Überblick über das Ausmaß der Framing-Aktivitäten zu geben. Dies geschieht im folgenden Unterkapitel (Kap. 8.3.1). Die weiteren Unterkapitel gehen dann detaillierter auf den Vergleich von medialen und strategischen Akteursframes ein. Dabei steht als erstes der zeitunabhängige Vergleich der Akteursframes in den Pressemitteilungen und in den analysierten Zeitungen im Mittelpunkt (Kap. 8.3.2). Danach richtet sich der Fokus auf die zeitlichen Veränderungen und Wechselwirkungen zwischen strategischen und medialen Frames (Kap. 8.3.3) sowie die verschiedenen Framing-Taktiken der strategischen Akteure, die in den zeitlichen Veränderungen erkennbar werden (Kap. 8.3.4). Den Abschluss bildet die Diskussion der über das strategische Framing gewonnenen Erkenntnisse (Kap. 8.3.5).

8.3.1 *Framing-Aktivitäten der strategischen Akteure*

Bei der allgemeinen Betrachtung des strategischen Framings ist das Ausmaß der Framing-Aktivitäten zentral. Dieses gibt Aufschluss darüber, wie intensiv die Einflussnahmeversuche der verschiedenen Akteure überhaupt sind. Wie auch die Frames selbst, lässt sich die Intensität insgesamt und im Zeitverlauf betrachten. Dabei ist einerseits von Interesse, wie viele Pressemitteilungen die einzelnen Akteure überhaupt zur Stammzellthematik herausgeben. Mit Blick auf das inhaltliche Framing ist anderseits relevant, in welchem Ausmaß diese Pressemitteilungen Frames enthalten und welche davon den Framing-Akteuren selbst zuzurechnen sind. Darüber hinaus spielt eine Rolle, welche Frames generell und spezifisch für die einzelnen Framing-Akteure in den Pressemitteilungen auftauchen.

Tabelle 14 gibt einen Überblick über die Anzahl der Pressemitteilungen, die die strategischen Framing-Akteure im Verlauf der Debatte veröffentlicht haben. Sie zeigt außerdem, in welchem Ausmaß diese Pressemitteilungen überhaupt Frames und spezifischer Frames der jeweiligen Akteure enthalten. Aufgrund der geringen Fallzahlen sind absolute Häufigkeiten ausgewiesen. Der Blick auf die Pressemitteilungen verdeutlicht zunächst, dass die einzelnen strategischen Framing-Akteure unterschiedlich stark zur Stammzelldebatte Stellung beziehen. Während die DFG und die beiden großen Kirchen verhältnismäßig viele Pressemitteilungen veröffentlichen, halten sich die übrigen Akteure eher zurück. Im Vergleich zu Ersteren geben sie nur etwa ein Viertel bis halb so viele Pressemitteilungen zur Thematik heraus. Insbesondere die Bundesärztekammer versucht kaum, Einfluss auf die Medienberichterstattung über die Stammzelldebatte zu nehmen. In zeitlicher Hinsicht besteht insgesamt ein ten-

TABELLE 14

Intensität des strategischen Framings der verschiedenen Akteure im Verlauf der Stammzelldebatte (Anzahl)

Akteur	Gesamt	Quartal											
		1/2000	2/2000	3/2000	4/2000	1/2001	2/2001	3/2001	4/2001	1/2002	2/2002	3/2002	4/2002
DFG													
Pressemitteilungen	22	0	1	0	0	1	5	6	1	5	1	2	0
Frames	35	0	0	0	0	1	8	13	0	12	1	0	0
eigene Frames	20	0	0	0	0	1	8	7	0	4	0	0	0
Uni Bonn													
Pressemitteilungen	15	0	0	0	0	0	2	3	5	3	0	1	1
Frames	18	0	0	0	0	0	4	1	8	3	0	1	1
eigene Frames	13	0	0	0	0	0	4	1	4	2	0	1	1
BMBF													
Pressemitteilungen	13	1	1	0	1	0	1	1	2	2	1	3	0
Frames	21	1	1	0	3	0	3	1	2	3	2	5	0
eigene Frames	10	1	1	0	1	0	1	1	1	1	1	2	0
kath. Kirche/DBK													
Pressemitteilungen	26	1	2	2	0	2	3	1	3	6	5	1	0
Frames	49	1	2	2	0	5	6	1	4	16	11	1	0
eigene Frames	30	1	2	1	0	2	3	1	2	12	5	1	0
EKD													
Pressemitteilungen	25	0	2	1	2	1	4	0	2	9	3	1	0
Frames	59	0	4	0	10	1	11	0	4	20	7	2	0
eigene Frames	30	0	2	0	2	1	4	0	2	10	7	2	0
Bundesärztekammer													
Pressemitteilungen	7	0	0	0	0	0	1	3	3	0	0	0	0
Frames	10	0	0	0	0	0	2	4	4	0	0	0	0
eigene Frames	7	0	0	0	0	0	1	3	3	0	0	0	0
Marburger Bund													
Pressemitteilungen	12	0	0	3	2	0	0	1	2	2	1	1	0
Frames	23	0	0	6	6	0	0	2	4	3	1	1	0
eigene Frames	14	0	0	4	3	0	0	1	2	2	1	1	0
Gesamt													
Pressemitteilungen	120	2	6	6	5	4	16	15	18	27	11	9	1
Frames	215	2	7	8	19	7	34	22	26	57	22	10	1
eigene Frames	124	2	5	5	6	4	21	14	14	31	14	7	1

denzieller Zusammenhang zwischen der Zeitphase und der Anzahl der veröffentlichten Pressemitteilungen (*Cramers* $V = .34$, $p < .10$). Dabei fällt auf, dass sich das generelle Maximum der Beeinflussungsversuche in der zentralen Debattenphase zwischen der Empfehlung der DFG im Mai 2001 und der Bundestagsdebatte im Januar 2002 befindet. Die akteursspezifischen Maxima sind zeitlich allerdings verschieden, fallen aber überwiegend mit den in Kapitel 8.2.1 erläuterten zentralen Ereignissen im Debattenverlauf zusammen.

Insgesamt scheinen die Akteure verschiedene Strategien zu verfolgen. Als aktiv beteiligter Akteur verfolgt offensichtlich insbesondere die DFG in ihren Framing-Aktivitäten eine zweigleisige Strategie. Einerseits konzentriert sie sich darauf, eigene Ereignisse wie die Empfehlung zur embryonalen Stammzellforschung im zweiten Quartal 2001 zu ›inszenieren‹. Wie ihre vielen Pressemitteilungen im dritten Quartal 2001 sowie im ersten Quartal 2002 zeigen, kommentiert sie andererseits auch andere zentrale – v. a. politische – Ereignisse ausführlich: in diesem Fall eine grundsätzliche Bundestagsdebatte im Vorfeld sowie die entscheidende Bundestagsdebatte. Die Universität Bonn dagegen verhält sich in ihren Framing-Aktivitäten passiver. Im Gegensatz zur DFG arrangiert sie weniger eigene Ereignisse, sondern reagiert primär auf die von anderen ausgehenden Geschehnisse. Dabei konzentriert sie sich auf den zentralen Debattenzeitraum zwischen der DFG-Empfehlung und der Bundestagsentscheidung. Ihren Schwerpunkt setzt sie – zeitlich leicht versetzt zur zentralen Bundestagsentscheidung – bereits im vierten Quartal 2001. In diesem hatten sowohl die Enquête-Kommission des Bundestags als auch der von Kanzler Schröder eingesetzte Ethikrat ihre Empfehlung zur embryonalen Stammzellforschung abgegeben. Möglicherweise verfolgt die Universität Bonn hier die Strategie, ihre Sichtweise bereits stärker im Vorfeld der Entscheidung zu propagieren, um sich besser von den anderen Akteuren abzuheben. Auch das BMBF scheint mehr auf die von anderen geschaffene Ereignislage zu reagieren als selbst mit Ereignisinszenierungen aktiv zu werden. Seinen PR-Schwerpunkt legt es neben der Zeit um die Bundestagsentscheidung v. a. auf das dritte Quartal 2002. In diesem trat das StZG in Kraft, das offensichtlich für das BMBF noch wichtiger ist als die Entscheidung über die embryonale Stammzellforschung selbst. Die beiden Kirchen präsentieren sich ebenfalls eher als passiv-reflektierende Akteure. Das Maximum ihrer PR-Aktivität befindet sich bei beiden deutlich in der Zeit des Bundestagsentscheids. Vermehrte Veröffentlichungen von Pressemitteilungen fallen darüber hinaus mit der DFG-Empfehlung im zweiten Quartal 2001 zusammen. Damit reagieren die Kirchen überwiegend auf die Geschehnisse, und noch dazu zu einem eher späten Zeitpunkt. Im Gegensatz zu fast allen anderen strategischen Akteuren finden sich bei ihnen aber auch schon zu Beginn der Debatte kontinuierliche Framing-Aktivitäten. Theoretisch haben sie damit die Chance, den Bezugsrahmen für das weitere Framing zu setzen. Inwieweit ihnen dies gelungen ist, wird später der Vergleich zwischen den PR-Frames und den Medienframes zeigen. Hinter den PR-Aktivitäten der Bundesärztekammer ist keine gezielte Ausrichtung auf die Beeinflussung der Stammzelldebatte zu erkennen. Die meisten Pressemitteilungen veröffentlicht sie zwar relativ zeitnah zur Bundestagsentscheidung im dritten und vierten Quartal 2001. Zur Zeit der Entscheidung selbst und auch danach äußert sie sich jedoch nicht mehr. Vermutlich sind ihre Pressemitteilungen und damit auch ihr Framing in erster Linie eine punktuelle Reaktion auf die DFG-Empfehlung und den aktuellen Stand der politischen Debatte. Ein konkretes Interesse an der Beeinflussung der politischen Entscheidung scheint bei ihr jedoch nicht vorhanden zu sein. Beim Marburger Bund sieht dies anders aus. Er veröffentlicht zwar insgesamt eher wenige Pressemitteilungen. Diese konzentrieren sich jedoch zeitlich erkennbar auf die entscheidende Bundestagsdebatte sowie auch auf die zweite Hälfte des Jahres 2000. Letzteres ist vermutlich eine Reaktion auf den Förderantrag von Oliver Brüstle im August 2000 sowie auf die Zulassung des therapeutischen Klonens durch das britische Parlament im Dezember 2000.

Insgesamt zeigt die Verteilung der Pressemitteilungen gerade in der heißen Debattenphase einen verhältnismäßig offenen Schlagabtausch zwischen den verschiedenen Akteuren. Für den inhaltlichen Erfolg des strategischen Framings ist jedoch auch relevant, in welchem Ausmaß die Pressemitteilungen überhaupt erkennbare Frames enthalten. Konsistent zu bisherigen Forschungserkenntnissen war bei der Frame-Identifikation (vgl. Kap. 8.1.1) deutlich geworden, dass durchaus nicht alle Akteursäußerungen als Repräsentation eines Frames bezeichnet werden können. Nur wenn dies jedoch der Fall ist, erfüllen die Pressemitteilungen die Voraussetzung für eine Beeinflussung des medialen Framings. Andernfalls müssen ihre Inhalte als unklare Statements betrachtet werden, die für ein effektives Framing nicht geeignet sind. Andersherum sind zu viele Frames in einer Pressemitteilung jedoch ebenfalls kontraproduktiv, da es in diesem Fall schwieriger sein dürfte, eine klare Kernbotschaft zu erkennen. Aufschluss über die Anzahl der Frames in den Pressemitteilungen gibt wiederum Tabelle 14.

Generell fällt zunächst auf, dass die Pressemitteilungen im Schnitt etwas weniger als zwei Frames enthalten. Demnach gestalten die strategischen Framing-Akteure ihre Pressemitteilungen grundsätzlich so, dass diese auch das Potenzial zur Beeinflussung der Medien besitzen. Dabei konzentrieren sie sich eher darauf, einen zentralen Frame zu propagieren, als ihre Pressemitteilungen mit zahlreichen Frames zu überladen und dadurch möglicherweise ihre Hauptbotschaft zu verwässern. Auf die einzelnen Akteure verteilt, schwankt allerdings das Verhältnis von Pressemitteilungen zu Frames. Besonders aktiv im Einbringen von Frames sind die beiden Kirchen sowie der Marburger Bund. Alle drei erwähnen im Schnitt pro Pressemitteilung etwa zwei Frames. Demgegenüber kommen die DFG und das BMBF lediglich auf durchschnittlich 1,5 Frames pro Pressemitteilung und die Universität Bonn sowie die Bundesärztekammer sogar nur auf etwas mehr als einen Frame. Mit Blick auf die Debattenphasen, in denen die Akteure besonders aktiv sind, fällt auf, dass in diesen Zeiten das Ausmaß der Frames pro Pressemitteilung tendenziell etwas höher ist als in weniger aktiven Phasen. Die DFG erreicht in dieser Zeit nahezu das gleiche Verhältnis von Pressemitteilungen zu Frames wie die beiden Kirchen, und auch bei der Universität Bonn enthalten die Pressemitteilungen im vierten Quartal 2001 im Verhältnis mehr Frames. Lediglich bei der Bundesärztekammer zeigt sich keine erhöhte Frame-Verwendung in ihren aktiven Phasen. Dies bestätigt den bereits gewonnenen Eindruck, dass die Bundesärztekammer weniger gezieltes Framing betreibt als die übrigen Akteure.

Bei der Betrachtung der Frame-Fallzahlen ist allerdings zu berücksichtigen, dass es sich dabei nicht nur um eigene Frames der einzelnen Akteure handelt. Vielmehr können die strategischen Framing-Akteure in ihren Pressemitteilungen durchaus auch andere Akteursgruppen mit deren Frames zitieren, beispielsweise um sich dann gezielt dagegen abzugrenzen. Inwieweit dies der Fall ist, zeigt ein Blick auf die originär eigenen Frames der Akteure in Tabelle 14. Nahezu alle Akteure bringen in etwa genauso viele eigene Frames ein, wie sie Pressemitteilungen veröffentlichen. Lediglich die Pressemitteilungen der beiden Kirchen enthalten im Schnitt etwas mehr als einen eigenen Frame pro Pressemitteilung. Im Vergleich mit den insgesamt enthaltenen Frames weist dies darauf hin, dass die strategischen Framing-Akteure in ihren Pressemitteilungen tatsächlich verhältnismäßig häufig auch andere Akteure und deren Frames erwähnen. Das Verhältnis von Pressemitteilungen zu eigenen Frames ändert sich im Zeitverlauf nicht. Unabhängig davon, ob es sich um eine Phase starker oder geringer Einflussnahmeversuche handelt, enthält jede Pressemitteilung der einzelnen Akteure durchschnittlich einen originär eigenen Frame der jeweiligen Akteursgruppe. Nur die katholische Kirche zeigt in der Phase der entscheidenden Bundestagsdebatte mit im Schnitt zwei eigenen Frames pro Pressemitteilung deutlich intensivere Framing-Anstrengungen. Insgesamt spricht dieses Bild dafür, dass sich die Akteure in einer Pressemitteilung auf die Vermittlung eines Hauptframes beschränken. Der Marburger Bund und die beiden Kirchen kombinieren dies allerdings verhältnismäßig häufig mit der Erwähnung eines Frames von einem anderen Akteur. Dabei kann es sich einerseits um eine Abgrenzungsstrategie von gegensätzlichen Frames handeln. Andererseits ist es aber auch möglich, dass sie auf andere Akteure mit gleichen oder ähnli-

TABELLE 15

Häufigkeiten der Frames in den Pressemitteilungen (in %)

	Gesamt	eigene Frames der strategischen Akteure	Frames anderer Akteure
Frame	(N=215)	(n=124)	(n=91)
Verantwortungsethik	33	37	25
Pragmatische, chancenorientierte Forschung	24	15	37
Sicherheitsphilosophie	17	24	8
Gesinnungsethik	12	10	14
Potenzial der ES-Zellen-Forschung	7	6	8
Potenzial der AS-Zellen-Forschung	4	5	2
Embryonen verbrauchende Forschung	1	1	2
Unentschlossenheit	1	1	1
Forschung an Prä-Embryonen	1	0	2

Abweichungen von 100 % sind rundungsbedingt.

chen Frames verweisen, um auf diese Weise die Überzeugungskraft ihres Frames zu stärken.

Welche Frames konkret Gegenstand der Pressemitteilungen sind, zeigt Tabelle 15. Insgesamt beherrschen vier der neun identifizierten Frames die Darstellung. Mit einem Drittel der Fälle deutlich am häufigsten genannt wird dabei der forschungskritische Verantwortungsethik-Frame, aber auch der chancenorientierte Forschungs-Frame ist noch in rund einem Viertel aller Äußerungen präsent. Der vorsichtig-abwägende Sicherheitsphilosophie- sowie der Gesinnungsethik-Frame werden ebenfalls verhältnismäßig häufig erwähnt. Alle übrigen Frames sind eher marginal vertreten. Das bestätigt auch in inhaltlicher Hinsicht die Annahme, dass sich die strategischen Framing-Akteure in ihrem Framing auf einige wenige Frames konzentrieren. Zugleich lässt es vermuten, dass strategische Frame-Wechsel – wenn überhaupt – am ehesten zwischen den vier genannten Frames erfolgen. Der Blick auf die Differenzierung der Pressemitteilungs-Frames nach originär eigenen Frames der strategischen Akteure und Frames anderer Akteure zeigt, dass das grundsätzliche Übergewicht der vier Frames auch für die eigenen Frames der strategischen Akteure erhalten bleibt. Allerdings nehmen hier der Verantwortungsethik- und der Sicherheitsphilosophie-Frame noch einmal an Gewicht zu, wohingegen der chancenorientierte Forschungs-Frame an Bedeutung verliert. Letzterer dominiert hingegen deutlich bei der Zitierung anderer Akteure und ihrer Frames in den Pressemitteilungen. Inwieweit es sich bei diesen Zitaten um gezielte Abgrenzungen vom oder Bestätigungen des eigenen Framings handelt und welche spezifische Bedeutung es für die originären Frames der einzelnen Akteure hat, kann an dieser Stelle mit Blick auf die Forschungsfragen nicht ausführlicher analysiert werden. Eine erste Aufschlüsselung der genauen Konstellationen zeigt, dass es sich um eine vielschichtige Mischung aus beidem handelt, die nicht ohne Weiteres konsistent zu den originären Frames der Akteure in die Analyse integriert werden kann. Alle weiteren Analyseschritte beziehen sich deshalb nur auf die jeweils eigenen Frames der strategischen Framing-Akteure in ihren Pressemitteilungen. Der Vollständigkeit halber sei darauf hingewiesen, dass die Ergebnisse angesichts der geringen Fallzahlen für die Akteurs-Frames in den Pressemitteilungen allerdings mit Vorsicht betrachtet werden müssen.

Zum besseren Verständnis des Vergleichs von medialen und strategischen Akteursframes ist es zweckmäßig, vorher kurz die Frame-Muster in den Pressemitteilungen der einzelnen Akteure zu beschreiben. In Kapitel 8.2 wurde gezeigt, dass die medialen Akteursframes der strategischen Akteure je nach Akteur durchaus unterschiedlich sind. Akteursgruppen mit vergleichbarem Hintergrund verwenden jedoch ähnliche oder gleiche Frames und weisen ähnliche Frame-Muster auf. Zudem besitzt jede Akteursgruppe i.d.R. einen erkennbaren Schwerpunktframe. Im Folgenden wird untersucht, ob diese Erkenntnisse auch für die Pressemitteilungen gelten.

TABELLE 16

Frames der strategischen Akteure in ihren Pressemitteilungen (in %)

	Gesamt	DFG	Uni Bonn	BMBF	kath. Kirche/ DBK	EKD	Bundes-ärzte-kammer	Marburger Bund
	(N=124)	(n=20)	(n=13)	(n=10)	(n=30)	(n=30)	(n=7)	(n=14)
Sicherheits-philosphie	24	5	15	30	47	20	43	7
Pragmatische, chancenorientierte Forschung	15	65	23	30	0	0	0	0
Verantwortungs-ethik	37	0	8	20	47	57	29	71
Gesinnungsethik	10	0	0	0	7	23	14	21
Potenzial der AS-Zellen-Forschung	5	10	15	10	0	0	14	0
Unentschlossen-heit	1	5	0	0	0	0	0	0
Embryonen verbrauchende Forschung	1	5	0	0	0	0	0	0
Potenzial der ES-Zellen-Forschung	6	10	38	10	0	0	0	0
Forschung an Prä-Embryonen	0	0	0	0	0	0	0	0
forschungsbefürwortend [a]	22	75	62	40	0	0	0	0
forschungskritisch [b]	53	15	23	30	53	80	57	93

[a] Zu den forschungsbefürwortenden Frames zählen die Frames *Pragmatische, chancenorientierte Forschung, Potenzial der ES-Zellen-Forschung, Forschung an Prä-Embryonen.*
[b] Zu den forschungskritischen Frames zählen die Frames *Verantwortungsethik, Gesinnungsethik, Potenzial der AS-Zellen-Forschung, Embryonen verbrauchende Forschung.*

Der Blick auf die einzelnen strategischen Akteure verdeutlicht zunächst, dass diese – wie vermutet – im Vergleich miteinander teilweise deutlich unterschiedliche Frame-Muster in ihren Pressemitteilungen aufweisen (*Cramers V* = .43, $p < .001$). Dabei ist ebenso wie in den Zeitungsartikeln bei fast allen strategischen Framing-Akteuren ein klarer Hauptframe erkennbar (vgl. Tab. 16). Die forschungsnahen Akteure DFG, Universität Bonn und BMBF betonen jeweils einen forschungsbefürwortenden Frame und ergänzen diesen mehr oder weniger stark um weitere befürwortende, aber auch kritische Frames. Demgegenüber fokussieren sowohl die kirchlichen als auch die medizinischen Akteure auf forschungskritische oder neutrale bis kritische Frames. Sie kombinieren diese zudem deutlich weniger mit anderen Frames und weisen damit insgesamt ein pointierteres Frame-Muster auf. Forschungsbefürwortende Frames sind bei keinem von ihnen zu finden.

Im Einzelnen betont die DFG sehr stark den chancenorientierten Forschungs-Frame und damit verbunden auch das Potenzial der ES-Zellen. Gleichzeitig versäumt sie es jedoch nicht, mit den AS-Zellen auch einen alternativen Weg zu erwähnen und den Verbrauch von Embryonen für die Forschung abzulehnen. Die Universität Bonn propagiert als Hauptframe dagegen die insgesamt eher wenig erwähnten Möglichkeiten der ES-Zellen. Diesen kombiniert sie einerseits mit dem chancenorientierten Forschungs-Frame, andererseits jedoch auch mit dem vorsichtig-kritischen Sicherheitsphilosophie-Frame sowie den forschungsablehnenden Verantwortungsethik- und AS-Potenzial-Frames. Das BMBF wiederum betont gleichermaßen den chancenorientierten Forschungs- und den Sicherheitsphilosophie-Frame, versäumt es jedoch ebenfalls nicht, seine Sichtweise mit weiteren Frames zu nuancieren. Diese enthalten sowohl forschungsbefürwortende als auch -kritische Aspekte, sodass sich insgesamt ein verhältnismäßig ausgewogenes Bild ergibt. Generell machen die Frame-Verteilungen in den Pressemitteilungen aller forschungsnahen Akteure klar, dass diese um eine differenzierte Betrachtung der embryonalen Stammzellforschung bemüht sind und nicht nur einseitig für die Forschung argumentieren. Dabei legt die DFG die deutlichste Befürwortung an den Tag, während insbesondere das BMBF eine eher abwägende Haltung einnimmt.

Die kirchlichen Akteure, und unter ihnen v. a. die EKD, konzentrieren sich in ihrem strategischen Framing deutlich auf die ethisch-kritische Betrachtung der embryonalen Stammzellforschung. Die EKD erwähnt in ihren Pressemitteilungen fast ausschließlich den Verantwortungsethik-

und auch noch den Gesinnungsethik-Frame. Forschungsbefürwortende Frames äußert sie überhaupt nicht. Letzteres gilt auch für die katholische Kirche. Bei den Ethik-Frames betont sie jedoch insbesondere den Gesinnungsethik-Frame weniger als die EKD. Stattdessen fokussiert sie – zusammen mit dem Sicherheitsphilosophie-Frame – auf den weniger abstrakten Verantwortungsethik-Frame.

Unter den medizinischen Akteuren weist der Marburger Bund ein der EKD sehr ähnliches Frame-Muster auf. Noch stärker als die EKD legt er seinen Schwerpunkt auf den Verantwortungsethik-Frame und kombiniert diesen mit dem Gesinnungsethik- und dem Sicherheitsphilosophie-Frame. Auch die Bundesärztekammer nennt in ihren Pressemitteilungen keinen forschungsbefürwortenden Frame. Anders als der Marburger Bund betont sie allerdings eher den vorsichtig-kritischen Sicherheitsphilosophie-Frame und ergänzt diesen mit Verweisen auf die beiden Ethik-Frames und das konkrete Potenzial von AS-Zellen.

Die bisherigen Ausführungen haben einen allgemeinen Überblick über die Intensität der Framing-Bemühungen an sich und über die in den Pressemitteilungen dominierenden Frames vermittelt. Im folgenden Unterkapitel geht es nun spezifischer darum, die Frames der Pressemitteilungen mit denen der Tageszeitungen zu vergleichen.

8.3.2 *Vergleich der strategischen und medialen Akteursframes*

Die für die Gesellschaft wahrnehmbaren medialen Akteursframes sind i.d.R. durch journalistische Selektion gefiltert. Das bedeutet, dass die Akteure u.U. andere Frames an die Medien herantragen, als dann von diesen für die Berichterstattung ausgewählt werden. Die journalistischen Veränderungen beziehen sich einerseits auf die generelle Auswahl der Frames, andererseits aber auch auf die Gewichtung der einzelnen Frames zueinander. Im Folgenden wird genauer analysiert, ob und wie die strategischen Framing-Akteure in der Stammzelldebatte mit ihren originären Frames medial Gehör finden. Das Kapitel gliedert sich dabei in zwei Teile. Zunächst steht der gezielte Vergleich der medialen und strategischen Frames nur der strategischen Framing-Akteure im Mittelpunkt. Danach wird ausführlicher auf die Gemeinsamkeiten und Unterschiede zwischen den spezifischen strategischen Frames der Framing-Akteure und allen medial präsenten Akteursframes eingegangen.

Beim Vergleich der strategischen und medialen Frames der untersuchten Akteure insgesamt fällt zunächst auf, dass diese in ihrer Rangfolge große Gemeinsamkeiten, aber auch Unterschiede aufweisen (τ_b = .686, $p < .05$). Tabelle 17 zeigt, dass die vier am häufigsten von den strategischen Framing-Akteuren angesprochenen Frames in den Pressemitteilungen und Zeitungsartikeln gleich sind. Unterschiedlich ist allerdings ihre Rangfolge und damit auch die Häufigkeit, in der sie jeweils erwähnt werden. Während in den Pressemitteilungen der forschungskritische Verantwortungsethik-Frame den meisten Raum unter den Frame-Nennungen der Akteure einnimmt, übernimmt in den Zeitungsartikeln der chancenorientierte Forschungs-Frame diese Position – und zwar in etwa gleichem Ausmaß. Insgesamt gibt es v. a. bei den oft genannten Frames starke Häufigkeitsverschiebungen zwischen den Pressemitteilungen und Zeitungsartikeln. Dies ist ein Hinweis darauf, dass die strategischen Framing-Akteure es zwar schaffen, mit ihren Frames auch in den Medien Gehör zu finden. Dies gelingt ihnen jedoch offensichtlich nicht ohne journalistische Bearbeitung ihres Inputs. Konsistent zu den Erkenntnissen der PR-Forschung (vgl. SCHANTEL 2000) selektieren die Journalisten, indem sie die Informationen aus den Pressemitteilungen unterschiedlich gewichten. Dies führt dazu, dass sich das forschungskritische Bild der Pressemitteilungen im Medienoutput in ein eher forschungsfreundliches Bild verkehrt. Interessant ist dabei, dass die Journalisten den Akteuren mit dem extremen Prä-Embryonen-Frame z.T. sogar einen Frame unterschieben, den diese in ihren Pressemitteilungen gar nicht verwenden. Dies kann dadurch bedingt sein, dass die Journalisten den PR-Input so stark bearbeiten, dass sich seine inhaltliche Aussage ändert. Es ist aber auch denkbar, dass den verschiedenen Gruppen zuzurechnende Akteure, die in den Pressemitteilungen selbst nicht zu Wort kommen, auf anderen Wegen mit ihrer Botschaft in die Medien gelangt sind.

Der spezifische Vergleich der einzelnen strategischen Akteure verdeutlicht, dass die Unterschiede in ihren Frame-Mustern und -Schwerpunkten aus den Pressemitteilungen auch in den Zeitungsartikeln erhalten bleiben, wenn auch etwas weniger deutlich (*Cramers V* = .33, $p < .001$). Generell gelingt es allen Akteuren trotz der journalistischen Bearbeitung ihres Inputs, die forschungsbefürwortende oder -kritische Grundausrichtung ihrer Pressemitteilungs-Frames auch in den Zeitungsartikeln zu vermitteln. Das Gewicht der konkreten Frames verändert sich jedoch z.T. erheblich. Bei der Hälfte der Akteure führt dies dazu, dass sich der

TABELLE 17

Frames der strategischen Framing-Akteure in den Pressemitteilungen und Zeitungsartikeln (in %)

	Akteur															
	Gesamt			DFG		Uni Bonn		BMBF		kath. Kirche/DBK		EKD		Bundesärztekammer		Marburger Bund
	Pressemitteilung (N=124)	Zeitungsartikel (strat. Akteure) (N=506)	Zeitungsartikel (alle Akteure) (N=2879)	Pressemitteilung (n=20)	Zeitungsartikel (n=179)	Pressemitteilung (n=13)	Zeitungsartikel (n=94)	Pressemitteilung (n=10)	Zeitungsartikel (n=65)	Pressemitteilung (n=30)	Zeitungsartikel (n=94)	Pressemitteilung (n=30)	Zeitungsartikel (n=49)	Pressemitteilung (n=7)	Zeitungsartikel (n=21)	Pressemitteilung (n=14)	Zeitungsartikel (n=4)
Frame																	
Sicherheitsphilosophie	24	11	17	5	13	15	4	30	14	47	11	20	10	43	14	7	0
Pragmatische, chancenorientierte Forschung	15	40	32	65	59	23	59	30	55	0	0	0	2	0	24	0	25
Verantwortungsethik	37	20	17	0	6	8	6	20	9	47	46	57	55	29	33	71	50
Gesinnungsethik	10	12	10	0	1	0	3	0	6	7	39	23	22	14	19	21	0
Potenzial der AS-Zellen-Forschung	5	4	5	10	8	15	3	10	3	0	1	0	2	14	0	0	0
Unentschlossenheit	1	5	3	5	8	0	6	0	3	0	0	0	2	0	5	0	0
Embryonen verbrauchende Forschung	1	3	7	5	2	0	5	0	5	0	1	0	2	0	0	0	25
Potenzial der ES-Zellen-Forschung	6	4	7	10	4	38	12	10	3	0	1	0	0	0	5	0	0
Forschung an Prä-Embryonen	0	1	3	0	0	0	1	0	2	0	1	0	4	0	0	0	0
forschungsbefürwortend [a]	22	45	41	75	63	62	71	40	60	0	2	0	6	0	29	0	25
forschungskritisch [b]	53	39	39	15	16	23	18	30	23	53	87	80	82	57	52	93	75

Der jeweils dominierende Frame bzw. die dominierende Frame-Gruppe sind grau hinterlegt.

[a] Zu den forschungsbefürwortenden Frames zählen die Frames *Pragmatische, chancenorientierte Forschung, Potenzial der ES-Zellen-Forschung, Forschung an Prä-Embryonen.*

[b] Zu den forschungskritischen Frames zählen die Frames *Verantwortungsethik, Gesinnungsethik, Potenzial der AS-Zellen-Forschung, Embryonen verbrauchende Forschung.*

in ihren Pressemitteilungen enthaltene Hauptframe in den Zeitungsartikeln ändert. Diese Veränderung scheint jedoch nicht mit einem bestimmten Akteurstypus zusammenzuhängen, sondern zieht sich quer durch alle Akteursgruppen. Insgesamt sorgt die mediale Selektion für ein vielfältigeres, gleichzeitig aber auch stärker verwässertes Bild der einzelnen Frame-Muster.

In der Rangfolge der Frames finden sich die stärksten Übereinstimmungen zwischen strategischen und medialen Frames bei den beiden Kirchen sowie dem BMBF und der DFG ($\tau_{b\,\text{EKD}} = .837$, $p < .01$; $\tau_{b\,\text{DBK}} = .747$, $p < .05$; $\tau_{b\,\text{BMBF}} = .592$, $p < .05$; $\tau_{b\,\text{DFG}} = .565$, $p < .05$). Die Frame-Rangfolgen der übrigen Akteure weisen dagegen kaum Übereinstimmungen auf ($\tau_{b\,\text{Uni Bonn}} = .414$, *n.s.*; $\tau_{b\,\text{BÄK}} = .318$, *n.s.*; $\tau_{b\,\text{MB}} = .195$, *n.s.*). Dieser Eindruck bestätigt sich im Wesentlichen auch bei einem vertieften Blick auf die Häufigkeiten, mit denen die einzelnen Frames erwähnt werden. Die medialen Frames der EKD und eingeschränkt auch der DFG werden noch am konsistentesten zu ihren strategischen Frames dargestellt. Bei der EKD bleibt der Schwerpunktframe der Verantwortungsethik in seiner Bedeutung gleich, und auch der Gesinnungsethik-Frame verändert sich diesbezüglich nicht. Der Sicherheitsphilosophie-Frame ist dagegen medial weniger präsent. Stattdessen gewinnen die übrigen Frames, und unter diesen auch die forschungsbefürwortenden, etwas an Bedeutung. Insgesamt ergibt sich für die EKD in den Tageszeitungen ein etwas weniger pointiertes Frame-Muster als in ihren Pressemitteilungen. Dennoch gelingt es ihr erstaunlich gut, ihre Sichtweise unverändert in den Medien zu platzieren. Bei der DFG verliert der strategische Hauptframe medial etwas an Gewicht, bleibt in seiner zentralen Bedeutung jedoch erhalten. Leicht zurück geht auch der Frame zum Potenzial der ES-Zellen. Dagegen nimmt die Präsenz des Sicherheitsphilosophie- sowie auch des Verantwortungsethik-Frames in den Medien im Vergleich zu den Pressemitteilungen zu. Alle übrigen Frames bleiben in etwa gleich. Insgesamt runden sie jedoch nur das Gesamtbild ab und sorgen ebenso wie schon bei der EKD dafür, dass das Frame-Muster der Pressemitteilungen in den Tageszeitungen weniger klar hervortritt.

Bei der katholischen Kirche und dem BMBF ändert sich der Schwerpunktframe insofern, als dass von den zwei gleichgewichtig vorherrschenden Frames in den Pressemitteilungen in den Zeitungsartikeln nur noch einer dominiert. Bei der katholischen Kirche führt dies zusammen mit der erheblichen Zunahme des abstrakten Gesinnungsethik-Frames dazu, dass die Medien insgesamt ein deutlich stärker ethisch geprägtes Frame-Muster aufweisen als die Pressemitteilungen. Forschungsbefürwortende Frames sind auch in den Zeitungsartikeln praktisch nicht vertreten. Der katholischen Kirche gelingt es damit ähnlich gut wie der EKD, ihre ethisch-kritische Sichtweise über die Pressemitteilungen an die Medien zu vermitteln. Sie wird im Medienoutput allerdings abstrakter und extremer dargestellt als im Medieninput. Beim BMBF sorgt die Abnahme fast aller Frames außer dem chancenorientierten Forschungs-Frame dafür, dass Letzterer wesentlich klarer als Hauptframe hervortritt. Alle übrigen Frames umrahmen ihn in den Zeitungsartikeln lediglich, wobei die Frame-Vielfalt vergleichbar zur DFG zunimmt und zugleich das Ausmaß an forschungskritischen Frames sinkt.

Beim Marburger Bund ist die Übereinstimmung in der Rangfolge von strategischen und medialen Frames zwar am geringsten und wird auch nicht signifikant, dennoch ist zumindest der Hauptframe identisch. Die übrigen Frames verschieben sich allerdings deutlich in ihrer Gewichtung. Diese Schwankungen mögen z. T. auch durch die geringen Fallzahlen mit bedingt sein. Alles in allem wird die ausschließlich forschungskritische Sichtweise in den Pressemitteilungen des Marburger Bundes medial aber deutlich durch forschungsbefürwortende Anteile verwässert.

Die Universität Bonn und die Bundesärztekammer weisen in qualitativer Hinsicht die stärksten Unterschiede zwischen ihren strategischen und medialen Frames auf. Bei beiden ändern sich die Hauptframes, und zwar jeweils hin zu generell häufiger genannten Frames. Offensichtlich haben die analysierten Tageszeitungen bei exotischeren bzw. selteneren Frames zumindest teilweise die Tendenz, diese durch Mainstream-Frames zu ersetzen. Insbesondere bei der Universität Bonn verändern sich aber auch die Gewichte aller übrigen Frames. Dabei nehmen die forschungsbefürwortenden Frames medial noch an Bedeutung zu, während die forschungskritischen Frames leicht abnehmen. Bei der Bundesärztekammer wird das Medienbild zusätzlich zur Veränderung des Hauptframes heterogener. Letzterer dominiert nicht sonderlich deutlich, und die forschungsbefürwortenden Frames nehmen erheblich zu. Insgesamt führt dies dazu, dass das mediale Frame-Bild der Bundesärztekammer im Vergleich zum strategischen eher verschwommen erscheint.

Als Zwischenfazit lässt sich für das Framing der Akteure damit festhalten, dass es ihnen nur teilweise gelingt, ihre strategischen Frame-Muster in dieser Form auch in den Zeitungsartikeln zu platzieren. Verhältnismäßig am erfolgreichsten sind die beiden Kirchen, das BMBF und die DFG. Die anderen Akteure haben dagegen mit stärkeren Gewichtungsveränderungen ihres Medieninputs zu kämpfen. Zu beachten ist allerdings, dass die Aussagekraft der Ergebnisse durch die teilweise sehr geringen Fallzahlen beeinträchtigt ist. Insofern sollten die Schlussfolgerungen mit entsprechender Vorsicht betrachtet werden.

Für die Framing-Bemühungen der strategischen Framing-Akteure ist das skizzierte Bild jedoch keinesfalls so ernüchternd, wie es zunächst erscheinen mag. Mit Blick auf das größere Ziel, über die Medien die Gesellschaft zu beeinflussen, muss relativierend darauf hingewiesen werden, dass die genaue mediale Wiedergabe der Frame-Muster verhältnismäßig wenig über das gesellschaftliche Erfolgspotenzial des strategischen Framings aussagt. Die teilweise erheblichen Veränderungen der strategischen Frame-Muster durch die Journalisten sind für die Ziele der einzelnen Framing-Akteure nicht unbedingt nachteilig. Die mediale Verknüpfung mit einem anderen als dem ursprünglich eingebrachten Frame muss nämlich nicht zwingend die eigene Haltung untergraben, sondern kann diese trotzdem stützen. Wie das Bild der Universität Bonn zeigt, unterstützt deren neuer, medialer Hauptframe durchaus auch das Plädoyer für die embryonale Stammzellforschung, wenn auch mit einem inhaltlich breiteren Fokus. Insofern greift die Beurteilung des Framing-Erfolgs vermutlich zu kurz, wenn dieser nur daran gemessen wird, ob es den Akteuren gelungen ist, ihre Frames möglichst eins zu eins in den Medien zu platzieren. Von Bedeutung ist vielmehr, ob die anderen mit den Akteuren verknüpften Frames eine ähnliche Sichtweise und/oder Lösung implizieren. Solange dies der Fall ist, kann in einer allgemeineren Form von einem Erfolg des strategischen Framings ausgegangen werden.

Für eine angemessene Beurteilung des Erfolgs ist außerdem nicht nur von Bedeutung, wie die strategischen Akteure selbst mit ihren Frames in den Medien dargestellt werden. Vielmehr muss auch das größere Gesamtbild berücksichtigt werden. Dabei geht es in erster Linie darum, in welchem Ausmaß die Frame-Muster der strategischen Framing-Akteure mit den insgesamt medial vermittelten Akteursframes – unabhängig von deren konkreten Anhängern – übereinstimmen. Je mehr allgemeine mediale Unterstützung das eigene Frame-Muster erhält, desto stärker ist vermutlich sein Einfluss auf die Gesellschaft. Der folgende Abschnitt befasst sich ausführlicher mit dieser Frage.

Beim Vergleich der strategischen Frame-Muster mit den allgemein medial vermittelten Akteursframes in Tabelle 17 fällt zunächst auf, dass die Gesamtheit der strategischen Akteursframes in ihrer Rangfolge zwar dem generellen medialen Frame-Muster etwas ähnlicher ist als spezifisch den medialen Frames nur der strategischen Akteure ($\tau_b = .761$, $p < .01$). Dies spiegelt sich jedoch nur begrenzt auch im Vergleich der strategischen Frame-Muster einzelner Akteure mit dem generellen Medienoutput wider. Hier stimmt das mediale Muster aller Akteursframes deutlich weniger mit den strategischen Frame-Mustern einzelner Akteure überein. Dies zeigt sich sowohl in den Rangkorrelationen als auch in der qualitativen Betrachtung der Frame-Muster. Konkret bringen die einzelnen strategischen Framing-Akteure mit ihren Pressemitteilungen extremere Frame-Verteilungen ein als im medialen Gesamtbild resultieren. Dies ist unmittelbar einleuchtend, da die strategischen Akteure – wie gesehen – i.d.R. einen Frame besonders betonen. Die analysierten Zeitungen stellen dagegen aus allen Frames ein umfassendes und ausgewogeneres Gesamtbild zusammen, sodass die Anteile der verschiedenen Frames zwangsläufig gemäßigter ausfallen und auch die Rangkorrelationen mit den spezifischen Frames einzelner strategischer Akteure niedriger sind. Am besten repräsentiert ist hier noch das BMBF ($\tau_b = .693$, $p < .05$), was sich aus der Tatsache ergibt, dass dieser Akteur in der Auswahl seiner strategischen Frames weniger klar Schwerpunkte setzt als die anderen Akteure. Deren strategische Frame-Rangreihen weisen entsprechend geringere, zudem nicht signifikante Übereinstimmungen mit den allgemeinen medialen Akteursframes auf ($\tau_{b\ DBK} = .522$, *n.s.*; $\tau_{b\ Uni\ Bonn} = .464$, *n.s.*; $\tau_{b\ BÄK}$ .433, *n.s.*; $\tau_{b\ MB} = .400$, *n.s.*; $\tau_{b\ EKD} = .400$, *n.s.*; $\tau_{b\ DFG} = .217$, *n.s.*). In qualitativer Hinsicht ist die DFG neben dem BMBF am besten positioniert. Beide Akteure propagieren strategisch hauptsächlich den Frame, der auch im medialen Gesamtbild am häufigsten auftaucht. Aber auch die strategischen Hauptframes der beiden Kirchen sowie des Marburger Bundes und der Bundesärztekammer sind noch verhältnismäßig gut im Gesamtbild der medialen Akteursframes vertreten. Der Hauptframe der Universität Bonn dagegen nimmt medial nur einen nachgeordneten Platz ein. Dafür überwiegen bei ihr – ebenso wie bei der DFG und dem BMBF – analog zum medialen Gesamtbild die forschungsbefürwortenden Frames, was bei den Kirchen und den medizinischen Akteuren nicht der Fall ist.

Alles in allem lässt sich damit für den generellen medialen Erfolg des strategischen Framings festhalten, dass es – abgesehen von der Universität Bonn und z.T. auch der Bundesärztekammer – allen strategischen Akteuren gelingt, sich eine verhältnismäßig gute Ausgangsposition für die medial vermittelte Beeinflussung der gesellschaftlichen Sichtweise auf die embryonale Stammzellforschung zu verschaffen. Was sich bereits bei der spezifischen Analyse der medialen Frames nur der strategischen Akteure andeutet, wird im Kern durch die Betrachtung aller medial präsenten Akteursframes bestätigt. Ihre kompletten Frame-Muster können in deren Klarheit nur die EKD und mit gewissen Einschränkungen auch die katholische Kirche, die DFG und das BMBF an die Medien weitergeben. Abgesehen von der Bundesärztekammer schaffen es jedoch alle Akteure, sich zumindest mit der forschungskritischen oder -befürwortenden Grundausrichtung ihres Framings medial zu platzieren. Die allgemeinen medialen Akteursframes spiegeln ebenfalls stärker das strategische Framing der Kirchen, der DFG, des BMBF sowie des Marburger Bundes. Deren Hauptframes sind insgesamt am stärksten vertreten. Bei der Universität Bonn weichen dagegen strategische und mediale – sowohl eigene als auch allgemeine – Frame-Schwerpunkte voneinander ab. Hinsichtlich ihres eigenen strategischen Framings kann ihr daher kein befriedigender Erfolg bescheinigt werden. Wiederum mit Blick auf die generelle kritische oder befürwortende Ausrichtung der Frames erhält sie jedoch durch den Framing-Erfolg der DFG und auch des BMBF Schützenhilfe. Insgesamt ergibt sich ein sehr ausgewogenes Bild zwischen den forschungskritischen und -befürwortenden strategischen Akteuren, das keine unmittelbare Aussage darüber zulässt, wer die bessere Ausgangsposition zur Beeinflussung der gesellschaftlichen Stammzelldebatte hat. Damit richtet sich der Fokus auf mögliche zeitliche Unterschiede im strategischen Framing, die u.U. den größeren medialen Erfolg einzelner Akteure erklären können.

8.3.3 *Zeitliche Veränderungen in und Wechselwirkungen zwischen strategischen und medialen Akteursframes*

Ebenso wie beim allgemeinen Vergleich zwischen dem strategischen Framing in den Pressemitteilungen und dem medialen Framing sind auch in zeitlicher Hinsicht zwei Aspekte relevant: Zum einen ist von Bedeutung, wie stark die medialen Frames der strategischen Akteure mit denen in ihren Pressemitteilungen im Zeitverlauf übereinstimmen. Zum anderen spielt aber auch wieder die allgemeinere Perspektive eine Rolle, d. h. wie stark die Resonanz der strategischen Frames der Akteure in den Zeitungsartikeln ist. Beides wird im Folgenden untersucht. Dabei werden zunächst die Frames sämtlicher strategischer Akteure gemeinsam betrachtet, um einen ersten Überblick über die grundsätzlichen Übereinstimmungen im Zeitverlauf zu bekommen. Die differenziertere Betrachtung für die einzelnen Akteure erfolgt im Wesentlichen im nächsten Unterkapitel, wenn es in Verbindung mit den zeitlichen Veränderungen um die konkreten Framing-Taktiken geht. Um diese Analyse vorzubereiten, wird ein kurzer, zusammenfassender akteursspezifischer Überblick jedoch bereits zum Ende dieses Unterkapitels gegeben. Aufgrund der teilweise sehr geringen Fallzahlen erfolgt die Phaseneinteilung nicht mehr auf Quartalsbasis, sondern in Halbjahresschritten. Dadurch lassen sich sehr dynamische Veränderungen allerdings nicht mehr abbilden.

In Kapitel 8.2 wurde gezeigt, dass die medialen Akteursframes in der Stammzelldebatte je nach Akteur durchaus unterschiedlich sind und sich im Zeitverlauf insgesamt in ihrer Gewichtung zueinander verändern. Gleichzeitig war jedoch auch deutlich geworden, dass die Unterschiede und Veränderungen nicht so groß sind, wie aufgrund der theoretischen Erkenntnisse zu erwarten gewesen wäre. Einige wenige Frames dominieren mehr oder weniger die gesamte Debatte. Der zeitbasierte Vergleich mit den Frames in den Pressemitteilungen soll klären, inwieweit dies auch durch das strategische Framing der Akteure bedingt ist.

Der Überblick über die Intensität der Framing-Bemühungen der Akteure in Kapitel 8.3.1 hatte deutlich gemacht, dass die intensivsten Framing-Aktivitäten fast aller Akteure rund um die Empfehlung der DFG im Mai 2001 und die entscheidende Bundestagsdebatte im Januar 2002 stattfinden. In der Zeit vorher sind es v. a. die beiden Kirchen sowie der Marburger Bund, die in nennenswertem Umfang strategisches Framing betreiben. Dies spiegelt sich in den im Zeitverlauf in den Pressemitteilungen dominierenden Frames (vgl. Tab. 18). Ähnlich wie bei den medialen Akteursframes bestimmen die vier häufigsten Frames das Bild in den einzelnen Phasen. Insgesamt ist jedoch eine etwas stärkere, statistisch signifikante zeitliche Dynamik erkennbar (*Cramers* $V = .30, p < .05$). In den ersten beiden Halbjahren überwiegt in den Pressemitteilungen zunächst der Sicherheitsphilosophie-Frame, dann der Verantwortungsethik-Frame. Beide waren besonders häufig von der katholischen Kirche verwendet worden, der Letztere außerdem auch von der EKD und vom Marburger

TABELLE 18

Strategische und mediale Frames der strategischen Akteure im Zeitverlauf (in %)

	Frame-Quelle													
	Pressemitteilungen							Zeitungsartikel						
	Gesamt	1/2000	2/2000	1/2001	2/2001	1/2002	2/2002	Gesamt	1/2000	2/2000	1/2001	2/2001	1/2002	2/2002
Frame	(N=124)	(n=7)	(n=11)	(n=25)	(n=28)	(n=45)	(n=8)	(N=506)	(n=13)	(n=29)	(n=151)	(n=152)	(n=140)	(n=21)
Sicherheitsphilosophie	24	71	9	24	18	27	13	11	54	24	7	7	12	10
Pragmatische, chancenorientierte Forschung	15	0	0	36	21	7	13	40	15	7	45	47	32	67
Verantwortungsethik	37	0	73	24	21	53	25	20	15	45	14	20	25	0
Gesinnungsethik	10	29	18	8	14	2	25	12	8	10	13	11	14	0
Potenzial d. AS-Zellen-Forschung	5	0	0	4	7	4	13	4	0	7	8	1	4	0
Unentschlossenheit	1	0	0	4	0	0	0	5	8	3	3	5	7	5
Embryonen verbrauchende Forschung	1	0	0	0	4	0	0	3	0	3	3	3	4	0
Potenzial d. ES-Zellen-Forschung	6	0	0	0	14	7	13	4	0	0	5	5	1	19
Forschung an Prä-Embryonen	0	0	0	0	0	0	0	1	0	0	1	2	0	0
forschungsbefürwortend [a]	22	0	0	36	36	13	25	45	15	7	52	55	34	86
forschungskritisch [b]	53	29	91	36	46	60	63	39	23	66	38	34	47	0

Der jeweils dominierende Frame bzw. die dominierende Frame-Gruppe sind grau hinterlegt.

a Zu den forschungsbefürwortenden Frames zählen die Frames *Pragmatische, chancenorientierte Forschung, Potenzial der ES-Zellen-Forschung, Forschung an Prä-Embryonen.*

b Zu den forschungskritischen Frames zählen die Frames *Verantwortungsethik, Gesinnungsethik, Potenzial der AS-Zellen-Forschung, Embryonen verbrauchende Forschung.*

Bund. Insofern ist anzunehmen, dass die Dominanz dieser Frames auf die genannten Akteure zurückzuführen ist. Ab dem ersten Halbjahr 2001 ändert sich dann der Frame-Schwerpunkt der Pressemitteilungen. Vermutlich durch das verstärkte Framing der DFG bedingt, dominiert nun der chancenorientierte Forschungs-Frame. Bereits im zweiten Halbjahr 2001 verliert er jedoch wieder an Gewicht und ist nun gleichauf mit dem Verantwortungsethik-Frame. Offensichtlich macht sich hier erneut das strategische Framing der Kirchen bemerkbar. Auffällig ist, dass in dieser Phase die Heterogenität des gesamten Frame-Musters so groß ist wie zu keinem anderen Zeitpunkt. Dies deutet darauf hin, dass sich in der Zeit vor der Bundestagsentscheidung noch einmal sehr verschiedene Akteure um eine Einflussnahme auf die Medien bemühen. Unmittelbar vor und nach der Entscheidung im ersten Halbjahr 2002 überwiegt wieder der Verantwortungsethik-Frame, und auch im zweiten Halbjahr 2002 nimmt er zusammen mit dem abstrakteren Gesinnungsethik-Frame die erste Position in den Pressemitteilungen ein. Auch hier ist zu vermuten, dass erneut das Framing der Kirchen eine besondere Rolle spielt. Abgesehen vom ersten Halbjahr 2001, bestimmt im Zeitverlauf insgesamt eine forschungskritische Haltung die strategischen Frames in den Pressemitteilungen.

Schon beim ersten Blick auf die Frames der strategischen Akteure in den analysierten Zeitungsartikeln fällt auf, dass diese ein etwas anderes zeitliches Muster aufweisen. Auch hier besteht insgesamt ein leichter Zusammenhang zwischen der Zeitphase und dem jeweils vorherrschenden Frame-Muster (*Cramers V* = .21, $p < .001$). Analog zu den strategischen Frames in den Pressemitteilungen überwiegt in den ersten beiden Halbjahren zunächst der Sicherheitsphilosophie-Frame, dann der Verantwortungsethik-Frame. Beide dominieren jedoch weniger stark als in den Pressemitteilungen. Stattdessen ist der chancenorientierte Forschungs-Frame deutlich häufiger unter den medialen Frames der strategischen Akteure vertreten. Ab 2001 übernimmt er dann die Führung in den Zeitungsartikeln. Bis zum Ende des Analysezeitraums ändert sich dies nicht mehr. Auffällig ist dabei, dass dieser Frame in der Zeit, in der er auch in den Pressemitteilungen am häufigsten genannt wird, das mediale Frame-Muster im Vergleich zum strategischen deutlich stärker bestimmt. Dies deutet darauf hin, dass strategische Akteure mit diesem Frame überdurchschnittlich häufig von den Journalisten selektiert werden, während strategische Akteure mit dem Verantwortungsethik-Frame in Relation dazu häufiger an der medialen Selektionshürde scheitern. In den letzten beiden Halbjahren bestehen nur noch geringe Gemeinsamkeiten zwischen den strategischen und den medialen Akteursframes. Nicht nur die Hauptframes sind verschieden, sondern auch die übrigen Frames werden deutlich unterschiedlich häufig erwähnt. In besonderem Maß gilt dies für den Gesinnungsethik-Frame und den AS-Zellen-Frame. Ersterer wird im ersten Halbjahr 2002 – also rund um die entscheidende Bundestagsdebatte – unter den medialen Frames der strategischen Akteure erheblich häufiger genannt als unter den strategischen Frames. Dagegen ist er im zweiten Halbjahr 2002 medial überhaupt nicht präsent, in den Pressemitteilungen aber genauso stark wie der dominierende Verantwortungsethik-Frame. In ähnlicher Weise ist auch der AS-Zellen-Frame im letzten Analysehalbjahr nur noch in den Pressemitteilungen der strategischen Akteure vorhanden, jedoch nicht mehr in ihren medialen Äußerungen. Die qualitativen Gemeinsamkeiten und Unterschiede zeigen sich im Wesentlichen auch in den zeitbasierten Rangreihenvergleichen. In der Zeit vom zweiten Halbjahr 2000 bis Ende 2001 bestehen verhältnismäßig hohe, signifikante Korrelationen zwischen den Rangfolgen der strategischen und medialen Frames der Akteure ($\tau_{b\ 2/2000} = .722$, $p < .05$; $\tau_{b\ 1/2001} = .729$, $p < .05$; $\tau_{b\ 2/2001} = .647$, $p < .05$). Der höchste Wert im ersten Halbjahr 2001 deutet dabei darauf hin, dass sich hier in besonderem Maße die in dieser Zeit erfolgte DFG-Empfehlung für die embryonale Stammzellforschung niederschlägt. In den übrigen Zeitphasen sind die Rangreihen der strategischen und medialen Akteursframes dagegen deutlich geringer und zudem nicht signifikant miteinander korreliert ($\tau_{b\ 1/2000} = .488$, *n.s.*; $\tau_{b\ 1/2002} = .388$, *n.s.*; $\tau_{b\ 2/2002} = .000$, *n.s.*).

Insgesamt macht der Vergleich zwischen den strategischen und medialen Frames klar, dass es den strategischen Akteuren im Zeitverlauf unterschiedlich gut gelingt, mit ihren Frames die mediale Selektionshürde zu überwinden. In der ersten Hälfte der Debatte um die embryonale Stammzellforschung ist ihr Erfolg größer als in der zweiten. Ab dem Moment, in dem sich die DFG mit ihrer forschungspolitischen Kehrtwende für die embryonale Stammzellforschung ausspricht, überwiegt kontinuierlich der chancenorientierte Forschungs-Frame in den Zeitungsartikeln. Dies spricht dafür, dass die DFG-Empfehlung ein Schlüsselereignis darstellt, das dauerhaft den Bezugsrahmen für die weitere journalistische Selektion setzt und nachfolgende Framing-Anstrengungen anderer Akteure vergeblich erscheinen lässt. Mit Blick auf die Inhalte der Frames geht dies vermutlich v. a. zulasten der beiden Kirchen. Dennoch zeigt das

Verhältnis von forschungsbefürwortenden zu -kritschen Frames in den Pressemitteilungen und Medienäußerungen der strategischen Akteure, dass die Lage für die Kirchen nicht ganz so hoffnungslos ist, wie sie angesichts dieser Ergebnisse zunächst erscheint. Aufseiten der strategischen Akteure steht der konsequent positiven Sichtweise des dominanten medialen Akteursframes nach der DFG-Empfehlung rund um die entscheidende Bundestagsdebatte zu Beginn von 2002 ein mediales Übergewicht der forschungskritischen Frames gegenüber. Dies lässt vermuten, dass es die Forschungsgegner unter den strategischen Akteuren in dieser Zeit zumindest geschafft haben, ihre kritische Haltung an die Medien zu vermitteln. Inwieweit diese in ihrer Wirkung auf die Mediennutzer genauso effektiv ist wie ein eindeutig erkennbarer, dominierender Frame, lässt sich nicht eindeutig sagen. Das vorsichtige Ja zur embryonalen Stammzellforschung in der Bundestagsentscheidung spricht jedoch in gewisser Weise für eine geringere Überzeugungskraft.

Wie bereits bei den vorangegangenen Analysen gilt jedoch auch hier, dass die Fähigkeit der strategischen Framing-Akteure, sich mit ihren eigenen Frames in den Medien zu platzieren, nur begrenzt etwas über ihren Framing-Erfolg und ihr gesellschaftliches Einflusspotenzial aussagt. Sofern ihre Frames generell in den Medien dominieren, sind sie gegenüber anderen im Vorteil – unabhängig davon, ob sie oder andere Akteure die Frames äußern. Im Folgenden werden deshalb die zeitlichen Veränderungen der strategischen Frames wiederum zusätzlich mit der gesamten medialen Frame-Entwicklung verglichen.

Im Kern zeigt sich hier das gleiche Bild wie schon beim zeitunabhängigen Vergleich der strategischen Akteursframes und der allgemeinen medialen Akteursframes (vgl. Tab. 19). Fast über den gesamten Untersuchungszeitraum hinweg dominiert der chancenorientierte Forschungs-Frame die Mediendarstellung. Entsprechend besteht nur ein sehr geringer Zusammenhang zwischen den einzelnen Zeitphasen und dem medialen Frame-Muster (*Cramers* $V = .10$, $p < .001$). Die Gegenüberstellung mit den medialen Frames nur der strategischen Akteure zeigt allerdings, dass der genannte Frame beim gesamten Frame-Bild in den einzelnen Zeitphasen weniger stark überwiegt. Beides zusammen spricht einerseits dafür, dass die Journalisten Akteure mit diesem Frame häufiger die Selektionsbarriere passieren lassen als Akteure mit anderen Frames. Andererseits verdeutlicht es zugleich, dass es sich dabei hauptsächlich um die strategischen Framing-Akteure handelt. Auch die nachrangigen strategischen Frames der einzelnen Phasen finden sich weniger deutlich im medialen Gesamtbild wieder. Sowohl der Frame zum Potenzial von AS-Zellen als auch der zum Potenzial von ES-Zellen verlieren von den Pressemitteilungen zu den Zeitungsartikeln an Gewicht in den einzelnen Phasen. Im Gegenzug erhalten strategisch kaum oder gar nicht genannte Frames wie z. B. der Prä-Embryonen-Frame medial nahezu im gesamten Debattenverlauf mehr Beachtung. Mit Blick auf das Verhältnis zwischen forschungsbefürwortenden und -kritischen Frames zeigt sich bei den allgemeinen medialen Akteursframes ebenfalls ein ausgewogeneres Gesamtbild als bei den spezifischen medialen Frames der strategischen Akteure. Dies gilt v. a. auch für die politische Entscheidungsphase zu Beginn von 2002. Die Rangreihenvergleiche weisen ebenfalls ein ähnliches Bild zu den vorangegangenen Rangreihenvergleichen auf. Signifikante Korrelationen zwischen den strategischen und allgemeinen medialen Frames bestehen in den Phasen, in denen die Debatte besonders intensiv geführt wird ($\tau_{b\ 1/2001} = .688$, $p < .05$; $\tau_{b\ 2/2001} = .841$, $p < .01$). Dies deutet darauf hin, dass sich die untersuchten Medien in ihrer Auswahl von Akteursmeinungen in diesen Phasen besonders an den insgesamt von den strategischen Akteuren vorgegebenen Frame-Schwerpunkten orientieren. Dass auch in den übrigen Phasen höhere, z. T. tendenziell auch signifikante Korrelationen vorliegen, bestätigt die Orientierungsfunktion der strategischen Akteure ($\tau_{b\ 1/2000} = .559$, $p < .10$; $\tau_{b\ 2/2000} = .406$, *n.s.*; $\tau_{b\ 1/2002} = .471$, $p < .10$; $\tau_{b\ 2/2002} = .196$, *n.s.*).

Insgesamt verdeutlicht der Vergleich mit dem allgemeinen medialen Frame-Muster, dass die strategischen Frames in ihrer Gesamtheit verhältnismäßig gut medial repräsentiert sind. Gleichzeitig bedeutet das jedoch, dass das strategische Framing einzelner Akteure in seiner stärkeren Differenziertheit und Dynamik in der Masse der übrigen Frame-Äußerungen untergeht. Darauf weisen auch die quantitativen Veränderungen innerhalb der einzelnen Frames hin. Lediglich im ersten Halbjahr 2000 sowie im Verlauf von 2001 stimmt der dominierende Frame bei den allgemeinen medialen Akteursframes noch mit dem der strategischen Frames aus den Pressemitteilungen überein. Im Verlauf von 2002 reagiert die Medienberichterstattung mit Änderungsresistenz auf die Schwerpunktverschiebungen im strategischen Framing. Das bestätigt die theoretische Annahme, dass sich irgendwann ein Referenzframe etabliert, der nicht mehr ohne Weiteres zu ändern ist. Was im konkreten Fall zum Entstehen dieses Referenzframes geführt hat, lässt sich allerdings nicht eindeutig

TABELLE 19

Frames der PR-Akteure in den Pressemitteilungen und aller Akteure in den Tageszeitungen gesamt

	Frame-Quelle													
	Pressemitteilungen							Zeitungsartikel						
	Gesamt	1/2000	2/2000	1/2001	2/2001	1/2002	2/2002	Gesamt	1/2000	2/2000	1/2001	2/2001	1/2002	2/2002
Frame	(N=124)	(n=7)	(n=11)	(n=25)	(n=28)	(n=45)	(n=8)	(N=2879)	(n=81)	(n=182)	(n=780	(n=942)	(n=731)	(n=163)
Sicherheitsphilosophie	24	71	9	24	18	27	13	17	38	22	18	16	14	16
Pragmatische, chancenorientierte Forschung	15	0	0	36	21	7	13	31	20	24	28	33	36	31
Verantwortungsethik	37	0	73	24	21	53	25	17	11	20	17	14	21	10
Gesinnungsethik	10	29	18	8	14	2	25	10	12	11	14	9	9	4
Potenzial d. AS-Zellen-Forschung	5	0	0	4	7	4	13	5	4	5	4	6	5	8
Unentschlossenheit	1	0	0	4	0	0	0	3	2	2	4	3	4	2
Embryonen verbrauchende Forschung	1	0	0	0	4	0	0	7	5	5	6	7	7	12
Potenzial d. ES-Zellen-Forschung	6	0	0	0	14	7	13	7	6	9	6	8	4	13
Forschung an Prä-Embryonen	0	0	0	0	0	0	0	3	1	2	3	3	2	3
forschungsbefürwortend [a]	22	0	0	36	36	13	25	41	27	35	38	45	41	48
forschungskritisch [b]	53	29	91	36	46	60	63	39	32	41	41	36	41	34

Der jeweils dominierende Frame bzw. die dominierende Frame-Gruppe sind grau hinterlegt.

[a] Zu den forschungsbefürwortenden Frames zählen die Frames *Pragmatische, chancenorientierte Forschung, Potenzial der ES-Zellen-Forschung, Forschung an Prä-Embryonen.*

[b] Zu den forschungskritischen Frames zählen die Frames *Verantwortungsethik, Gesinnungsethik, Potenzial der AS-Zellen-Forschung, Embryonen verbrauchende Forschung.*

sagen. Aus der detaillierteren Zeitanalyse der medialen Akteursframes in Kapitel 8.2.1 lässt sich schlussfolgern, dass die DFG-Empfehlung im Mai 2001 vermutlich maßgeblich dazu beigetragen hat. Die stärkere zeitliche Zusammenfassung hier zeigt jedoch, dass bereits der Forschungsantrag von Oliver Brüstle im Herbst 2000 eine wichtige Rolle zu spielen scheint. Wahrscheinlich sind beide Ereignisse kumulativ für die Entstehung des Referenzframes von Bedeutung. Dass der chancenorientierte Forschungs-Frame bereits im zweiten Halbjahr 2000 das Medienbild dominiert, während in den Pressemitteilungen noch der Verantwortungsethik-Frame überwiegt, deutet zudem darauf hin, dass die Medien nicht nur auf strategisches Framing reagieren, sondern selbst auch aktiv inhaltliche Schwerpunkte setzen – vermutlich in Verbindung mit bestimmten Ereignissen wie dem genannten Forschungsantrag.

Angesichts des medialen Gesamtmusters lässt sich für die gesellschaftliche Durchsetzungskraft der einzelnen Frames vermuten, dass die forschungskritischen Akteure trotz der relativen Ausgewogenheit zwischen kritischen und befürwortenden Frames im Nachteil sind. Zwar halten im Debattenverlauf die beiden Ethik-Frames zusammen dem chancenorientierten Forschungs-Frame in etwa die Waage. Dennoch dürfte es für die forschungskritischen Framing-Akteure schwieriger sein, im Gesamtbild mit ihren spezifischen Frames wahrnehmbar zu sein.

Als Zwischenfazit lässt sich damit festhalten, dass das Frame-Muster in den Zeitungsartikeln im Zeitverlauf verhältnismäßig gut dem der strategischen Framing-Akteure entspricht – allerdings überwiegend auf die dominierenden Frames bezogen. Dies gilt sowohl für die forschungskritische als auch -befürwortende Seite. Lediglich zum Ende der Debatte hin gelingt es den forschungskritischen Akteuren zunehmend schlechter, mit ihren spezifischen Frames die mediale Selektionshürde zu überwinden. Das deutet darauf hin, dass sich bis zu diesem Zeitpunkt ein der embryonalen Stammzellforschung positiv gegenüberstehender Referenzframe herausgebildet hat, der den kritischen Akteuren die Beeinflussung der Medien erschwert. Dieser Eindruck wird durch das mediale Gesamtbild der Akteursframes noch verstärkt. Dort dominiert der chancenorientierte Forschungs-Frame in noch mehr Zeitphasen. Zwar ist sein Gesamtgewicht in Relation zu den Medienframes der strategischen Framing-Akteure geringer, was zu der Schlussfolgerung führt, dass die untersuchten Zeitungen sich bei der Darstellung der Akteursframes insgesamt um ein ausgewogeneres Bild bemühen. Dennoch gehen die spezifischen kritischen

Frames im fortschreitenden Debattenverlauf stärker im Gesamtbild unter. Lediglich die generelle – v. a. in ethischer Hinsicht – kritische Grundhaltung setzt sich in der Phase der politischen Entscheidung medial noch einmal stärker durch. Die Forschungsgegner können vor diesem Hintergrund nur hoffen, dass die beiden sehr ähnlichen ethischen Frames als eine größere Einheit wahrgenommen werden und auf diese Weise gesellschaftlich genügend Eindruck hinterlassen können.

Bisher waren die zeitlichen Verschiebungen und Wechselwirkungen zwischen den strategischen und medialen Frames überwiegend deskriptiv erläutert worden. Solche Beschreibungen und damit verbundene Schlussfolgerungen unterliegen zwangsläufig einer gewissen Willkür. Deshalb sollen die zeitlichen Wechselwirkungen zwischen strategischen und medialen Frames abschließend statistisch überprüft werden. Dabei ist allerdings noch einmal besonders darauf hinzuweisen, dass die geringen Fallzahlen keine definitiven Aussagen zulassen, sondern allenfalls Tendenzen aufzeigen können. Die statistische Prüfung erfolgt deshalb auch nicht anhand eines umfassenden Gesamtmodells, sondern erfasst ausschnitthaft einen Teil der möglichen Beziehungen zwischen strategischen und medialen Frames. Es handelt sich daher auch nicht um eine echte Zeitreihenanalyse, bei der die in zeitbasierten Analysen zwangsläufig vorhandenen Autokorrelationen kontrolliert werden, sondern lediglich um eine an die Datenlage angepasste Annäherung. Im Einzelnen werden zwei Teilmodelle geprüft: Das erste untersucht, inwieweit die Frame-Verteilungen in den Tageszeitungen durch die vorhergehende Berichterstattung und die strategischen Frames der Akteure bedingt sind. Das zweite prüft dann, inwieweit andersherum die strategischen Frames in den Pressemitteilungen auf die vorhergehenden Pressemitteilungen sowie die Berichterstattung der Tageszeitungen zurückgeführt werden können. Für beide Modelle werden sowohl gleichzeitige als auch zeitversetzte Korrelationen berechnet. Korreliert werden dabei jeweils die prozentualen Häufigkeiten der einzelnen Frames in den verschiedenen Zeitphasen. Um überhaupt genügend Messpunkte zu haben, dient dabei das Quartal als zeitliche Basis. Wie bereits weiter oben erwähnt, ist damit allerdings v. a. bei den strategischen Frames das Problem der geringen Fallzahlen verbunden. Aus diesem Grund müssen die Ergebnisse mit entsprechender Vorsicht betrachtet werden.

Innerhalb der beiden ausgewählten Modelle werden weitere Einschränkungen vorgenommen. Grundsätzlich wird lediglich der Einfluss des vorherigen Quartals überprüft. Die Prüfung weiterer Effektverzögerungen erscheint angesichts des tendenziellen Aussagecharakters der Analyse wenig sinnvoll. Bisherige Studien zeigen zudem, dass eine drei- bis viermonatige Effektverzögerung der Medien auf die Pressemitteilungen bzw. umgekehrt – was der hier gewählten Quartalseinteilung entspricht – sehr plausibel ist (z.B. HUCKINS 1999; OTTO 2001; ROGERS et al. 1991). Konkret bedeutet das für das erste Modell, dass der Einfluss der vorhergehenden auf die aktuelle Berichterstattung um ein Quartal versetzt (t-1) und der Einfluss der Pressemitteilungen auf die Berichterstattung zeitgleich untersucht werden. Letzteres berücksichtigt die Tatsache, dass Pressemitteilungen i.d.R. zeitnah von den Journalisten aufgegriffen werden (vgl. RIESMEYER 2006). Beim zweiten Modell wird der Einfluss der Pressemitteilungen aus dem vorherigen Quartal auf die aktuellen Pressemitteilungen sowie der zeitgleiche Einfluss der Berichterstattung auf die Pressemitteilungen untersucht. Längerfristige Einflüsse der Tageszeitungen werden nicht analysiert, da davon ausgegangen werden kann, dass die Pressemitteilungen unmittelbar auf aktuelle Ereignisse und die damit verbundene Berichterstattung reagieren.

Insgesamt führt die Quartalseinteilung zu zwölf Messpunkten. Als Basis für Korrelationen ist auch diese Fallzahl sehr gering, was noch einmal den lediglich tendenziellen Aussagecharakter der Analyse unterstreicht. Fehlende Werte wurden in beiden Analysemodellen durch den Wert ›Null‹ ersetzt, da das Nichtvorliegen eines Frames in inhaltlicher Hinsicht mit seinem Nullwert gleichzusetzen ist. Dieses Vorgehen verringert allerdings die Korrelationen, sodass die Modelle in ihrer Aussage insgesamt als eher konservativ einzuschätzen sind.

Zusätzlich zu den Korrelationen wurden für jedes der beiden Modelle hierarchische Regressionen gerechnet. Dadurch lässt sich ermitteln, ob die zweite der beiden Einflussvariablen einen zusätzlichen Erklärungsbeitrag über den der ersten hinaus leistet. Im ersten Modell geht zunächst die vorhergehende Berichterstattung in die Analyse ein, gefolgt von den Pressemitteilungen. Wenn das Modell im zweiten Schritt signifikant wird, bedeutet das demnach, dass die Pressemitteilungen die Berichterstattung zusätzlich zur vorangegangenen Berichterstattung erklären können, d.h. dass die strategischen Framing-Versuche der Akteure Erfolg haben. Im zweiten Modell bilden die Pressemitteilungen aus dem vorherigen Quartal die erste Einflussvariable, während die Berichterstattung der Tageszeitungen als zweite Variable in die Analyse eingeht. Analog zum ersten Modell bedeutet ein signifikantes Ergebnis hier, dass die Frames in den Pressemitteilungen nicht nur aus sich selbst heraus erklärt werden können, sondern auch durch die zeitgleiche mediale Berichterstattung. Dies wäre ein Indikator dafür, dass die Pressemitteilungen tatsächlich verhältnismäßig zeitnah auf die Medienberichterstattung reagieren.

Bevor im Folgenden kurz auf die Ergebnisse eingegangen wird, soll noch darauf hingewiesen werden, dass die Analyse lediglich zusammenfassend Aufschluss darüber gibt, ob ein Einfluss der Frames in den Pressemitteilungen auf die Frames in den Tageszeitungen vorhanden ist oder umgekehrt. Phasenweise Einflüsse sind damit nicht erfassbar. Insofern darf aus positiven Ergebnissen nicht geschlossen werden, dass im gesamten Debattenverlauf ein Einfluss vorliegt. Genauso wenig können negati-

TABELLE 20

Zusammenhänge zwischen den strategischen und medialen Akteursframes aller PR-Akteure (Pearsons r)

	Akteursbasis in den Zeitungsartikeln				
	Nur strategische Akteure			Alle Akteure	
Frames	TZ und TZ_{t-1} [a]	TZ und PM [b]	PM und PM_{t-1}	TZ und TZ_{t-1} [a]	TZ und PM [b]
Sicherheitsphilosophie	.515⁺	.682**	.211	.266	.704**
Pragmatische, chancenorientierte Forschung	.686**	.367	.322	.237	.109
Verantwortungsethik	.452⁺	.594*	.217	-.308	.160
Gesinnungsethik	.015	-.095	-.302	.258	-.080
Potenzial der AS-Zellen-Forschung	.192	-.277	-.056	-.051	-.140
Unentschlossenheit	-.161	-.135	-.100	-.644*	.158
Embryonen verbrauchende Forschung	-.158	-.093	-.100	.644*	-.019
Potenzial der ES-Zellen-Forschung	.525*	.640*	-.118	-.083	-.115
Forschung an Prä-Embryonen	.283	-	-	-.244	-

[a] TZ = Tageszeitungen; t-1 = ein Quartal vorher.
[b] PM = Pressemitteilungen.
⁺ $p < .10$; * $p < .05$; ** $p < .01$; *** $p < .001$.

TABELLE 21a

Einfluss der strategischen Frames aller PR-Akteure und der Akteursframes in den Tageszeitungen im vorangegangenen Quartal auf die aktuellen Frames in den Tageszeitungen (hierarchische Regressionen)

	Frame								
	Sicherheits-philosophie	pragmatische, chancenorientierte Forschung	Verantwortungsethik	Gesinnungs-ethik	Potenzial d. AS-Zellen-Forschung	Unentschlossenheit	Embryonen verbrauchende Forschung	Potenzial d. ES-Zellen-Forschung	Forschung an Prä-Embryonen
TZ-Frames nur der strateg. Akteure [a]									
Schritt 1									
R^2	.265	.471*	.205	.000	.037	.026	.026	.275⁺	.080
korr. R^2	.184	.412*	.116	-.111	-.070	-.082	-.082	.195⁺	-.022
Schritt 2									
Änderung in R^2	.264⁺	.060	.168	.009	.073	.039	.019	.137	-
R^2	.529*	.531*	.373	.009	.109	.064	.045	.413	-
korr. R^2	.411*	.416*	.216	-.239	-.113	-.169	-.194	.266	-
TZ-Frames aller Akteure									
Schritt 1									
R^2	.071	.056	.095	.067	.003	.415*	.415*	.007	.059
korr. R^2	-.032	-.049	-.006	-.037	-.108	.350*	.350*	-.103	-.045
Schritt 2									
Änderung in R^2	.451*	.040	.240	.000	.018	.000	.006	.007	-
R^2	.522⁺	.097	.335	.067	.021	.415	.421	.014	-
korr. R^2	.402⁺	-.129	.169	-.167	-.224	.269	.276	-.232	-

[a] TZ=Tageszeitungen.

⁺ $p<.10$; * $p<.05$; ** $p<.01$; *** $p<.001$

TABELLE 21b

Einfluss der Akteursframes in den Tageszeitungen und der gesamten strategischen Frames im vorangegangenen Quartal auf die aktuellen strategischen Frames aller PR-Akteure (hierarchische Regressionen)

	Frame								
	Sicherheits-philosophie	pragmatische, chancenorientierte Forschung	Verantwortungsethik	Gesinnungsethik	Potenzial d. AS-Zellen-Forschung	Unentschlossenheit	Embryonen verbrauchende Forschung	Potenzial d. ES-Zellen-Forschung	Forschung an Prä-Embryonen
TZ-Frames nur der strateg. Akteure[a]									
Schritt 1									
R^2	.045	.104	.047	.091	.003	.010	.010	.014	-
korr. R^2	-.062	.004	-.059	-.010	-.108	-.100	-.100	-.096	-
Schritt 2									
Änderung in R^2	.453*	.001	.057	.001	.017	.024	0	0.230	-
R^2	.498⁺	.105	.104	.092	.020	.034	.010	0.370	-
korr. R^2	.372⁺	-.119	-.120	-.135	-.225	-.207	-.237	-.203	-
TZ-Frames aller Akteure									
Schritt 1									
R^2	.045	.104	.047	.091	.003	.010	.010	.014	-
korr. R^2	-.062	.004	-.059	-.010	-.108	-.100	-.100	-.096	-
Schritt 2									
Änderung in R^2	.434*	.065	.399*	0	.113	.009	.014	.402*	-
R^2	.479⁺	.169	.446⁺	.091	.116	.019	.024	.416	-
korr. R^2	.348⁺	-.039	.308⁺	-.136	-.105	-.226	-.220	.269	-

[a] TZ = Tageszeitungen

⁺ $p < .10$; * $p < .05$; ** $p < .01$; *** $p < .001$

ve Ergebnisse als Beleg dafür verwendet werden, dass grundsätzlich kein Einfluss vorhanden ist.

Wie bei den vorangegangenen Analysen werden zunächst die Zusammenhänge zwischen den Frames in den Pressemitteilungen und in den Tageszeitungen für alle strategischen Akteure gemeinsam betrachtet. Da es sich um tendenzielle Aussagen handelt, wird an dieser Stelle nur zusammenfassend auf die Kernergebnisse eingegangen. Einen detaillierteren Überblick über die genauen Korrelationen und Regressionsmodelle für die einzelnen Frames geben die Tabellen 20 und 21 a und b.

Für den Einfluss der vorangegangenen Berichterstattung und der zeitgleichen Pressemitteilungen auf die aktuelle Berichterstattung zeigen die Korrelationen, dass für die medialen Frames der strategischen Akteure nur beim Sicherheitsphilosophie-, beim Verantwortungsethik- und beim ES-Zellen-Frame ein positiver Zusammenhang mit ihren strategischen Frames in den Pressemitteilungen besteht. Eine Erklärung der Frames, mit denen die strategischen Akteure in der aktuellen Berichterstattung auftauchen, über den Einfluss der vorangegangenen Berichterstattung hinaus liefern die strategischen Frames nur beim Sicherheitsphilosophie-Frame und tendenziell beim chancenorientierten Forschungs-Frame. Bei Letzterem weisen das Regressionsmodell und die nicht signifikante Korrelation zwischen den strategischen und medialen Frames der Akteure allerdings darauf hin, dass die vorangegangene Berichterstattung das Hauptgewicht der Erklärungsleistung ausmacht. Dass die Zusammenhänge und Einflüsse überwiegend nicht signifikant werden, ist auch durch die geringen Fallzahlen bedingt. Die hierarchischen Regressionen machen jedoch in der Tendenz klar, dass die Frames der strategischen Akteure in den Tageszeitungen stärker durch sich selbst bestimmt werden als durch ihre Frames in den Pressemitteilungen. Strategisches Framing per Pressemitteilungen zu betreiben hat demnach zwar grundsätzlich Aussicht auf Erfolg, es muss jedoch die journalistische Tendenz berücksichtigen, einen einmal mit einem Akteur verknüpften Frame auch weiterhin mit diesem zu verbinden. Der Vergleich zwischen den strategischen Frames der Akteure und den allgemeinen medialen Frames zeigt ein ähnliches, allerdings noch einmal abgeschwächtes Bild. Dass hier bei der Hinzunahme der Frames in den Pressemitteilungen kein Modell signifikant wird, bestätigt den bisherigen Eindruck, dass die strategischen Akteure mit ihren PR-Frames in der Menge der übrigen Akteure untergehen. Der Blick auf die umgekehrte Einflussrichtung, d. h. der medialen Frames auf die strategischen Frames, verdeutlicht, dass die strategischen Akteure beim Sicherheitsphilosophie-, beim Verantwortungsethik- und beim ES-Zellen-Frame auf die Berichterstattung über sie und ihre Frames im gleichen Quartal reagieren. Akteure mit diesen Frames intensivieren offensichtlich ihr Framing, wenn die Frames in den Tageszeitungen häufiger erwähnt werden. Signifikant wird allerdings keines der Regressionsmodelle. Lediglich bei den erstgenannten Frames finden sich entsprechende Tendenzen. Dass die Pressemitteilungsframes nicht aus sich selbst vorhersagbar sind, deutet darauf hin, dass für das weitere strategische Framing die Medienberichterstattung wichtiger ist als das eigene bisherige strategische Framing. Auch hier verschwinden die Zusammenhänge und Einflüsse allerdings weitgehend, wenn zusätzlich zu den medialen Frames der strategischen Akteure auch die aller übrigen Akteure hinzugenommen werden. Dies ist ein Indikator dafür, dass die strategischen Akteure noch eher auf ihr eigenes mediales Framing reagieren als auf das anderer Akteure. Hinsichtlich der miteinander in Wettstreit stehenden, dominierenden Frames der *chancenorientierten Forschung* und der *Verantwortungsethik* verdeutlichen die Ergebnisse insgesamt, dass die Medienberichterstattung tendenziell auf den strategisch eingebrachten chancenorientierten Forschungs-Frame reagiert, während die Akteure ihrerseits in ihrem strategischen Framing tendenziell auf den von ihnen in den Medien erwähnten Verantwortungsethik-Frame reagieren. Damit sind die forschungsbefürwortenden Akteure gegenüber den forschungskritischen im Vorteil, da die Medien auf ihr strategisches Framing reagieren und nicht umgekehrt.

Die Ergebnisse legen nahe, dass sich die Wechselwirkungen und Einflussströme zwischen strategischen und medialen Frames für die einzelnen Akteure unterscheiden. Ohne auf die genauen zeitlichen Verschiebungen im Debattenverlauf einzugehen, soll deshalb an dieser Stelle abschließend ein kurzer akteursspezifischer Überblick über die Zusammenhänge von strategischen und medialen Frames gegeben werden. Analyseleitend sind dabei wiederum die beiden weiter oben beschriebenen Einflussmodelle. Durch die Ausdifferenzierung der strategischen Akteure wird das Problem der geringen Fallzahlen allerdings noch einmal verschärft. Die strategischen Akteure werden deshalb für die folgenden Analysen zu größeren Gruppen zusammengefasst. Nur dadurch sind überhaupt noch differenziertere Aussagen über das zeitbasierte Framing verschiedener Akteure möglich. Andernfalls wären die Ergebnisse aufgrund der noch geringeren Fallzahlen überhaupt nicht mehr aussagekräftig. Die Zusammenfassung erscheint angesichts der bisherigen Erkenntnisse gerechtfertigt. Die Analyse der medialen Akteursframes hatte gezeigt, dass Akteursgruppen mit vergleichbarem Hintergrund ähnliche oder gleiche Frames verwenden und insgesamt ähnliche Frame-Muster aufweisen. Dies gilt u.a. auch für die hier relevanten strategischen Framing-Akteure. Aus der generellen Betrachtung der strategischen Frames in den Pressemitteilungen war Vergleichbares deutlich geworden. Im Einzelnen werden deshalb die DFG, das BMBF und die Universität Bonn zur Gruppe der forschungsnahen Akteure zusammengefasst, die beiden christlichen Kirchen zur Gruppe der kirchlichen Akteure sowie die Bundesärztekammer und der Marburger Bund zur Gruppe der medizinischen Akteure. Durch die Zusammenfassung gehen zwangsläufig genauere Aussagen zu den einzelnen Akteuren verloren. Dies muss mit Blick auf das Analyseziel jedoch in Kauf genommen werden. Auch nach der Zusammenfassung sind die Fallzahlen relativ gering. Es gilt daher weiterhin, dass die Ergebnisse mit der nötigen Vorsicht zu betrachten sind.

Tabellen 22 und 23 a und b geben einen Überblick über die Ergebnisse der Korrelationen und hierarchischen Regressionen für die verschiedenen Frames der forschungsnahen Akteure. Mit Blick auf den Einfluss der strategischen Frames auf die akteursspezifischen medialen Frames fällt unmittelbar auf, dass sowohl beim Sicherheitsphilosophie- als auch beim chancenorientierten Forschungs-Frame und dem Verantwortungsethik-Frame eine hohe Korrelation zwischen beiden Frame-Typen besteht. Die hierarchischen Regressionen zeigen dabei, dass für alle drei Frames die Pressemitteilungen einen signifikanten zusätzlichen Erklärungsbeitrag zur vorhergehenden Berichterstattung leisten. Wie bei den generellen Zusammenhängen zwischen strategischen und medialen Frames verringert sich auch beim Vergleich der strategischen Frames der forschungsnahen Akteure mit allen medial präsenten Frames der Zusammenhang zwischen den Frames in den Pressemitteilungen und denen in den Zeitungsartikeln und damit die Vorhersagekraft des Modells. Ein signifikanter zusätzlicher Erklärungsbeitrag des medialen Frames durch den strategischen Frame ist nun bei keinem Frame mehr zu finden. Dies verdeutlicht noch einmal, dass der Einfluss spezifischer strategischer Frames im medialen Frame-Gesamtbild untergeht. Die Frames in den Pressemitteilungen selbst haben keinen erkennbaren Einfluss auf das weitere strategische Framing. Ebenso wie bei der zusammenfassenden Analyse ist beim zweiten Analysemodell nur ein Zusammenhang zwischen den medialen und strategischen Frames der forschungsnahen Akteure feststellbar. Die Akteure reagieren demnach beim Sicherheitsphilosophie-, beim chancenorientierten Forschungs- und beim Verantwortungsethik-Frame strategisch auf ihre medialen Frame-Äußerungen. Vermutlich aufgrund der geringen Fallzahlen wird jedoch keines der Einflussmodelle signifikant. Unter Einbeziehung sämtlicher medialer Akteursframes verschwinden die genannten Zusammenhänge dann nahezu vollständig. Dies weist erneut darauf hin, dass das mediale Gesamtbild heterogener ist und mögliche spezifische Einflüsse darin untergehen.

TABELLE 22

Zusammenhänge zwischen den strategischen und medialen Akteursframes der forschungsnahen Akteure (Pearsons r)

	Akteursbasis in den Zeitungsartikeln				
	Nur forschungsnahe Akteure			Alle Akteure	
Frames	TZ und TZ_{t-1} [a]	TZ und PM [b]	PM und PM_{t-1}	TZ und TZ_{t-1} [a]	TZ und PM [b]
Sicherheitsphilosophie	.737**	.749**	.128	.266	.533*
Pragmatische, chancenorientierte Forschung	.596*	.566*	.207	.237	.256
Verantwortungsethik	.564*	.722**	-.134	-.308	.024
Gesinnungsethik	.053	-	-	.258	-
Potenzial der AS-Zellen-Forschung	.132	-.240	-.091	-.051	-.250
Unentschlossenheit	.134	-.107	-.100	-.644*	.158
Embryonen verbrauchende Forschung	-.179	-.090	-.100	.644	-.019
Potenzial der ES-Zellen-Forschung	.602*	.344	-.009	-.083	-.258
Forschung an Prä-Embryonen	.283	-	-	-.244	-

[a] TZ = Tageszeitungen; t-1 = ein Quartal vorher.
[b] PM = Pressemitteilungen.
$^{+}$ $p < .10$; * $p < .05$; ** $p < .01$; *** $p < .001$.

TABELLE 23a

Einfluss der strategischen Frames der forschungsnahen Akteure und ihrer Akteursframes in den Tageszeitungen im vorangegangenen Quartal auf die aktuellen Frames in den Tageszeitungen (hierarchische Regressionen)

	Frame								
	Sicherheits-philosophie	pragmatische, chancen-orientierte Forschung	Verantwor-tungsethik	Gesin-nungsethik	Potenzial d. AS-Zellen-Forschung	Unentschlos-senheit	Embryonen verbrau-chende Forschung	Potenzial d. ES-Zellen-Forschung	Forschung an Prä-Embryonen
TZ-Frames nur der Forschungsakteure [a]									
Schritt 1									
R^2	.544**	.355+	.318+	.003	.017	.018	.032	.362*	.080
korr. R^2	.493**	.283+	.242+	-.108	-.092	-.091	-.076	.292*	-.022
Schritt 2									
Änderung in R^2	.265**	.237+	.251+	-	.049	.006	.010	.026	-
R^2	.809**	.591*	.596*	-	.066	.024	.042	.388	-
korr. R^2	.761**	.489*	.461*	-	-.167	-.221	-.198	.235	-
TZ-Frames aller Akteure									
Schritt 1									
R^2	.071	.056	.095	.067	.003	.415*	.415*	.007	.059
korr. R^2	-.032	-.049	-.006	-.037	-.108	.350*	.350*	-.103	-.045
Schritt 2									
Änderung in R^2	.243	.097	.000	-	.062	.000	.006	.061	-
R^2	.314	.153	.095	-	.064	.415	.421	.068	-
korr. R^2	.143	-.059	-.132	-	-.170	.269	.276	-.156	

[a] TZ=Tageszeitungen.

+ $p<.10$; * $p<.05$; ** $p<.01$; *** $p<.001$

TABELLE 23b

Einfluss der Akteursframes in den Tageszeitungen und der strategischen Frames der forschungsnahen Akteure im vorangegangenen Quartal auf ihr aktuellen strategischen Frames (hierarchische Regressionen)

	Frame								
	Sicherheits-philosophie	pragmatische, chancen-orientierte Forschung	Verantwor-tungsethik	Gesin-nungsethik	Potenzial d. AS-Zellen-Forschung	Unentschlos-senheit	Embryonen verbrau-chende Forschung	Potenzial d. ES-Zellen-Forschung	Forschung an Prä-Embryonen
TZ-Frames nur der Forschungsakteure [a]									
Schritt 1									
R^2	.016	.043	.018	-	.008	.010	.010	.000	-
korr. R^2	-.093	-.064	-.091	-	-.102	-.100	-.100	-.111	-
Schritt 2									
Änderung in R^2	.605**	.297+	.523*	-	.081	.012	.008	.150	-
R^2	.621*	.339	.541*	-	.090	.022	.018	.150	-
korr. R^2	.526*	.174	.426*	-	-.138	-.223	-.228	-.062	-
TZ-Frames aller Akteure									
Schritt 1									
R^2	.016	.043	.018	-	.008	.010	.010	.000	-
korr. R^2	-.093	-.064	-.091	-	-.102	-.100	-.100	-.111	-
Schritt 2									
Änderung in R^2	.271	.043	.001	-	.055	.024	.000	.070	-
R^2	.288	.086	.019	-	.063	.034	.010	.070	-
korr. R^2	.110	-.142	-.226	-	-.171	-.207	-.237	-.163	-

*TZ = Tageszeitungen.

+ $p<.10$; * $p<.05$; ** $p<.01$; *** $p<.001$.

TABELLE 24

Zusammenhänge zwischen den strategischen und medialen Akteursframes der kirchlichen Akteure (Pearsons r)

	Akteursbasis in den Zeitungsartikeln				
	Nur kirchliche Akteure			Alle Akteure	
Frames	TZ und TZ_{t-1} [a]	TZ und PM [b]	PM und PM_{t-1}	TZ und TZ_{t-1} [a]	TZ und PM [b]
Sicherheitsphilosophie	-.197	.180	.312	.266	.726**
Pragmatische, chancenorientierte Forschung	-.100	-	-	.237	-
Verantwortungsethik	.445+	.291	.139	-.308	.218
Gesinnungsethik	.267	.176	.052	.258	-.187
Potenzial der AS-Zellen-Forschung	-.144	-	-	-.051	-
Unentschlossenheit	-.100	-	-	-.644*	-
Embryonen verbrauchende Forschung	-.219	-	-	.644*	-
Potenzial der ES-Zellen-Forschung	-.100	-	-	-.083	-
Forschung an Prä-Embryonen	.308	-	-	-.244	-

[a] TZ = Tageszeitungen; t-1 = ein Quartal vorher.
[b] PM = Pressemitteilungen.
+ $p < .10$; * $p < .05$; ** $p < .01$; *** $p < .001$.

Bei den kirchlichen ist ebenso wie bei den medizinischen Akteuren kein signifikanter zeitlicher Einfluss des strategischen auf das mediale Framing erkennbar, und auch die Einzelkorrelationen sind so gut wie nicht signifikant (vgl. Tab. 24-27). Dies mag wiederum mit durch die Fallzahlen bedingt sein, verweist allerdings in Relation zu den forschungsnahen Akteuren darauf, dass die beiden genannten Akteursgruppen offensichtlich weniger erfolgreich in der Beeinflussung der Berichterstattung sind. Bei ihnen zeigt sich lediglich beim Verantwortungsethik-Frame im Zeitverlauf ein tendenzieller Zusammenhang zwischen ihren medialen Frames. Das bedeutet, dass sie medial kontinuierlich mit diesem Frame verknüpft werden, ohne dass dies aber kausal auf ihre Pressemitteilungen zurückzuführen wäre. Bei der Hinzunahme auch der übrigen medialen Akteursframes verändert sich das Bild leicht. Bei den kirchlichen Akteuren besteht nun ein signifikanter Zusammenhang zwischen

TABELLE 25a

Einfluss der strategischen Frames der kirchlichen Akteure und ihrer Akteursframes in den Tageszeitungen im vorangegangenen Quartal auf die aktuellen Frames in den Tageszeitungen (hierarchische Regressionen)

	Frame								
	Sicherheits-philosophie	pragmatische, chancenorientierte Forschung	Verantwortungsethik	Gesinnungsethik	Potenzial d. AS-Zellen-Forschung	Unentschlossenheit	Embryonen verbrauchende Forschung	Potenzial d. ES-Zellen-Forschung	Forschung an Prä-Embryonen
TZ-Frames nur der kirchl. Akteure [a]									
Schritt 1									
R^2	.039	.010	.198	.071	.021	.010	.048	.010	.095
korr. R^2	-.068	-.100	.109	-.032	-.088	-.100	-.058	-.100	-.006
Schritt 2									
Änderung in R^2	.122	-	.000	.043	-	-	-	-	-
R^2	.161	-	.198	.114	-	-	-	-	-
korr. R^2	-.049	-	-.003	-.107	-	-	-	-	-
TZ-Frames aller Akteure									
Schritt 1									
R^2	.071	.056	.095	.067	.003	.415*	.415*	.007	.059
korr. R^2	-.032	-.049	-.006	-.037	-.108	.350*	.350*	-.103	-.045
Schritt 2									
Änderung in R^2	.456*	-	.324⁺	.040	-	-	-	-	-
R^2	.527*	-	.419	.107	-	-	-	-	-
korr. R^2	.409*	-	.273	-.117	-	-	-	-	-

[a] TZ = Tageszeitungen

⁺ $p<.10$; * $p<.05$; ** $p<.01$; *** $p<.001$

TABELLE 25b

Einfluss der Akteursframes in den Tageszeitungen und der strategischen Frames der kirchlichen Akteure im vorangegangenen Quartal auf ihre aktuellen strategischen Frames (hierarchische Regressionen)

	Frame								
	Sicherheitsphilosophie	pragmatische, chancenorientierte Forschung	Verantwortungsethik	Gesinnungsethik	Potenzial d. AS-Zellen-Forschung	Unentschlossenheit	Embryonen verbrauchende Forschung	Potenzial d. ES-Zellen-Forschung	Forschung an Prä-Embryonen
TZ-Frames nur der kirchl. Akteure[a]									
Schritt 1									
R^2	.097	-	.019	.003	-	-	-	-	-
korr. R^2	-.003	-	-.090	-.108	-	-	-	-	-
Schritt 2									
Änderung in R^2	.122	-	.108	.028	-	-	-	-	-
R^2	.219	-	.128	.031	-	-	-	-	-
korr. R^2	.024	-	-.091	-.211	-	-	-	-	-
TZ-Frames aller Akteure									
Schritt 1									
R^2	.097	-	.019	.003	-	-	-	-	-
korr. R^2	-.003	-	-.090	-.108	-	-	-	-	-
Schritt 2									
Änderung in R^2	.447*	-	.063	.047	-	-	-	-	-
R^2	.545*	-	.083	.050	-	-	-	-	-
korr. R^2	.431*	-	-.147	-.187	-	-	-	-	-

[a] TZ = Tageszeitungen.
+ $p<.10$; * $p<.05$; ** $p<.01$; *** $p<.001$

dem Sicherheitsphilosophie-Frame in den Tageszeitungen und in ihren Pressemitteilungen. Dabei erklären ihre Pressemitteilungen die Medienberichterstattung erheblich besser als die vorherige Berichterstattung. In kausaler Hinsicht heißt das, dass es die kirchlichen Akteure durch ihre strategische Ansprache des Sicherheitsphilosophie-Frames schaffen, dass die Zeitungen in der weiteren Berichterstattung verstärkt weitere Akteure mit diesem Frame zu Wort kommen lassen. Ihr eigentlicher strategischer Hauptframe, der Verantwortungsethik-Frame, bleibt dabei aber in seinem Einfluss auf der Strecke. Bei den medizinischen Akteuren besteht zwar für den Gesinnungsethik-Frame ein tendenzieller Zusammenhang zwischen den Pressemitteilungen und der gesamten Berichterstattung. Dieser wirkt sich jedoch nicht dahingehend aus, dass die Pres-

TABELLE 26

Zusammenhänge zwischen den strategischen und medialen Akteursframes der medizinischen Akteure (Pearsons r)

	Akteursbasis in den Zeitungsartikeln				
	Nur medizinische Akteure			Alle Akteure	
Frames	TZ und TZ_{t-1} [a]	TZ und PM [b]	PM und PM_{t-1}	TZ und TZ_{t-1} [a]	TZ und PM [b]
Sicherheitsphilosophie	-.117	.143	.169	.266	-.261
Pragmatische, chancenorientierte Forschung	-.039	-	-	.237	-
Verantwortungsethik	.581*	.038	-.161	-.308	-.021
Gesinnungsethik	.121	-.304	-.020	.258	.470⁺
Potenzial der AS-Zellen-Forschung	-	-	-.100	-.051	.260
Unentschlossenheit	-.100	-	-	-.644*	-
Embryonen verbrauchende Forschung	-.100	-	-	.644*	-
Potenzial der ES-Zellen-Forschung	-.100	-	-	-.083	-
Forschung an Prä-Embryonen	-	-	-	-.244	-

[a] TZ = Tageszeitungen; t-1 = ein Quartal vorher.
[b] PM = Pressemitteilungen.
$^{+}$ $p < .10$; * $p < .05$; ** $p < .01$; *** $p < .001$.

TABELLE 27a

Einfluss der strategischen Frames der medizinischen Akteure und ihrer Akteursframes in den Tageszeitungen im vorangegangenen Quartal auf die aktuellen Frames in den Tageszeitungen (hierarchische Regressionen)

	Frame								
	Sicherheits-philosophie	pragmatische, chancenorientierte Forschung	Verantwortungsethik	Gesinnungs-ethik	Potenzial d. AS-Zellen-Forschung	Unentschlossenheit	Embryonen verbrauchende Forschung	Potenzial d. ES-Zellen-Forschung	Forschung an Prä-Embryonen
TZ-Frames nur der medizin. Akteure [a]									
Schritt 1									
R^2	.014	.002	.337$^+$	.015	-	.010	.010	.010	-
korr. R^2	-.096	-.109	.263$^+$	-.095	-	-.100	-.100	-.100	-
Schritt 2									
Änderung in R^2	.027	-	.003	.078	-	-	-	-	-
R^2	.040	-	.240	.092	-	-	-	-	-
korr. R^2	-.199	-	.175	-.134	-	-	-	-	-
TZ-Frames aller Akteure									
Schritt 1									
R^2	.071	.056	.095	.067	.003	.415*	.415*	.007	.059
korr. R^2	-.032	-.049	-.006	-.037	-.108	.350*	.350*	-.103	-.045
Schritt 2									
Änderung in R^2	.041	-	.073	.190	.066	-	-	-	-
R^2	.112	-	.168	.256	.068	-	-	-	-
korr. R^2	-.109	-	-.040	.070	-.165	-	-	-	-

[a] TZ = Tageszeitungen.
$^+$ $p<.10$; * $p<.05$; ** $p<.01$; *** $p<.001$

TABELLE 27b

Einfluss der Akteursframes in den Tageszeitungen und der strategischen Frames der medizinischen Akteure im vorangegangenen Quartal auf ihre aktuellen strategischen Frames (hierarchische Regressionen)

	Frame								
	Sicherheits-philosophie	pragmatische, chancenorientierte Forschung	Verantwortungsethik	Gesinnungs-ethik	Potenzial d. AS-Zellen-Forschung	Unentschlos-senheit	Embryonen verbrauchende Forschung	Potenzial d. ES-Zellen-Forschung	Forschung an Prä-Embryonen
TZ-Frames nur der medizin. Akteure[a]									
Schritt 1									
R^2	.029	-	.026	.000	.010	-	-	-	-
korr. R^2	-.079	-	-.082	-.111	-.100	-	-	-	-
Schritt 2									
Änderung in R^2	.011	-	.002	.101	-	-	-	-	-
R^2	.039	-	.028	.102	-	-	-	-	-
korr. R^2	-.201	-	-.215	-.123	-	-	-	-	-
TZ-Frames aller Akteure									
Schritt 1									
R^2	.029	-	.026	.000	.010	-	-	-	-
korr. R^2	-.079	-	-.082	-.111	-.100	-	-	-	-
Schritt 2									
Änderung in R^2	.053	-	.010	.235	.058	-	-	-	-
R^2	.081	-	.036	.236	.068	-	-	-	-
korr. R^2	-.148	-	-.205	.045	-.165	-	-	-	-

[a] TZ = Tageszeitungen.
$^{+}$ $p<.10$; * $p<.05$; ** $p<.01$; *** $p<.001$

semitteilungen eine bessere Erklärung der Berichterstattung leisten als die Berichterstattung des vorhergehenden Quartals. Für einen Einfluss in die umgekehrte Richtung, d.h. die Erklärung der Pressemitteilungs-Frames durch die vorangegangenen Pressemitteilungen und die parallel stattfindende Medienberichterstattung, finden sich noch weniger Belege. Nur mit Blick auf das gesamte mediale Frame-Muster reagieren die Kirchen beim Sicherheitsphilosophie-Frame offenbar strategisch auf die Medienberichterstattung. So weit die Fallzahlen diese Schlussfolgerung zulassen, sind die kirchlichen und medizinischen Akteure damit gegenüber den forschungsnahen Akteuren im Nachteil. Im Vergleich zu Letzteren sieht es so aus, als ob sie nicht nur weniger stark mit ihren Frames Einfluss auf die Medien nehmen könnten, sondern auch im Gegenzug in ihrem weiteren strategischen Framing weniger intensiv auf die bestehende Medienberichterstattung reagieren.

Die bisherigen Ergebnisse zum strategischen Framing verdeutlichen, dass die Akteure insgesamt unterschiedliche inhaltliche Schwerpunkte setzen, im Debattenverlauf in ihrem Framing unterschiedlich aktiv sind und offensichtlich auch unterschiedlich erfolgreich in der Beeinflussung der Medien. In statistischer Hinsicht ist dabei am ehesten noch für das strategische Framing der forschungsnahen Akteure ein Einfluss auf die Medienberichterstattung nachweisbar. Dass sich ihr Einfluss u.a. ausgerechnet auf den insgesamt dominierenden chancenorientierten Frame bezieht, macht dabei klar, dass sie der Medienberichterstattung in gewisser Weise ihren Stempel aufdrücken – zumindest mehr, als dies den anderen Akteuren gelingt. Umgekehrt reagieren sie verhältnismäßig auch am meisten auf bestimmte Frames in den Tageszeitungen. Dies spricht dafür, dass sie in ihrem Framing flexibler sind als die anderen strategischen Akteure. Es ist anzunehmen, dass dieses flexiblere Framing auch Auswirkungen auf die gesellschaftliche Durchsetzungskraft ihrer Sichtweise hat. Angesichts der geringen Fallzahlen, auf denen die statistische Analyse beruht, darf dieses Ergebnis jedoch nicht überinterpretiert werden. Wie die deskriptiven Analysen in Kapitel 8.3.2 zeigen, gelingt es den übrigen Akteuren generell sehr wohl, mit ihren Frames in die Medien zu gelangen. Fraglich ist vor dem eben geschilderten Hintergrund allerdings, ob dies auch in den einzelnen Zeitphasen der Fall ist. Im Folgenden soll deshalb der Blick noch einmal genauer auf die einzelnen strategischen Akteure und das zeitliche Wechselspiel zwischen ihren strategischen und den medialen Frames gerichtet werden. Dabei liegt der spezifische Fokus auf den im Theorieteil beschriebenen strategischen Framing-Taktiken, die Framing-Akteure einsetzen können.

8.3.4 *Framing-Taktiken der strategischen Akteure*

Strategische Framing Taktiken lassen sich nur im Zeitverlauf analysieren (vgl. Kap. 4.2.2), denn nur so wird erkennbar, ob und wie einzelne Akteure ihre Frames an andere anpassen oder sich dagegen abgrenzen. In diesem Unterkapitel geht es deshalb zunächst darum, die spezifischen zeitlichen Veränderungen der einzelnen strategischen und medialen Akteursframes zu beschreiben und miteinander zu vergleichen. Auf dieser Basis wird dann genauer untersucht, inwiefern sich darin die im Theorieteil angesprochenen Framing-Taktiken widerspiegeln und welche Erklärung diese für den Erfolg oder Nichterfolg des strategischen Framings in den Medien bieten. Im Mittelpunkt stehen dabei die vier aus der Forschung zu sozialen Bewegungen bekannten strategischen Kerntaktiken: ›frame bridging‹, ›frame amplification‹, ›frame extension‹ und ›frame transformation‹. Die übrigen im Theorieteil genannten Framing-Taktiken wurden bereits in Kapitel 8.1.4 diskutiert und sollen daher hier nicht noch einmal aufgegriffen werden. Die Darstellung erfolgt auf der Basis der im vorigen Unterkapitel gebildeten drei Akteursgruppen. Als Zeiteinheit wird mit Halbjahren wieder der gröbere Zeitrahmen verwendet, um eine sicherere Fallbasis für die Analyse zu haben.[46]

Bevor die Frame-Verläufe der Akteure geschildert und die einzelnen Taktiken genauer betrachtet werden, ist es sinnvoll, kurz zu erläutern, an welchen Indikatoren die Anwendung der Taktiken im Einzelnen festgemacht werden kann. Das ›frame bridging‹ bezieht sich auf die Verknüpfung mit anderen, bisher eigenständigen, aber ideologisch zum untersuchten Frame passenden Frames. Für die vorliegende Arbeit bedeutet das, dass die Veränderung des gesamten Frame-Musters betrachtet werden muss. Wenn einer der Akteure je nach Grundhaltung sein Repertoire an forschungsbefürwortenden bzw. -kritischen Frames im Zeitverlauf ausweitet bzw. verändert, ist dies ein Hinweis auf ›frame bridging‹. ›Frame amplification‹ bezeichnet die Betonung zentraler Werte und

46 Die vorherige Analyse war nur aufgrund der Anforderung der statistischen Zeitauswertung nach genügend Messpunkten quartalsweise erfolgt.

Ansichten. Hinweise auf die Anwendung dieser Taktik sind daher in einem Wechsel auf Frames zu sehen, die stärker auf spezifische gesellschaftliche Werte zurückgreifen als die bisher verwendeten. In Kapitel 8.1.4 war festgestellt worden, dass v. a. die beiden Ethik-Frames sowie der chancenorientierte Forschungs-Frame und der ES-Zellen-Frame sich auf zentrale gesellschaftliche Werte beziehen. Insofern lässt sich ›frame amplification‹ daran festmachen, ob die Akteure einen der genannten Frames im Zeitverlauf mehr betonen oder aber anstelle eines weniger wertgeladenen Frames verwenden. ›Frame extension‹ meint die Ausweitung eines Frames auf andere Themenaspekte. Da in dieser Arbeit nur ein Themenaspekt, die embryonale Stammzellforschung, untersucht wird, ist die Ausweitung der identifizierten Frames auf andere Themen nicht analysierbar. Es ist jedoch möglich, die Frames mit anderen Frames aus früheren Framing-Studien zu ähnlich gelagerten Sachverhalten zu vergleichen. Dieser Rückblick ermöglicht es zu beurteilen, ob damals verwendete Frames in gleicher oder ähnlicher Form auch bei der Stammzellthematik auftauchen und damit auf ›frame extension‹ hinweisen. Die letzte Kerntaktik, ›frame transformation‹, umfasst die Um- oder Redefinition eines Frames. Da in dieser Arbeit inhaltliche Verschiebungen innerhalb der einzelnen Frames nicht analysiert werden, wird ›frame transformation‹ daran festgemacht, dass sich der Hauptframe der Akteure im Zeitverlauf verändert.

Bei der ersten Akteursgruppe, den forschungsnahen Akteuren, zeigt der Blick auf die strategischen Frames in den Pressemitteilungen zunächst, dass ihr Framing im Verlauf der Stammzelldebatte verhältnismäßig gleich bleibt (vgl. Tab. 28). Dies äußert sich auch darin, dass ein tendenzieller Zusammenhang zwischen ihrem Frame-Muster und den einzelnen Zeitphasen besteht (*Cramers* $V = .44$, $p < .10$). Abgesehen vom Jahr 2000 liegt der Frame-Fokus der forschungsnahen Akteure konsequent auf dem chancenorientierten Forschungs-Frame, im Jahr 2002 noch ergänzt um den Frame zum Potenzial von ES-Zellen. Mit Blick darauf, dass die beiden Messzeitpunkte im Jahr 2000 nur einen bzw. zwei Fälle aufweisen, dürfen die abweichenden Frame-Schwerpunkte in dieser Zeit allerdings nicht überinterpretiert werden. Das Bild weist eher darauf hin, dass das strategische Framing der forschungsnahen Akteure zu diesem frühen Debattenzeitpunkt noch nicht klar entwickelt ist. Dies geschieht im Verlauf von 2001 und zu Beginn von 2002. In der zweiten Jahreshälfte von 2002 scheint es dann bereits wieder zu verwischen.

Offensichtlich setzt ein gezieltes strategisches Framing der forschungsnahen Akteure erst mit der DFG-Empfehlung ein, wobei es vermutlich auch überwiegend von der DFG initiiert ist.

Der Vergleich mit den medialen Frames der forschungsnahen Akteure verdeutlicht, dass deren Frame-Schwerpunkte absolut identisch sind und sich zudem zeitlich parallel entwickeln. Dies spiegelt sich auch deutlich in den nach Zeitphasen getrennten Rangkorrelationen zwischen medialen und strategischen Frames wider ($\tau_{b\ 1/2000} = .566$, $p < .10$; $\tau_{b\ 2/2000} = .544$, $p < .10$; $\tau_{b\ 1/2001} = .637$, $p < .05$; $\tau_{b\ 2/2001} = .520$, $p < .10$; $\tau_{b\ 1/2002} = .192$, *n.s.*; $\tau_{b\ 2/2002} = .614$, $p < .10$). Die Ergebnisse aus Kapitel 8.3.3 lassen allerdings vermuten, dass dieser Eindruck in gewisser Weise durch die gröbere Zeiteinteilung bedingt ist. Dennoch lässt sich sagen, dass es die forschungsnahen Akteure grundsätzlich im gesamten Debattenverlauf schaffen, mit ihren Kernframes zeitnah die mediale Selektionshürde zu überwinden. Deren mediale Häufigkeitsverteilungen sind teilweise jedoch unterschiedlich. Vor allem zum Ende der Debatte hin selektieren die untersuchten Zeitungen vermehrt Äußerungen des Hauptframes, obwohl dessen Anteil an den strategischen Frames parallel dazu kontinuierlich zurückgeht. Auch im zweiten Halbjahr 2002, wo das strategische Framing bereits wieder deutlich nachlässt, verharrt der Medienfokus der Akteursframes auf dem chancenorientierten Forschungs-Frame. Dies ist ein Hinweis darauf, dass das strategische Framing der forschungsnahen Akteure stark den Rahmen für die weitere Selektion ihrer Frames setzt und dieser auch über die unmittelbaren strategischen Aktivitäten hinaus erhalten bleibt.

Damit wird der in Kapitel 8.3.3 gewonnene generelle Eindruck bestätigt. Inwieweit dahinter die Anwendung spezifischer Framing-Taktiken steht, wird weiter unten genauer analysiert. An dieser Stelle soll zunächst noch ein kurzer Blick auf die übrigen medialen Frames der forschungsnahen Akteure sowie die allgemeinen medialen Akteursframes geworfen werden. Die nachrangigen strategischen Frames der DFG, des BMBF sowie der Universität Bonn sind auch in den Zeitungsartikeln eher gering vertreten. Generell bestätigt sich das Bild aus dem vorigen Unterkapitel, dass in den Zeitungsartikeln eine größere Frame-Vielfalt vorhanden ist. Im Gegensatz zu den Pressemitteilungen besteht dabei in den untersuchten Medien ein leichter Zusammenhang zwischen dem Frame-Muster und den einzelnen Zeitphasen (*Cramers V* = .26, $p < .001$). Wie bereits mehrfach gesehen, spiegelt das Gesamtbild der medialen Akteursframes

TABELLE 28

Strategische und mediale Frames der forschungsnahen Akteure im Zeitverlauf (in %)

	Frame-Quelle													
	Pressemitteilungen							Zeitungsartikel						
	Gesamt	1/2000	2/2000	1/2001	2/2001	1/2002	2/2002	Gesamt	1/2000	2/2000	1/2001	2/2001	1/2002	2/2002
Frame	(N=43)	(n=2)	(n=1)	(n=14)	(n=14)	(n=8)	(n=4)	(N=338)	(n=11)	(n=13)	(n=108)	(n=113)	(n=72)	(n=21)
Sicherheitsphilosophie	14	100	0	14	7	0	25	11	64	15	9	7	10	10
Pragmatische, chancenorientierte Forschung	44	0	0	64	43	38	25	58	18	15	60	63	58	67
Verantwortungsethik	7	0	100	7	7	0	0	7	9	46	4	8	3	0
Gesinnungsethik	0	0	0	0	0	0	0	2	0	0	4	4	0	0
Potenzial d. AS-Zellen-Forschung	12	0	0	7	7	25	25	6	0	15	10	2	6	0
Unentschlossenheit	2	0	0	7	0	0	0	7	9	0	4	6	14	5
Embryonen verbrauchende Forschung	2	0	0	0	7	0	0	4	0	8	3	3	7	0
Potenzial d. ES-Zellen-Forschung	19	0	0	0	29	38	25	6	0	0	6	7	3	19
Forschung an Prä-Embryonen	0	0	0	0	0	0	0	1	0	0	1	1	0	0
forschungsbefürwortend [a]	63	0	0	64	71	75	50	64	18	15	67	71	61	86
forschungskritisch [b]	21	0	100	14	21	25	25	18	9	69	20	16	15	0

Der jeweils dominierende Frame bzw. die dominierende Frame-Gruppe sind grau hinterlegt.

[a] Zu den forschungsbefürwortenden Frames zählen die Frames Pragmatische, chancenorientierte Forschung, Potenzial der ES-Zellen-Forschung, Forschung an Prä-Embryonen.

[b] Zu den forschungskritischen Frames zählen die Frames Verantwortungsethik, Gesinnungsethik, Potenzial der AS-Zellen-Forschung, Embryonen verbrauchende Forschung.

ebenfalls fast perfekt die Frame-Schwerpunkte der forschungsnahen Akteure wider – allerdings in einem geringeren Ausmaß. Wahrscheinlich ist dies durch den Einfluss anderer Akteure bedingt. Da das mediale Gesamtbild und seine zeitlichen Veränderungen in den vorhergehenden Kapiteln zur Genüge beschrieben worden sind, werden die weiteren Frame-Verteilungen hier nicht noch einmal ausführlicher erläutert. Es sei lediglich daran erinnert, dass das Medienbild insgesamt heterogener und im Verhältnis der vier dominierenden sowie der forschungsbefürwortenden und -kritischen Frames zueinander ausgewogener ist.

Wie zu Beginn des Kapitels angekündigt, liegt der Fokus im Folgenden spezifischer auf den Taktiken, die im strategischen Framing der forschungsnahen Akteure erkennbar sind. Diese lassen möglicherweise Rückschlüsse darauf zu, warum die Akteure mit ihrem Framing in den untersuchten Zeitungen so erfolgreich sind. Sofern dies angesichts der bereits erwähnten geringen Fallzahlen überhaupt sinnvoll beurteilbar ist, betreiben die forschungsnahen Akteure zu Beginn der Debatte ›frame transformation‹, d.h. sie wechseln ihren Hauptframe. Dies geschieht zweimal und ist zudem von einer jeweils anderen Grundposition zur embryonalen Stammzellforschung geprägt. Erst beginnend mit 2001 pendelt sich diese kontinuierlich auf eine forschungsbefürwortende Sichtweise ein. Im Prinzip lässt sich auch erst ab diesem Zeitpunkt wirklich von gezielt strategischem Framing sprechen. Die forschungsnahen Akteure versuchen ab da, ihrer Sichtweise über ›frame bridging‹ und ›frame amplification‹ mehr Gewicht zu verleihen, wodurch ihr Framing insgesamt inhaltlich breiter wird. Im ersten Halbjahr 2001 ergänzen sie den chancenorientierten Forschungs-Frame zunächst moderat durch die stärker wertorientierten Sicherheitsphilosophie- sowie Verantwortungsethik-Frames. Kapitel 8.3.3 lässt vermuten, dass dies in gewisser Weise eine Reaktion auf die Medienberichterstattung darstellt. Beide Frames betonen den Aspekt der embryonalen Menschenwürde und tragen insofern zu einem vermehrten Bezug auf grundlegende gesellschaftliche Werte bei. Die vorsichtige Anreicherung ihres Frame-Musters um diese noch verhältnismäßig gemäßigten forschungskritischen Frames eröffnet die Möglichkeit, auch die gegnerische Sichtweise zu integrieren, ohne die eigene Position dabei zu sehr zu untergraben. Im weiteren Verlauf von 2001 erweitern die Akteure ihr Framing zusätzlich auf den in seinem Fokus etwas engeren, aber – ebenso wie der Hauptframe – forschungsbefürwortenden Frame zum Potenzial von ES-Zellen. Hinzu kommt

TABELLE 29

Strategische und mediale Frames der kirchlichen Akteure im Zeitverlauf (in %)

	Frame-Quelle													
	Pressemitteilungen							Zeitungsartikel						
	Gesamt	1/2000	2/2000	1/2001	2/2001	1/2002	2/2002	Gesamt	1/2000	2/2000	1/2001	2/2001	1/2002	2/2002
Frame	(N=60)	(n=5)	(n=3)	(n=10)	(n=5)	(n=34)	(n=3)	(N=143)	(n=2)	(n=14)	(n=31)	(n=35)	(n=61)	(n=0)
Sicherheitsphilosophie	33	60	33	40	20	32	0	10	0	29	3	3	15	0
Pragmatische, chancenorientierte Forschung	0	0	0	0	0	0	0	1	0	0	0	0	2	0
Verantwortungsethik	52	0	67	40	40	65	33	49	50	50	39	54	51	0
Gesinnungsethik	15	40	0	20	40	3	67	34	50	21	42	34	31	0
Potenzial d. AS-Zellen-Forschung	0	0	0	0	0	0	0	1	0	0	3	0	2	0
Unentschlossenheit	0	0	0	0	0	0	0	1	0	0	3	0	0	0
Embryonen verbrauchende Forschung	0	0	0	0	0	0	0	1	0	0	3	3	0	0
Potenzial d. ES-Zellen-Forschung	0	0	0	0	0	0	0	1	0	0	3	0	0	0
Forschung an Prä-Embryonen	0	0	0	0	0	0	0	2	0	0	3	6	0	0
forschungsbefürwortend [a]	0	0	0	0	0	0	0	3	0	0	6	6	2	0
forschungskritisch [b]	67	40	67	60	80	68	100	85	100	71	87	91	84	0

Der jeweils dominierende Frame bzw. die dominierende Frame-Gruppe sind grau hinterlegt.

[a] Zu den forschungsbefürwortenden Frames zählen die Frames Pragmatische, chancenorientierte Forschung, Potenzial der ES-Zellen-Forschung, Forschung an Prä-Embryonen.

[b] Zu den forschungskritischen Frames zählen die Frames Verantwortungsethik, Gesinnungsethik, Potenzial der AS-Zellen-Forschung, Embryonen verbrauchende Forschung.

außerdem der Embryonenverbrauch-Frame, der wiederum etwas stärker wertorientiert ist. Letzterer setzt damit die begonnene ›frame amplification‹ fort, während Ersterer das ›frame bridging‹ einleitet. Die Einbeziehung des Verantwortungsethik-Frames kann außerdem als Ausdruck von ›frame extension‹ gewertet werden. In seiner ethischen Grundposition ist er der ethisch-kritischen Ablehnung der Abtreibung sehr ähnlich (vgl. FRANZ 2000) und bietet damit einen einflussreichen Anknüpfungspunkt. Ab 2002 verschwinden ›frame extension‹ und ›frame amplification‹ wieder im strategischen Repertoire der forschungsnahen Akteure, während das ›frame bridging‹ fortdauert. Damit betreiben die Akteure insgesamt in der für den weiteren Debattenverlauf wichtigen Zeit rund um die DFG-Empfehlung ein geschicktes und differenziertes Framing. Einerseits ergänzen sie den eigenen forschungsbefürwortenden Hauptframe um weitere befürwortende Frames, andererseits knüpfen sie jedoch auch an Frames an, die ihren eigenen Frames entgegenstehen und stärker auf konservative ethische Grundwerte abheben. Vermutlich nimmt dies den Gegnern teilweise den Wind aus den Segeln, weil es die Berücksichtigung der Bedenken suggeriert, ohne dass dabei die eigenen bevorzugten Frames vernachlässigt werden. In gewisser Weise spiegelt sich diese geschickte Mischung auch im medialen Bild der Akteursframes.

Anders als bei den forschungsnahen Akteuren ist das strategische Framing der kirchlichen Akteure im Zeitverlauf stärker durch inhaltliche Veränderungen geprägt (vgl. Tab. 29). Dies zeigt sich auch im statistisch signifikanten Zusammenhang zwischen strategischem Frame-Muster und Zeitphasen (*Cramers V* = .41, $p < .05$). Dennoch scheint das strategische Framing der kirchlichen Akteure im Vergleich zu den forschungsnahen Akteuren bereits zu einem früheren Debattenzeitpunkt klar entwickelt zu sein. Ab der zweiten Jahreshälfte 2000 bestimmen die beiden Ethik-Frames das Bild, und auch schon im ersten Halbjahr 2000 nimmt der Gesinnungsethik-Frame großen Raum ein. Generell vertreten die beiden Kirchen mit ihren strategischen Frames fortwährend eine forschungskritische Sichtweise, die sie mehr oder weniger stark um den vorsichtig-kritischen Sicherheitsphilosophie-Frame ergänzen.

Der Blick auf die Medienframes der kirchlichen Akteure und ihre zeitlichen Veränderungen zeigt, dass diese im Kern das strategische Framing widerspiegeln. Dies äußert sich auch in den nach Zeitphasen getrennten Rangkorrelationen zwischen medialen und strategischen Frames ($\tau_{b\,1/2000} = .276$, *n.s.*; $\tau_{b\,2/2000} = .845$, $p < .01$; $\tau_{b\,1/2001} = .537$, $p < .10$; $\tau_{b\,2/2001} = .706$, p

$< .05$; $\tau_{b\ 1/2002} = .770$, $p < .05$). Sofern überhaupt Angehörige der beiden Kirchen in den Medien zu Wort kommen, werden sie über den gesamten Debattenverlauf hinweg überwiegend mit einem der beiden Ethik-Frames zitiert. Im Gegensatz zu den forschungsnahen Akteuren stimmt deren mediale Dominanz jedoch zeitlich nicht immer mit ihrer strategischen überein. Dies zeigt sich v. a. in der ersten Jahreshälfte 2001, wo in den Pressemitteilungen der Verantwortungsethik-Frame überwiegt, in den Zeitungsartikeln jedoch ganz leicht der Gesinnungsethik-Frame. Aber auch in der zweiten Hälfte 2001 gibt es entsprechende Verschiebungen: In den Pressemitteilungen haben beide Ethik-Frames das gleiche Gewicht, medial dominiert dagegen der Verantwortungsethik-Frame. Die Frame-Unterschiede im ersten Halbjahr 2000 sind wegen der geringen Fallzahlen insbesondere bei den Medienframes nicht sinnvoll interpretierbar.

Auch für die kirchlichen Akteure bestätigt die detailliertere Zeitanalyse damit im Wesentlichen die in Kapitel 8.3.3 festgestellten Tendenzen. Offensichtlich gelingt es den Kirchen schlechter als den forschungsnahen Akteuren, mit ihren spezifischen Frames Impulse für die Medienberichterstattung zu setzen. Ebenso wie bei den forschungsnahen Akteuren reichern die Journalisten das mediale Frame-Muster der Kirchen zudem um weitere, teilweise auch forschungsbefürwortende Frames an. Dies geschieht jedoch in geringerem Ausmaß und führt insgesamt dazu, dass statistisch kein Zusammenhang zwischen dem Frame-Muster und den einzelnen Zeitphasen nachweisbar ist (*Cramers V* = .22, *n.s.*).

Hinsichtlich der Fallzahlen sind die strategischen Hauptframes in den Zeitungsartikeln teilweise etwas häufiger und teilweise etwas geringer vertreten. Insgesamt ist in den Wechseln jedoch kein eindeutiges Muster erkennbar. Dies spricht dafür, dass die journalistische Selektion nicht unbedingt auf gezielten Verteilungsüberlegungen beruht. Besonders starke Unterschiede zwischen strategischen und medialen Frames weist der Gesinnungsethik-Frame auf. Bei diesem scheinen mediales und strategisches Framing in gewisser Weise zeitlich versetzt aufeinander zu reagieren. Den Ausgangspunkt setzen dabei die Medien: Im ersten Halbjahr 2001 ist der Gesinnungsethik-Frame deutlich stärker in den Zeitungsartikeln präsent als in den Pressemitteilungen. Diese betonen ihn dann in der zweiten Hälfte von 2001 stärker als die Medien, die dann zu Beginn 2002 wieder die Führung übernehmen. Im letzten Analysehalbjahr ist der Frame dann wieder deutlich stärker in den Pressemitteilungen vertreten. Inwieweit dieses Alternieren tatsächlich auf bewussten Reaktionen beruht, lässt sich nicht eindeutig sagen. Zumindest für die Pressemitteilungen ist jedoch zu vermuten, dass diese in gewisser Weise gezielt auf mediale Frames reagieren.

Insofern kann die mediale Intensivierung des Gesinnungsethik-Frames durchaus dazu geführt haben, dass die kirchlichen Akteure darin eine Chance für die Durchsetzung ihrer Sichtweise gesehen und daher mit entsprechender Intensivierung in ihrem strategischen Framing reagiert haben. Dies führte dann im Gegenzug wieder zu vermehrter Medienberichterstattung. Die erste Vermutung wird durch die Ergebnisse aus Kapitel 8.3.3 gestützt, die zweite dagegen nicht. Letzteres kann allerdings auch auf die geringen Fallzahlen in der Analyse zurückzuführen sein und sollte daher nicht überbewertet werden. Dass bei den übrigen Frames überwiegend keine solchen zeitlichen Wechselwirkungen erkennbar sind, ist vermutlich durch die Phaseneinteilung bedingt. Halbjahresschritte dürften für deren Identifikation zu grob sein.

Alles in allem scheint es auch den kirchlichen Akteuren zu gelingen, sich mit ihren zentralen Frames in den Medien zu platzieren – allerdings mit geringerer Impulswirkung als bei den forschungsnahen Akteuren. Soweit die Einteilung der Zeitphasen darüber Aufschluss geben kann, geschieht dies zeitgleich. Lediglich der Gesinnungsethik-Frame weist stärkere Zeitverzögerungen auf. Hinsichtlich der Intensität schaffen es die Kirchen v. a. in den Kernphasen der Stammzelldebatte zwischen 2001 und der ersten Hälfte 2002, mediale Aufmerksamkeit für ihre Grundhaltung zu bekommen. Im Vergleich zu ihren strategischen Frames sind ihre medialen Frames in dieser Zeit stärker forschungskritisch ausgerichtet. Dies spricht dafür, dass sie in inhaltlicher Hinsicht insgesamt medial gut wahrnehmbar sind, und zwar insbesondere in den entscheidenden Phasen vor und während der Bundestagsentscheidung. Danach erlischt aber offensichtlich das Interesse der Medien an ihrer Sichtweise.

Im Vergleich mit den forschungsnahen Akteuren lässt sich für die kirchlichen Akteure nicht feststellen, dass sie es verschlafen hätten, sich rechtzeitig an der Debatte zu beteiligen. Ihr strategisches Framing ist im Gegenteil sogar noch etwas früher klar entwickelt. Dass sie sich dennoch weniger gut durchsetzen konnten, mag einerseits damit zusammenhängen, dass sie kein so einschneidendes Ereignis wie die DFG mit ihrer Kehrtwende inszeniert haben. Andererseits kann dies jedoch auch dadurch bedingt sein, dass das gesamte mediale Bild der Stammzelldebatte – wie gesehen – stärker den chancenorientierten Forschungs-Frame betont und im Vergleich dazu die ethischen Frames v. a. kurz vor der entscheidenden Bundestagsdebatte weniger Raum einnehmen. Welche Rolle außerdem die verwendeten Framing-Taktiken gespielt haben könnten, wird im Folgenden ausführlicher beleuchtet.

Zu Beginn der Debatte ist das strategische Framing der kirchlichen Akteure kurzzeitig von ›frame transformation‹ geprägt. Vom ersten auf das zweite Halbjahr 2000 wechselt der Hauptframe vom Sicherheitsphilosophie- zum Verantwortungsethik-Frame. Im weiteren Debattenverlauf findet dann – abgesehen von der Verschiebung zum Gesinnungsethik-Frame im zweiten Halbjahr 2002 – kein Wechsel mehr statt. Für den medialen Durchsetzungserfolg der Frames ist dies eher positiv zu beurteilen, da ein für die Journalisten klar erkennbarer, kontinuierlicher Schwerpunkt vorhanden ist. Dies ist umso stärker der Fall, als der Gesinnungsethik-Frame inhaltlich sehr eng mit dem Verantwortungsethik-Frame verknüpft ist und insofern der Frame-Wechsel real kein echter Wechsel ist. Während des gesamten Debattenzeitraums wenden die kirchlichen Akteure dauerhaft die Taktiken der ›frame amplification‹ sowie des ›frame extension‹ an. Letzteres zeigt sich in der intensiven Verwendung der Ethik-Frames. Beide knüpfen erkennbar an das kirchliche Framing in der Abtreibungsdebatte an und versuchen, die bereits damals vertretene Sichtweise, dass der Embryo ab dem Zeitpunkt der Verschmelzung von Ei- und Samenzelle ein vollwertiger Mensch ist, auch bei der Stammzellforschung zu etablieren. Da diese gleichzeitig eng mit dem gesellschaftlich zentralen Wert der Menschenwürde verknüpft ist, spiegelt sich darin zugleich auch die Taktik der ›frame amplification‹. Diese bleibt in ihrem Ausmaß im gesamten Debattenverlauf in etwa gleich; lediglich im zweiten Halbjahr 2001 ist sie noch einmal etwas stärker. Vermutlich versuchen die Kirchen in dieser Zeit, ihre Sichtweise noch einmal pointierter an die Medien heranzutragen, um sich eine gute Ausgangsposition für die Bundestagsentscheidung zu verschaffen. ›Frame bridging‹, d.h. die Ergänzung des eigenen Frame-Musters um weitere dazu passende Frames, findet aufseiten der kirchlichen Akteure überhaupt nicht statt. Zwar verwenden sie mit den beiden Ethik-Frames zwei inhaltlich gut zusammenpassende Frames. Deren Anwendung kann jedoch streng genommen nicht als ›frame bridging‹ bezeichnet werden, da sie inhaltlich viel zu eng beieinander liegen, als dass sie noch einmal eine weitere Sichtweise einbringen. In dieser Hinsicht kann zwar der ebenfalls verwendete Sicherheitsphilosophie-Frame als Ausdruck des ›frame bridgings‹ gelten. Da er allerdings auch fast während des gesamten Debattenverlaufs in den Pressemitteilungen präsent ist, ist davon auszugehen, dass er für ein wirkungsvolles ›frame bridging‹ eher ungeeignet ist.

Insgesamt fällt sehr deutlich auf, dass die kirchlichen Akteure in ihrem strategischen Framing wesentlich weniger flexibel sind als die forschungsnahen Akteure. Sie setzen sehr früh schon klar erkennbare Frame-Schwerpunkte, die auch im weiteren Verlauf gleich bleiben. Auch ihr gesamtes Frame-Muster bleibt permanent gleich, neue Frames kommen nicht hinzu. Dies spricht dafür, dass die Kirchen ihr Framing nicht in Abhängigkeit von bestimmten Ereignissen – beispielsweise der DFG-Empfehlung 2001 – verändern und an die Gegebenheiten anpassen, sondern eine feste ideologische Grundhaltung vertreten. Diese erlaubt es aufgrund ihres Alleingültigkeitsanspruchs nicht, auch forschungsbefürwortende Frames zu verwenden. Damit sind die kirchlichen gegenüber den forschungsnahen Akteuren strukturell im Nachteil. Dadurch dass sie ihr Framing nur über wenige Frames streuen und die gegnerische Sichtweise nicht zur Ausbalancierung ihrer forschungskritischen Frames nutzen können, sind sie möglicherweise zu unflexibel und haben dadurch u. U. eine geringere Überzeugungskraft. Auf die Medien bezogen gelingt es ihnen zwar, sich mit ihren Frames und ihren Framing-Taktiken entsprechend ihrer strategischen Zielsetzung Gehör zu verschaffen. Sie sind jedoch insbesondere hinsichtlich der Impulswirkung ihres Hauptframes nicht so erfolgreich wie die forschungsnahen Akteure und scheinen auch weniger auf das mediale Frame-Gesamtbild zu reagieren. Für die weitergehende Beeinflussung der Gesellschaft erscheint ihr Framing aufgrund seiner extremeren Ausrichtung weniger erfolgversprechend.

Das strategische Framing der medizinischen Akteure spiegelt sich vergleichsweise noch am schlechtesten in den analysierten Zeitungsartikeln (vgl. Tab. 30). Dies zeigt sich auch in den nach Zeitphasen getrennten Rangkorrelationen zwischen medialen und strategischen Frames ($\tau_{b\,2/2000} = -.276$, *n.s.*; $\tau_{b\,1/2001} = .566$, $p < .10$; $\tau_{b\,2/2001} = .492$, *n.s.*; $\tau_{b\,1/2002} = .506$, *n.s.*). Dennoch kann auch bei ihnen nicht von einem Misserfolg gesprochen werden. In den Pressemitteilungen konzentrieren sie sich – sofern angesichts der geringen Fallzahlen überhaupt valide beurteilbar – konsequent auf den forschungskritischen Verantwortungsethik-Frame. Ein Zusammenhang zwischen dem strategischen Frame-Muster und den

TABELLE 30

Strategische und mediale Frames der medizinischen Akteure im Zeitverlauf (in %)

	Frame-Quelle													
	Pressemitteilungen							Zeitungsartikel						
	Gesamt	1/2000	2/2000	1/2001	2/2001	1/2002	2/2002	Gesamt	1/2000	2/2000	1/2001	2/2001	1/2002	2/2002
Frame	(N=21)	(n=0)	(n=7)	(n=1)	(n=9)	(n=3)	(n=1)	(N=25)	(n=0)	(n=2)	(n=12)	(n=4)	(n=7)	(n=0)
Sicherheitsphilosophie	19	0	0	0	33	33	0	12	0	50	0	25	14	0
Pragmatische, chancenorientierte Forschung	0	0	0	0	0	0	0	24	0	0	25	25	29	0
Verantwortungsethik	57	0	71	100	33	67	100	36	0	0	42	50	29	0
Gesinnungsethik	19	0	29	0	22	0	0	16	0	0	25	0	14	0
Potenzial d. AS-Zellen-Forschung	5	0	0	0	11	0	0	0	0	0	0	0	0	0
Unentschlossenheit	0	0	0	0	0	0	0	4	0	50	0	0	0	0
Embryonen verbrauchende Forschung	0	0	0	0	0	0	0	4	0	0	0	0	14	0
Potenzial d. ES-Zellen-Forschung	0	0	0	0	0	0	0	4	0	0	8	0	0	0
Forschung an Prä-Embryonen	0	0	0	0	0	0	0	0	0	0	0	0	0	0
forschungsbefürwortend [a]	0	0	0	0	0	0	0	28	0	0	33	25	29	0
forschungskritisch [b]	81	0	100	100	67	67	100	56	0	0	67	50	57	0

Der jeweils dominierende Frame bzw. die dominierende Frame-Gruppe sind grau hinterlegt.

[a] Zu den forschungsbefürwortenden Frames zählen die Frames *Pragmatische, chancenorientierte Forschung, Potenzial der ES-Zellen-Forschung, Forschung an Prä-Embryonen.*

[b] Zu den forschungskritischen Frames zählen die Frames *Verantwortungsethik, Gesinnungsethik, Potenzial der AS-Zellen-Forschung, Embryonen verbrauchende Forschung.*

einzelnen Zeitphasen ist dabei vermutlich auch wegen der geringen Fallzahlen nicht erkennbar (*Cramers V* = .35, *n.s.*). Der Verantwortungsethik-Frame nimmt in den Phasen, in denen die medizinischen Akteure nennenswert medial in Erscheinung treten, auch den Schwerpunkt unter ihren Medienframes ein. Auch hier ist aber insgesamt kein Zusammenhang zwischen Frame-Muster und Zeitphasen vorhanden (*Cramers V* = .55, *n.s.*). Zumindest zu Debattenbeginn scheint beim dominierenden Verantwortungsethik-Frame ein zeitverzögerter Impulseffekt von den Pressemitteilungen auszugehen. Wie die Ergebnisse aus Kapitel 8.3.3 zum Einfluss der medizinischen Akteure auf die Berichterstattung nahelegen, ist dieser jedoch vermutlich eher gering. Im zweiten Halbjahr 2000 sind die Akteure verhältnismäßig aktiv in ihrem strategischen Framing. Dies spiegelt sich jedoch sowohl im Umfang als auch im Inhalt erst im folgenden Halbjahr in den Zeitungsartikeln wider.

In der Hochphase der Stammzelldebatte zwischen 2001 und der ersten Hälfte 2002 stimmen die Hauptschwerpunkte der strategischen und medialen Frames überein. 2002 beginnt das mediale Frame-Muster in seiner Pointiertheit jedoch bereits wieder zu verwischen, während bei den strategischen Frames nach wie vor die Betonung des Verantwortungsethik-Frames erkennbar ist. Ebenso wie bei den anderen beiden Akteursgruppen spiegeln die Medienframes verhältnismäßig gut die grundsätzliche Haltung der strategischen Frames zur embryonalen Stammzellforschung. Zwar finden sich medial auch einige Erwähnungen forschungsbefürwortender Frames, die in den Pressemitteilungen nicht existent sind. Grundsätzlich überwiegen diese jedoch in keiner Phase. Dennoch zeigt wiederum der Vergleich mit dem Gesamtmuster der medialen Akteursframes, dass das Durchsetzen ihrer spezifischen Frames den medizinischen Akteuren verhältnismäßig wenig nützt. In ihrer Pointiertheit werden sie ebenso wie die sehr ähnlichen Frame-Muster der kirchlichen Akteure vom Gesamtbild geschluckt. Wie bereits erwähnt besteht insgesamt jedoch eine gewisse Ausgewogenheit zwischen forschungsbefürwortenden und -kritischen Frames, die die Framing-Bemühungen der medizinischen Akteure nicht grundsätzlich vergeblich erscheinen lässt. Die verhältnismäßig hohe Aufmerksamkeit für die beiden Ethik-Frames zusammen macht klar, dass diese im Gesamtbild nicht hoffnungslos untergehen, sondern durchaus gesellschaftliches Wahrnehmungspotenzial besitzen.

Im Folgenden soll auch für die medizinischen Akteure ein genauerer Blick auf die von ihnen verwendeten Framing-Taktiken klären, inwieweit diese den Einfluss der Akteure auf die Medien erklären können. Wie bereits bei den forschungsnahen und den kirchlichen Akteuren ist das Ausmaß an ›frame transformation‹ sehr gering. Abgesehen vom Sicherheitsphilosophie-Frame, der in der zweiten Jahreshälfte 2001 das gleiche Gewicht unter den strategischen Frames hat wie der Verantwortungsethik-Frame, ändert sich der Hauptframe in den Pressemitteilungen nicht. Verhältnismäßig früh, nämlich bereits im zweiten Halbjahr 2000, ist die strategische Ausrichtung der medizinischen Akteure in der Stammzelldebatte klar. Erkennbar an der starken Verwendung der beiden Ethik-Frames, greifen sie dabei ebenso wie die Kirchen sehr intensiv auf den grundlegenden gesellschaftlichen Wert der Menschenwürde zurück. Grundsätzlich verwenden sie damit die ›Frame-amplification‹-Taktik, setzen diese jedoch im Zeitverlauf nicht gezielter strategisch ein. Dies zeigt sich darin, dass der Anteil der wertbezogenen Frames in den einzelnen Phasen nahezu gleich bleibt. In der Zeit zwischen der DFG-Empfehlung und der Bundestagsentscheidung wird das strategische Framing der medizinischen Akteure etwas dynamischer. In der zweiten Jahreshälfte 2001 versuchen sie über ›frame bridging‹, ihren forschungskritischen Fokus auszuweiten. Zu den beiden Ehik-Frames kommen der Sicherheitsphilosophie-Frame sowie der Frame zum Potenzial von AS-Zellen hinzu. Möglicherweise handelt es sich dabei sowohl um eine zeitverzögerte Reaktion auf die Empfehlung der DFG als auch die Antizipation der bevorstehenden Bundestagsabstimmung und in diesem Kontext um den Versuch, eine möglichst breite Zielgruppe anzusprechen. Dies spiegelt sich jedoch nur teilweise im Medienbild. Auch dort nimmt die Frame-Vielfalt zu, im Gegensatz zu den strategischen Frames sind darunter jedoch auch in relativ hohem Ausmaß forschungsbefürwortende Frames. Auch in der ersten Jahreshälfte 2002 ist noch ein leichtes ›frame bridging‹ bei den strategischen Frames erkennbar. Im Vergleich zur vorangegangenen Phase erfolgt hier jedoch schon wieder eine inhaltliche Einschränkung und die Fokussierung auf den Verantwortungsethik- und den Sicherheitsphilosophie-Frame. Die Medienframes der medizinischen Akteure sind demgegenüber rund um die Bundestagsentscheidung deutlich vielfältiger. Möglicherweise spiegelt sich darin teilweise das strategische ›frame bridging‹ der vorherigen Phase. Dass anstelle des strategisch eingebrachten AS-Zellen-Frames allerdings medial der Embryonenverbrauch-Frame auftaucht, macht klar, dass das ›frame bridging‹ bezogen auf die konkreten Frames keinen umfassenden Erfolg hat. Identisch ist lediglich wiederum die forschungskritische Grundausrichtung der Frames. Angesichts der dominierenden Ethik-Frames kann wie bei den kirchlichen Akteuren von der grundlegenden Anwendung der ›Frame-extension‹-Taktik gesprochen werden: Die Menschenwürde von Embryonen ist von der Stammzellforschung ebenso bedroht wie von der Abtreibung.

Alles in allem gelingt es den medizinischen Akteuren ebenso wie allen anderen auch, ihre Kernframes zeitnah in den Medien zu platzieren. Sie sind jedoch ebenso wie die Kirchen weniger gut in der Lage, damit echte Impulse für die Berichterstattung zu setzen. Im Vergleich zu den kirchlichen Akteuren ist bei ihnen eine etwas stärkere taktische Dynamik erkennbar. Diese schlägt sich aber nur begrenzt in ihrem medialen Frame-Muster nieder. Dennoch scheint die insgesamt geringe taktische Dynamik für den Medieneinfluss nicht generell nachteilig zu sein. Es ist allerdings zu vermuten, dass die gesellschaftliche Überzeugungskraft der medizinischen Akteure weniger stark ist als beispielsweise die der forschungsnahen Akteure und ihrer Frames.

8.3.5 *Diskussion des strategischen Framings*

Die vorangegangenen Unterkapitel zeigen, dass sich das strategische Framing von verschiedenen Seiten beleuchten lässt. Die einzelnen Ergebnisse sollen im Folgenden zu einem Gesamtbild zusammengesetzt werden, das zusammenfassend über den Prozess des strategischen Framings und die Faktoren seines Erfolges Aufschluss gibt. Wichtige Beurteilungskriterien sind dabei die im Theorieteil beschriebenen bisherigen Erkenntnisse zum strategischen Framing und zu seinen Rahmenbedingungen.

Zunächst bestätigt die Analyse, dass Akteure, die sich strategisch an medial vermittelten gesellschaftlichen Debatten beteiligen, verschiedene Interessen haben und entsprechend auch unterschiedliche Schwerpunkt-Frames und Frame-Muster aufweisen. Letztere können in ihrer inhaltlichen Breite und auch ihrer generellen Richtung differieren. Wie die Diskussion der zeitbasierten Auswertung weiter unten zeigen wird, wirkt sich dies auch auf den Framing-Erfolg der Akteure aus. Obwohl sie im Debattenverlauf verschiedene Frames verwenden, besitzen die Akteure überwiegend einen klaren Hauptframe. Offensichtlich ist es strategisch sinnvoller, sich mit einem klar erkennbaren Profil zu präsentieren. Vermutlich erleichtert dies den Journalisten die Zuordnung des jeweiligen

Akteurs zu einem der Kernstandpunkte in der Debatte und begünstigt damit seine Selektion. Insofern kann die Fokussierung als ein Zeichen von professioneller PR-Arbeit gesehen werden, die bisherigen Erkenntnissen zufolge ein wesentlicher Faktor für den Erfolg medialer Beeinflussungsversuche ist (z. B. ANDERSON 1993; BENTELE/NOTHHAFT 2004; CURTIN/RHODENBAUGH 2001). Wie zu erwarten war, entsprechen die Frames in ihrer inhaltlichen Ausrichtung dem gesellschaftlichen Profil der strategischen Akteure. Auffällig ist, dass keiner der Akteure seine Pressemitteilungen mit verschiedenen Frames überlädt. Vielmehr beschränken sie sich i. d. R. auf einen Frame pro Pressemitteilung. Dies unterstreicht den Versuch, die eigene Botschaft möglichst klar zu vermitteln, um nicht von vornherein wegen zu hoher Komplexität an der medialen Selektionshürde zu scheitern. Auch darin lässt sich das grundsätzliche Bemühen der strategischen Akteure um eine professionelle PR-Arbeit erkennen. Teilweise ergänzen sie ihr Framing zudem um Bezüge auf die Frames anderer Akteure. Inwieweit dahinter ebenfalls strategisches Kalkül steht, muss an dieser Stelle offen bleiben.

Der generelle Vergleich zwischen strategischen und medialen Akteursframes verdeutlicht, dass der Erfolg des Framings nicht allein daran gemessen werden kann, dass die strategischen Akteure mit ihren Frames die Selektionsbarriere der Medien überwinden. Abgesehen von der Universität Bonn und der Bundesärztekammer gelingt es nämlich allen untersuchten Akteuren verhältnismäßig gut, mit ihren strategischen Frames und Frame-Mustern in den Medien präsent zu sein. Dass das spezifische Ressort dabei eine untergeordnete Rolle spielt, macht klar, dass es für die beteiligten Akteure weniger von Bedeutung ist, das für die gesellschaftliche Wahrnehmung besonders relevante politische Ressort für sich zu ›erobern‹. Es kann vielmehr davon ausgegangen werden, dass sie dort automatisch mit ihren Frames in Erscheinung treten, sobald die diskutierte Thematik politisch relevant wird. Diese Erkenntnis widerspricht bisherigen Ergebnissen, dass eher die mediale Platzierung einzelner Aspekte als das Framing beeinflussbar ist (vgl. CRACKNELL 1993). Generell ist festzustellen, dass die Medien zwar bei den einzelnen Akteuren die Gewichtung der Frames zueinander verändern, aber deren kritische oder positive Grundhaltung und meist auch den dominierenden Frame grundsätzlich beibehalten. Dies bestätigt die Erkenntnisse der PR-Forschung, dass Journalisten durchaus inhaltliche Veränderungen an PR-Inhalten vornehmen (BENTELE/NOTHHAFT 2004). Zugleich verdeutlicht es jedoch, dass dabei die Kernaussage i.d.R. nicht komplett umgekehrt wird. Dies unterstreicht, dass die oftmals übliche Vorgehensweise, den PR-Erfolg anhand sehr enger Kriterien wie wörtlicher Übernahmen von PR-Inhalten zu beurteilen, wenig sinnvoll ist.

Mit Blick auf die Beeinflussung der Gesellschaft nützt es den Akteuren allerdings wenig, wenn sie sich mit ihren Frames bzw. ihrem größeren Frame-Muster perfekt in den Medien platzieren können, das mediale Gesamtbild aber völlig andere Frame-Schwerpunkte aufweist. Relevant ist vielmehr, ob das gesamte mediale Frame-Muster bzw. die medialen Schwerpunkt-Frames mit denen eines Akteurs übereinstimmen. Dies würde darauf hindeuten, dass es dieser Akteur geschafft hat, die Journalisten in seiner generellen Frame-Selektion zu beeinflussen. Äquivalenzen zwischen strategischen und medialen Frame-Mustern der einzelnen Akteure sagen demnach verhältnismäßig wenig darüber aus, wie erfolgreich das strategische Framing in umfassenderer Hinsicht ist. Allein aufgrund der Ausgewogenheitsnorm ist zu erwarten, dass die Journalisten Akteure mit verschiedenen Ansichten zu Wort kommen lassen. Von Vorteil für die strategischen Akteure scheint in jedem Fall zu sein, wenn Experten für das Themengebiet und Politiker die gleichen Frames propagieren wie sie selbst. Wie die Ergebnisse zum Medienbild der Stammzelldebatte zeigen, nehmen diese Akteure verhältnismäßig viel Raum in der medialen Diskussion ein. Zusammen mit der Tatsache, dass von den strategischen Akteuren mit der DFG und der katholischen Kirche die Akteure medial am stärksten präsent sind, die gesellschaftlich gut etabliert sind und als thematische Experten für die Bandbreite der verschiedenen Sichtweisen in der Stammzelldebatte gelten können, bestätigt dies im Kern bisherige Erkenntnisse zu akteursbezogenen journalistischen Selektionskriterien (vgl. z.B. SCHENK/ŠONJE 1998).

Das wohl wichtigste Ergebnis der hier durchgeführten Analysen besteht darin, die zentrale Bedeutung von Prozessanalysen für die Beurteilung des strategischen Framings herauszustellen. Sämtliche Phasenaufschlüsselungen zeigen, dass der Framing-Erfolg der strategischen Akteure im Zeitverlauf unterschiedlich ist und dabei offenbar von verschiedenen Faktoren abhängt. Die reine Quantität des Framings scheint dabei eine geringere Rolle zu spielen als die Qualität. Zwar sind die meisten der an der Stammzelldebatte beteiligten Akteure wie erwartet in der politischen Entscheidungsphase besonders aktiv. Dies wirkt sich aber inhaltlich zumindest nicht dahingehend auf ihren Framing-Erfolg aus, dass sie sich auf einmal medial stärker mit ihren Frames durchsetzen würden. Dennoch ist anzunehmen, dass das Ausmaß des strategischen Framings eine gewisse Bedeutung für dessen Erfolg hat. Wie auch das Beispiel der Bundesärztekammer zeigt, ist vermutlich ein Mindestmaß erforderlich, um überhaupt von den Medien wahrgenommen und mit einer klaren Linie dargestellt zu werden (vgl. BENTELE/NOTHHAFT 2004). Dabei dürfte dieses Mindestmaß umso höher liegen, je unbekannter der jeweilige Akteur ist und je weniger er in der journalistischen Wahrnehmung für eine Stellungnahme zu dem Thema prädestiniert ist. Dafür dass nicht primär die Quantität für den Erfolg des strategischen Framings von Bedeutung ist, spricht auch die Tatsache, dass zwar die beiden Kirchen die Akteure mit den stärksten Framing-Aktivitäten sind, sie sich aber insgesamt medial nicht am stärksten durchsetzen können. Grundsätzlich schaffen sie es zwar, mit ihren forschungskritischen strategischen Frame-Mustern sowohl insgesamt als auch in den einzelnen Zeitphasen in den Medien präsent zu sein. Gegenüber den Forschungsbefürwortern verlieren sie jedoch im medialen Gesamtbild an Boden. Dort dominieren nämlich nicht die kirchlichen Ethik-Frames, sondern die auf die Möglichkeiten der embryonalen Stammzellforschung fokussierenden Frames. Allerdings ist das generelle Verhältnis von forschungskritischen zu -befürwortenden Frames verhältnismäßig ausgewogen. Dies spricht dafür, dass sich die Journalisten bei ihrer Frame-Selektion grundsätzlich bemühen, ein umfassendes Bild zu vermitteln und verschiedene Sichtweisen zu Wort kommen zu lassen. Im Zeitverlauf besteht aber ein Übergewicht teilweise der einen und teilweise der anderen Seite. Die forschungsbefürwortenden Frames dominieren medial stärker im unmittelbaren Vorfeld der politischen Entscheidung. Dass in der gleichen Zeit in den Pressemitteilungen die kritischen Frames überwiegen, unterstreicht erneut, dass die Quantität des strategischen Framings nicht dessen entscheidender Erfolgsfaktor ist.

In dem Zuge, wie die Quantität des strategischen Framings nur begrenzten Einfluss auf dessen Erfolg zu haben scheint, gerät dessen Qualität stärker ins Blickfeld. Diese bezieht sich im Wesentlichen auf taktische Aspekte und damit einerseits auf den konkreten Zeitpunkt des Framings und andererseits auf inhaltliche Gesichtspunkte. Die kirchlichen Akteure und der Marburger Bund sind als Einzige schon verhältnismäßig früh in der Stammzelldebatte aktiv. Dennoch schaffen sie es nicht, dauerhaft einen ihrer Sichtweise entsprechenden Frame als allgemeinen Berichterstattungsschwerpunkt zu etablieren. Dies mag einerseits dadurch bedingt sein, dass sie anfangs noch kein eindeutiges Framing zeigen, sondern zwischen unterschiedlichen Frames hin und her wechseln. Andererseits deuten verschiedene Punkte auf taktische Versäumnisse hin, die im Endeffekt die mediale Niederlage der forschungskritischen Akteure bewirken.

Generell weisen alle analysierten Akteursgruppen einen im Zeitverlauf weitgehend gleichbleibenden strategischen Hauptframe auf. Dies spricht dafür, dass sie ihren Erfolg nicht in permanenten Frame-Wechseln sehen, sondern in einem konstanten, klar erkennbaren Framing. Dass dies eine sinnvolle Strategie ist, zeigt der Vergleich mit den medialen Frames: Ihr jeweiliger medialer Hauptframe entspricht überwiegend dem strategischen Hauptframe. Allerdings sind die forschungsnahen Akteure dabei sowohl im Umfang des Frames als auch in seinem zeitlichen Verlauf etwas besser repräsentiert. Insbesondere in der politischen Entscheidungsphase wird ihr die Potenziale und Chancen der Stammzellforschung betonender Hauptframe medial sowohl hinsichtlich ihres eigenen spezifischen Frame-Musters als auch hinsichtlich des gesamten Frame-Musters stärker selektiert. Demgegenüber kann sich der ethisch-kritische Hauptframe der Kirchen zwar in deren spezifischem, nicht aber im gesamten medialen Frame-Muster vergleichbar gut durchsetzen. Obwohl die Kirchen die ethischen Aspekte v. a. vor der Bundestagsentscheidung in ihren Pressemitteilungen noch einmal deutlich betonen und sich dies auch in ihren Medienframes widerspiegelt, verlieren sie medial insgesamt an Boden. Ähnliches gilt auch für die Frames der medizinischen Akteure. Welche Gründe dazu geführt haben könnten, soll im Folgenden diskutiert werden.

Ein genauerer Blick auf die zeitliche Entwicklung der strategischen und medialen Frames zeigt, dass die generelle mediale Dominanz des chancenorientierten Forschungs-Frames in der ersten Jahreshälfte 2001 einsetzt, in der Zeit also, in der die DFG ihre Empfehlung zur Forschung mit embryonalen Stammzellen veröffentlicht. Diese Empfehlung scheint hier als Schlüsselereignis zu wirken, das den Bezugsrahmen für die weitere Berichterstattung setzt und den Forschungs-Frame als zentralen Referenzframe etabliert (vgl. BERENS 2001; BROSIUS/EPS 1993; CHRISTISON 1997). Anders als die Literatur vermuten lässt (vgl. NISBET/HUGE 2006; WESSLER 1999), ist es damit offensichtlich nicht zwingend notwendig bzw. möglich, möglichst früh zu versuchen, einen solchen Referenzframe zu schaffen. Das strategische Framing der Kirchen setzt deutlich früher ein als das der Forschungsakteure, ist aber nicht in der

Lage, medial eine dauerhaft dominierende kritische Sichtweise auf die Stammzellforschung durchzusetzen. Insgesamt verdeutlicht dies, dass Frame-Wechsel auch im Verlauf einer Debatte noch möglich sind. Neben einem klar erkennbaren strategischen Hauptframe scheinen hier einerseits geschickt genutzte Ereignisse und andererseits das gesamte Frame-Muster eine Rolle zu spielen. Wenn sich erst einmal ein Referenzframe herausgebildet hat, ist es aber offenbar tatsächlich schwieriger, dessen mediale Dominanz durch einen anderen Frame zu verdrängen.

Insgesamt vermitteln die Ergebnisse einen deutlich aktiveren und flexibleren Eindruck vom strategischen Framing der forschungsnahen als der kirchlichen und medizinischen Akteure. Mit der DFG-Empfehlung für die maßvolle embryonale Stammzellforschung setzen die forschungsnahen Akteure den zentralen Akzent, während die anderen lediglich darauf reagieren. So weit die – durch die geringen Fallzahlen bedingt – relativ grob eingeteilten Zeitphasen und die zeitversetzten Korrelationen eine Aussage darüber ermöglichen, geben die forschungsnahen Akteure mit ihrem strategischen Framing den Impuls dafür, dass die Medien den chancenorientierten Forschungs-Frame stärker betonen. Statistisch lässt sich dies nur für die Frames der forschungsnahen Akteure selbst nachweisen, es ist jedoch plausibel, dass es auch für das mediale Gesamtbild gilt. Die übrigen Akteure scheinen lediglich passiv auf die Ereignislage zu reagieren, ohne selbst eigene Akzente zu setzen. Dabei verfolgen sie offenbar die Strategie, ihre einmal festgelegten Frames fortwährend kontrapunktisch zu wiederholen und keine weiteren Frames in ihr Repertoire aufzunehmen. Auch wenn die genauere statistische Analyse dies aufgrund der geringen Fallzahlen nicht klar belegen kann, schreiben sie damit letztlich eher ihr eigenes Framing fort, als auf das Framing der anderen Akteure mit entsprechenden Anpassungen zu reagieren. Reaktionen erfolgen nur insofern, als sie auf konträre Frames mit ihrer eigenen Sichtweise kontern. Obwohl sich dies erneut nicht eindeutig statistisch belegen lässt, scheinen die strategischen Frames der forschungskritischen Akteure eher sich selbst als die generellen Medienframes widerzuspiegeln. Demgegenüber zeigen die Framing-Taktiken der forschungsnahen Akteure, dass diese deutlich flexibler auf das generelle mediale Frame-Muster reagieren. Sie beharren zwar grundsätzlich weiterhin auf ihrem Hauptframe, ergänzen diesen jedoch geschickt um weitere forschungsbefürwortende Frames und integrieren in Reaktion auf das Framing der Kritiker maßvoll auch deren Frames in ihr strategisches

Frame-Muster. Damit schreiben sie zwar hauptsächlich ebenfalls ihr eigenes Framing fort, zeigen jedoch auch Anpassungen an das Framing anderer Akteure. Besonders deutlich geschieht dies im Zeitraum zwischen der DFG-Empfehlung und der Bundestagsentscheidung, in dessen Verlauf die politische Entscheidung vorbereitet wird.

Der Vergleich mit der Medienberichterstattung verdeutlicht, dass dieses Verhalten Erfolg hat, und bestätigt damit die theoretischen Annahmen, dass der geschickte Einsatz verschiedener Framing-Taktiken die Durchsetzungskraft erhöht (vgl. BENFORD/SNOW 2000; NOAKES/JOHNSTON 2005). Dass sich die einzelnen Akteure im Wesentlichen der gleichen Taktiken bedienen, macht jedoch auch klar, dass es auf deren genaue Mischung ankommt. Hier scheint v. a. in den Phasen hoher Medienaufmerksamkeit ein maßvolles ›frame bridging‹ in Kombination mit den anderen Taktiken am effektivsten zu sein, da es den Medien vielfältige Anknüpfungsmöglichkeiten bietet und ihrer Tendenz entgegenkommt, verschiedene Sichtweisen darzustellen. Vermutlich trägt es außerdem dazu bei, die Überzeugungskraft des Framings zu erhöhen. Obwohl sie die verschiedenen Framing-Taktiken ähnlich wie die forschungsnahen Akteuren miteinander kombinieren, haben die medizinischen Akteure allerdings weniger Erfolg mit ihrem strategischen Framing. Dies zeigt erneut, dass auch die Akteure selbst eine Rolle spielen. Anders als die forschungsnahen Akteure und die Kirchen sind die Bundesärztekammer und der Marburger Bund nicht unbedingt für das Thema Stammzellforschung prädestiniert und haben daher offensichtlich geringere Chancen, sich mit ihren Sichtweisen medial durchzusetzen.

Zumindest bei den forschungsnahen Akteuren zeigt sich aber auch, dass deren Hauptframe in den Tageszeitungen eher durch die vorhergehende Berichterstattung als durch die Pressemitteilungen erklärt werden kann. Obwohl dieses Ergebnis angesichts der geringen Fallzahlen der zugrunde liegenden Analyse mit Vorsicht betrachtet werden muss, lässt sich daraus schlussfolgern, dass die Akteure ihren strategischen Hauptframe vermutlich nicht beliebig wechseln können. Sind sie einmal medial mit einem bestimmten Frame verbunden, schränkt dies ihre Handlungsmöglichkeiten ein, weil die Medien sich auch im weiteren Verlauf stark auf diese Verknüpfung beziehen. Insofern scheint es nicht nur einen allgemeinen medialen Referenzframe zu geben, sondern auch akteursspezifische Referenzframes. Die Analyse gibt darüber hinaus Hinweise darauf, dass die Pressemitteilungen trotz der Fortschreibung des eigenen strategischen Framings tendenziell stärker auf die Berichterstattung der Tageszeitungen reagieren als auf sich selbst. Ob dieses Übergewicht der Medienberichterstattung gegenüber den eigenen strategischen Frames angesichts der geringen Fallbasis verallgemeinert werden kann, ist fraglich. Grundsätzlich verdeutlicht es aber, dass nicht nur vorherige Pressemitteilungen für das weitere strategische Framing eine Rolle spielen, sondern auch die aktuelle Medienberichterstattung. Ingesamt sprechen die Ergebnisse dafür, dass die strategischen Akteure ihr Framing flexibel an die Medieninhalte anpassen, gleichzeitig aber ihre eigene strategische Grundlinie berücksichtigen. In zeitlicher Hinsicht sind kaum Verzögerungen zwischen strategischem und medialem Framing bzw. umgekehrt erkennbar. Beide reagieren überwiegend innerhalb von drei bis sechs Monaten aufeinander. Dies stimmt mit den Ergebnissen anderer Studien überein (z.B. OTTO 2001; ROGERS et al. 1991). Detailliertere Aussagen lassen die relativ groben Phaseneinteilungen nicht zu. Auf der Basis der Erkenntnisse der PR-Forschung ist jedoch alles in allem zu vermuten, dass die gegenseitigen Reaktionen eher kurzfristig erfolgen und eine verhältnismäßig hohe Dynamik aufweisen.

Erstaunlich ist, dass sich die Kirchen mit ihrem Verantwortungsethik-Frame nur begrenzt durchsetzen können, obwohl dieser tief in christlichen Wertvorstellungen verwurzelt ist. Offenbar ist die kulturelle Resonanz eines Frames nur ein Faktor, der allein nicht ausreicht, um den Frame als medialen Hauptframe zu etablieren. Vermutlich ist dies auch dadurch bedingt, dass – wie in Kapitel 8.1.4 bereits diskutiert – auch der chancenorientierte Forschungs-Frame auf seine Weise auf kulturell verankerte Werte abhebt. Dies macht erneut klar, dass für den Erfolg des strategischen Framings andere Faktoren an Bedeutung gewinnen, weil die grundlegenden inhaltlichen Gestaltungsmuster gleichermaßen auch von den anderen Akteuren berücksichtigt werden. Wie das Beispiel der DFG-Empfehlung zeigt, sind dabei offensichtlich geschickte und überraschende Ereignisinszenierungen ein zentraler Aspekt. Die zeitbasierten Analysen verdeutlichen, dass sich diese Inszenierungen schnell in der Berichterstattung niederschlagen und zudem den Vorteil haben, einen neuen Diskussionsrahmen zu schaffen. Damit geraten die verursachenden Akteure in die aktive Handlungsposition, während die anderen reagieren müssen.

Insgesamt lässt sich feststellen, dass es für die an der Debatte beteiligten Akteure weniger schwierig ist, ihre Sichtweise grundsätzlich in den Medien zu platzieren, als diese vielmehr zum allgemeinen medialen Schwerpunkt zu machen. Zwar muss berücksichtigt werden, dass weniger etablierte Akteure als die hier analysierten vermutlich bereits mit dem ersten Aspekt Probleme hätten. Wenn ein Akteur jedoch grundsätzlich als Ansprechpartner für eine Thematik prädestiniert ist und diesbezüglich auch Pressearbeit betreibt, kann er davon ausgehen, dass seine Frames von den Medien angemessen wiedergegeben werden, und zwar unabhängig vom konkreten Zeitpunkt in der Debatte. Dies ist einerseits beruhigend für die strategischen Akteure. Andererseits macht es jedoch auch klar, dass es ab einem gewissen Status nicht so sehr darauf ankommt, überhaupt und dann auch noch mit den richtigen Frames medial präsent zu sein, sondern vielmehr die eigenen Frames als dominierendes Gesamtmuster durchzusetzen. Dafür scheint eine Mischung verschiedener Faktoren verantwortlich zu sein. Neben grundlegenden Aspekten wie einer professionellen PR-Arbeit, thematischer Zentralität bzw. Expertise und der Ansprache gesellschaftlicher Werte handelt es sich dabei um die Unterstützung durch andere, medial einflussreiche Akteure, überraschende Ereignisinszenierungen sowie die Verwendung eines in ein breites und flexibles Frame-Muster eingebetteten, inhaltlich nicht zu radikalen Hauptframes. Verbunden mit verhältnismäßig frühzeitiger Aktivität sorgt dies dafür, dass die Akteure die Rahmenbedingungen setzen können, auf welche die anderen dann reagieren müssen. Wie das Beispiel der Kirchen zeigt, reicht die frühzeitige Aktivität allein nicht aus. Sie treten zwar grundsätzlich eher auf den Plan als die forschungsnahen Akteure, gehen dabei jedoch zu passiv vor. Dadurch dass sie nur ihre wenig überraschende forschungskritische Sichtweise kundtun und keine einschneidenden Ereignisse inszenieren, versäumen sie es, klare Fakten zu schaffen, an denen sich die anderen dann orientieren müssten. Hinzu kommt, dass sie in ihrem Framing zu wenig flexibel agieren. Vermutlich ist dies auch dadurch bedingt, dass ihnen die Wahl ihres extremen Hauptframes die Möglichkeit nimmt, ebenso wie die forschungsnahen Akteure weitere, ihrer eigentlichen Sichtweise widersprechende Frames in ihr Frame-Muster zu integrieren. Sie würden dadurch ihre inhaltliche Glaubwürdigkeit riskieren. Dieses grundsätzliche Problem führt dazu, dass sie in ihren Handlungsmöglichkeiten eingeschränkt sind und ihnen letztlich nichts anderes übrig bleibt, als lediglich auf die Schaffung von Fakten durch die forschungsnahen Akteure zu reagieren.

9. FAZIT

In diesem letzten Kapitel geht es darum, einen abschließenden Überblick über den Gegenstand der Arbeit zu geben. Zunächst wird dazu noch einmal eine ganz kurze Zusammenfassung des theoretischen Hintergrundes und der wichtigsten Ergebnisse gegeben (Kap. 9.1). In den zwei folgenden Unterkapiteln werden dann zentrale theoretische und methodische Aspekte (Kap. 9.2) sowie deren Implikationen für weitere Forschung (Kap. 9.3) diskutiert.

9.1 Allgemeine Zusammenfassung

Die vorliegende Arbeit hatte sich zum Ziel gesetzt, den Prozess des strategischen Framings aus kommunikationswissenschaftlicher Perspektive genauer zu beleuchten. In theoretischer Hinsicht war es dazu einerseits notwendig, die bestehende kommunikationswissenschaftliche Framing-Literatur mit der soziologischen, auf die Forschung zu sozialen Bewegungen (SMO) fokussierten Literatur zu verbinden. Letztere liefert zahlreiche theoretische und empirische Erkenntnisse zum strategischen Framing, wurde jedoch bislang in der kommunikationswissenschaftlichen Framing-Forschung nicht umfassend berücksichtigt (vgl. MATTHES 2007b). Andererseits war es erforderlich, den kommunikationswissenschaftlichen Framing-Ansatz umfassender in die kommunikationswissenschaftliche Literatur – und hier insbesondere die PR-Forschung – einzubetten, um genaueren Aufschluss über die das strategische Framing begleitenden Prozesse und Rahmenfaktoren zu erhalten. Gemeinsam tragen die genannten Forschungstraditionen und -richtungen zu einem vertieften Verständnis des strategischen Framings bei: Die kommunikationswissenschaftliche Framing-Forschung besitzt durch die konsequentere Einbeziehung des Dreiecksverhältnisses zwischen Politik, Medien und Öffentlichkeit seit jeher eine umfassendere Perspektive auf das strategische Framing. Dabei kommen ihr langjährige Forschungstraditionen u.a. in der politischen Kommunikation zugute. Darüber hinaus ist sie insbesondere in den letzten Jahren durch große methodische Fortschritte gekennzeichnet, welche die methodisch sehr einseitige SMO-Forschung ergänzen. Diese wiederum eröffnet gemeinsam mit der PR-Literatur den Horizont für das Framing gesellschaftlicher Akteure, das bisher in der kommunikationswissenschaftlichen Framing-Literatur vernachlässigt wurde. Die SMO-Literatur liefert dabei v. a. Aufschluss über soziale Prozesse und inhaltliche Ausgestaltungstechniken einer gezielten Einflussnahme und ergänzt damit die oftmals eher auf strukturelle Aspekte beschränkte kommunikationswissenschaftliche PR-Literatur.

Um die verschiedenen Forschungsrichtungen und ihre Erkenntnisse sinnvoll zu integrieren, wurde im theoretischen Teil zunächst ein Beziehungsmodell entwickelt, das Medien, Politik, Öffentlichkeit und gesellschaftliche Interessengruppen als über den Diskurs vielfältig miteinander verknüpfte Arenenbereiche konzeptioniert. Dabei wurde die zentrale Rolle der Medien als der die anderen Arenen verknüpfende Arenenbereich herausgearbeitet, der daher auch Hauptziel von gezielten Beeinflussungsversuchen durch verschiedene Akteure ist. Auf der Basis dieses Modells wurden Erkenntnisse geschildert, welche die Existenz wechselseitiger Einflussströme zwischen gesellschaftlichen Akteuren und Medien belegen. Anschließend richtete sich der Blick auf theoretische Modelle der PR-Forschung, die diese Einflussströme zu beschreiben versuchen. Dabei wurde das Intereffikationsmodell (BENTELE et al. 1997) als sinnvoller theoretischer Rahmen für die beschriebenen inhaltlichen Wechselwirkungen identifiziert. Im folgenden Kapitel über die Thematisierungs- und Framing-Leistung der Medien wurde die zentrale Vermittlungsposition der Medien inhaltlich weiter ausgeführt. Der Schwerpunkt lag dabei auf dem medialen Framing, seinen Mechanismen und Rahmenbedingungen sowie seiner zeitlichen Entwicklung. Dabei wurde deutlich, dass Framing nur aus Prozessperspektive angemessen dargestellt werden kann und daher auch prozessbezogen analysiert werden muss. Analysevorbereitend wurde eine Frame-Definition gegeben, die sich an die klassische und in der empirischen Forschung vielfach verwendete Definition von Entman (1993) anlehnt (vgl. MATTHES 2007b). Ein Frame besteht demnach aus den vier zentralen Elementen Problemdefinition, Ursachenidentifikation, Bewertung und Lösungsvorschlag. Anschließend lag das strategische Framing als gezielter Einflussnahmeversuch gesellschaftlicher Akteure auf die Medien im Fokus der Darstellung. Dabei wurden sowohl die Erkenntnisse der PR-Forschung als auch die der SMO-Forschung mit den zuvor geschilderten Erkenntnissen zum medialen Framing zu einem Gesamtbild verknüpft. Zentral war dabei die Feststellung, dass Framing akteursspezifisch erfolgt und deshalb auf Akteursebene untersucht werden muss. Die den Theorieteil abschließende Darstellung des Untersuchungsgegenstandes schuf den inhaltlichen Verständnishintergrund für die empirische Analyse. Auf der Basis der theoretischen Erkenntnisse wurde dafür die klassische Input-Output-Analyse der PR-Forschung mit einer induktiven, manuell-dimensionsreduzierenden Frame-Analyse kombiniert. Bei Letzterer werden die Frame-Elemente einzeln erhoben und im Nachhinein datenanalytisch zu Frames zusammengesetzt. Dieses Vorgehen hat neben einer höheren Reliabilität den Vorteil, dass sich auch zeitliche Frame-Veränderungen identifizieren lassen. Dies war als eine Grundanforderung an die Analyse identifiziert worden. Die zweite Grundanforderung, die Berücksichtigung der Akteursspezifität von Frames, wurde durch die akteursgebundene Erfassung und datenanalytische Zusammensetzung der Frame-Elemente erfüllt.

Das Ziel der empirischen Analyse bestand darin, am Beispiel der Debatte über die embryonale Stammzellforschung genauere Erkenntnisse über den strategischen Einflussnahmeprozess gesellschaftlicher Akteure auf das mediale Framing und über die Wechselwirkungen zwischen strategischem und medialem Framing zu gewinnen. Die unmittelbar aus der Analyse gewonnenen Erkenntnisse dazu lassen sich wie folgt zusammenfassen: Wie erwartet tauchen in der medialen Stammzelldebatte verschiedene Akteure auf, die ihren spezifischen Interessen entsprechende Inhalts-Frames einbringen. Diese Frames lassen sich in der Mehrzahl einer forschungsbefürwortenden oder -kritischen Sichtweise zuordnen und sind sich teilweise sehr ähnlich. Im Verlauf der Debatte verändern sich die medialen Frame-Anteile, jedoch weniger stark, als bei einer so wertgeladenen Thematik zu vermuten gewesen wäre. Der dominierende Frame bleibt nach einer anfänglichen Verschiebung für den Rest der Debatte gleich. Das mediale Frame-Muster sowie die Veränderungen im medialen

Framing sind dabei offensichtlich mit durch das strategische Framing der untersuchten Akteure bedingt. Diese schaffen es grundsätzlich im gesamten Debattenverlauf, mit ihren Sichtweisen medial in Erscheinung zu treten; Akteure mit geringeren Framing-Aktivitäten sind allerdings medial weniger präsent. Im Vergleich zu den übrigen Akteuren nehmen die strategischen Framing-Akteure eher wenig Raum in der medialen Debatte ein. Dies führt dazu, dass sie mit ihren Frames im medialen Gesamtbild teilweise untergehen. Den medial dominanten Frame zu setzen schaffen nur die Akteure, die nicht nur aus der klassischen PR-Forschung bekannte, selektionsrelevante Eigenschaften aufweisen, sondern darüber hinaus auch die gesamte taktische Palette des strategischen Framings einsetzen. Dazu zählt einerseits die Verwendung von mit zentralen gesellschaftlichen Werten verknüpften, inhaltlich sehr breiten Frames, die nicht von vornherein den Bezug auf bzw. die Verwendung anderer Frames unmöglich machen. Andererseits spielen auch die im Theorieteil erwähnten Framing-Taktiken ›frame bridging‹, ›frame extension‹ und ›frame amplification‹ eine Rolle. Nur wenn diese geschickt miteinander kombiniert und immer wieder an die aktuelle Situation angepasst werden, haben die Akteure die Chance, ihre Sichtweise dominant in den Medien zu platzieren. Von Bedeutung ist in diesem Zusammenhang auch, rechtzeitig überraschende Ereignisse zu schaffen, die gemeinsam mit den an die Medien vermittelten Frames einen dauerhaften Bezugsrahmen etablieren können. Der richtige Zeitpunkt für eine solche Ereignisinszenierung ist nicht eindeutig bestimmbar. Die Ergebnisse weisen insgesamt darauf hin, dass sie eher zu Debattenbeginn erfolgen muss, solange sich noch kein eindeutiger Referenzframe herausgebildet hat, unter dem die Thematik im weiteren Verlauf betrachtet wird. Nach einem solchen zentralen Ereignis, das im Sinne der bestehenden Forschung als Schlüsselereignis bezeichnet werden kann, sowie in der politischen Entscheidungsphase sind die Einflussnahmeversuche durch die strategischen Akteure besonders hoch. Dies spiegelt sich inhaltlich in ihren eigenen medialen Frames, nicht aber zwingend auch in den allgemeinen medialen Akteursframes. Nur für die Akteure, die mit ihrem Schlüsselereignis den Rahmen gesetzt haben, stimmen eigener und allgemeiner medialer Hauptframe überein. Dies unterstreicht die Bedeutung, die zentrale Ereignisse neben inhaltlichen Framing-Taktiken für den medialen Framing-Erfolg haben.

Soweit die durchgeführten Analysen darüber Aufschluss geben können, reagieren die strategischen Framing-Akteure auf die medialen

Frames anderer Akteure, schreiben jedoch auch stark ihr eigenes strategisches Framing fort. Die Reaktionen auf das Framing anderer hängen dabei davon ab, ob die fremden Frames konsistent in das eigene Frame-Muster integrierbar sind oder nicht. Im ersten Fall werden sie ergänzend eingefügt, im zweiten wird das eigene Framing kontrapunktisch fortgesetzt. Ebenso wie bei der Frage, ob die strategischen Frames die medialen stärker beeinflussen als Letztere sich selbst und umgekehrt stärker auf sich selbst reagieren als auf die Berichterstattung der untersuchten Tageszeitungen, beruht die Kausalitätsargumentation dabei überwiegend auf Plausibilitätsüberlegungen. Entsprechende statistische Analysen wurden zwar durchgeführt, sind jedoch aufgrund der geringen Fallzahlen nur bedingt aussagekräftig. Insgesamt ergeben sich Hinweise auf verhältnismäßig kurzfristige Wechselwirkungen zwischen strategischen und medialen Frames, aber auch auf ein relativ hohes Beharrungsvermögen von Letzteren. Solche Wechselwirkungen bzw. Einflüsse scheinen jedoch nicht bei allen Frames gleichermaßen vorhanden zu sein. Ob die strategischen Frames die medialen stärker beeinflussen oder umgekehrt, lässt sich wegen der genannten Einschränkungen nicht eindeutig beantworten.

9.2 Theoretische und methodische Diskussion

Im Folgenden sollen die gewonnenen Erkenntnisse in theoretischer und methodischer Hinsicht noch einmal zusammenfassend diskutiert werden. Für die spezifischere Diskussion sei auf die entsprechenden Unterkapitel im Ergebnisteil verwiesen. In theoretischer Hinsicht geht es bei der folgenden Diskussion einerseits um den Framing-Ansatz an sich sowie spezifischer um das strategische Framing. Andererseits haben die Erkenntnisse auch für die PR-Forschung allgemein Bedeutung. Methodisch stehen v. a. die gewählte Erhebungsmethode sowie das datenanalytische Vorgehen bei der Frame-Bestimmung im Mittelpunkt. Zuvor sei ein letztes Mal darauf hingewiesen, dass die Ergebnisse aufgrund der Fallzahlen z. T. mit Vorsicht betrachtet werden müssen und daher insbesondere die Diskussion des strategischen Framings unter entsprechendem Vorbehalt erfolgt.

Zunächst zeigt die vorliegende Arbeit ganz grundsätzlich, dass das Konzept des strategischen Framings sinnvoll und konsistent in die kommunikationswissenschaftliche Framing-Forschung integriert werden kann und zu deren Ausdifferenzierung beiträgt. Matthes (2007b) hatte dies prinzipiell postuliert, aufgrund seines abweichenden Analyseschwerpunktes aber nicht weiter ausgeführt. Zugleich unterstützt die Arbeit aber auch die Forderung von Matthes (ebd.) nach einer theoretischen Schärfung des Framing-Ansatzes und damit verbunden die Rückbesinnung auf seine ursprünglichen Grundlagen. Die konsequente theoretische und methodische Verwendung der Frame-Definition von Entman (1993) steigert nicht nur die Nachvollziehbarkeit, sondern erhöht auch den Erkenntnisgewinn. Dadurch dass eben nicht alle Medieninhalte bzw. in diesem Fall Akteursäußerungen zwangsläufig als Framing bezeichnet werden können, wird der Ansatz überhaupt erst sinnvoll einsetzbar. Frames lassen sich von ›Nicht‹-Frames abgrenzen und außerdem in ihrer genauen Zusammensetzung analysieren. Dies ermöglicht genauere Aussagen nicht nur über die Frames selbst, sondern auch über Framing-Prozesse. Insgesamt gewinnt der Ansatz dadurch an Aussagekraft. Eine rein metaphorische Begriffsverwendung überstrapaziert ihn dagegen und macht ihn empirisch unbrauchbar, weil dann letztlich alles unter dem Frame-Begriff subsumiert werden kann. Wenn allerdings die Entman-Definition die Grundlage für den Framing-Ansatz darstellt, können – wie Matthes (2007b) zu Recht klarstellt – formal-stilistische Frames keine Frames sein. Damit verengt sich der zukünftige Fokus der Framing-Forschung auf Inhaltsframes. Diese sind – wie gesehen – überwiegend sehr spezifisch und können inhaltlich sehr dicht beieinander liegen. Angesichts dieser Tatsache ist fraglich, ob ein Basis-Frame-Konzept, wie Dahinden (2006) es vorschlägt, sinnvoll ist. Vermutlich können solche Basis-Frames thematische Nuancen nicht angemessen abbilden. Wie die vorliegende Arbeit zeigt, sind jedoch gerade diese im Rahmen einer Frame- bzw. Framing-Analyse von Bedeutung.

Nicht nur mit Blick auf das strategische Framing bestätigt die Analyse zudem den Mehrwert einer akteursspezifischen Frame-Erhebung (vgl. auch MATTHES 2007b). Akteure haben jeweils spezifische Frames, die ihrer gesellschaftlichen ›Position‹ entsprechen. Nur durch die Berücksichtigung der einzelnen Akteure sind diese Frames valide identifizierbar. Solange Frames auf Artikelebene erhoben werden, besteht die Gefahr, dass durch die Vermischung verschiedener Akteure und ihrer Äußerungen andere Frames resultieren, die u. U. sogar völlig von den spezifischen Akteursframes abweichen. Die akteursspezifische Frame-Analyse zeigt aber auch, dass zentrale Erkenntnisse der Framing-Forschung für die Beitragsebene auch auf Akteursebene gelten. So wie ein Zeitungsartikel oder auch ein Fernsehbeitrag mehr als einen Frame enthalten kann, kann auch ein Akteur mehrere Frames äußern, und zwar auch gleichzeitig. Damit verliert der einzelne Frame an Gewicht, und die Bedeutung von ganzen Frame-Mustern gerät ins Blickfeld. Dies hat insbesondere für das strategische Framing Relevanz. Wie die Ergebnisse der vorliegenden Arbeit zeigen, kommt es für eine erfolgreiche Medienbeeinflussung offenbar auch sehr darauf an, sein gesamtes Frame-Muster geschickt an die Situation anzupassen. Das umfasst i.d.R. kleinere Verschiebungen in der Gewichtung einzelner Frames oder das Hinzunehmen bzw. Weglassen von Frames. Der komplette Wechsel des strategischen Hauptframes scheint dagegen keine Standardtaktik zu sein. Dies ist auch unmittelbar einleuchtend, da permanente Wechsel des Hauptframes vermutlich dazu führen würden, dass kein klares Profil des Akteurs mehr wahrnehmbar ist. Vor diesem Hintergrund erscheint es für zukünftige Analysen sinnvoller, ›frame transformation‹, eine der vier zentralen Taktiken zur inhaltlichen Ausgestaltung von Frames (vgl. Kap. 4.2.2), nicht nur als Wechsel des strategischen Hauptframes zu verstehen, sondern auch die Veränderung des gesamten strategischen Frame-Musters darunter zu fassen. Insgesamt unterstreicht die Tatsache, dass Akteure mehrere Frames gleichzeitig kommunizieren können, die Notwendigkeit, die Frames in ihren Einzelelementen zu erheben und datenanalytisch zusammenzusetzen. Nur so lassen sich die verschiedenen Frames valide identifizieren. Zwar kann theoretisch auch bei einer holistischen Frame-Erhebung die Codierung mehrerer Frames pro Akteur bzw. Beitrag zugelassen werden. Es ist jedoch anzunehmen, dass die Codierer mit der Entscheidung überfordert sind, ob die Äußerungen eines Akteurs als ein Frame oder als mehrere Frames zu werten sind.

Für die PR-Forschung sind die Erkenntnisse der Arbeit in mehrfacher Hinsicht bedeutsam. Zunächst einmal macht die Analyse klar, dass der Framing-Ansatz einen erheblichen Mehrwert für die klassische Frage nach der Beeinflussung und Beeinflussbarkeit der Medien mit sich bringt. Er eröffnet einen größeren inhaltlichen Rahmen für die Einflussanalyse, weil er nicht auf singulären, teilweise wenig aussagekräftigen Details – wie z.B. der wörtlichen Übernahme einzelner Pressemitteilungspassagen – verhaftet bleibt, sondern die Übernahme der Kernbotschaft in den Mittelpunkt stellt. Es geht bei PR-Strategien um den Sinn, weniger um die Form. Damit führt die Anwendung des Framing-Ansatzes in der PR-Forschung weg von den klassischen Input-Output-Analysen und bringt den Gesamtzusammenhang stärker in den Blick. Dazu trägt auch bei, dass sich der Prozesscharakter medialer Beeinflussungsversuche über die größere Sinneinheit des Frames besser abbilden lässt als über einzelne Themen oder auch nur Schlagworte. In inhaltlicher Hinsicht weisen die Ergebnisse sowohl auf die Bedeutung einer klaren Kernbotschaft hin als auch auf die Notwendigkeit, das Thema frühzeitig mit einem wirkungsvollen Frame zu besetzen – Erkenntnisse, die für die PR-Forschung im Prinzip nicht neu sind. Zumindest in der hier hervortretenden Zentralität neu ist dagegen der Einfluss von inszenierten Schlüsselereignissen. In der Framing-Forschung ist schon länger bekannt, dass Schlüsselereignisse den zentralen Berichterstattungsframe verändern bzw. auch erst setzen können (z. B. BROSIUS/EPS 1993). Für einen entsprechenden Einfluss inszenierter Ereignisse, wie es die DFG-Empfehlung de facto ist, fehlten aber bisher empirische Belege. Inwieweit die Inszenierung weiterer Schlüsselereignisse den Referenzframe wieder ändern kann, lässt sich auf der Basis der hier vorliegenden Ergebnisse nicht sagen. Aus der bisherigen Forschung zu Schlüsselereignissen ist jedoch plausibel, dass dies durchaus möglich ist. Vermutlich wird es allerdings schwieriger, wenn sich erst einmal ein starker Frame etabliert hat. Die Rahmenfaktoren der journalistischen Selektion weisen außerdem darauf hin, dass nicht jeder Akteur dazu in der Lage sein dürfte, mit einem inszenierten, potenziellen Schlüsselereignis in die Medien zu gelangen. Selektionsrelevant scheint v. a. die von den Journalisten wahrgenommene Zentralität eines Akteurs für die Thematik zu sein. Das macht es für nicht etablierte Akteure schwer, entscheidend in das mediale Framing einzugreifen. Dennoch gewinnen das strategische Framing unterstützende Ereignisinszenierungen insgesamt an Bedeutung. Mit Blick auf die konkrete Umsetzung des strategischen Framings zeigt die vorliegende Analyse zudem, dass auch spezifische Framing-Taktiken eine große Rolle für den Erfolg von Einflussnahmeversuchen auf die Medien spielen. Bisher haben diese Taktiken allerdings wenig Beachtung in der PR-Forschung gefunden. Dies ist umso erstaunlicher, als dass gerade dieser Forschungszweig darum bemüht ist, die PR-Praxis mit neuen Erkenntnissen und Techniken auszustatten, die die Effektivität von PR steigern helfen. Zwar ist anzunehmen, dass die erwähnten Framing-Taktiken in gewisser Weise bereits intutiv eingesetzt werden. Die bewusste, zielorientierte Anwendung der Taktiken und damit verbunden eine vertiefte Reflexion der eigenen PR-Strategie kann dies jedoch nicht ersetzen.

Auf der allgemeinen modelltheoretischen Ebene bestätigt die vorliegende Arbeit den Mehrwert des verwendeten Arenenmodells gegenüber dem Intereffikationsmodell als Analyserahmen für inhaltliche Einflussbeziehungen zwischen strategisch handelnden PR-Akteuren und den Medien. Während das Intereffikationsmodell nur die direkten Einflussbeziehungen zwischen einzelnen Akteuren und den Medien beschreibt, bettet das Arenenmodell diese durch die Berücksichtigung des gesellschaftlichen Gesamtkontextes in einen größeren strukturellen Rahmen ein. Damit ermöglicht es die Verbindung von PR- und Framing-Forschung. Gleichzeitig besitzt es die notwendige Flexibilität, um auf seiner Basis verschiedene Untersuchungsgegenstände mit ihren jeweils spezifischen Akteuren analysieren zu können.

Im Rahmen des Arenenmodelles belegt die durchgeführte Studie aber auch die grundsätzliche Brauchbarkeit des Intereffikationsmodells (BENTELE et al. 1997) für die Analyse inhaltlicher Beeinflussungsprozesse zwischen Medien und gesellschaftlichen Akteuren. Das Modell selbst geht auf wechselseitige inhaltliche Einflüsse zwar nur in struktureller Hinsicht ein, liefert damit jedoch Anhaltspunkte dafür, dass sich Medieninhalte und strategisches Framing gegenseitig bedingen. Insofern kann die Tatsache, dass wechselseitige inhaltliche Anpassungen und Reaktionen der Beteiligten bzw. ihrer Frames aufeinander erkennbar sind, durchaus als Bestätigung des Modells interpretiert werden. Welche Seite sich dabei gegenüber der anderen stärker durchsetzt, lässt sich wegen der geringen Fallzahlen in der vorliegenden Analyse nicht sagen. Auch über die genauen zeitlichen Einflussströme lassen die relativ groben Zeitphasen keine Aussage zu. Eine einseitige Instrumentalisierung der Medien durch die PR war jedoch insgesamt nicht feststellbar. Dies zeigt sich allein schon an der Tatsache, dass in den untersuchten Tageszeitungen auch Frames auftauchen, die in den Pressemitteilungen überhaupt nicht existieren. Des Weiteren erwies sich das gesamtmediale Frame-Muster als sehr viel ausgewogener als das strategische, was ebenfalls gegen eine Instrumentalisierung spricht. Die Journalisten kommen vielmehr ihrer Berichterstattungspflicht nach und greifen dafür natürlich auch auf die Äußerungen von an der Debatte beteiligten Akteuren zurück. Es ginge jedoch zu weit, dies mit einer Instrumentalisierung gleichzusetzen. Im Übrigen verwendeten die Journalisten selbst in ihren Äußerungen überwiegend einen eher abwägenden Frame, der von den strategischen Akteuren eher selten angesprochen wurde. Natürlich ist es möglich, dass bei einer weniger kontroversen und aufmerksamkeitsträchtigen Thematik als der embryonalen Stammzellforschung stärkere Einflüsse vonseiten der strategischen Akteure vorhanden sind (vgl. BARTH/DONSBACH 1992). Auch bei anderen Medien als den hier untersuchten auflagenstarken Qualitätszeitungen mag das Ergebnis anders ausfallen. Dennoch erscheint es insgesamt nicht gerechtfertigt, den Medien pauschal die Instrumentalisierbarkeit zu unterstellen. Andersherum sind auch die strategischen Akteure inhaltlich nicht nur von den Medien beeinflusst. Sie reagieren zwar, wie gesehen, durchaus auf die medial vermittelten Frames anderer Akteure, passen sich inhaltlich jedoch nicht automatisch an diese an. Insofern kann auch den strategischen Akteuren eine gewisse Unabhängigkeit unterstellt werden. Eine andere Frage ist es, inwieweit das strukturelle Zusammenspiel von Medien und strategischen PR-Akteuren von einer Seite dominiert wird. Dies lag allerdings nicht im Fokus dieser Arbeit und kann insofern hier auch nicht beantwortet werden.

Neben der theoretischen Perspektive lassen sich die Arbeit und die in ihrem Verlauf gewonnenen Erkenntnisse auch aus methodischer Perspektive diskutieren. Dabei geht es einerseits um das Vorgehen bei der empirischen Erhebung der Frames, andererseits um ihre datenanalytische Zusammensetzung sowie das Fallzahlen-Problem. Bei der theoretischen Diskussion war darauf hingewiesen worden, dass sich die Frames teilweise sehr ähnlich sind. Zusammen mit der ebenfalls erwähnten Tatsache, dass bei einer holistischen Frame-Erhebung die Codierer mit der Differenzierung verschiedener Frames pro Akteur überfordert sein dürften, unterstreicht dies die Forderung nach einer Erhebung einzelner Frame-Elemente (vgl. MATTHES 2007b). Nur dadurch ist eine reliable und valide Codierung der Frames gewährleistet. Hinzu kommt, dass bei einer holistischen Frame-Codierung Frames, von denen nur wenige inhaltliche Teilausschnitte vorliegen, vermutlich nicht codiert werden, weil die Ausschnitte nicht klar einem Frame zugeordnet werden können. Die Codierung einzelner Frame-Elemente ermöglicht auch in diesem Fall die Identifikation des Frames, weil die Entscheidung über den repräsentierten Frame datenanalytisch fällt. Mit der datenanalytischen Zusammensetzung der Frames sind allerdings andere Probleme verbunden, auf die weiter unten ausführlicher eingegangen wird. An dieser Stelle soll zunächst noch ein problematischer Aspekt bei der Erhebung von

Frame-Elementen angesprochen werden. Frame- und Framing-Analysen sind per se mit einem erheblichen empirischen Aufwand verbunden. Dieser potenziert sich bei einer akteursspezifischen Erhebung, die sich im Rahmen der vorliegenden Arbeit grundsätzlich als sinnvoll erwiesen hat. Die spezifischen Elementausprägungen müssen sorgfältig definiert und die Codierer sowohl in der Identifikation der Elemente als auch der Akteure sehr intensiv geschult werden, um akzeptable Reliabilitätswerte zu erhalten. Dies macht klar, dass eine strategische Framing-Analyse nur bei solchen Themen sinnvoll ist, die einen so hohen Aufwand rechtfertigen. Ein kommunikationswissenschaftlicher Hintergrund der Codierer und insbesondere deren Vertrautheit mit dem Framing-Ansatz ist dabei eindeutig von Vorteil.

Von großer Bedeutung bei der Codierung einzelner Frame-Elemente ist ein sinnvolles Verfahren zur nachträglichen Identifikation der Frames. Die datenanalytische Zusammensetzung der Frame-Elemente zu Frames, beispielsweise mit einer Clusteranalyse wie in dieser Arbeit, erhöht grundsätzlich die Validität und Reliabilität der Frames. Sie ist jedoch nicht völlig frei von Anwenderentscheidungen, die durchaus Auswirkungen auf die Qualität und Brauchbarkeit der resultierenden Frames haben. Wie bereits angesprochen, enthalten Frames in der empirischen Realität nicht zwingend alle in der Definition von Entman (1993) genannten Elemente. Die Clusteranalyse ist zwar grundsätzlich ein geeignetes Verfahren, um über alle Fälle hinweg größere Muster zu identifizieren, auch wenn nicht in jedem Fall alle Ausprägungen vorhanden sind. Wenn nur sehr wenig Ausprägungen vorliegen, gerät jedoch auch sie an ihre Grenzen. Um der empirischen Realität angemessene Frames zu identifizieren, ist es deshalb notwendig, zusätzliche Bedingungen einzuführen. In dieser Arbeit hat sich die Festlegung auf ein Minimalkriterium bei der Entscheidung, welche Fälle in die Frame-Identifikation eingehen sollen, als praktikabler Weg erwiesen. Es wurden nur die Fälle verwendet, die mindestens zwei verschiedene Argumentaussagen – als Ausdruck von Problemdefinition und Ursachenidentifikation – enthalten. Dies entspricht in gewisser Weise der Forderung von Matthes (2007b), nur dann die Existenz eines Frames anzunehmen, wenn mindestens zwei der vier definierten Elemente vorliegen. Im Vergleich dazu handelt es sich jedoch bei der hier gewählten Vorgehensweise um eine noch stärkere Einschränkung. Für das Ziel, die Frames überhaupt erst einmal möglichst ihrer Idealform entsprechend zu identifizieren, ist diese Einschränkung notwendig. Die Zulassung einer Argumentaussage und einer damit verbundenen Bewertung als Minimalkriterium würde die Identifikation der latent hinter den genannten Teilaspekten stehenden Idealframes erschweren, weil beide Aspekte zusammen nicht genügend deutlich Aufschluss darüber geben, welchen umfassenderen Frame sie repräsentieren. Aus dem gleichen Grund ist es auch wenig sinnvoll, die Lösungsvorschläge in die Frame-Identifikation mit einzubeziehen. Oftmals implizieren inhaltlich durchaus differenzierbare Frames die gleiche Lösung. Die Kombination einer Argumentaussage und eines Lösungsvorschlags als Minimalkriterium zuzulassen, würde vermutlich die Bildung inhaltlich sinnvoll voneinander abgegrenzter Frames erschweren. Es kann allerdings diskutiert werden, inwieweit die Lösungen mit zur Frame-Bildung herangezogen werden können, wenn sie – anders als in der vorliegenden Arbeit – ebenso spezifisch erhoben werden wie die Problemdefinitionen und Ursachenidentifikationen. In diesem Fall repräsentieren sie möglicherweise eindeutiger einen bestimmten Frame. Unabhängig davon, welches Minimalkriterium im Einzelfall für die Identifikation der Frames gewählt wird, können die Fälle, die nicht darunter fallen, im Nachhinein über das auch hier gewählte Schwerpunktprinzip den gebildeten Ideal-Frames zugewiesen werden.

Eine Rolle bei der Frame-Zusammensetzung spielt auch die Entscheidung darüber, welche Grenzwerte gesetzt werden, um einzelne Ausprägungen in die Analyse einzuschließen oder nicht. Selten genannte Ausprägungen tragen wenig zur Frame-Bildung bei, sondern erhöhen nur das ›Rauschen‹ und erschweren dadurch die Identifikation klarer Frames. Es ist deshalb sinnvoll, solche Ausprägungen auszuschließen. Dies reduziert allerdings zwangsläufig die inhaltliche Differenziertheit und sorgt in gewisser Weise dafür, dass nur ›Mainstream-Frames‹ identifiziert werden können. Begrenzt Abhilfe schaffen können hier vorgeschaltete Verfahren zur Reduktion inhaltlicher Komplexität, beispielsweise eine Faktorenanalyse. Wie die vorliegende Arbeit zeigt, ist deren Einsatz jedoch nicht immer möglich. Grundsätzlich ist die Einschränkung der inhaltlichen Differenziertheit ein grundlegendes Merkmal quantitativer Analysen, das bei der Entscheidung für eine entsprechende Vorgehensweise in Kauf genommen werden muss.

Bei dem beschriebenen Vorgehen lässt sich zwangsläufig nicht vermeiden, dass einige Fälle keinen Frame repräsentieren. Dies ist teilweise mit durch den Ausschluss seltener Ausprägungen sowie das Schwerpunktprinzip bei der nachträglichen Zuordnung zu einem Frame bedingt. Es ist jedoch plausibel davon auszugehen, dass es tatsächlich auch Fälle ohne Frame gibt. Dies bestätigt bisherige Erkenntnisse, dass nicht immer ein Frame vorliegen muss, auch für die Akteursebene (vgl. SCHEUFELE 2003). Zugleich betont es noch einmal die Notwendigkeit einer klaren Frame-Definition, damit nicht pauschal alle Äußerungen von Akteuren unter den Framing-Begriff subsumiert werden und damit der Ansatz an Aussagekraft verliert. Allgemein anzumerken ist, dass die auf die genannte Weise identifizierten Frames immer nur eine Annäherung an die ›echten‹, latent vorhandenen Frames darstellen können. Die genaue Offenlegung des methodischen Vorgehens ermöglicht dem Leser jedoch die notwendige Transparenz, um selbst darüber zu entscheiden, ob er den Schlussfolgerungen und Interpretationen folgen will oder nicht.

Abschließend sollen einige Aspekte angesprochen werden, die sich spezifischer auf die im Rahmen der vorliegenden Arbeit gewählte akteursspezifische und prozessbezogene Frame-Bildung und -Analyse beziehen. Zur Identifikation der Akteursframes waren die Frame-Elemente in den Akteursäußerungen zusammenfassend über den gesamten Analysezeitraum geclustert worden. Kohring und Matthes (2002; vgl. auch MATTHES 2007b) nennen dagegen für die prozessbezogene Analyse von Frame-Veränderungen die nach verschiedenen Zeitabschnitten getrennte Clusterung als Bedingung. Zumindest auf Akteursebene ist dies jedoch keine zwingend notwendige Vorgehensweise. Da die Clusterung im konkreten Fall auf der Basis des Akteurs im Beitrag erfolgte, können sich für den gleichen Akteur unterschiedliche Frames ergeben. Nach Zeitphasen aufgeschlüsselt, lassen sich anhand dieser – wie gesehen – zeitliche Frame-Verschiebungen und auch -Wechsel erkennen. Eine Veränderung der kompletten Frame-Struktur bzw. ganz neue Frames sind auf diese Weise allerdings nicht erfassbar. Bei einem solchen Analyseziel ist es tatsächlich notwendig, die Clusterung für verschiedene Zeiträume zu wiederholen. Dies stellt allerdings noch einmal erhöhte Anforderungen an die Analyse. Für eine phasenspezifische Clusterung sind v. a. aufseiten der Pressemitteilungen höhere Fallzahlen als in dieser Analyse notwendig. Es dürfte im konkreten Fall schwierig sein, die notwendige Mindestfallzahl zu erreichen. Abhilfe ist wohl nur darüber möglich, neben den Pressemitteilungen auch weitere Materialien der zu untersuchenden Akteure einzubeziehen. Das Problem der geringen Fallzahlen ergibt sich im Übrigen grundsätzlich bei der zeitbasierten Auswertung der Framing-Prozesse. Aufgrund der wenigen Pressemitteilungsframes war eine stärkere zeitliche Dynamik in der vorliegenden Arbeit nicht analysierbar. Für weitere Studien stellt sich daher die Aufgabe, dieses Problem mit einer quantitativen Analyse in den Griff zu bekommen. Das Ziel muss darin bestehen, möglichst viele strategische Akteursframes zur Verfügung zu haben, um kleinere Zeiteinheiten bilden zu können. Dabei gilt es, die Balance zwischen einer möglichst detaillierten Analyse und einem noch vertretbaren Analyseaufwand zu finden. Mit Blick auf Letzteres ist die aufwendige quantitative Herangehensweise dennoch grundsätzlich einer weniger aufwendigen qualitativen Analyse vorzuziehen, weil sie im Vorgehen transparenter ist und die Verarbeitung größerer Datenmengen und damit eine bessere Generalisierbarkeit der Ergebnisse ermöglicht.

9.3 Ausblick

Aus der theoretischen und methodischen Diskussion ergibt sich unmittelbar weiterer Forschungsbedarf. Im Folgenden sollen die zentralsten Forschungslinien skizziert werden. Methodisch bietet es sich an, nicht nur die Erhebungsweise von Frames zu vereinheitlichen, sondern auch in der datenanalytischen Auswertung einheitliche Standards zu entwickeln. Matthes und Kohring (2002) haben mit der clusteranalytischen Auswertung bereits einen wesentlichen Aspekt vorgegeben. Vergleichbare Verfahren, beispielsweise die Analyse latenter Klassen (vgl. MATTHES 2007b), sind ebenfalls denkbar. Hier geht es darum, die Anwendung der Clusteranalyse v. a. mit Blick auf die akteursbezogene Erhebung von Frames genauer zu spezifizieren. Theoretisch lassen sich die mit dem in dieser Arbeit gewählten Vorgehen gebildeten Akteursframes noch einmal auf Beitragsebene zusammenfassen. In diesem Fall repräsentieren sie größere, von den Journalisten zusammengestellte Sinneinheiten, die in gewisser Weise als journalistische Frames bezeichnet werden können (vgl. SCHEUFELE 2003). Diese journalistischen Frames lassen sich jedoch auch durch eine akteursübergreifende Clusterung der codierten Frame-Elemente auf Artikelebene gewinnen. Es stellt sich allerdings die Frage, ob dabei die gleichen Frames resultieren wie bei der akteursspezifischen Frame-Bildung. Gerade weil auf Akteursebene oft nur wenige Element-Ausprägungen je Beitrag genannt werden, kann es sein, dass sich auf dieser Basis andere Frames ergeben als bei der gemeinsamen Verwendung aller Element-Ausprägungen in einem Beitrag. Insofern bietet sich ein methodischer Vergleich der Frame-Bildung auf verschiedenen Codierebenen an. Einerseits können dabei die auf Akteursebene identifizierten Frames mit den auf Beitragsebene identifizierten verglichen werden. Andererseits ist es jedoch auch möglich, die akteursspezifisch erstellten Frames noch einmal auf Beitragsebene zu clustern und dann mit den clusteranalytisch direkt auf Beitragsebene gewonnenen Frames zu vergleichen. Dieser Vergleich gäbe Aufschluss darüber, wie stark sich die Frames letztlich unterscheiden, und ließe auf dieser Basis Schlussfolgerungen darüber zu, ob auch Beitragsframes in Zukunft akteursspezifisch erhoben werden können.

Wie bereits weiter oben angedeutet, existieren auch für die Analyse zeitlicher Veränderungen von akteursspezifischen Frames noch keine einheitlichen Konventionen. Als grundlegende Basis bietet sich die hier gewählte Vorgehensweise an, die Frames phasenübergreifend auf der Ebene des Akteurs im Beitrag zu bilden und dann ihre zeitlichen Prozentverschiebungen im Verhältnis zueinander zu untersuchen. Der nächste Schritt umfasst dann die zeitlichen Veränderungen innerhalb der Frames. Diese sind mit dem hier gewählten Design grundsätzlich analysierbar. Indem für verschiedene Zeitphasen die Abweichungen der einzelnen Element-Ausprägungen von ihrem Frame-Mittelwert berechnet werden, lassen sich Aussagen darüber treffen, wie ideal der Frame in der jeweiligen Phase noch repräsentiert ist. Hohe Abweichungen deuten auf inhaltliche Veränderungen des Frames hin und leiten – sofern die Fallzahlen dafür ausreichen – die dritte Analysestufe ein: die phasenspezifische Frame-Bildung, wie Kohring und Matthes (2002) sie vorschlagen. Dabei ist es auch denkbar, die Phasenbildung asymmetrisch vorzunehmen, und zwar in Abhängigkeit davon, wie stark die konkreten Ausprägungen der Frame-Elemente von ihrem Mittelwert abweichen. Eine neue Phase ist demnach dort anzusetzen, wo größere Abweichungen vorhanden sind und damit darauf hinweisen, dass an dieser Stelle möglicherweise eine Frame-Veränderung stattfindet. Es bietet sich außerdem an, bei der Phasenbildung nicht nur auf natürliche Zeiträume zurückzugreifen, sondern ähnlich wie Kolb (2006) die konkrete Ereignislage stärker als Grundlage zu berücksichtigen.

Bewusst ausgeklammert wurde in der vorliegenden Arbeit die strategische Verwendung von Frames anderer Akteure durch deren Zitation. Dass dies ein durchaus nicht seltenes Phänomen ist, zeigen die entsprechenden Fallzahlen im Ergebnisteil. Für weitere Forschung stellt sich damit die Aufgabe, diesen Aspekt genauer unter die Lupe zu nehmen. Es ist anzunehmen, dass die strategischen Framing-Akteure die Frames anderer Akteure bewusst in ihre Pressemitteilungen einbauen. Welche Strategien genau dahinterstehen, beispielsweise die Kontrastierung und Abgrenzung oder die Bildung von Koalitionen, könnte eine entsprechende Analyse klären. Zusammen mit dem originären Frame-Muster der einzelnen Akteure könnte diese vertieft Aufschluss darüber geben, welche Framing-Strategien die größte Aussicht auf Erfolg haben.

Weiterer Forschungsbedarf ergibt sich aus der Beschränkung dieser Arbeit auf Pressemitteilungen als Quelle von strategischen Frames. Diese stellen nur einen kleinen Ausschnitt der PR-Aktivitäten einer Akteursgruppe dar. Subtilere Einflusswege wie beispielsweise direkte Kontakte wurden hier nicht erfasst. Es ist zwar plausibel anzunehmen, dass die auf diesen Wegen kommunizierten Frames nicht völlig konträr zu den Pressemitteilungs-Frames sind. Für eine validere Erfassung des strategischen Framings sollten sie jedoch in zukünftigen Arbeiten stärker berücksichtigt werden. Die Herausforderung liegt dabei v. a. darin, ein sinnvolles methodisches Design zur Erhebung solcher Frames zu entwickeln. Eng mit diesem Aspekt verbunden ist eine stärkere Verknüpfung des strategischen Framings mit den hier nicht berücksichtigten Dimensionen des Intereffikationsmodells. Soziale Routinen und persönliche Beziehungen, aber auch die genauen zeitlichen Reaktionen von Journalisten und Akteuren aufeinander bilden den größeren Rahmen inhaltlicher Framing-Prozesse und müssen für deren vertieftes Verständnis ebenfalls berücksichtigt werden.

In theoretischer Hinsicht erscheint es außerdem an der Zeit, das Konzept der Schlüsselereignisse fundierter auszuarbeiten und systematisch in die Forschung zu integrieren. Neben dieser Arbeit weisen auch zahlreiche schon bestehende Studien darauf hin, dass solche Schlüsselereignisse eine besondere Rolle für die Aufmerksamkeit der Medien sowie den Inhalt der Medienberichterstattung spielen (z. B. BERENS 2001; BÖCKING 2007; BROSIUS/EPS 1993; KEPPLINGER/HABERMEIER 1995). Bisher existiert jedoch noch keine intensivere Auseinandersetzung mit dem Konzept, die dieses grundlegend klärt und mehr leistet als die nachträgliche Zuschreibung des Schlüsselereignis-Status. Hier ist weitere theoretische Arbeit notwendig, um die Genese von Schlüsselereignissen besser zu verstehen und auf dieser Basis ein Prognosemodell zu entwickeln, mit dem Schlüsselereignisse schon im Vorhinein bzw. im Moment ihres Geschehens erkannt werden können. Ein solches Modell besitzt unmittelbare Relevanz sowohl für die journalistische als auch für die PR-Praxis. Beide Seiten wären damit in der Lage, ihr eigenes Handeln effektiver zu gestalten und zugleich auch das Handeln der jeweils anderen Seite besser zu durchschauen.

Darüber hinaus ist es sinnvoll, das Konzept des strategischen Framings und damit verbunden auch die verschiedenen Framing-Taktiken gezielter in die Theoriekonzepte der PR-Forschung zu integrieren. Neben der wissenschaftlichen Forschung kann davon auch die PR-Praxis profitieren, indem aus den theoretischen Weiterentwicklungen und den gewonnenen Forschungserkenntnissen beispielsweise konkrete Handlungsanweisungen zur praktischen Anwendung des Framing-Konzeptes und zur Ausarbeitung von Framing-Strategien abgeleitet werden.

Abschließend soll sich der Blick auf den größeren Kontext des Framing-Ansatzes richten. In dieser Arbeit wurde mit dem strategischen Framing ein verhältnismäßig kleiner Ausschnitt des Ansatzes untersucht. Wie im Theorieteil deutlich wurde, endet Framing jedoch nicht damit, dass es den strategischen Akteuren mehr oder weniger gut gelingt, ihre Sichtweisen an die Medien weiterzugeben. Diese sind vielmehr nur Mittel zum eigentlichen Zweck, die reale oder auch nur vermeintliche Sichtweise der Bevölkerung zu beeinflussen und darüber Einfluss auf das Handeln der Politik zu nehmen. Insofern steht die weitere Framing-Forschung vor der Aufgabe, in zukünftigen Arbeiten diesen umfassenden Prozess stärker in den Blick zu nehmen und das genaue Zusammenspiel der verschiedenen Stufen in einem einheitlichen begrifflichen Rahmen zu untersuchen. Einen wichtigen Schritt in diese Richtung geht die Arbeit von Matthes (2007b), der die Wirkungsperspektive von Medienframes mit dem gleichen begrifflichen und methodischen Grundgerüst wie die vorliegende Arbeit beleuchtet. Ebenso wie diese untersucht er damit jedoch nur einen Teilausschnitt des gesamten Framing-Prozesses. Weitere Arbeiten sollten beide Perspektiven miteinander verbinden und dafür auf den erwähnten einheitlichen Rahmen zurückgreifen.

Zahlreiche weitere, an die vorliegende Arbeit anknüpfende Forschungsprojekte sind denkbar. Sofern diese auf den Framing-Ansatz zurückgreifen, muss die Forderung von Matthes (2007b) nach dessen reflektierter und für Außenstehende transparenter Anwendung wiederholt werden. Nur so wird die Forschung auch weiterhin in der Lage sein, das integrative Potenzial des Ansatzes gewinnbringend zu nutzen.

10. LITERATUR

Ärzte lehnen Forschung an Embryonen ab. In: *Süddeutsche Zeitung*, 2001, 25. Mai, S. 2

Alternativ. In: *Frankfurter Allgemeine Zeitung*, 2000, 23. Juni, S. 55

ANDERSON, A.: Source-media relations: The production of the environmental agenda. In: HANSEN, A. (Hrsg.): *The mass media and environmental issues.* New York [Leicester University Press] 1993, S. 51-68

ANDERSON, A.; S. ALLAN; A. PETERSEN; C. WILKINSON: The framing of nanotechnologies in the British newspaper press. In: *Science Communication*, 27(2), 2005, S. 200-220

ANDSAGER, J. L.: How interest groups attempt to share public opinion with competing news frames. In: *Journalism & Mass Communication Quarterly*, 77(3), 2000, S. 577-592

ANDSAGER, J.; L. SMILEY: Evaluating the public information: Shaping news coverage of the silicone implant controversy. In: *Public Relations Review*, 24(2), 1998, S. 183-201

ARETZ, H.-J.: *Kommunikation ohne Verständigung. Das Scheitern des öffentlichen Diskurses über die Gentechnik und die Krise des Technokorporatismus in der Bundesrepublik Deutschland.* Frankfurt/M. [Lang] 1999

ASHLEY, L.; B. OLSON: Constructing reality: Print media's framing of the women's movement, 1966-1986. In: *Journalism & Mass Communication Quarterly*, 75, 1998, S. 263-277

ASSMANN, A.: *Erinnerungsräume: Formen und Wandlungen des kulturellen Gedächtnisses.* München [Beck] 1999

ASSMANN, J.: *Das kulturelle Gedächtnis: Schrift, Erinnerung und politische Identität in frühen Hochkulturen.* München [Beck] 1997

ASSMANN, A.; J. ASSMANN: Das Gestern im Heute: Medien und soziales Gedächtnis. In: MERTEN, K; S. J. SCHMIDT; S. WEISCHENBERG (Hrsg.): *Die Wirklichkeit der Medien: Eine Einführung in die Kommunikationswissenschaft.* Opladen [Westdeutscher Verlag] 1994, S. 114-140

BABB, S.: ›A true American system of finance‹: Frame resonance in the U.S. labor movement, 1866 to 1886. In: *American Sociological Review,* 61(6), 1996, S. 1033-1052

BACKHAUS, K.; B. ERICHSON; W. PLINKE; R. WEIBER: *Multivariate Analysemethoden.* Berlin [Springer] 1996

BADURA-LOTTER, G.: Ethische Aspekte der Forschung an embryonalen Stammzellen. In: BOCKENHEIMER-LUCIUS, G. (Hrsg.): *Forschung an embryonalen Stammzellen. Ethische und rechtliche Aspekte.* Köln [Deutscher Ärzte-Verlag] 2002, S. 9-26

BAERNS, B.: Öffentlichkeitsarbeit als Determinante journalistischer Informationsleistungen. Thesen zur realistischeren Beschreibung von Medieninhalten. In: *Publizistik,* 24(3), 1979, S. 301-316

BAERNS, B.: Vielfalt und Vervielfältigung. Befunde aus der Region – eine Herausforderung für die Praxis. In: *Media Perspektiven,* o. Jg.(3), 1983, S. 207-215

BAERNS, B.: *Öffentlichkeitsarbeit oder Journalismus? Zum Einfluß im Mediensystem.* Köln [Verlag Wissenschaft und Politik] 1985

BAERNS, B.: Öffentlichkeitsarbeit als Thema der Publizistik- und Kommunikationswissenschaft – Rückblick und Rahmen aktueller Annäherungen. In: AVENARIUS, H.; W. ARMBRECHT (Hrsg.): *Ist Public Relations eine Wissenschaft? Eine Einführung.* Opladen [Westdeutscher Verlag] 1992, S. 133-150

BAERNS, B.: Öffentlichkeitsarbeit und Erkenntnisinteresse der Publizistik- und Kommunikationswissenschaft. In: RÖTTGER, U. (Hrsg.): *Theorien der PR.* Wiesbaden [VS Verlag für Sozialwissenschaften] 2004, S. 61-74

BANTIMAROUDIS, P.; E. KAMPANELLOU: The cultural framing hypothesis: Attributes of cultural alliances and conflicts. In: *Harvard International Journal of Press/Politics,* 12(2), 2007, S. 80-90

BANTLE, O.: »Das Gesetz wird bleiben«. Wolf-Michael Catenhusen verteidigt den Embryonen-Schutz. In: *Süddeutsche Zeitung,* 1999, 11. Mai, S. 21

BARTH, H.; W. DONSBACH: Aktivität und Passivität von Journalisten gegenüber Public Relations. In: *Publizistik,* 37(2), 1992, S. 147-165

BAUER, M. W.: Arenas, platforms, and the biotechnology movement. In: *Science Communication,* 24(2), 2002, S. 144-161

BAUMGARTNER, F. R.; B. D. JONES: *Agendas and instability in American politics.* Chicago [University of Chicago Press] 1993

BAYERTZ, K.; C. RUNTENBERG: Gen und Ethik: Zur Struktur des moralischen Diskurses über die Gentechnologie. In: ELSTNER, M. (Hrsg.): *Gentechnik, Ethik und Gesellschaft.* Berlin [Springer] 1997, S. 107-121

BECK-GERNSHEIM, E.: Ein Herz für Klone. In: *Süddeutsche Zeitung*, 1998, 13. Januar, S. 11

BEER, W.: Gentherapie – Stammzellforschung – Pharmokogenetik. Heilen mit Genen. In: BEER, W.; E. DROSTE (Hrsg.): *Biopolitik im Diskurs. Argumente – Fragen – Perspektiven.* Bonn [Bundeszentrale für politische Bildung], 2006a, S. 29-49

BEER, W.: Klontechnik – Nanotechnologie – Hirnforschung. Visionen vom perfekten Menschen. In: BEER, W.; E. DROSTE (Hrsg.): *Biopolitik im Diskurs. Argumente – Fragen – Perspektiven.* Bonn [Bundeszentrale für politische Bildung], 2006b, S. 87-110

Befürworter schließen sich zusammen. In: *Süddeutsche Zeitung*, 2002, 30. Januar, S. 6

BENDA, E.: *Recht als Verwirklichung von Moral – eine Überforderung?* Abgerufen am 13.02.2008 unter http://www.ekd.de/vortraege/2002/bioethik_benda_020128.html 2002

BENFORD, R. D.: Frame disputes within the nuclear disarmament movement. In: *Social Forces*, 71(3), 1993a, S. 677-701

BENFORD, R. D.: »You could be the hundredth monkey«: Collective action frames and vocabularies of motive within the nuclear disarmament movement. In: *Sociological Quarterly*, 34(2), 1993b, S. 195-216

BENFORD, R. D.: An insider's critique of the social movement framing perspective. In: *Sociological Inquiry*, 67, 1997, S. 409-430

BENFORD, R. D.; S. A. HUNT: Dramaturgy and social movements: The social construction and communication of power. In: *Sociological Inquiry*, 62, 1992, S. 36-55

BENFORD, R. D.; D. A. SNOW: Framing processes and social movements: An overview and assessment. In: *Annual Review of Sociology*, 26, 2000, S. 611-639

BENTELE, G.: Der Faktor Glaubwürdigkeit. Forschungsergebnisse und Fragen für die Sozialisationsperspektive. In: *Publizistik*, *33*(2/3), 1988, S. 406-426

BENTELE, G.: Wie wirklich ist die Medienwirklichkeit? Einige Anmerkungen zum Konstruktivismus und Realismus in der Kommunikationswissenschaft. In: BENTELE, G; M. RÜHL (Hrsg.): *Theorien öffentlicher Kommunikation. Problemfelder, Positionen, Perspektiven.* München [Ölschläger] 1993, S. 154-171

BENTELE, G.: Public Relations und Öffentlichkeit – ein Diskussionsbeitrag – oder: Über einige Fehlinterpretationen von PR. In: *Publizistik,* 40(4), 1995, S. 483-486

BENTELE, G.: Defizitäre Wahrnehmung: Die Herausforderung der PR an die Kommunikationswissenschaft. In: BENTELE, G; M. HALLER (Hrsg.): *Aktuelle Entstehung von Öffentlichkeit. Akteure – Strukturen – Veränderungen.* Konstanz [UVK] 1997a, S. 67-84

BENTELE, G.: Massenkommunikation und Public Relations. Der Kommunikatorbegriff und die Rolle der PR in der Kommunikationswissenschaft. In: FÜNFGELD, H.; C. MAST (Hrsg.): *Massenkommunikation. Ergebnisse und Perspektiven.* Opladen [Westdeutscher Verlag] 1997b, S. 169-191

BENTELE, G.: Parasitentum oder Symbiose? Das Intereffikationsmodell in der Diskussion. In: ROLKE, L.; V. WOLFF (Hrsg.): *Wie die Medien die Wirklichkeit steuern und selber gesteuert werden.* Opladen [Westdeutscher Verlag] 1999, S. 177-193

BENTELE, G.: Über die Rolle der PR in gesellschaftlichen Dialogen. In: VON SCHELL, T.; R. SELTZ (Hrsg.): *Inszenierungen zur Gentechnik: Konflikte, Kommunikation und Kommerz.* Opladen [Westdeutscher Verlag] 2000, S. 154-168

BENTELE, G.: Event-Management. In: BENTELE, G; H.-B. BROSIUS; O. JARREN (Hrsg.): *Lexikon Kommunikations- und Medienwissenschaft.* Wiesbaden [VS Verlag für Sozialwissenschaften] 2006a, S. 58

BENTELE, G.: Public Relations. In: BENTELE, G.; H.-B. BROSIUS; O. JARREN (Hrsg.): *Lexikon Kommunikations- und Medienwissenschaft.* Wiesbaden [VS Verlag für Sozialwissenschaften] 2006b, S. 230-232

BENTELE, G.; T. LIEBERT; S. SEELING: Von der Determination zur Intereffikation. Ein integriertes Modell zum Verhältnis von Public Relations und Journalismus. In: BENTELE, G.; M. HALLER (Hrsg.): *Aktuelle Entstehung von Öffentlichkeit. Akteure – Strukturen – Veränderungen.* Konstanz [UVK] 1997, S. 225-250

BENTELE, G.; H. NOTHHAFT: Das Intereffikationsmodell. Theoretische Weiterentwicklung, empirische Konkretisierung und Desiderate. In: ALTMEPPEN, K.-D.; U. RÖTTGER; G. BENTELE (Hrsg.): *Schwierige Verhältnisse. Interdependenzen zwischen Journalismus und PR.* Wiesbaden [VS Verlag für Sozialwissenschaften] 2004, S. 67-104

BENTELE, G.; H. NOTHHAFT: Determinationsthese. In: BENTELE, G.; H.-B. BROSIUS; O. JARREN (Hrsg.): *Lexikon Kommunikations- und Medienwissenschaft*. Wiesbaden [VS Verlag für Sozialwissenschaften] 2006, S. 39-40

BENTELE, G.; D. RUTSCH: Issues Management in Unternehmen: Innovation oder alter Wein in neuen Schläuchen? In: U. RÖTTGER (Hrsg.): *Issues Management. Theoretische Konzepte und praktische Umsetzung. Eine Bestandsaufnahme*. Opladen [Westdeutscher Verlag] 2001, S. 141-160

BERBRIER, M.: ›Half the battle‹: Cultural resonance, framing processes, and ethnic affectations in contemporary white separatists rhetoric. In: *Social Problems*, 45, 1998, S. 431-450

BERENS, H.: *Prozesse der Thematisierung in publizistischen Konflikten. Ereignismanagement, Medienresonanz und Mobilisierung der Öffentlichkeit am Beispiel Castor und Brent Spar*. Opladen [Westdeutscher Verlag] 2001

BERGER, P. L.; T. LUCKMANN: *Die gesellschaftliche Konstruktion der Wirklichkeit. Eine Theorie der Wissenssoziologie*. Frankfurt/M. [Fischer] 1969

BERKOWITZ, D.: TV news sources and news channels: A study in agenda-building. In: *Journalism Quarterly*, 64, 1987, S. 508-513

BERKOWITZ, D.: Who sets the media agenda? The ability of policymakers to determine news decisions. In: KENNAMER, D. (Hrsg.): *Public opinion, the press and public policy*. Westport, CT [Praeger] 1992, S. 81-102

BERKOWITZ, D.; D. W. BEACH: News sources and news context: The effect of routine news, conflict and proximity. In: *Journalism Quarterly*, 70, 1993, S. 4-12

BERNDT, C.: Angst vor dem Mittelmaß. In: *Süddeutsche Zeitung*, 2002, 1. Februar, S. 6

Bischöfe schreiben an Abgeordnete. In: *Süddeutsche Zeitung*, 2002, 18. Januar, S. 7

BLÖBAUM, B.: *Journalismus als soziales System. Geschichte, Ausdifferenzierung und Verselbständigung*. Opladen [Westdeutscher Verlag] 1994

BLÖBAUM, B.; A. GÖRKE: Quellen und Qualität im Wissenschaftsjournalismus. Befragung und Inhaltsanalyse zur Life-Science-Berichterstattung. In: WEISCHENBERG, S.; W. LOOSEN; M. BEUTHNER (Hrsg.): *Medien-Qualitäten: Öffentliche Kommunikation zwischen ökonomischem Kalkül und Sozialverantwortung*. Konstanz [UVK] 2006, S. 307-328

BÖCKING, T.: *Aus der Daum. Themen und Thematisierungsverläufe im publizistischen Konflikt um Christoph Daum*. Hannover [Unveröffentlichte Diplomarbeit, Hochschule für Musik und Theater Hannover] 2002

BÖCKING, T.: Sportskandale in der Presse: Thematisierungsmuster und ihre gesellschaftlichen Folgen. In: *Publizistik*, 52(4), 2007, S. 502-523

BONFADELLI, H.; W. A. MEIER; M. SCHANNE: Gentechnologie im Spannungsfeld von Politik, Medien und Öffentlichkeit. In: BONFADELLI, H. (Hrsg.): *Gentechnologie im Spannungsfeld von Politik, Medien und Öffentlichkeit*. Zürich [IPMZ] 1999, S. 1-20

BOORSTIN, D. J.: *The image or what happened to the American dream*. New York [Atheneum] 1962

BORTZ, J.; N. DÖRING: *Forschungsmethoden und Evaluation für Human- und Sozialwissenschaftler* (3., überarbeitete Auflage). Berlin [Springer] 2002

BOYLE, T. P.: Intermedia agenda setting in the 1996 presidential election. In: *Journalism & Mass Communication Quarterly*, 78(1), 2001, S. 26-44

BREWE, M.: *Embryonenschutz und Stammzellgesetz. Rechtliche Aspekte der Forschung mit embryonalen Stammzellen*. Berlin [Springer] 2006

BREWER, P. R.: National interest frames and public opinion about world affairs. In: *Harvard International Journal of Press/Politics*, 11(4), 2006, S. 89-102

Britische Entscheidung ein ethischer Dammbruch. In: *Frankfurter Allgemeine Zeitung*, 2000, 21. Dezember, S. 1

BROSIUS, H.-B.: Agenda-Setting nach einem Vierteljahrhundert Forschung: Methodischer und theoretischer Stillstand? In: *Publizistik*, 39, 1994, S. 269-288

BROSIUS, H.-B.; P. EPS: Verändern Schlüsselereignisse journalistische Selektionskriterien? Framing am Beispiel der Berichterstattung über Anschläge gegen Ausländer und Asylanten. In: *Rundfunk und Fernsehen*, 41, 1993, S. 512-530

BROSIUS, H.-B.; H. M. KEPPLINGER: The agenda-setting function of television news: Static and dynamic views. In: *Communication Research*, 17(2), 1990, S. 183-211

BROSIUS, H.-B.; H. M. KEPPLINGER: Linear and nonlinear models of agenda-setting in television. In: *Journal of Broadcasting & Electronic Media*, 36(1), 1992, S. 5-23

BROSIUS, H.-B.; G. WEIMANN: Who sets the agenda? Agenda-Setting as a two-step-flow. In: *Communication Research*, 23(5), 1996, S. 561-580

BUCHER, H.-J.: Journalismus als kommunikatives Handeln. Grundlagen einer handlungstheoretischen Journalismustheorie. In: LÖFFELHOLZ, M. (Hrsg.): *Theorien des Journalismus. Ein diskursives Handbuch*. Wiesbaden [VS Verlag für Sozialwissenschaften] 2004, S. 263-285

Bundestag erlaubt Import von Stammzellen unter Auflagen. In: *Süddeutsche Zeitung*, 2002, 26. April, S. 6

BUNDESVERBAND LEBENSRECHT: *Bundesverband Lebensrecht*. Abgerufen am 13.02.2008 unter http://www.bv-lebensrecht.de, o. D.

BUNDESVERFASSUNGSGERICHT: *BVerfGE 20, 162 – Spiegel. Zur Frage der Verfassungsmäßigkeit von Durchsuchungen in Presseräumen*. Abgerufen am 23.03.2007 unter http://expired.oefre.unibe.ch/law/dfr/bv020162.html 1966

BURTSCHEIDT, C.: CSU begrüßt Import-Beschluss. In: *Süddeutsche Zeitung*, 2002, 1. Februar, S. 50

CADENA-ROA, J.: Strategic framing, emotions, and Superbarrio – Mexico City's masked crusader. In: JOHNSTON, H.; J. A. NOAKES (Hrsg.): *Frames of protest. Social movements and the framing perspective*. Lanham, Maryland [Rowman & Littlefield] 2005, S. 69-86

CALLAGHAN, K.; F. SCHNELL: Assessing the democratic debate: How the news media frame elite policy discourse. In: *Political Communication*, 18, 2001, S. 183-212

CALLAGHAN, K.; F. SCHNELL: Introduction: Framing political issues in American politics. In: CALLAGHAN, K.; F. SCHNELL (Hrsg.): *Framing American politics*. Pittsburgh, PA [University of Pittsburgh Press] 2005, S. 1-17

CAMERON, G. T.; L. SALLOT; P. A. CURTIN: Public relations and the production of news: A critical review and a theoretical framework. In: BURLESON, B. (Hrsg.): *Communication Yearbook 20*. Thousand Oaks, CA [Sage], 1997, S. 111-155

CAPPELLA, J. N.; K. H. JAMIESON: *Spiral of cynicism. The press and the public good*. Oxford [Oxford University Press] 1997

CARRAGEE, K.; W. ROEFS: The neglect of power in recent framing research. In: *Journal of Communication*, 54(2), 2004, S. 214-233

CARROLL, W. K.; R. S. RATNER: Master frames and counter-hegemony: Political sensibilities in contemporary social movements. In: *Canadian Review of Sociology & Anthropology*, 33(4), 1996a, S. 407-435

CARROLL, W. K.; R. S. RATNER: Master framing and cross-movement networking in contemporary social movements. In: *The Sociological Quarterly*, 37, 1996b, S. 601-625

CHAIKEN, S.; Y. TROPE (Hrsg.): *Dual-process theories in social psychology*. New York [Guilford Press] 1999

CHARISIUS, H.: Keine Angst vor der Chimäre. In: *Süddeutsche Zeitung*, 2007, 6. September, S. 16

CHOI, Y.-J.: *Interpenetration von Politik und Massenmedien. Eine theoretische Arbeit zur politischen Kommunikation.* Münster [LIT] 1995

CHONG, D.; J. N. DRUCKMAN: A theory of framing and opinion formation in competitive elite environments. In: *Journal of Communication,* 57(1), 2007, S. 99-118

CHRISTIE, T. B.: Framing rationale for the Iraq war. The interaction of public support with mass media and public policy agendas. In: *The International Communication Gazette,* 68(5-6), 2006, S. 519-532

CHRISTISON, K.: U.S. policy and the Palestinians: Bound by a frame of reference. In: *Journal of Palestine Studies,* 26(4), 1997, S. 46-59

COBB, R. W.; C. D. ELDER: *Participation in American politics: The dynamics of agenda-building* (2. Auflage). Baltimore, MD [Johns Hopkins University Press] 1983

COBB, R. W.; J. K. ROSS; M. H. ROSS: Agenda-building as a comparative political process. In: *American Political Science Review,* 70(1), 1976, S. 126-138

COHEN, B. C.: *The press and foreign policy*. Princeton, NJ [Princeton University Press] 1963

COHEN, M. D.; J. G. MARCH; J. P. OLSEN: A garbage can model of organizational choice. In: *Administrative Science Quarterly,* 17(1), 1972, S. 1-25

COOPER, A. H.: Media framing and social movement mobilization: German peace protest against INF missiles, the Gulf War, and NATO peace enforcement in Bosnia. In: *European Journal of Political Research,* 41, 2002, S. 37-80

COY, P. G.; L. M. WOEHRLE: Constructing identity and oppositional knowledge: The framing practices of peace movement organizations during the Persian Gulf War. In: *Sociological Spectrum,* 16, 1996, S. 287-327

CRACKNELL, J.: Issue arenas, pressure groups end environmental agendas. In: HANSEN, A. (Hrsg.): *The mass media and environmental issues*. Leicester [Leicester University Press] 1993, S. 3-21

CRAWLEY, C. E.: Localized debates of agricultural biotechnology in community newspapers. A quantitative content analysis of media frames and sources. In: *Science Communication,* 28(3), 2007, S. 314-346

CROSS, S.; S. LOCKYER: Dynamics of partisan journalism: Journalist-source relations in the context of a local newspaper's anti-paedophile housing agenda. In: *Journalism Studies,* 7(2), 2006, S. 274-291

CURTIN, P. A.: Reevaluating public relations information subsidies. Market-driven journalism and agenda-building theory and practice. In: *Journal of Public Relations Research,* 11, 1999, S. 53-90

CURTIN, P. A.; E. RHODENBAUGH: Building the news media agenda on the environment: A comparison of public relations and journalistic sources. In: *Public Relations Review*, 27, 2001, S. 179-195

DAHINDEN, U.: Biotechnology in Switzerland. Frames in a heated debate. In: *Science Communication*, 24(2), 2002, S. 184-197

DAHINDEN, U.: *Framing. Eine integrative Theorie der Massenkommunikation.* Konstanz [UVK] 2006

DAHRENDORF, R.: Aktive und passive Öffentlichkeit. Über Teilnahme und Initiative im politischen Prozess moderner Gesellschaften. In: LANGENBUCHER, W. R. (Hrsg.): *Politische Kommunikation. Grundlagen, Strukturen, Prozesse* (2., überarbeitete Auflage). Wien [Braumüller] 1993, S. 42-51

DAVIES, S.: From moral duty to cultural rights: A case study of political framing in education. In: *Sociology of Education*, 72(1), 1999, S. 1-21

DEACON, D.; N. FENTON; A. BRYMAN: From inception to reception: The national history of a news item. In: *Media, Culture & Society*, 21, 1999, S. 5-31

DELLI CARPINI, M. X.: News from somewhere: Journalistic frames and the debate over »public journalism«. In: CALLAGHAN, K; F. SCHNELL (Hrsg.): *Framing American politics*. Pittsburgh, PA [University of Pittsburgh Press] 2005, S. 21-53

DERNBACH, B.: Themen der Publizistik – Wie entsteht die Agenda öffentlicher Kommunikation? In: *Publizistik*, 45, 2001, S., 38-50

DETJEN, J.; F. FICO; X. LI; Y. KIM: Changing work environment of environmental reporters. In: *Newspaper Research Journal*, 21, 2000, S. 2-12

DEUTSCHE BISCHOFSKONFERENZ: *Der Mensch: sein eigener Schöpfer? Wort der Deutschen Bischofskonferenz zu Fragen von Gentechnik und Biomedizin*. Bonn [Deutsche Bischofskonferenz] 2001

DEUTSCHER BUNDESTAG: *Enquete-Kommission Recht und Ethik der modernen Medizin. Stammzellforschung und die Debatte des Deutschen Bundestages zum Import von menschlichen embryonalen Stammzellen*. Berlin [Deutscher Bundestag] 2002

DEUTSCHES REFERENZZENTRUM FÜR ETHIK IN DEN BIOWISSENSCHAFTEN: *Blickpunkt Forschung mit humanen embryonalen Stammzellen*. Abgerufen am 13.02.2008 unter http://www.drze.de/themen/blickpunkt/Stammzellen?la=de 2008

DE VREESE, C. H.: News framing: Theory and typology. In: *Information Design Journal + Document Design*, 13(1), 2005, S. 51-62

DFG: DFG-*Stellungnahme zum Problemkreis »Humane embryonale Stammzellen«.* Abgerufen am 06.02.2008 unter http://www.dfg.de/aktuelles_presse/reden_stellungnahmen/archiv/download/eszell_d_99.pdf 1999

DFG: *Empfehlungen der Deutschen Forschungsgemeinschaft zur Forschung mit menschlichen Stammzellen.* Abgerufen am 06.02.2008 unter http://www.dfg.de/aktuelles_presse/reden_stellungnahmen/2001/redstell/forschung_stammzellen.html 2001a

DFG: *Empfehlungen der Deutschen Forschungsgemeinschaft zur Forschung mit menschlichen Stammzellen. Naturwissenschaftlicher Hintergrund, juristischer Hintergrund, ethischer Hintergrund, naturwissenschaftlich-medizinisches Glossar, Literaturverzeichnis.* Abgerufen am 06.02.2008 unter http://www.dfg.de/aktuelles_presse/reden_stellungnahmen/2001/redstell/forschung_stammzellen.html 2001b

DFG: *Statement des* DFG-*Präsidenten Professor Dr. Ernst-Ludwig Winnacker zur Pressekonferenz der* DFG *am 31. Januar 2002.* Aberufen am 06.02.2008 unter http://www.dfg.de/aktuelles_presse/reden_stellungnahmen/2002/index.html 2002

DIANI, M.: Social movements and social capital: A network perspective on movement outcomes. In: *Mobilization,* 2, 1997, S. 129-147

DONATI, P. R.: Political discourse analysis. In: DIANI, M.; R. EYERMAN (Hrsg.): *Studying collective action.* London [Sage] 1992, S. 136-167

DONOVAN, B. L.: Framing and strategy: Explaining differential longevity in the Woman's Christian Union and the Anti-Saloon League. In: *Sociological Inquiry,* 65(2), 1995, S. 143-155

DONSBACH, W.: Journalismusforschung in der Bundesrepublik. Offene Fragen trotz Forschungsboom. In: WILKE, J. (Hrsg.): *Zwischenbilanz der Journalistenausbildung.* München [Ölschläger] 1987, S. 105-142

DONSBACH, W.: Einleitung. Legitimität und Effizienz von PR. In: DONSBACH, W. (Hrsg.): *Public Relations in Theorie und Praxis: Grundlagen und Arbeitsweise der Öffentlichkeitsarbeit in verschiedenen Funktionen.* München [Fischer] 1997a, S. 7-20

DONSBACH, W.: Media thrust in the German Bundestag election, 1994: News values and professional norms in political communication. In: *Political Communication,* 14, 1997b, S. 149-170

DONSBACH, W.: Psychologische Faktoren hinter Nachrichtenentscheidungen. In: NAWRATIL, U; P. SCHÖNHAGEN; H. STARKULLA JR. (Hrsg.): *Medien und Mittler sozialer Kommunikation: Beiträge zu Theorie, Geschichte und*

Kritik von Journalismus und Publizistik. Leipzig [Leipziger Universitäts-Verlag] 2002, S. 203-224

DONSBACH, W.; O. JARREN; H.-M. KEPPLINGER; B. PFETSCH: *Beziehungsspiele – Medien und Politik in der öffentlichen Diskussion: Fallstudien und Analysen*. Gütersloh [Bertelsmann Stiftung] 1993

DONSBACH, W.; A. MEISSNER: PR und Nachrichtenagenturen. Missing Link in der kommunikationswissenschaftlichen Forschung. In: RAUPP, J.; J. KLEWES (Hrsg.): *Quo vadis Public Relations? Auf dem Weg zum Kommunikationsmanagement: Bestandsaufnahme und Entwicklungen*. Wiesbaden [VS Verlag für Sozialwissenschaften] 2004, S. 113-124

DONSBACH, W.; A. WENZEL: Aktivität und Passivität von Journalisten gegenüber parlamentarischer Pressearbeit. In: *Publizistik*, 47(4), 2002, S. 373-387

DOPPELT, J. C.: Marching to the policy and court beats: The media-source relationship in framing criminal justice policy. In: KENNAMER, D. (Hrsg.): *Public opinion, the press and public policy*. Westport, CT [Praeger] 1992, S. 113-130

DOWNS, A.: Up and down with ecology – the ›issue attention cycle‹. In: *Public Interest*, 28(3), 1972, S. 38-50

DURANT, J.; M. W. BAUER; G. GASKELL: *Biotechnology in the public sphere*. London [Science Museum] 1998

DURFEE, J. L.: »Social change« and »Status Quo«. Framing effects on risk perception. In: *Science Communication*, 27(4), 2006, S. 459-495

DURHAM, F. D.: Breaching powerful boundaries: A postmodern critique of framing. In: REESE, S. D.; O. H. GANDY; A. GRANT (Hrsg.): *Framing public life*. Mahwah, NJ [Erlbaum] 2003, S. 123-136

DYLLICK, T.: *Management der Umweltbeziehungen. Öffentliche Auseinandersetzungen als Herausforderung*. Wiesbaden [Gabler] 1989

EDELMAN, M.: Die Erzeugung und Verwendung sozialer Probleme. In: *Journal für Sozialforschung*, 28(2), 1988, S. 175-192

EDWARDS, G. C.; B. D. WOOD: Who influences whom? The president, congress and the media. In: *American Political Science Review*, 93(2), 1999, S. 327-344

EDY, J. A.; M. DARADANOVA: Reporting through the lens of the past. From Challenger to Columbia. In: *Journalism*, 7(2), 2006, S. 131-151

EDY, J. A.; P. C. MEIRICK: Wanted, dead or alive: Media frames, frame adoption, and support for the war in Afghanistan. In: *Journal of Communication*, 57(1), 2007, S. 119-141

EICHHORN, W.: *Agenda-Setting-Prozesse. Eine theoretische Analyse individueller und gesellschaftlicher Themenstrukturierung.* München [Fischer] 1999

EILDERS, C.: *Nachrichtenfaktoren und Rezeption. Eine empirische Analyse zur Auswahl und Verarbeitung politischer Information.* Opladen [Westdeutscher Verlag] 1997

EMMRICH, M.: Wir sind Beobachter aber auch Akteure. Zur Rolle der Journalisten nicht nur in der Bioethikdebatte. In: VON SCHELL, T.; R. SELTZ (Hrsg.): *Inszenierungen zur Gentechnik: Konflikte, Kommunikation und Kommerz.* Opladen [Westdeutscher Verlag] 2000, S. 277-287

ENTMAN, R. M.: Framing U.S. coverage of international news: Contrasts in narratives of the KAL and the Iran Air incidents. In: *Journal of Communication,* 41(4), 1991, S. 6-27

ENTMAN, R. M.: Framing: Towards clarification of a fractured paradigma. In: *Journal of Communication,* 43, 1993, S. 51-58

ENTMAN, R. M.: Cascading activation: Contesting the White House's frame after 9/11. In: *Political Communication,* 20, 2003, S. 415-432

ENTMAN, R. M.: *Projections of power. Framing news, public opinion, and U.S. foreign policy.* Chicago [University of Chicago Press] 2004

ESCHER, H.: *Public Relations für wissenschaftliche Hochschulen: Systemtheoretische Grundlegung und exemplarische Modellierung im Wettbewerbsumfeld.* München [Hampp] 2001

ESHBAUGH-SOHA, M.; J. S. PEAKE: Presidential influence over the systemic agenda. In: *Congress & The Presidency,* 31(2), 2004, S. 181-201

ESROCK, S. L.; J. L. HART; M. U. D'SILVA; K. J. WERKING: The saga of the Crown Pilot: Framing, reframing, and reconsideration. In: *Public Relations Review,* 28(3), 2002, S. 209-227

EVANGELISCHE KIRCHE IN DEUTSCHLAND: *Im Geist der Liebe mit dem Leben umgehen. Argumentationshilfe für aktuelle medizin- und bioethische Fragen* (EKD-Texte 71). Hannover [EKD] 2002

EVANS, J. H.: Multi-organizational fields and social movement organization frame content: The religious pro-choice movement. In: *Sociological Inquiry,* 67(4), 1997, S. 451-469

FARRELL, D. M.; M. WORTMANN: Party strategies in the electoral market: Political marketing in West Germany, Britain and Ireland. In: *European Journal of Political Research,* 15, 1987, S. 297-318

FAULSTICH, W.: *Grundwissen Öffentlichkeitsarbeit.* München [Fink] 2000

FECHT, U.: *Die Pressearbeit der deutschen Automobilindustrie.* Münster [LIT] 1999

FINETTI, M.: Stammzell-Forscher hofft auf Fortschritte. In: *Süddeutsche Zeitung*, 2002, 17. April, S. 6

FISHER, K.: Locating frames in the discoursive universe. In: *Sociological Research Online*, 2 (3). http://www.socresonline.org.uk/socresonline/2/3/4.html 1997

FORMANN, A. K.: *Die Latent-Class-Analyse. Einführung in Theorie und Anwendung*. Weinheim [Beltz] 1984

Forscher Brüstle nicht mehr allein. In: *Süddeutsche Zeitung*, 2002, 22. Januar, S. 6

FRANZ, B.: *Öffentlichkeitsrhetorik. Massenmedialer Diskurs und Bedeutungswandel*. Wiesbaden [DUV] 2000

FRIDKIN, K.; P. KENNEY: Campaign frames: Can candidates influence media coverage? In: CALLAGHAN, K.; F. SCHNELL (Hrsg.): *Framing American politics*. Pittsburgh, PA [University of Pittsburgh Press] 2005, S. 54-75

FRIED, N.: Unmut über nationalen Ethikrat. In: *Süddeutsche Zeitung*, 2001, 15. Mai, S. 6

FRIED, N.: Forschung an importierten Stammzellen erlaubt. In: *Süddeutsche Zeitung*, 2002, 31. Januar, S. 1

Frische Stammzellen für deutsche Forscher: In: *Süddeutsche Zeitung*, 2008, 12./13. April, S. 1

FRÖHLICH, R.: Qualitativer Einfluß von Pressearbeit auf die Berichterstattung: Die »geheime Verführung« der Presse? In: *Publizistik*, 37, 1992, S. 37-49

FRÖHLICH, R.; S. PETERS; E.-M. SIMMELBAUER: *Public Relations. Daten und Fakten der geschlechtsspezifischen Berufsfeldforschung*. München [Oldenbourg] 2005

FRÖHLICH, R.; B. RÜDIGER: Framing political public relations: Measuring success of political communication strategies in Germany. In: *Public Relations Review*, 32, 2006, S. 18-25

FRÜH, W.: *Inhaltsanalyse* (6., überarbeitete Auflage). Konstanz [UVK] 2007

GALTUNG, J.; M. H. RUGE: The structure of foreign news. The presentation of the Congo, Cuba and Cyprus crises in four Norwegian newspapers. In: *Journal of Peace Research*, 2, 1965, S. 64-91

GAMSON, W. A.: A constructionist approach to mass media and public opinion. In: *Symbolic Interaction*, 11(2), 1988a, S. 161-174

GAMSON, W. A.: Political discourse and collective action. In: KLANDERMANS, B.; H. KRIESI; S. TARROW (Hrsg.): *From structure to action: Comparing social movement research across cultures*. Greenwich [JAI Press] 1988b, S. 219-244

GAMSON, W. A.: *The strategy of social protest*. Belmont, CA [Wadsworth] 1990

GAMSON, W. A.: *Talking politics*. Cambridge [Cambridge University Press] 1992

GAMSON, W. A.: Constructing social protest. In: JOHNSTON, H.; B. KLANDERMANS (Hrsg.): *Social movements and culture*. Minneapolis [University of Minneapolis Press] 1995, S. 85-106

GAMSON, W. A. ; D. CROTEAU ; W. HOYNES ; T. SASSON : Media images and the social construction of reality. In: *Annual Review of Sociology*, 18, 1992, S. 373-393

GAMSON, W. A.; K. E. LASCH: The political culture of social welfare policy. In: SPIRO, S. E.; E. YUCHTMAN-YAAR (Hrsg.): *Evaluating the welfare state. Social and political perspectives*. New York [Academic Press] 1983, S. 397-415

GAMSON, W. A.; D. MEYER: Framing political opportunity. In: MCADAM, D.; J. MCCARTHY; M. ZALD (Hrsg.): *Comparative perspectives on social movements: Political opportunities, mobilizing structures, and cultural framings*. New York [Cambridge University Press] 1996, S. 275-290

GAMSON, W. A.; A. MODIGLIANI: The changing culture of affirmative action. In: BRAUNGART, R. G.; M. M. BRAUNGART (Hrsg.): *Research in political sociology*. Greenwich, CT [JAI Press] 1987, S. 137-177

GAMSON, W. A.; A. MODIGLIANI: Media discourse and public opinion on nuclear power: A constructionist approach. In: *American Journal of Sociology*, 95, 1989, S. 1-37

GAMSON, W. A.; G. WOLFSFELD: Movements and media as interacting systems. In: *Annals of the American Academy of Political and Social Science*, 528, 1993, S. 114-125

GASKELL, G.; M. W. BAUER (Hrsg.): *Biotechnology 1996-2000. The years of controversy*. London [Science Museum] 2001

GAZLIG, T.: Erfolgreiche Pressemitteilungen. Über den Einfluss von Nachrichtenfaktoren auf die Publikationschancen. In: *Publizistik*, 44(2), 1999, S. 185-199

GEARHART, J.: New potential for human embryonic stemm cells. In: *Science*, 282(5391), 1998, S. 1061-1062

Gentechnikgesetz: *Gesetz zur Regelung der Gentechnik in der Fassung der Bekanntmachung vom 16. Dezember 1993, zuletzt geändert durch Artikel 3 Abschnitt 1 § 1 des Gesetzes vom 13. Dezember 2007*. Abgerufen am 20.01.2008 unter http://bundesrecht.juris.de/bundesrecht/gentg/gesamt.pdf 2007

GERHARDS, J.: Dimensionen und Strategien öffentlicher Diskurse. In: *Journal für Sozialforschung*, 32(3/4), 1992, S. 307-318

GERHARDS, J.: *Neue Konfliktlinien in der Mobilisierung öffentlicher Meinung. Eine Fallanalyse*. Opladen [Westdeutscher Verlag] 1993

GERHARDS, J.: Politische Öffentlichkeit. Ein system- und akteurstheoretischer Bestimmungsversuch. In: NEIDHARDT, F. (Hrsg.): *Öffentlichkeit, öffentliche Meinung, soziale Bewegungen*. Opladen [Westdeutscher Verlag] 1994, S. 77-105

GERHARDS, J.; F. NEIDHARDT: Strukturen und Funktionen moderner Öffentlichkeit: Fragestellungen und Ansätze. In: MÜLLER-DOOHM, S.; K. NEUMANN-BRAUN (Hrsg.): *Öffentlichkeit, Kultur, Massenkommunikation. Beiträge zur Medien- und Kommunikationssoziologie*. Oldenburg [BIS] 1991, S. 31-90

GERHARDS, J.; F. NEIDHARDT; D. RUCHT: *Zwischen Palaver und Diskurs. Strukturen öffentlicher Meinungsbildung am Beispiel der deutschen Diskussion zur Abtreibung*. Opladen [Westdeutscher Verlag] 1998

GERHARDS, J; D. RUCHT: Mesomobilization: Organizing and framing in two protest campaigns in West Germany. In: *American Journal of Sociology*, 98, 1992, S. 555-595

GERHARDS, J.; M. S. SCHÄFER: Hegemonie der Befürworter. Die deutsche und die US-amerikanische Debatte über Humangenomforschung im Vergleich. In: *ZiF-Mitteilungen*, o.Jg.(1), 2006, S. 12-28

GHANEM, S.: Filling the tapestry: The second level of agenda setting. In: MCCOMBS, M.; D. L. SHAW; D. WEAVER (Hrsg.): *Communication and democracy. Exploring the intellectual frontiers in agenda-setting theory*. Mahwah, NJ [Erlbaum] 1997, S. 3-14

GITLIN, T.: *The whole world is watching. Mass media in the making and unmaking of the new left*. Berkeley, CA [University of California Press] 1980

GIUGNI, M. G.: Was it worth the effort? The outcomes and consequences of social movements. In: *Annual Review of Sociology*, 24(1), 1998, S. 371-393

GÖRKE, A.: *Risikojournalismus und Risikogesellschaft. Sondierung und Theorieentwurf*. Opladen [Westdeutscher Verlag] 1999

GÖTTLER, F.: Macht der Gene. In: *Süddeutsche Zeitung*, 2001, 25. Juni, S. 13

GOFFMAN, E.: *Frame analysis. An essay on the organization of experience*. New York [Harper & Row] 1974

GOLDHAHN, S.: Blut ensteht aus Hirn. In: *Süddeutsche Zeitung*, 1999, 26. Januar, S. V2/9

GONZENBACH, W. J.: A time-series analysis of the drug issue, 1986-1990: The press, the president and public opinion. In: *International Journal of Public Opinion Research*, 4(2), 1992, S. 126-147

GOTTSCHLICH, M.: Ökologie und Medien. Ein Neuansatz zur Überprüfung der Thematisierungsfunktion von Medien. In: *Publizistik*, 30, 1985, S. 314-329

GRABER, D. A.: *Processing the news: How people tame the information tide* (2. Auflage). New York [Longman] 1988

GRAFF, B.: Die Abgeordneten unter der Bundestagskuppel – ratlos. In: *Süddeutsche Zeitung*, 2001, 2. Juni, S. 14

GRAUMANN, S.; A. POLTERMANN: Klonen: ein Schlüssel zur Heilung oder eine Verletzung der Menschenwürde? In: *Aus Politik und Zeitgeschichte*, o. Jg. (B 23-24), 2004, S. 23-30

GRAUPNER, H.: Gefährliches Spiel mit der Gesetzeslücke. In: *Süddeutsche Zeitung*, 2001, 2. Juni, S. 4

GRAUPNER, H.: Bundestag entscheidet über Stammzellen-Gesetz. In: *Süddeutsche Zeitung*, 2002, 26. April, S. 6

GRUNIG, J. E.; T. HUNT: *Managing public relations*. New York [Holt, Rinehart and Winston] 1984

GUTTELING, J. M.; A. OLOFSSON; B. FJÆSTAD; M. KOHRING; A. GÖRKE; M. W. BAUER et al.: Media coverage 1973-1996: Trends and dynamics. In: BAUER, M. W.; G. GASKELL (Hrsg.): *Biotechnology – the making of a global controversy*. Cambridge [Cambridge University Press] 2002, S. 95-128

HABERMAS, J.: *Strukturwandel der Öffentlichkeit. Untersuchungen zu einer Kategorie der bürgerlichen Gesellschaft*. Neuwied [Luchterhand] 1962

HABERMAS, J.: Political communication in media society: Does democracy still enjoy an epistemic dimension? The impact of normative theory on empirical research. In: *Communication Theory*, 16(4), 2006, S. 411-426

HAGEN, L. M.: Die opportunen Zeugen. Konstruktionsmechanismen von Bias in der Zeitungsberichterstattung über die Volkszählungsdiskussion. In: *Publizistik*, 37, 1992, S. 445-460

HAGEN, L. M.; R. ZEH; H. BERENS: Kanzler und Kontrahent. Berichterstattung über Spitzenkandidaten im Bundestagswahlkampf 1994. In: KAMPS, K.; M. MECKEL (Hrsg.): *Fernsehnachrichten. Prozesse, Strukturen, Funktionen*. Opladen [Westdeutscher Verlag] 1998, S. 225-237

HALLAHAN, K.: Seven models of framing: Implications for public relations. In: *Journal of Public Relations Research*, 11(3), 1999, S. 205-242

HALLAHAN, K.: The dynamics of issues activation and response: An issues processes model. In: *Journal of Public Relations Research,* 13(1), 2001, S. 27-59

HAMPEL, J.; U. PFENNING; M. KOHRING; A. GÖRKE; G. RUHRMANN: Biotechnology boom and market failure: Two sides of the German coin. In: GASKELL, G.; M. W. BAUER (Hrsg.): *Biotechnology 1996-2000. The years of controversy*. London [Science Museum] 2001, S. 191-203

HARDEN, L.: *Rahmen der Orientierung*. Wiesbaden [DUV] 2002

HART, K.: *Eating in the dark: America's experiment with genetically modified food.* New York [Pantheon] 2002

HARTMANN, H.; M. HARTMANN: Vom Elend der Experten: Zwischen Akademisierung und Deprofessionalisierung. In: *Kölner Zeitschrift für Soziologie und Sozialpsychologie,* 34, 1982, S. 193-223

HARTMANNBUND: *Der Hartmannbund – Wir über uns*. Abgerufen am 20.03.2008 unter http://www.hartmannbund.de/02_bundesverband/der_verband.php o. D.

HEIMS, H.-J.: Clement verteidigt Votum für Stammzellenforschung. In: *Süddeutsche Zeitung*, 2001, 6. Juni , S. 6

HERBST, S.: How state-level policy managers »read« public opinion. In: MANZA, J.; F. L. COOK; B. J. PAGE (Hrsg.): *Navigating public opinion*. Oxford [Oxford University Press] 2002, S. 171-183

HIEBERT, R. E.: Public relations and propaganda in framing the Iraq war: A preliminary review. In: *Public Relations Review,* 29(3), 2003, S. 243-255

HILGARTNER, S.; C. L. BOSK: The rise and fall of social problems: a public arenas model. In: *American Journal of Sociology,* 94(1), 1988, S. 53-78

HOFFJANN, O.: *Journalismus und Public Relations. Ein Theorieentwurf der Intersystembeziehungen in sozialen Konflikten.* Opladen [Westdeutscher Verlag] 2001

HOLLIMAN, R.: Media coverage of cloning: A study of media content, production and reception. In: *Public Understanding of Science,* 13, 2004, S. 107-130

HOLTZ-BACHA, C.; H. SCHERER; N. WALDMANN (Hrsg.): *Wie die Medien die Welt erschaffen und wie die Menschen darin leben.* Opladen [Westdeutscher Verlag] 1998

HUBER, W.: *Menschenwürde und Forschungsfreiheit*. Abgerufen am 13.02.2008 unter http://www.ekd.de/vortraege/2002/bioethik_huber-020128.html 2002

HUCKINS, K.: Interest-group influence on the media agenda: A case study. In: *Journalism & Mass Communication Quarterly*, 76(1), 1999, S. 76-86

HUNT, S. A.; R. D. BENFORD; D. A. SNOW: Identity fields: Framing processes and the social construction of movement identities. In: LARANA, E.; H. JOHNSTON; J. GUSFIELD (Hrsg.): *New social movements: From ideology to identity*. Philadelphia [Temple University Press] 1994, S. 185-208

IHLEN, Ø.; M. NITZ: *Oil and gas as natural riches or environmental problems: Framing contests in public relations*. Dresden [Vortrag auf der 56. Jahrestagung der International Communication Association (ICA)] 2006

IMHOF, K.; M. EISENEGGER: Politische Öffentlichkeit als Inszenierung. Resonanz von »Events« in den Medien. In: SZYSZKA, P. (Hrsg.): *Öffentlichkeit. Diskurs zu einem Schlüsselbegriff der Organisationskommunikation*. Opladen [Westdeutscher Verlag] 1999, S. 195-218

INOUE, Y.; D. PATTERSON: News content and Americans' perceptions of Japan and U.S.-Japanese relations. In: *Harvard International Journal of Press/Politics*, 12(1), 2007, S. 117-121

INTERESSENGEMEINSCHAFTEN KRITISCHE BIOETHIK: *Gemeinschaftsportal der InteressenGemeinschaften Kritische Bioethik Deutschland zur Bioethik*. Abgerufen am 13.02.2008 unter http://www.kritische-bioethik.de o. D.

Ja zum Import von Stammzellen: In: *Süddeutsche Zeitung*, 2002, 24. Dezember, S. 41

JAMISON, A.; R. EYERMAN: *Seeds of the sixties*. Berkeley, CA [University of California Press] 1994

JARREN, O.; P. DONGES: *Politische Kommunikation in der Mediengesellschaft. Eine Einführung* (2., überarbeitete Auflage). Wiesbaden [VS Verlag für Sozialwissenschaften] 2006

JARREN, O.; P. DONGES; H. WESSLER: Medien und politischer Prozeß. Eine Einleitung. In: JARREN, O.; H. SCHATZ; H. WESSLER (Hrsg.): *Medien und politischer Prozeß*. Opladen [Westdeutscher Verlag] 1996, S. 9-37

JARREN, O.; U. RÖTTGER: Politiker, politische Öffentlichkeitsarbeiter und Journalisten als Handlungssystem. Ein Ansatz zum Verständnis politischer PR. In: ROLKE, L.; V. WOLFF (Hrsg.): *Wie die Medien die Wirklichkeit steuern und selber gesteuert werden*. Opladen [Westdeutscher Verlag] 1999, S. 199-221

JARREN, O.; U. RÖTTGER: Steuerung, Reflexierung und Interpenetration: Kernelemente einer strukturationstheoretisch begründeten PR-Theorie. In: RÖTTGER, U. (Hrsg.): *Theorien der Public Relations. Grundlagen und Perspektiven der PR-Forschung*. Wiesbaden [VS Verlag für Sozialwissenschaften] 2004, S. 25-45

JASPER, J. M.; J. D. POULSEN: Recruiting strangers and friends: Moral shocks and social networks in animal rights and antinuclear protests. In: *Social Problems*, 42, 1995, S. 493-512

JOHNSON, T. J.; W. WANTA: Influence dealers: A path analysis model of agenda building during Richard Nixon's war on drugs. In: *Journalism & Mass Communication Quarterly*, 73(1), 1996, S. 181-194

JOHNSON, T. J.; W. WANTA; T. BOUDREAU: Drug peddlers: How four presidents attempted to influence media and public concern on the drug issue. In: *Atlantic Journal of Communication*, 12(4), 2004, S. 177-199

JOHNSON, V.: Operation rescue, vocabularies of motive, and tactical action: A study of movement framing in the practice of quasi-nonviolence. In: *Research in Social Movements Conflicts and Change*, 20, 1997, S. 103-150

JOHNSTON, H.: Toward an explanation of church opposition to authoritarian regimes. In: *Journal for the Scientific Study of Religion*, 28, 1989, S. 493-508

KAASE, M.; F. NEIDHARDT; B. PFETSCH: Medienforschung: Anmerkungen zur Entwicklung eines Forschungsschwerpunktes beim Bundesministerium für Bildung, Wissenschaft, Forschung und Technologie. In: *Publizistik*, 42, 1997, S. 3-15

KELLER, R.; H.-L. GÜNTHER; P. KAISER: *Embryonenschutzgesetz. Kommentar zum Embryonenschutzgesetz.* Stuttgart [Kohlhammer] 1992

KENNAMER, J. D.: Public opinion, the press, and public policy: an introduction. In: KENNAMER, J. D. (Hrsg.): *Public opinion, the press and public policy*. Westport, CT [Praeger] 1992, S. 1-17

KENNEY, P.: Framing, political opportunities, and eastern European mobilization. In: JOHNSTON, H.; J. A. NOAKES (Hrsg.): *Frames of protest. Social movements and the framing perspective*. Lanham, Maryland [Rowman & Littlefield] 2005, S. 143-161

KEPPLINGER, H. M.: German media and oil supply in 1978 and 1979. In: THEBERGE, L. J.; N. SMITH (Hrsg.): *Energy coverage – media panic*. New York [Longman] 1983, S. 22-49

KEPPLINGER, H. M.: *Die aktuelle Berichterstattung des Hörfunks: Eine Inhaltsanalyse der Abendnachrichten und politischen Magazine*. Freiburg [Alber] 1985a

KEPPLINGER, H. M.: Systemtheoretische Aspekte politischer Kommunikation. In: *Publizstik*, 30(2/3), 1985b, S. 247-264

KEPPLINGER, H. M.: *Künstliche Horizonte. Folgen, Darstellung und Akzeptanz von Technik in der Bundesrepublik*. Frankfurt/M. [Campus] 1989a

KEPPLINGER, H. M.: Theorien der Nachrichtenauswahl als Theorien der Realität. In: *Aus Politik und Zeitgeschichte* (Beilage zur Wochenzeitung *Das Parlament*), B 15, 1989b, S. 3-16

KEPPLINGER, H. M.: Publizistische Konflikte: Begriffe, Ansätze, Ergebnisse. In: NEIDHARDT, F. (Hrsg.): *Öffentlichkeit, öffentliche Meinung, soziale Bewegungen*. Opladen [Westdeutscher Verlag] 1994, S. 214-233

KEPPLINGER, H. M.; R. BASTIAN: Der prognostische Gehalt der Nachrichtenwert-Theorie. In: *Publizistik*, 45, 2000, S. 462-475

KEPPLINGER, H. M.; H.-B. BROSIUS; J. F. STAAB; G. LINKE: Instrumentelle Aktualisierung: Grundlagen einer Theorie publizistischer Konflikte. In: KAASE, M.; W. SCHULZ (Hrsg.): *Massenkommunikation. Theorien, Methoden, Befunde*. Opladen [Westdeutscher Verlag] 1989, S. 199-220

KEPPLINGER, H. M.; S. C. EHMIG; C. AHLHEIM: *Gentechnik im Widerstreit. Zum Verhältnis von Wissenschaft und Journalismus*. Frankfurt/M. [Campus] 1991

KEPPLINGER, H. M.; J. HABERMEIER: The impact of key events on the presentation of reality. In: *European Journal of Communication*, 10, 1995, S. 371-390

KEPPLINGER, H. M.; M. HACHENBERG; W. FRÜHAUF: Struktur und Funktion eines publizistischen Konflikts. Die Auseinandersetzung um Heinrich Bölls Artikel »Will Ulrike Gnade oder freies Geleit?« In: *Publizistik*, 22, 1977, S. 14-34

KEPPLINGER, H. M.; H. WEISSBECKER: Negativität als Nachrichtenideologie. In: *Publizistik*, 36, 1991, S. 330-342

KINGDON, J. W.: *Agendas, alternatives and public policies*. New York [Harper Collins] 1984

KIOUSIS, S.: Compelling arguments and attitude strength: Exploring the impact of second-level agenda setting on public opinion of presidential candidate images. In: *Harvard International Journal of Press/Politics*, 10(2), 2005, S. 3-27

KIOUSIS, S.; M. MITROOK; X. WU; T. SELTZER: First- and second-level agenda-building and agenda-setting effects: Exploring the linkages among candidate news releases, media coverage, and public opinion during the 2002 Florida gubernatorial election. In: *Journal of Public Relations Research*, 18(3), 2006, S. 265-285.

KIREJCZYK, M.: Parliamentary cultures and human embryos: The Dutch and British debates compared. In: *Social Studies of Science*, 29(6), 1999, S. 889-912

KITSUSE, S. I.; M. SPECTOR: Toward a sociology of social problems: Social conditions, value-judgements, and social problems. In: *Social Problems,* 20, 1973, S. 407-419

KLANDERMANS, B.; M. DE WEERD; J. M. SABUCEDO; M. COSTA: Injustice and adversarial frames in a supranational political context: Farmers' protest in the Netherlands and Spain. In: DELLA PORTA, D.; H. KRIESI; D. RUCHT (Hrsg.): *Social movements in a globalizing world.* London [Macmillan] 1999, S. 134-147

KLANDERMANS, B.; S. GOSLINGA: Media discourse, movement publicity, and the generation of collective action frames: Theoretical and empirical exercises in meaning construction. In: MCADAM, D.; J. MCCARTHY; M. N. ZALD (Hrsg.): *Comparative perspectives on social movements: Political opportunities, mobilizing structures, and cultural framings.* New York [Cambridge University Press] 1996, S. 312-337

KLEINNIJENHUIS, J.; E. RIETBERG: Parties, media, the public and the economy: Patterns of societal agenda-setting. In: *European Journal of Political Research,* 28(1), 1995, S. 95-118

KLIMENT, T.: *Kernkraftprotest und Medienreaktionen.* Wiesbaden [DUV] 1994

KNIGHT, M. G.: Getting past the impasse: Framing as a tool for public relations. In: *Public Relations Review,* 25(3), 1999, S. 381-398

KNOCHE, M.; M. LINDGENS; E. SCHABEDOTH; A. ZERDICK: Nicht-Veränderung als langfristige Medienwirkung. Einfluß der Presse auf Vorstellungen und Einstellungen zur Politik der GRÜNEN. In: SCHULZ, W. (Hrsg.): *Medienwirkungen. Einflüsse von Presse, Radio und Fernsehen auf Individuum und Gesellschaft.* Weinheim [Acta humaniora] 1992, S. 121-141

KOCH, K.: Kehrtwende in zwei Etappen. In: *Süddeutsche Zeitung,* 2001, 5. Mai, S. 6

KOCKS, K.: Öffentlichkeit und keine Aufklärung. Ein Nachruf auf die Konsensphilosophie. In: KOCKS, K. (Hrsg.): *Glanz und Elend der PR. Zur praktischen Philosophie der Öffentlichkeitsarbeit.* Wiesbaden [DUV] 2001, S. 81-93

KOHRING, M.: Die Wissenschaft des Wissenschaftsjournalismus. Eine Forschungskritik und ein Alternativvorschlag. In: MÜLLER, C. (Hrsg.): *SciencePop. Wissenschaftsjournalismus zwischen PR und Forschungskritik.* Graz [Nausner & Nausner] 2004, S. 161-183

KOHRING, M.: *Wissenschaftsjournalismus. Forschungsüberblick und Theorieentwurf* (2., überarbeitete Auflage). Konstanz [UVK] 2005

KOHRING, M.; A. GÖRKE; G. RUHRMANN: Das Bild der Gentechnik in den internationalen Medien – eine Inhaltsanalyse meinungsführender Zeitschriften. In: HAMPEL, J.; O. RENN (Hrsg.): *Gentechnik in der Öffentlichkeit. Wahrnehmung und Bewertung einer umstrittenen Technologie.* Frankfurt/M. [Campus] 1999, S. 292-316

KOHRING, M.; D. M. HUG: Öffentlichkeit und Journalismus. Zur Notwendigkeit der Beobachtung gesellschaftlicher Interdependenz – Ein systemtheoretischer Entwurf. In: *Medien Journal,* 21(1), 1997, S. 15-33

KOHRING, M.; J. MATTHES: The face(t)s of biotech in the nineties: How the German press frame modern biotechnology. In: *Public Understanding of Science,* 11, 2002, S. 143-154

KOLB, S.: *Mediale Thematisierung in Zyklen. Theoretischer Entwurf und empirische Anwendung.* Köln [Herbert von Halem] 2006

KRIPPENDORFF, K.: *Content analysis. An introduction to its methodology*. Thousand Oaks, CA [Sage] 2004

KRÜGER, U. M.; T. ZAPF-SCHRAMM: Fernsehwahlkampf 1998 in Nachrichten und politischen Informationssendungen. In: *Media Perspektiven,* o. Jg., 1999, S. 222-236

KRUSE, C. R.: The movement and the media: Framing the debate over animal experimentation. In: *Political Communication,* 18, 2001, S. 67-87

KUBAL, T. J.: The presentation of political self: Cultural resonance and the construction of collective action frames. In: *Sociological Quarterly,* 39(4), 1998, S. 539-554

KUNCZIK, M.; A. ZIPFEL: *Publizistik.* Köln [Böhlau] 2005

LANGENSCHEIDT (Hrsg.): *Fremdwörterbuch*. Abgerufen am 12.12.2007 unter http://services.langenscheidt.de/fremdwb/fremdwb.html 2007

LAU, C.: Risikodiskurse: Gesellschaftliche Auseinandersetzungen um die Definition von Risiken. In: *Soziale Welt,* 40(3), 1989, S. 418-436

LAUF, E.: ».96 nach Holsti«. Zur Reliabilität von Inhaltsanalysedaten und deren Darstellung in kommunikationswissenschaftlichen Fachzeitschriften. In: *Publizistik,* 46(1), 2001, S. 57-68

LAUZEN, M. M.: Understanding the relation between public relations and issues management. In: *Journal of Public Relations Research,* 9(1), 1997, S. 65-82

LEE, B.; K. M. LANCENDORFER; K. J. LEE: Agenda-Setting and the Internet: The intermedia influence of Internet bulletin boards on newspaper coverage of the 2000 general election in South Korea. In: *Asian Journal of Communication,* 15(1), 2005, S. 57-71

LEONARZ, M.: Die Gentechnologie als kontroverses Medienthema. Eine Zeitungsinhaltsanalyse von 1997 bis 1999. In: BONFADELLI, H.; U. DAHINDEN (Hrsg.): *Gentechnologie in der öffentlichen Kontroverse*. Zürich [Seismo] 2002, S. 25-43

LEONARZ, M: *Gentechnik im Fernsehen. Eine Framing-Analyse.* Konstanz [UVK] 2006

LEONARZ, M.; M. SCHANNE: Gentechnologie als Medienthema. In: BONFADELLI, H. (Hrsg.): *Gentechnologie im Spannungsfeld von Politik, Medien und Öffentlichkeit*. Zürich [IPMZ] 1999, S. 63-97

LIM, J.: A cross-laged analysis of agenda setting among online news media. In: *Journalism & Mass Communication Quarterly,* 83(2), 2006, S. 298-312

LIPPMANN, W.: *Public Opinion*. New York [Macmilan] 1922

LÖFFELHOLZ, M.: Dimensionen struktureller Kopplung von Öffentlichkeitsarbeit und Journalismus. In: BENTELE, G.; M. HALLER (Hrsg.): *Aktuelle Entstehung von Öffentlichkeit. Akteure – Strukturen – Veränderungen*. Konstanz [UVK] 1997, S. 187-208

LÖFFELHOLZ, M.: Ein privilegiertes Verhältnis. Inter-Relationen von Journalismus und Öffentlichkeitsarbeit. In: LÖFFELHOLZ, M. (Hrsg.): *Theorien des Journalismus. Ein diskursives Handbuch*. Wiesbaden [VS Verlag für Sozialwissenschaften] 2004, S. 471-485

LÓPEZ-ESCOBAR, E.; J. P. LLAMAS; M. MCCOMBS: Agenda setting and community consensus: First and second level effects. In: *International Journal of Public Opinion Research,* 10(4), 1998, S. 335-348

LUHMANN, N.: Öffentliche Meinung. In: *Politische Vierteljahreszeitschrift,* 11(1), 1970, S. 2-28

LUHMANN, N.: *Die Realität der Massenmedien*. Opladen [Westdeutscher Verlag] 1996

MAGIDSON, J.; J. K. VERMUNT: Latent class models for clustering: A comparison with K-means. In: *Canadian Journal of Marketing Research,* 20(1), 2002, S. 37-44

MAHER, T. M.: Framing: An emerging paradigm or a phase of agenda-setting? In: REESE, S. D.; O. GANDY; A. GRANT (Hrsg.): *Framing public life*. Mahwah, NJ [Erlbaum] 2003, S. 83-94

MARCINKOWSKI, F.: *Publizistik als autopoietisches System*. Opladen [Westdeutscher Verlag] 1993

MARULLO, S.; R. PAGNUCCO; J. SMITH: Frame changes and social movement contraction: Peace movement framing after the Cold War. In: *Sociological Inquiry,* 66, 1996, S. 1-28

MATHES, R.: Medienwirkungen und Konfliktdynamik in der Auseinandersetzung um die Entlassung von General Kiessling. In: KAASE, M.; W. SCHULZ (Hrsg.): *Massenkommunikation. Theorien, Methoden, Befunde.* Opladen [Westdeutscher Verlag] 1989, S. 441-458

MATHES, R.; R. CZAPLICKI: Meinungsführer im Mediensystem: »Top-down«- und »Bottom-up«-Prozesse. In: *Publizistik*, 38, 1993, S. 153-166

MATTHES, J.: Die Schema-Theorie in der Medienwirkungsforschung: Ein unscharfer Blick in die »Black Box«? In: *Medien und Kommunikationswissenschaft*, 52(4), 2004, S. 545-568

MATTHES, J.: Beyond accessibility? Toward an on-line and memory-based model of framing effects. In: *Communications: The European Journal of Communication Research*, 32(1), 2007a, S. 51-78

MATTHES, J.: *Framing-Effekte. Zum Einfluss der Politikberichterstattung auf die Einstellungen der Rezipienten.* München [Fischer] 2007b

MATTHES, J.: *Looking back while moving forward. A content analysis of media framing studies in the world's leading communication journals, 1990-2005.* San Francisco, USA [Vortrag auf der 57. Jahrestagung der International Communication Association (ICA)] 2007c

MATTHES, J.; M. KOHRING: Die empirische Erfassung von Medienframes. In: *Medien & Kommunikationswissenschaft*, 52(1), 2004, S. 56-75

MCADAM, D.: Taktiken von Protestbewegungen. In: NEIDHARDT, F. (Hrsg.): *Öffentlichkeit, öffentliche Meinung, soziale Bewegungen.* Opladen [Westdeutscher Verlag] 1994, S. 393-412

MCADAM, D.: The framing function of movement tactics: Strategic dramaturgy in the American civil rights movement. In: MCADAM, D.; J. MCCARTHY; M. ZALD (Hrsg.): *Comparative perspectives on social movements: Political opportunities, mobilizing structures, and cultural framings.* New York [Cambridge University Press] 1996, S. 338-355

MCADAM, D.; J. D. MCCARTHY; M. N. ZALD: Introduction: Opportunities, mobilizing structures, and framing processes – toward a synthetic, comparative perspective on social movements. In: MCADAM, D.; J. D. MCCARTHY; M. N. ZALD (Hrsg.): *Comparative perspectives on social movements.* Cambridge [Cambridge University Press] 1996, S. 1-20

MCCARTHY, J. D.; J. SMITH; M. N. ZALD: Accessing public, media, electoral and governmental agendas. In: MCADAM, D.; J. D. MCCARTHY; M. N. ZALD (Hrsg.): *Comparative perspectives on social movements.* Cambridge [Cambridge University Press] 1996, S. 291-311

MCCOMBS, M. E.; S. I. GHANEM: The convergence of agenda setting and framing. In: REESE, S. D.; O. GANDY; A. GRANT (Hrsg.): *Framing public life.* Mahwah, NJ [Erlbaum] 2003, S. 67-82

MCCOMBS, M. E.; S. GILBERT: News influence on our pictures of the world. In: BRYANT, J.; D. ZILLMANN (Hrsg.): *Perspectives on media effects.* Hillsdale, NJ [Erlbaum] 1986, S. 1-15

MCCOMBS, M. E.; D. L. SHAW: The agenda-setting function of mass media. In: *Public Opinion Quarterly,* 36, 1972, S. 176-187

MCLEOD, D. M.; B. H. DETENBER: Framing effects of television news coverage of social protest. In: *Journal of Communication,* 49, 1999, S. 3-23

MERKEL, R.: *Forschungsobjekt Embryo. Verfassungsrechtliche und ethische Grundlagen der Forschung an menschlichen embryonalen Stammzellen.* München [dtv] 2002

MERTEN, K.: Die Berichterstattung über Gentechnik in Presse und Fernsehen – eine Inhaltsanalyse. In: HAMPEL, J.; O. RENN (Hrsg.): *Gentechnik in der Öffentlichkeit. Wahrnehmung und Bewertung einer umstrittenen Technologie.* Frankfurt/M. [Campus] 1999, S. 317-339

MERTEN, K.: Mikro, Mikro-Makro oder Makro? Zum Verhältnis von Journalismus und PR aus systemischer Perspektive. In: ALTMEPPEN, K.-D.; U. RÖTTGER; G. BENTELE (Hrsg.): *Schwierige Verhältnisse. Interdependenzen zwischen Journalismus und* PR. Wiesbaden [VS Verlag für Sozialwissenschaften] 2004, S. 17-36

MILLER, M. M.: Frame mapping and analysis of news coverage of contentious issues. In: *Social Science Computer Review,* 15(4), 1997, S. 367-378

MILLER, M. M.; J. ANDSAGER; B. P. RIECHERT: Framing the Candidates in Presidential Primaries: Issues and Images in Press Releases and News Coverage. In: *Journalism & Mass Communication Quarterly,* 75(2), 1998, S. 312-324

MILLER, M. M.; B. P. RIECHERT: The spiral of opportunity and frame resonance: Mapping the issue cycle in news and public discourse. In: REESE, S. D.; O. H. GANDY; A. E. GRANT (Hrsg.): *Framing public life.* Mahwah, NJ [Erlbaum] 2003, S. 107-121

MÖLLER, T.: *Ethisch relevante Äußerungen von Max Weber zu den von ihm geprägten Begriffen der Gesinnungs- und Verantwortungsethik.* München [Minerva] 1983

MOONEY, P. H.; S. A. HUNT: A repertoire of interpretations: Master frames and ideological continuity in U.S. agrarian mobilization. In: *Sociological Quarterly,* 37, 1996, S. 177-197

MÜNCH, R.: *Dialektik der Kommunikationsgesellschaft*. Frankfurt/M. [Suhrkamp] 1991

MULKAY, M.: Rhetorics of hope and fear in the great embryo debate. In: *Social Studies of Science*, 23(4), 1993, S. 721-742

MULKAY, M.: Changing minds about embryo research. In: *Public Understanding of Science*, 3, 1994a, S. 195-213

MULKAY, M.: Embryos in the news. In: *Public Understanding of Science*, 3, 1994b, S. 33-51

MULKAY, M.: Science and family in the great embryo debate. In: *Sociology*, 28(3), 1994c, S. 699-715

MULKAY, M.: The triumph of the pre-embryo: Interpretations of the human embryo in parliamentary debate over embryo research. In: *Social Studies of Science*, 24(4), 1994d, S. 611-639

MULKAY, M.: Galileo and the embryos: Religion and science in parliamentary debate over research on human embryos. In: *Social Studies of Science*, 25(3), 1995a, S. 499-532

MULKAY, M.: Political parties, parliamentary lobbies and embryo research. In: *Public Understanding of Science*, 4, 1995b, S. 31-55

NAGEL, E.: *Heilen und Helfen. Zum christlichen Verständnis des Menschen aus ärztlicher Sicht*. Abgerufen am 13.02.2008 unter http://www.ekd.de/vortraege/2002/bioethik_nagel_020128.html 2002

NATIONALER ETHIKRAT: *Zum Import menschlicher embryonaler Stammzellen: Stellungnahme*. Abgerufen am 13.02.2008 unter http://www.ethikrat.org/stellungnahmen/pdf/Stellungnahme_Stammzellimport.pdf 2001

NEIDHARDT, F.: Öffentlichkeit, öffentliche Meinung, soziale Bewegungen. In: NEIDHARDT, F. (Hrsg.): *Öffentlichkeit, öffentliche Meinung, soziale Bewegungen*. Opladen [Westdeutscher Verlag] 1994a, S. 7-41

NEIDHARDT, F.: Öffentlichkeit und die Öffentlichkeitsprobleme der Wissenschaft. In: ZAPF, W.; M. DIERKES (Hrsg): *Institutionenvergleich und Institutionendynamik*. Berlin [Sigma] 1994b, S. 39-56

NEIDHARDT, F.: Öffentliche Diskussion und politische Entscheidung. Der deutsche Abtreibungskonflikt 1970-1994. In: VAN DEN DAELE, W.; F. NEIDHARDT (Hrsg.): *Kommunikation und Entscheidung. Politische Funktionen öffentlicher Meinungsbildung und diskursiver Verfahren*. Berlin [Sigma] 1996, S. 53-82

NEIDHARDT, F.; D. RUCHT: Auf dem Weg in die »Bewegungsgesellschaft«? In: *Soziale Welt*, 44, 1993, S. 305-326

NELKIN, D.: *Selling science. How the press covers science and technology*. New York [Freeman] 1995

NEPSTAD, S. E.: The process of cognitive liberation: Cultural synapses, links, and frame contradictions in the U.S.-Central America peace movement. In: *Sociological Inquiry*, 67(4), 1997, S. 470-487

NEUBERGER, C.: Journalismus als systembezogene Akteurskonstellation. Grundlagen einer integrativen Journalismustheorie. In: LÖFFELHOLZ, M. (Hrsg.): *Theorien des Journalismus*. Wiesbaden [VS Verlag für Sozialwissenschaften] 2004, S. 287-303

NEVEU, E.: The local press and farmers' protests in Brittany: Proximity and distance in the local newspaper coverage of a social movement. In: *Journalism Studies*, 3(1), 2002, S. 53-67

NISBET, M. C.; D. BROSSARD; A. KROEPSCH: Framing Science. The stem cell controversy in an age of press/politics. In: *Harvard International Journal of Press/Politics*, 8(2), 2003, S. 36-70

NISBET, M. C.; M. HUGE: Attention cycles and frames in the plant biotechnology debate: Managing power and participation through the press/policy connection. In: *Harvard International Journal of Press/Politics*, 11(2), 2006, S. 3-40

NISBET, M. C.; B. V. LEWENSTEIN: Biotechnology and the American media: The policy process and the elite press, 1970-1999. In: *Science Communication*, 23(4), 2002, S. 359-391

NOAKES, J. A.: Official frames in social movement theory : The FBI, HUAC, and the communist threat in Hollywood. In: JOHNSTON, H.; J. A. NOAKES (Hrsg.): *Frames of protest. Social movements and the framing perspective*. Lanham, Maryland [Rowman & Littlefield] 2005, S. 89-111

NOAKES, J. A.; H. JOHNSTON: Frames of protest: A road map to a perspective. In: JOHNSTON, H.; J. A. NOAKES (Hrsg.): *Frames of protest. Social movements and the framing perspective*. Lanham, Maryland [Rowman & Littlefield] 2005, S. 1-29

NOONAN, R. K.: Women against the state: Political opportunities and collective action frames in Chile's transition to democracy. In: *Sociological Forum*, 10(1), 1995, S. 81-111

ÖSTGAARD, E.: Factors influencing the flow of news. In: *Journal of Peace Research*, 2, 1965, S. 39-63

OHL, C. M.; J. D. PINCUS; T. RIMMER; D. HARRISON: Agenda building role of news releases in corporate takeovers. In: *Public Relations Review*, 21(2), 1995, S. 89-101

OLIVER, P. E.; H. JOHNSTON: What a good idea! Ideologies and frames in social movement research. In: JOHNSTON, H.; J. A. NOAKES (Hrsg.): *Frames of protest. Social movements and the framing perspective*. Lanham, Maryland [Rowman & Littlefield] 2005, S. 185-203

OTTO, K.: *Thematisierungsstrategie in den Massenmedien und ihre Auswirkung auf die Bevölkerung und die politischen Entscheidungsträger. Thematisierung und Deutung des Problems »Waldsterben« in den achtziger Jahren*. Dortmund [Dissertation] Abgerufen am 09.03.2007 unter http://hdl.handle.net/2003/2965 2001

PAGE, B.: *Who deliberates? Mass media in modern democracy*. Illinois [University of Chicago Press] 1996

PAGE, B. I.; R. Y. SHAPIRO : *The rational public: Fifty years of trends in Americans' policy preferences*. Chicago [Chicago University Press] 1992

PAN, Z.; G. M. KOSICKI: Framing analysis: An approach to news discourse. In: *Political Communication*, 10(1), 1993, S. 55-75

PAN, Z.; G. M. KOSICKI: Framing as a strategic action in public deliberation. In: REESE, S. D. ; O. H. GANDY; A. E. GRANT (Hrsg.): *Framing public life. Perspectives on media and our understanding of the social world*. Mahwah, NJ [Erlbaum] 2003, S. 35-65

PARSONS, T.: *The social system*. Glencoe, IL [Free Press] 1952

PERKINS, S. C.: Un-presidented: A qualitative framing analysis of the NAACP's public relations response of the 2000 presidential election. In: *Public Relations Review*, 31(1), 2005, S. 63-71

PETERS, H. P.: Editorial: Public opinion on biotechnology. In: *International Journal of Public Opinion Research*, 17(1), 2005, S. 1-4

PFETSCH, B.: Themenkarrieren und politische Kommunikation. In: *Aus Politik und Zeitgeschichte* (Beilage zur Wochenzeitung *Das Parlament*), B 39, 1994, S. 11-20

PFETSCH, B.; S. WEHMEIER: Sprecher: Kommunikationsleistungen gesellschaftlicher Akteure. In: JARREN, O.; H. WESSLER (Hrsg.): *Journalismus – Medien – Öffentlichkeit*. Opladen [Westdeutscher Verlag] 2002, S. 39-97

PINCUS, J. D.; T. RIMMER; R. E. RAYFIELD; F. CROPP: Newspaper editors' perceptions of public relations: How business, news, and sports editors differ. In: *Journal of Public Relations Research*, 5, 1993, S. 27-45

PLASSER, F.: Elektronische Politik und politische Technostruktur reifer Industriegesellschaften. In: PLASSER, F.; P. A. ULRAM; M. WELAU (Hrsg.): *Demokratierituale*. Wien [Böhlau] 1985, S. 9-31

POMPE, S.; C. TANNERT: Stand der Stammzelldebatte in Deutschland. In: TANNERT, C.; P. WIEDEMANN (Hrsg.): *Stammzellen im Diskurs. Ein Lese- und Arbeitsbuch zu einer Bürgerkonferenz*. München [oekom] 2004, S. 92-105

PORTO, M. P.: Framing controversies: Television and the 2002 presidential election in Brazil. In: *Political Communication*, 24, 2007, S. 19-36

PRICE, V.; D. TEWKSBURY: News values and public opinion: A theoretical account of media priming and framing. In: BARETT, G. A.; F. J. BOSTER (Hrsg.): *Progress in communication sciences: Advances in persuasion* (Bd. 13). Greenwich, CT [Ablex] 1997, S. 173-212

PRIEST, S. H.: *A grain of truth: The media, the public, and biotechnology*. Lanham, Maryland [Rowman & Littlefield] 2001

PRITCHARD, D.: The news media and public policy agendas. In: KENNAMER, D. (Hrsg.): *Public opinion, the press and public policy*. Westport, CT [Praeger] 1992, S. 103-112

PRITCHARD, D.; D. BERKOWITZ: The limits of agenda-setting: The press and political responses to crime in the United States, 1950-1980. In: *International Journal of Public Opinion Research*, 5(1), 1993, S. 86-91

PROTESS, D. L.; F. L. COOK; T. R. CURTIN; M. T. GORDON; D. R. LEFF; M. E. MCCOMBS; P. MILLER: The impact of investigative reporting on public opinion and policymaking targeting toxic waste. In: *Public Opinion Quarterly*, 51(2), 1987, S. 166-185

PROTESS, D. L.; D. R. LEFF; S. C. BROOKS; M. T. GORDON: Uncovering rape: The watchdog press and the limits of agenda setting. In: *Public Opinion Quarterly*, 49, 1985, S. 19-37

PÜRER, H.: *Publizistik- und Kommunikationswissenschaft*. Konstanz [UVK] 2003

REBER, B. H.; B. K. BERGER: Framing analysis of activist rhetoric: How the Sierra Club succeeds or fails at creating salient messages. In: *Public Relations Review*, 31, 2005, S. 185-195

REESE, S. D.: The framing project: A bridging model for media research revisited. In: *Journal of Communication*, 57(1), 2007, S. 148-154

REICH, Z.: The process model of news initiative: Sources lead first, reporters thereafter. In: *Journalism Studies*, 7(4), 2006, S. 497-514

REINHARDT, J. D.; M. JÄCKEL: Zurechnungsmodelle und Themenrepertoires. Gedanken zur Integrationsleistung von Massenmedien in der Moderne. In: IMHOF, K.; O. JARREN; R. BLUM (Hrsg.): *Integration und*

Medien (Mediensymposium Luzern, Bd. 7). Wiesbaden [Westdeutscher Verlag] 2002, S. 77-92

REIS, R.: How Brazilian and North American newspapers frame the stem cell research debate. In: *Science Communication*, 29(3), 2008, S. 316-334

RIESMEYER, C.: *Das Verhältnis von Journalismus und Public Relations. Ressort und Status der Informationsquelle als Einflussfaktoren. Eine Fallstudie am Beispiel der Thüringer Allgemeine*. Göttingen [Dissertation]. Abgerufen am 09.02.07 von http://webdoc.sub.gwdg.de/diss/2006/riesmeyer/riesmeyer.pdf 2006

RINCK, A.: *Interdependenzen zwischen PR und Journalismus. Eine empirische Untersuchung der PR-Wirkung am Beispiel einer dialogorientierten Strategie von BMW*. Wiesbaden [Westdeutscher Verlag] 2001

ROBERTS, M.; W. WANTA; T.-H. DZWO: Agenda setting and issue salience online. In: *Communication Research*, 29(4), 2002, S. 452-465

RÖSSLER, P.: *Agenda-Setting. Theoretische Annahmen und empirische Evidenzen einer Medienwirkungshypothese*. Opladen [Westdeutscher Verlag] 1997

RÖSSLER, P.: *Inhaltsanalyse*. Konstanz [UVK] 2005

RÖTTGER, U. (Hrsg.): *Issues Management. Theoretische Konzepte und praktische Umsetzung. Eine Bestandsaufnahme*. Opladen [Westdeutscher Verlag] 2001

ROGERS, E. M.: *Diffusion of innovations*. New York [Free Press] 1983

ROGERS, E. M.; J. W. DEARING: Agenda-Setting research: Where has it been, where is it going? In: ANDERSON, J. A. (Hrsg.): *Communication Yearbook 11*. Newbury Park, CA [Sage] 1988, S. 555-594

ROGERS, E. M.; J. W. DEARING; S. CHANG: AIDS in the 1980s: The agenda-setting process for a public issue. In: *Journalism Monographs*, 126, 1991

RONNEBERGER, F.: Die politischen Funktionen der Massenmedien. In: LANGENBUCHER, W. R. (Hrsg.): *Zur Theorie der politischen Kommunikation*. München [Piper] 1974, S. 193-205

RONNEBERGER, F.; M. RÜHL: *Theorie der Public Relations. Ein Entwurf*. Opladen [Westdeutscher Verlag] 1992

ROSSMANN, T.: Öffentlichkeitsarbeit und ihr Einfluß auf die Medien. In: *Media Perspektiven*, o.Jg.(2), 1993, S. 85-94

ROTHMAN, F. D.; P. OLIVER: From local to global: The Antidam movement in Southern Brazil, 1979-1992. In: SMITH, J.; H. JOHNSTON (Hrsg.): *Globalization and resistance: Transnational dimension of social movements*. New York [Rowman & Littlefield] 2002, S. 115-132

RUBNER, J.: Mehr Kopf, weniger Bauch. In: *Süddeutsche Zeitung*, 2001, 14. April, S. 2

RÜDIGER, B.: *Volle Boote, leere Botschaften? Politische PR und Berichterstattung am Beispiel der Zuwanderungsdebatte*. München [Unveröffentlichte Magisterarbeit, Ludwig-Maximilians-Universität] 2002

RUHRMANN, G.: Risikokommunikation. In: *Publizistik*, 37, 1992, S. 5-24

RUHRMANN, G.; R. GÖBBEL: *Veränderung der Nachrichtenfaktoren und Auswirkungen auf die journalistische Praxis in Deutschland*. Abschlussbericht für netzwerk recherche e.V. Abgerufen am 07.11.07 von http://www.netzwerk recherche.de/docs/ruhrmann-goebbel-veraenderung-der-nachrichtenfaktoren.pdf 2007

RUSS-MOHL, S.: Symbiose oder Konflikt: Öffentlichkeitsarbeit und Journalismus. In: JARREN, O. (Hrsg.): *Medien und Journalismus 1. Eine Einführung*. Opladen [Westdeutscher Verlag] 1994, S. 313-327

RUSS-MOHL, S.: Spoonfeeding, Spinning, Whistleblowing. Beispiel USA: Wie sich die Machtbalance zwischen PR und Journalismus verschiebt. In: ROLKE, L.; V. WOLFF (Hrsg.): *Wie die Medien die Wirklichkeit steuern und selber gesteuert werden*. Opladen [Westdeutscher Verlag] 1999, S. 163-176

RYAN, C.: *Prime time activism: Media strategies for grassroots organizing*. Boston [South End Press] 1991

SAFFARNIA, P. A.: Determiniert Öffentlichkeitsarbeit tatsächlich den Journalismus? Empirische Belege und theoretische Überlegungen gegen die PR-Determinierungsannahme. In: *Publizistik*, 38, 1993, S. 412-425

SALLOT, L. M.; E. A. JOHNSON: Investigating relationships between journalists and public relations practitioners: Working together to set, frame and build the public agenda, 1991-2004. In: *Public Relations Review*, 32, 2006, S. 151-159

SARCINELLI, U.: Mediatisierung und Wertewandel. Politik zwischen Entscheidungsprozeß und politischer Regiekunst. In: BÖCKELMANN, F. E. (Hrsg.): *Medienmacht und Politik. Mediatisierte Politik und politischer Wertewandel*. Berlin [Spiess] 1989, S. 165-174

SAXER, U.: Macht von Medien – Macht durch Medien. Anmerkungen zu Befunden in einem amorphen Forschungsbereich. In: *Rundfunk und Fernsehen*, 31(3/4), 1983, S. 439-455

SAXER, U.: Aspekte und Modalitäten politischer Wertsozialisation durch Medienkommunikation. In: BÖCKELMANN, F. E. (Hrsg.): *Medienmacht und Politik. Mediatisierte Politik und politischer Wertewandel*. Berlin [Spiess] 1989, S. 121-137

SCHÄFER, M. S.: *Wissenschaft in den Medien. Die Medialisierung naturwissenschaftlicher Themen*. Wiesbaden [VS Verlag für Sozialwissenschaften] 2007

SCHANTEL, A.: Determination oder Intereffikation? Eine Metaanalyse der Hypothesen zur PR-Journalismus-Beziehung. In: *Publizistik,* 45(1), 2000, S. 70-88

SCHENK, M.; D. ŠONJE: *Journalisten und Gentechnik.* München [Fischer] 1998

SCHERER, H.: Unternehmungen in öffentlichen Auseinandersetzungen: Strukturmerkmale öffentlicher Kommunikation als Herausforderung für die integrierte Unternehmenskommunikation. In: AHRENS, R.; A. ZERFASS; H. SCHERER (Hrsg.): *Integrierte Unternehmenskommunikation: Konzeptionelle Grundlagen und praktische Erfahrungen. Ein Handbuch für Öffentlichkeitsarbeit, Marketing, Personal- und Organisationsentwicklung.* Frankfurt/M. [IMK] 1995, S. 51-82

SCHEUFELE, B.: »Scattered« or related – clarifying the framing concept by integrating related approaches? In: BROSIUS, H.-B. (Hrsg.): *Kommunikation über Grenzen und Kulturen.* Konstanz [UVK] 2000, S. 381-395

SCHEUFELE, B.: *Frames – Framing – Framing-Effekte.* Opladen [Westdeutscher Verlag] 2003

SCHEUFELE, D. A.: Framing as a theory of media effects. In: *Journal of Communication,* 49(1), 1999, S. 103-122

SCHEUFELE, D. A.; D. TEWKSBURY: Framing, agenda setting, and priming: The evolution of three media effects models. In: *Journal of Communication,* 57(1), 2007, S. 9-20

SCHIMANK, U.: Der mangelnde Akteursbezug systemtheoretischer Erklärungen gesellschaftlicher Differenzierung – Ein Diskussionsvorschlag. In: *Zeitschrift für Soziologie,* 14(6), 1985, S. 421-434

SCHIMANK, U.: Gesellschaftliche Teilsysteme als Akteurfiktionen. In: *Kölner Zeitschrift für Soziologie und Sozialpsychologie,* 40(3), 1988, S. 619-639

SCHMIDT, S. J.: Die Wirklichkeit des Beobachters. In: MERTEN, K.; S. J. SCHMIDT; S. WEISCHENBERG (Hrsg.): *Die Wirklichkeit der Medien. Eine Einführung in die Kommunikationswissenschaft.* Opladen [Westdeutscher Verlag] 1994, S. 3-19

SCHMITT-BECK, R.; B. PFETSCH: Politische Akteure und die Medien der Massenkommunikation. Zur Generierung von Öffentlichkeit in Wahlkämpfen. In: NEIDHARDT, F. (Hrsg.): *Öffentlichkeit, öffentliche Meinung, soziale Bewegungen.* Opladen [Westdeutscher Verlag] 1994, S. 106-138

SCHNEIDER, C.: Political opportunities and framing Puerto Rican identity in New York City. In: JOHNSTON, H.; J. A. NOAKES (Hrsg.): *Frames of protest. Social movements and the framing perspective.* Lanham, Maryland [Rowman & Littlefield] 2005, S. 163-181

SCHÖN, D. A.; M. REIN: *Frame reflection: Toward the resolution of intractable policy controversies.* New York [Basic Books] 1994

SCHÖNBACH, K.: *Trennung von Nachricht und Meinung. Empirische Untersuchung eines journalistischen Qualitätskriteriums.* Freiburg i. Br. [Alber] 1977

SCHÖNBACH, K.; H. A. SEMETKO: Journalistische »Professionalität« vs. Chancengleichheit von Regierung und Opposition: Ein Dilemma der aktuellen Berichterstattung im Wahlkampf. In: ARMINGEON, K.; R. BLUM (Hrsg.): *Das öffentliche Theater: Politik und Medien in der Demokratie.* Bern [Haupt] 1995, S. 49-64

SCHÖNE-SEIFERT, B.: Abtreibung ja – Forschung nein? Hat der Embryo in-utero einen anderen moralischen Status als in-vitro? In: BOCKENHEIMER-LUCIUS, G. (Hrsg.): *Forschung an embryonalen Stammzellen. Ethische und rechtliche Aspekte.* Köln [Deutscher Ärzte-Verlag] 2002, S. 95-105

SCHOLL, A.: Steuerung oder strukturelle Kopplung? Kritik und Erneuerung theoretischer Ansätze und empirischer Operationalisierungen. In: ALTMEPPEN, K.-D.; U. RÖTTGER; G. BENTELE (Hrsg.): *Schwierige Verhältnisse. Interdependenzen zwischen Journalismus und PR.* Wiesbaden [VS Verlag für Sozialwissenschaften] 2004, S. 37-51

SCHOLL, A.; S. WEISCHENBERG: *Journalismus in der Gesellschaft. Theorie, Methodologie, Empirie.* Opladen [Westdeutscher Verlag] 1998

SCHULZ, W.: Massenmedien und Realität. Die »ptolemäische« und die »kopernikanische« Auffassung. In: KAASE, M.; W. SCHULZ (Hrsg.): *Massenkommunikation: Theorien, Methoden, Befunde.* Opladen [Westdeutscher Verlag] 1989, S. 135-149

SCHULZ, W.: *Die Konstruktion von Realität in den Nachrichtenmedien. Analyse der aktuellen Berichterstattung* (2. Auflage). Freiburg i. Br. [Alber] 1990

SCHULZ, W.: Medienwirklichkeit und Medienwirkung: Aktuelle Entwicklungen der Massenkommunikation und ihre Folgen. In: *Aus Politik und Zeitgeschichte* (Beilage zur Wochenzeitung *Das Parlament*), B 40, 1993, S. 16-26

SCHULZ, W.: *Massenmedien im politischen Prozess. Theoretische Ansätze und Ergebnisse empirischer Forschung zur Rolle der Massenmedien in der Politik.* Opladen [Westdeutscher Verlag] 1997

SCHULZ, W.; H. BERENS; R. ZEH: *Der Kampf um Castor in den Medien.* München [Fischer] 1998

SCHWEDA, C.; R. OPHERDEN: *Journalismus und Public Relations. Grenzbeziehungen im System lokaler politischer Kommunikation.* Wiesbaden [DUV] 1995

SEIDENGLANZ, R.; G. BENTELE: Das Verhältnis von Öffentlichkeitsarbeit und Journalismus im Kontext von Variablen. Modellentwicklung auf

Basis des Intereffikationsansatzes und empirische Studie im Bereich der sächsischen Landespolitik. In: ALTMEPPEN, K.-D.; U. RÖTTGER; G. BENTELE (Hrsg.): *Schwierige Verhältnisse: Interdependenzen zwischen Journalismus und PR.* Wiesbaden [VS Verlag für Sozialwissenschaften] 2004, S. 105-120

SEIFERT, F.: *Gentechnik – Öffentlichkeit – Demokratie. Der österreichische Gentechnik-Konflikt im internationalen Kontext.* München [Profil] 2002

SHOEMAKER, P. J.; S. D. REESE: *Mediating the message: Theories of influences on mass media content.* White Plains, NY [Longman] 1996

SKILLINGTON, T.: Politics and the struggle to define: A discourse analysis of the framing strategies of competing actors in a »new« participatory forum. In: *British Journal of Sociology,* 48(3), 1997, S. 493-513

SNOW, D. A.; R. D. BENFORD: Ideology, frame resonance, and participant micromobilization. In: KLANDERMANS, B.; H. KRIESI; S. TARROW (Hrsg.): *From structure to action: Comparing social movement research across cultures.* Greenwich, CT [JAI Press] 1988, S. 197-217

SNOW, D. A.; R. D. BENFORD: Master frames and cycles of protest. In: MORRIS, A.; C. MUELLER (Hrsg.): *Frontiers in social movement theory.* New Haven, CT [Yale University Press] 1992, S. 133-155

SNOW, D. A.; R. D. BENFORD: Clarifying the relationship between framing and ideology. In: JOHNSTON, H.; J. A. NOAKES (Hrsg.): *Frames of protest. Social movements and the framing perspective.* Lanham, Maryland [Rowman & Littlefield] 2005, S. 205-211

SNOW, D.; E. B. ROCHFORD JR.; S. K. WORDEN; R. D. BENFORD: Frame alignment processes, micromobilization, and movement participation. In: *American Sociological Review,* 51(4), 1986, S. 464-481

SOHN, A. B.: A longitudinal analysis of local non-political agenda-setting effects. In: *Journalism Quarterly,* 55, 1978, S. 325-333

SONG, Y.: Internet news media and issue development: A case study on the roles of independent online news services as agenda-builders for anti-US protests in South Korea. In: *New Media & Society,* 9(1), 2007, S. 71-92

SOROKA, S. N.: Issue attributes and agenda-setting by media, the public, and policymakers in Canada. In: *International Journal of Public Opinion Research,* 14, 2002, S. 264-285

SOROKA, S. N.: Media, public opinion, and foreign policy. In: *Harvard International Journal of Press/Politics,* 7(3), 2003, S. 34-54

SPIESS, C.: »Zellhaufen oder menschliches Leben?« Redestrategien im Bioethikdiskurs um embryonale Stammzellforschung – Aspekte einer linguistischen Diskursanalyse. In: DABROWSKI, M.; C. SPIESS (Hrsg.): *Zellhaufen oder menschliches Leben? Überzeugungsstrategien im Diskurs um die embryonale Stammzellforschung aus sprachwissenschaftlicher Sicht*. Münster [Dialogverlag] 2007, S. 35-73

STAAB, J. F.: *Nachrichtenwert-Theorie. Formale Struktur und empirischer Gehalt.* Freiburg i. Br. [Alber] 1990

STAMMZELLFORSCHUNG: In: *Die Zeit*, 2002, 31. Januar. Abgerufen am 06.02.2008 unter http://www.zeit.de/2002/06/stammchronik_062002.xml?page=all

SWART, W. J.: The league of nations and the Irish question: Master frames, cycles of protest, and »master frame alignment«. In: *Sociological Quarterly,* 36(3), 1995, S. 465-481

SWIDLER, A.: Cultural power and social movements. In: JOHNSTON, H.; B. KLANDERMANS (Hrsg.): *Social movements and culture*. London [UCL Press] 1995, S. 25-40

SZYSZKA, P.: Bedarf oder Bedrohung? Zur Frage der Beziehungen des Journalismus zur Öffentlichkeitsarbeit. In: BENTELE, G.; M. HALLER (Hrsg.): *Aktuelle Entstehung von Öffentlichkeit. Akteure – Strukturen – Veränderungen*. Konstanz [UVK] 1997, S. 209-224

SZYSZKA, P.: Bundesrepublik Deutschland. In: BENTELE, G.; R. FRÖHLICH; P. SZYSZKA (Hrsg.): *Handbuch der Public Relations. Wissenschaftliche Grundlagen und berufliches Handeln. Mit Lexikon* (2. Auflage). Wiesbaden [VS Verlag für Sozialwissenschaften] 2008, S. 381-395

TANKARD, J. W. jr.: The empirical approach to the study of media framing. In: REESE, S. D.; O. H. GANDY; A. E. GRANT (Hrsg.): *Framing public life.* Mahwah, NJ [Erlbaum] 2003, S. 95-106

TANNER, A. H.: Agenda building, source selection, and health news at local television stations. In: *Science Communication,* 25(4), 2004, S. 350-363

TARROW, S.: *Power in movement: Social movements, collective action, and politics.* New York [Cambridge University Press] 1994

TEDESCO, J. C.: Issue and strategy agenda-setting in the 2000 presidential primaries. In: *American Behavioral Scientist,* 44(12), 2001, S. 2048-2067

TEDESCO, J. C.: Issue and strategy agenda-setting in the 2004 presidential election: Exploring the candidate – journalist relationship. In: *Journalism Studies,* 6(2), 2005, S. 187-201

TEN EYCK, T.; M. WILLIMENT: The national media and things genetic. Coverage in the New York Times (1971-2001) and the Washington Post (1977-2001). In: *Science Communication,* 25(2), 2003, S. 129-152

TERKILDSEN, N.; F. SCHNELL: Issue frames, the media, and public opinion: An analysis of the women's movement. In: *Political Research Quarterly,* 50, 1997, S. 877-899

TERKILDSEN, N.; F. I. SCHNELL; C. LING: Interest groups, the media, and policy debate formation: An analysis of message structure, rhetoric and source cues. In: *Political Communication,* 15, 1998, S. 45-61

TEWKSBURY, D.; J. JONES; M. W. PESKE; A. RAYMOND; W. VIG: The interaction of news and advocate frames: Manipulating audience perceptions of a local public policy issue. In: *Journalism & Mass Communication Quarterly,* 77(4), 2000, S. 804-829

THEIS, A. M.: Inter-Organisations-Beziehungen im Mediensystem: Public Relations aus organisationssoziologischer Perspektive. In: *Publizistik,* 37, 1992, S. 25-36

THOMAS, W. I.; D. S. THOMAS: *The child in America: Behavior problems and programs.* Knopf [Johnson] 1928

THOMSON, J. A.; J. ITSKOVITZ-ELDOR; S. S. SHAPIRO; M. A. WAKNITZ; J. J. SWIERGIEL; V. S. MARSHALL; J. M. JONES: Embryonic stem cell lines derived from human blastocysts. In: *Science,* 282(5391), 1998, S. 1145-1147

THRALL, A. T.: The myth of the outside strategy: Mass media news coverage of interest groups. In: *Political Communication,* 23(4), 2006, S. 407-420

TRUMBO, C.: Longitudinal modeling of public issues: An application of the agenda-setting process to the issue of global warming. In: *Journalism & Mass Communication Monographs,* 152, 1995

TRUMBO, C.: Constructing social change: Claims and frames in US coverage of an environmental issue. In: *Public Understanding of Science,* 5, 1996, S. 269-283

TUCHMAN, G.: *Making news: A study in the construction of reality*. Beverly Hills, CA [Sage] 1978

TVERSKY, A.; D. KAHNEMAN: The framing of decisions and the psychology of choice. In: *Science,* 211, 1981, S. 453-458

VÄLIVERRONEN, E.: Stories of the »medicine cow«: representations of future promises in media discourse. In: *Public Understanding of Science,* 13, 2004, S. 363-377

VAN ATTEVELDT, W.; N. RUIGROK; J. KLEINNIJENHUIS: *Associative framing: A unified method for measuring media frames and media agenda*. Dresden [Vortrag auf der 56. Jahrestagung der International Communication Association (ICA)] 2006

VAN DIJK, T. A.: *News as discourse*. Hillsdale, NJ [Erlbaum] 1988

VAN GORP, B.: Where is the frame? Victims and intruders in the Belgian press coverage of the asylum issue. In: *European Journal of Communication*, 20(4), 2005, S. 484-507

VAN GORP, B.: The constructionist approach to framing: Bringing culture back in. In: *Journal of Communication*, 57(1), 2007, S. 60-78

VON BEYME, K.: Die Massenmedien und die politische Agenda des parlamentarischen Systems. In: NEIDHARDT, F. (Hrsg.): *Öffentlichkeit, öffentliche Meinung, soziale Bewegungen*. Opladen [Westdeutscher Verlag] 1994, S. 320-336

WALGRAVE, S.; K. DE SWERT : The making of the (issues of the) Vlaams Blok. The media and the success of the Belgian extreme-right party. In: *Political Communication*, 21, 2004, S. 479-500

WALGRAVE, S.; J. MANSSENS : Mobilizing the white march: Media frames as alternatives to movement organizations. In: JOHNSTON, H.; J. A. NOAKES (Hrsg.): *Frames of protest. Social movements and the framing perspective*. Lanham, Maryland [Rowman & Littlefield] 2005, S. 113-140

WALGRAVE, S.; M. NUYTEMANS ; L. DE WINTER: *Specifying the media's political agenda-setting power*. Paper prepared for delivery at the ECPR joint sessions of workshops, Uppsala (Sweden), 13-18 April 2004, workshop 15: Media and Political Agenda-setting. Abgerufen am 27.04.2005 unter http://www.essex.ac.uk/ecpr/events/jointsessions/paperarchive/uppsala/ws15/Walgrave.pdf 2004

WALKER, J.: Setting the agenda in the US senate: A theory of problem selection. In: *British Journal of Political Science*, 7, 1977, S. 423-445

WALTERS, L. M.; T. N. WALTERS: Environment of confidence: Daily newspaper use of press releases. In: *Public Relations Review*, 18, 1992, S. 31-46

WANTA, W.; J. FOOTE: The president-news media relationship: A time series analysis of agenda-setting. In: *Journal of Broadcasting & Electronic Media*, 38(4), 1994, S. 437-451

WATSON, J.; A. HILL: *A dictionary of communication and media studies* (3. Auflage). London [Arnold] 1993

WEAVER, D. H.: Thoughts on agenda setting, framing, and priming. In: *Journal of Communication*, 57(1), 2007, S. 142-147

WEAVER, D. H.; S. N. ELLIOTT: Who sets the agenda for the media? In: *Journalism Quarterly*, 62, 1985, S. 88-94

WEBER, S.: Gemeinsamkeiten statt Unterschiede zwischen Journalismus und PR. In: ALTMEPPEN, K.-D.; U. RÖTTGER; G. BENTELE (Hrsg.): *Schwierige Verhältnisse. Interdependenzen zwischen Journalismus und PR*. Wiesbaden [VS Verlag für Sozialwissenschaften] 2004, S. 53-66

WEISCHENBERG, S.: *Journalistik. Theorie und Praxis aktueller Medienkommunikation. Band 1: Mediensysteme, Medienethik, Medieninstitutionen*. Opladen [Westdeutscher Verlag] 1992

WEISCHENBERG, S.; M. MALIK; A. SCHOLL: *Die Souffleure der Mediengesellschaft. Report über die Journalisten in Deutschland*. Konstanz [UVK] 2006

WEISS, H.-J.: Öffentliche Streitfragen und massenmediale Argumentationsstrukturen. In: KAASE, M.; W. SCHULZ (Hrsg.): *Massenkommunikation. Theorien, Methoden, Befunde*. Opladen [Westdeutscher Verlag] 1989, S. 473-489

WESSLER, H.: *Öffentlichkeit als Prozess. Deutungsstrukturen und Deutungswandel in der deutschen Drogenberichterstattung*. Opladen [Westdeutscher Verlag] 1999

WESSLER, H.: Multiple Differenzierung und kommunikative Integration – Symbolische Gemeinschaften und Medien. In: IMHOF, K.; O. JARREN; R. BLUM (Hrsg.): *Integration und Medien* (Mediensymposium Luzern, Band 7). Wiesbaden [Westdeutscher Verlag] 2002, S. 56-76

WESTBY, D.: Strategic imperative, ideology, and frames. In: JOHNSTON, H.; J. A. NOAKES (Hrsg.): *Frames of protest. Social movements and the framing perspective*. Lanham, Maryland [Rowman & Littlefield] 2005, S. 217-235

WESTERBARKEY, J.: Journalismus und Öffentlichkeit. Aspekte publizistischer Interdependenz und Interpenetration. In: *Publistik*, 40(2), 1995, S. 152-162

WHITE, D. M.: The »gate keeper«: A case study in the selection of news. In: *Journalism Quarterly*, 27, 1950, S. 383-390

WILKE, J.: *Nachrichtenauswahl und Medienrealität in vier Jahrhunderten. Eine Modellstudie zur Verbindung von historischer und empirischer Publizistikwissenschaft*. Berlin [de Gruyter] 1984

WILLEMS, H.: Medienproduktion, Medienprodukt und Medienrezeption: Überlegungen zu den medienanalytischen Möglichkeiten der »Rahmentheorie« und komplementärer Ansätze. In: *Medien & Kommunikationswissenschaft*, 48(2), 2000, S. 212-225

WILLIAMS, R.; R. BENFORD: Two faces of collective action frames: A theoretical consideration. In: LEHMANN, J. (Hrsg.): *Current perspectives in social theory*. Stamford, CT [JAI Press] 2000, S. 127-151

WIMMER, J.: Wie erfolgreich ist die politische PR von NGO's? Medienberichterstattung über die Weltwirtschaftsgipfel. In: DONSBACH, W.; O. JANDURA (Hrsg.): *Chancen und Gefahren der Mediendemokratie*. Konstanz [UVK] 2003, S. 145-158

WIMMER, J.: Der Rahmen der Determinierung. Zur Nützlichkeit des Framing-Ansatzes bei der Untersuchung von Beeinflussung zwischen PR und Journalismus am Beispiel des G8-Gipfels in Genua 2001. In: ALTMEPPEN, K.-D.; U. RÖTTGER; G. BENTELE (Hrsg.): *Schwierige Verhältnisse. Interdependenzen zwischen Journalismus und* PR. Wiesbaden [VS Verlag für Sozialwissenschaften] 2004, S. 161-179

WOOD, D.; J. PEAKE: The dynamics of foreign policy agenda setting. In: *American Political Science Review*, 92(1), 1998, S. 173-184

ZALD, M. N.: Culture, ideology, and strategic framing. In: MCADAM, D.; J. MCCARTHY; M. ZALD (Hrsg.): *Comparative perspectives on social movements: Political opportunities, mobilizing structures, and cultural framings*. New York [Cambridge University Press] 1996, S. 261-274

ZDRAVOMYSLOVA, E.: Opportunities and framing in the transition to democracy: The case of Russia. In: MCADAM, D.; J. D. MCCARTHY; M. N. ZALD (Hrsg.): *Comparative perspectives on social movements: Political opportunities, mobilizing structures, and cultural framings*. New York [Cambridge University Press] 1996, S. 122-137

ZERFASS, A.: *Unternehmensführung und Öffentlichkeitsarbeit: Grundlegung einer Theorie der Unternehmenskommunikation und Public Relations*. Opladen [Westdeutscher Verlag] 1996

ZHOU, C. Y.; P. MOY: *Frame building and frame setting: The interplay between online public opinion and media coverage*. Dresden [Vortrag auf der 56. Jahrestagung der International Communication Association (ICA)] 2006

ZHU, J.-H.: Issue competition and attention distraction: a zero-sum theory of agenda-setting. In: *Journalism Quarterly*, 69(4), 1992, S. 825-836

ZOCH, L. M.; J.-C. MOLLEDA: Building a theoretical model of media relations using framing, information subsidies, and agenda-building. In: BOTAN, C. H.; V. HAZLETON (Hrsg.): *Public Relations Theory II*. Mahwah, NJ [Erlbaum] 2006, S. 279-309

ZUO, J.; R. D. BENFORD: Mobilization processes and the 1989 Chinese democracy movement. In: *Sociological Quarterly*, 36(1), 1995, S. 131-156

11. ANHANG

Auszug aus dem Codebuch

1. Allgemeine Anweisungen

Codier- und Analyseeinheiten

Codiereinheiten, als die Einheiten, an denen die Messung (d.h. die Feststellung, welche Ausprägung vorliegt) vorgenommen wird, sind

- der *jeweilige Artikel* sowie
- die *Sprecheräußerung*.

Für die formalen und inhaltlichen Variablen auf Artikelebene sowie den Sprecher ist die Codiereinheit der gesamte Artikel, für die inhaltlichen Variablen auf Sprecherebene ist die Codiereinheit die Sprecheräußerung.

Allgemeine Definitionen

Sprecheräußerung
Eine *Sprecheräußerung* umfasst alle verbalen Aussagen eines Akteurs, die auf die Stammzellthematik bzw. die Embryonenforschung Bezug nehmen, unabhängig vom Zeitpunkt, zu dem sie entstanden sind, und ihrem nationalen Bezug. Sprecheräußerungen können dabei als Zitat oder in indirekter Rede vorliegen, aber auch als erzählende Beschreibung des Journalisten.

Auf die Stammzellthematik bezogen ist eine Äußerung, wenn sie eindeutig auf

- den *Konfliktgegenstand* (mindestens ein Themenaspekt, der in der Stammzelldebatte diskutiert wird) oder

- die *Konfliktlösungen* (mindestens ein Lösungsvorschlag) oder
- (mindestens) einen der *an der Debatte Beteiligten* (Brüstle, die Kirche etc.) bzw. dessen Äußerungen

Bezug nimmt.

Ebenfalls als auf die Stammzellthematik bezogene Äußerungen gelten

- *rein rhetorische Fragen*, wenn aus ihnen eine spezifische Ansicht zu einem Themenaspekt, einem Lösungsvorschlag oder einem der Diskursbeteiligten eindeutig hervorgeht,
- *nicht rhetorisch gemeinte Fragen* wie die Fragen eines Journalisten in einem Interview sowie
- *Zitate aus einem anderen Beitrag*, wie sie z. B. in Leserbriefen üblich sind.

Die Äußerung eines Sprechers kann durch Äußerungen von einem oder mehreren anderen Sprechern unterbrochen werden. Für die Codierung sind alle Wortmeldungen eines Sprechers insgesamt relevant, unabhängig davon, ob diese über den Artikel verteilt sind oder nicht.

Sprecher

Als *Sprecher* gelten grundsätzlich alle eindeutig identifizierbaren individuellen oder kollektiven Akteure, die im Beitrag direkt oder indirekt zu Wort kommen. Dies geschieht in der Form von Sprecheräußerungen. Bei der Entscheidung darüber, ob ein im Beitrag genannter Akteur tatsächlich auch als Sprecher auftritt, muss zunächst geprüft werden, ob es sich potenziell um einen Sprecher handeln kann. Ist dies der Fall, wird im nächsten Schritt geprüft, ob dieser potenzielle Sprecher tatsächlich auch mit einer Sprecheräußerung zu Wort kommt. Nur wenn auch diese zweite Prüfung positiv ausfällt, handelt es sich um einen zu codierenden Sprecher.

Ein Akteur ist ein *potenzieller Sprecher*, wenn

- er *namentlich* genannt wird (z. B. ›Karl Lehmann‹),
- er in seiner *Funktion* eindeutig benannt wird (z. B. ›der DFG-Präsident‹),
- die verwendete Bezeichnung auf eine *eindeutig abgrenzbare* und abgeschlossene *Sprechergruppe* oder eine eindeutig identifizierbare Institution verweist (z. B. ›die katholische Kirche‹, ›der deutsche Ärztetag‹, ›die *Süddeutsche Zeitung*‹), oder
- durch sonstige *Substitutionen, Kurzformeln oder Permutationen* kontextuell klar erkennbar auf einen individuellen oder kollektiven

Akteur im Sinne der vorherigen Bedingungen verwiesen wird (z. B. ›der Kardinal‹, nachdem zuvor Karl Lehmann als Akteur genannt wurde).

Auch *diffuse Akteursgruppen* bzw. Kollektive (z. B. ›wir‹, ›die Öffentlichkeit‹, ›Import-Befürworter‹) gelten als potenzielle Sprecher, sofern sie *explizit* genannt werden.

Wenn der potenzielle Sprecher sich *direkt oder indirekt zur Stammzellthematik bzw. zur Embryonenforschung äußert*, gilt er tatsächlich als Sprecher und wird entsprechend codiert. Erzählende Beschreibungen des Journalisten, die klar erkennbar indirekt die Meinung eines anderen Sprechers wiedergeben, werden nicht dem Journalisten, sondern dem jeweiligen Sprecher zugerechnet.

Der *Journalist, der den Beitrag verfasst hat*, wird immer dann als Sprecher codiert, wenn kein anderer Akteur die Sprecherrolle übernimmt. Er kann dabei sowohl eigene Gedanken einbringen als auch (wertende) Kommentare zu den Äußerungen anderer Akteure abgeben.

Auch *andere Medien* können als Sprecher codiert werden. Dies geschieht jedoch nur, wenn ihre Aussage erkennbar ihnen selbst zugeschrieben werden kann. Dienen sie dagegen einem anderen Sprecher nur als Äußerungsforum, wird dieser als Sprecher codiert.

2. Kategoriendefinitionen und -ausprägungen (Auswahl)

Sprecher

Codiert werden alle Akteure, die im Sinn der Sprecherdefinition zu Wort kommen. Diese werden namentlich erfasst (String-Variable).

Funktion des Sprechers

Codiert wird die Funktion bzw. Zugehörigkeit (z. B. Mitglied der SPD), die der Sprecher einnimmt. Die Entscheidung über die zu codierenden Funktionen erfolgt anhand der Überlegung, ob der Sprecher in eigener Verantwortung auftritt oder eine institutionelle Rolle einnimmt (z. B. Vorsitzender einer Gesellschaft).

Werden bei einer Person mehrere Funktionen genannt, können bis zu *drei* Funktionen codiert werden. Die Codierung der Funktionen erfolgt in der Reihenfolge ihrer Nennung. Werden mehr als drei Funktionen genannt, werden die drei erstgenannten codiert. Die Codierung erfolgt möglichst spezifisch; kollektive Sprecher werden dem Kollektiv, das sie darstellen, zugerechnet (z. B. BVerfG, Bundestag). Ist keine Funktion erkennbar, wird der Code ›0‹ vergeben.

Funktionsbezeichnungen, die eine Doppelfunktion enthalten, werden unter beiden Funktionsbereichen codiert. Ist wegen anderer Funktionsnennungen nur noch eine Funktion codierbar, wird die erstgenannte Funktion der Doppelbezeichnung codiert. Eine Ausnahme bildet die Bezeichnung ›Bioethiker‹. Diese wird gesondert codiert (Code 149).

Universitäre Forscher, bei denen eine Universität genannt ist, werden (zusätzlich zu ihrer Fachrichtung) unter ›dt. Universität‹ (Code 176) oder ›ausländische Universität‹ (Code 177) codiert. Forscher an industriellen oder halbindustriellen Forschungseinrichtungen werden unter ›industrielle Forschungseinrichtung‹ (Code 181) codiert. Das gilt auch, wenn ihr Institut eine Kooperation mit einer Universität haben sollte. Ist nicht klar erkennbar, ob der Forscher universitär oder industriell beschäftigt ist, wird der Code 181 (= industrielle Forschungseinrichtung) vergeben.

Ist der *Journalist, der den Beitrag verfasst hat, der Sprecher*, wird für ihn die Ausprägung ›berichtender Journalist‹ als Funktion codiert. Darunter ist *in allen Fällen* das Medium zu verstehen, für das der Journalist arbeitet, unabhängig davon, um welches Medium es sich im spezifischen Fall handelt. Ebenso werden Äußerungen von nicht namentlich genannten Informanten, die als Sprecher auftreten, dem berichtenden Journalist zugeschrieben (z. B. »Nach Informationen der FAZ ...«).

Bei *Journalisten, die den betreffenden Beitrag nicht verfasst haben*, darin jedoch namentlich als Sprecher auftreten, wird bei der Funktion das spezifische Medium (Zeitung, Zeitschrift, Fernsehsender etc.), für das sie arbeiten, als Sprecher codiert. Können sie anhand der Kontextinformationen des Beitrags keinem Medium zugeordnet werden, werden sie zusammenfassend als ›Einzeljournalist‹ codiert. Analog werden die Verfasser von Leserbriefen, auch wenn sie namentlich genannt sind, unter der Ausprägung ›Leser‹ zusammengefasst. Bei Lesern, die außerdem noch weitere Funktionen haben (z. B. Professor), werden diese ebenfalls codiert.

Codes s. Liste 1 Sprecherfunktion

Argumentaussage

Die Argumentaussagen, die im Kontext der Stammzellthematik auftauchen, sind inhaltlich nach größeren Zusammenhängen (Themenfeldern) sortiert. Für die Codierung der Aussagen wird jede neue Wortmeldung eines Akteurs zunächst den Themenfeldern zugeordnet, die sie anspricht. Anschließend wird für jede im Codebuch vorliegende Aussage aus diesen Themenfeldern überprüft, ob sie der Äußerung des Sprechers zugeordnet werden kann. Letztlich müssen sich die Codierer bei der Codierung fragen: »Worum geht es in der Sprecheräußerung eigentlich? Welches Themenfeld wird angesprochen? Gibt es spezifischere Aussagen zu dem jeweiligen Themenfeld?«

Jede Sprecheräußerung kann mehrere Argumentaussagen enthalten. Ist dies der Fall, werden für jeden Sprecher *alle* seine Aussagen codiert. Theoretisch können also alle in Liste 2 aufgeführten Aussagen codiert werden. Dabei sind bei demselben Sprecher auch Mehrfachcodierungen der gleichen Aussage möglich. Voraussetzung dafür ist, dass die beiden gleichen Aussagen von ihm entweder durch die Aussage eines anderen Sprechers oder durch eine andere Aussage von ihm selbst voneinander getrennt sind. Eine neue Aussage wird immer dann codiert, wenn der Sprecher wechselt oder der gleiche Sprecher eine neue Aussage von der Liste anspricht.

Die Entscheidung darüber, ob eine spezifische Aussage vorliegt oder nicht, wird mithilfe der in der ausführlichen Aussagenliste aufgeführten Beispiele getroffen. Eine spezifische Aussage wird dann codiert, wenn der Sprecher einen der zentralen Begriffe der Aussage oder ein Synonym dafür nennt bzw. eindeutig erkennbar eine zu den aufgeführten Beispielen inhaltlich äquivalente Äußerung macht. Die bloße Erwähnung von einzelnen Schlagworten, ohne dass der Aussageaspekt erkennbar vom Sprecher behandelt wird, reicht dabei für die Codierung nicht aus.

Zu beachten ist unbedingt, dass die einzelnen Aussagen auch in stark verdichteter Form (z.B. in Substantivausdrücken) vorliegen können. Ein Satz eines Sprechers kann also durchaus auch mehrere Aussagen enthalten.

Irreale bzw. hypothetische Aussagen, die lediglich zur stärkeren Unterstreichung eines in der Folge genannten Sachverhalts dienen, sind keine eigenständigen Aussagen.

Wird die Aussage eines Kollektivs zusätzlich nach Teilgruppen aufgeschlüsselt, wird nur die Gesamtaussage codiert, wenn aus dem Kontext erkennbar ist, dass diese den Kern der Äußerung darstellt.

Nicht rhetorisch gemeinte Fragen (z.B. Interviewfragen) und *Zitate aus einem anderen Beitrag (z.B. in Leserbriefen)*, werden sowohl als eigenständige Aussagen codiert als auch bei der Codierung der sie umgebenden Äußerungen als Kontextinformation herangezogen.

Richtung der Argumentaussage

Für jede Argumentaussage wird außerdem zwischen der Zustimmung zu dieser Aussage, ihrer neutralen Beschreibung sowie ihrer Ablehnung unterschieden. Zustimmung bzw. Ablehnung gehen i.d.R. mit einer impliziten oder expliziten positiven bzw. negativen Bewertung des entsprechenden Sachverhalts einher. Wertungen werden dabei häufig durch Adjektive (z.B. sinnlos, notwendig) ausgedrückt, sie finden sich aber auch in Substantiven (z.B. Blödsinn) oder in Verben (z.B. kritisieren, beschuldigen, tadeln).

Wenn der Sprecher der Aussage zustimmt bzw. sie positiv bewertet, wird dies als ›1‹ codiert, lehnt er sie ab bzw. bewertet sie negativ, wird ›-1‹ codiert. Neutrale bzw. in ihrer Richtung nicht identifizierbare Aussagen werden mit ›0‹ codiert. Eine Ablehnung der Aussage steht zugleich auch für eine forschungskritische Haltung, eine Zustimmung zu der Aussage für eine forschungsfreundliche Haltung zur embryonalen Stammzellforschung.

-1	forschungskritisch
0	neutral, unentschieden
1	forschungsfreundlich

Die einzelnen Aussagen sind also insgesamt als Liste zu verstehen, die zunächst auf ›kommt in der Äußerung vor‹ bzw. ›kommt in der Äußerung nicht vor‹ zu überprüfen sind und anschließend auf ihre Richtung hin geprüft werden. *Es ist unbedingt darauf zu achten, dass für jede Äußerung prinzipiell jede Aussage denkbar ist.* Es können also die unterschiedlichsten Aussagen aus den unterschiedlichen Themenfeldern codiert werden bzw. in den Äußerungen auch kombiniert vorliegen.

Bezug des Lösungsvorschlags

Codiert wird, ob der Sprecher insgesamt *konkrete* Lösungsvorschläge hinsichtlich

- der embryonalen Stammzellforschung,

- des Stammzellimports sowie
- des Embryonenschutzgesetzes

macht und wie er diese einschätzt. Äußert sich ein Sprecher mehrfach mit einem Lösungsvorschlag zum gleichen Themenkomplex, wird dies auch mehrfach codiert, sofern (1) er dazwischen einen anderen Lösungsvorschlag angesprochen oder eine Argumentaussage gemacht hat oder (2) dazwischen ein anderer Sprecher zu Wort gekommen ist. Codiert wird zunächst, auf welchen Themenbereich sich der Lösungsvorschlag bezieht.

Lösungsvorschläge werden häufig in Form von mehr oder weniger deutlichen Forderungen vorgebracht. Diese sind erkennbar an Formulierungen wie ›verlangen‹, ›wollen‹, ›auf etwas setzen‹, ›befürworten‹, ›wir sollten am besten …‹, ›xy muss getan werden‹ etc. und können auch – in Form einer Ablehnung – negativ formuliert sein. Typische, mit einer Ablehnung verbundene Formulierungen sind ›ablehnen‹, ›widersprechen‹, ›zurückweisen‹.

Reine Handlungsaufforderungen in der Form ›wir müssen etwas tun‹, in denen die Art der Lösung inhaltlich nicht weiter ausgeführt wird, sind keine Lösungsvorschläge.

1	Forschung an embryonalen Stammzellen
2	Import embryonaler Stammzellen
3	Embryonenschutzgesetz

Lösungsvorschlag

Liegt ein Lösungsvorschlag vor, wird außerdem dessen Richtung codiert. Die Richtung wird auf einer 5er-Skala erhoben, wobei die 1 für ein generelles Forschungs-/Import-Verbot bzw. eine Verschärfung des Embryonenschutzgesetzes steht, während die 5 die generelle Forschungs-/Import-Freigabe bzw. die Abschaffung des Embryonenschutzgesetzes beschreibt.

Für die korrekte Zuordnung einzelner Lösungsvorschläge ist zunächst zu entscheiden, ob diese in ihrer Grundtendenz eher forschungsfreundlich oder forschungskritisch sind. Forschungsfreundliche Lösungsvorschläge werden im oberen Skalenbereich (4, 5) codiert, forschungskritische im unteren Skalenbereich (1, 2). Wird ein Lösungsvorschlag gemacht, der keine unmittelbare bzw. erkennbare forschungsfreundliche oder -kritische Tendenz enthält, wird die 3 codiert.

Wird einer der drei Themenbereiche nur allgemein angesprochen (z.B. ein Forschungsverbot oder die Importerlaubnis), ohne dass dies inhaltlich weiter ausgeführt wird, wird die extremere Form des Lösungsvorschlags codiert.

	Stammzellforschung/-import	ESchG
1	genereller Verbot	Verschärfung des ESchG
2	Verbot, aber in Sonderfällen Forschung ermöglichen	Beibehaltung des ESchG
3	keine klare Position	keine klare Position
4	Freigabe unter bestimmten Bedingungen	Lockerung des ESchG
5	generelle Freigabe	Abschaffung des ESchG

Liste 1: Sprecherfunktion

Die Sprecherfunktion wird so spezifisch wie möglich codiert. Kann kein spezifischer Code vergeben werden, wird der übergeordnete Code codiert. Ein normales CDU-Mitglied z.B. wird also unter dem Code 50 codiert.

Nationale (deutsche und ausländische) Akteure

0	Nicht erkennbar/vorhanden
10	Judikative
11	BVG und dessen Richter
12	Landgerichte und deren Richter
20	Legislative
21	Bundestag/Parlament/Ausschuss
22	Kommissionen des Bundestags/Parlaments (z.B. Enquete-Kommission ›Recht und Ethik der modernen Medizin‹)
23	Bundestags-/Parlamentsabgeordneter
24	Bundesrat
25	Länderparlamente
26	Landtagsabgeordneter
30	Exekutive/Regierung

31	Bundeskanzler/Regierungschef
32	Bundesminister und weitere Regierungsmitglieder (außer Bundesforschungsministerium)
33	Bundesministerium für Bildung und Forschung
34	Pressestelle/Pressesprecher des Bundesforschungsministeriums
35	Landesregierung
36	Berater/Experte der Regierung
40	Bundespräsident
45	Ethikrat
46	Ethikkommission
50	CDU/CSU
51	Parteiführung der CDU/CSU
52	Gesundheits-/Wissenschafts-/Gentechnik-Experte der CDU/CSU
53	Pressestelle/Pressesprecher der CDU/CSU
60	SPD
61	Parteiführung der SPD
62	Gesundheits-/Wissenschafts-/Gentechnik-Experte der SPD
63	Pressestelle/Pressesprecher der SPD
70	Bündnis90/Grüne
71	Parteiführung von Bündnis90/Grünen
72	Gesundheits-/Wissenschafts-/Gentechnik-Experte von Bündnis90/Grünen
73	Pressestelle/Pressesprecher von Bündnis90/Grünen
80	FDP
81	Parteiführung der FDP
82	Gesundheits-/Wissenschafts-/Gentechnik-Experte der FDP
83	Pressestelle/Pressesprecher der FDP
90	PDS
91	Parteiführung der PDS
92	Gesundheits-/Wissenschafts-/Gentechnik-Experte der PDS
93	Pressestelle/Pressesprecher der PDS
100	Sonstige Parteien

101 Parteiführung
102 Gesundheits-/Wissenschafts-/Gentechnik-Experte
103 Pressestelle/Pressesprecher

110 Evangelische Kirche/EKD
111 Vorsitzender/Präsident der EKD
112 Bischof/Abt
113 Pfarrer
114 Pressestelle/Pressesprecher der EKD
115 Protestant

120 Katholische Kirche/DBK
121 Der Papst
122 Kardinal/Bischof/Abt
123 Priester
124 Pressestelle/Pressesprecher der Katholischen Kirche/DBK
125 Katholik

130 Andere religiöse Gruppen/Gruppierungen
131 Führung der religiösen Gruppe
132 Pressestelle/Pressesprecher der religiösen Gruppe
133 Angehöriger der relig. Gruppe

140 Wissenschaftl. Experten/Wissenschaftler
141 Mediziner
142 Biologe/Chemiker/Genforscher/Gentechniker/Stammzellforscher
143 Politologe
144 Soziologe/Pädagoge
145 Philosoph
146 Theologe
147 Wirtschaftswissenschaftler
148 Rechtswissenschaftler/Jurist
149 (Bio-)Ethiker

150 DFG
151 Präsident der DFG
152 DFG-Mitglied
153 Pressestelle/Pressesprecher der DFG
160 Universität Bonn

161	Rektorat der Uni Bonn
162	Wissenschaftler der Uni Bonn
163	Pressestelle/Pressesprecher der Uni Bonn
170	Wiss. Forschungseinrichtung/-stiftung
171	Max-Planck-Institut/-Gesellschaft
172	Helmholtz-Gemeinschaft
173	Robert-Koch-Institut
174	Fraunhofer-Gesellschaft
175	Alexander-von-Humboldt-Stiftung
176	Dt. Universität (außer Uni Bonn!)
177	Ausländische Universität
178	Pressestelle/Pressesprecher einer wiss. Forschungseinrichtung/-stiftung
180	Wirtschaft/Industrie
181	Industrielle Forschungseinrichtung
182	Pressestelle/Pressesprecher einer industriellen Forschungseinrichtung
190	Bundesärztekammer/Dt. Ärztetag
191	Präsident der Bundesärztekammer/des dt. Ärztetages
193	Pressestelle/Pressesprecher der Bundesärztekammer/des dt. Ärztetages
200	Marburger Bund
201	Vorsitzender des Marburger Bundes
203	Pressestelle/Pressesprecher des Marburger Bundes
210	Gesellschaftliche Akteure/NGO's
211	Gewerkschaft
212	Sozialverband (z. B. VdK, Behindertenverband)
213	Greenpeace
214	Bürgerinitiative
215	Patientenvereinigung
216	Wirtschaftsinitiative
217	Wissenschaftlervereinigung
218	Pressestelle/Pressesprecher einer gesellschaftl. Gruppierung

220 Diffuse Akteure
221 Die Öffentlichkeit/Die Gesellschaft
222 Die Wissenschaft/Forscher/Mediziner
223 Forschungs-/Import-Befürworter
224 Forschungs-/Import-Gegner
225 Die Deutschen (nur explizite Nennungen!)
226 Politiker
227 Katholiken/Protestanten/Gläubige
228 Experten
229 Parteien

230 Leser

Inter-, multi- oder transnationale Akteursgruppen

300 EU
301 EU-Ministerrat
302 EU-Kommission
303 EU-Parlament
304 Europäischer Gerichtshof

310 Europäisches Patentamt
311 Führung des Europäischen Patentamts
312 Pressestelle/-sprecher des Europäischen Patentamtes

320 Internationale Organisationen
321 UN und UN-Organisationen
322 Pressestelle/-sprecher einer internat. Organisation

Medien

330 Berichtender Journalist
339 Einzeljournalist

340 Dt. Presse
341 Überregionale dt. Tageszeitung
342 Regionale/lokale Tageszeitung
343 Dt. Nachrichtenmagazin/Wochenzeitung

350	Dt. Rundfunk
351	Öfftl.-rechtl. Fernsehsender
352	Privater Fernsehsender
353	Öfftl.-rechtl. Radiosender
354	Privater Radiosender
360	Internet
370	Nachrichtenagentur
380	Wissenschaftl. Fachmedien
381	Naturwissenschaftliche Fachzeitschrift
382	Sozial-/gesellschaftswissenschaftliche Zeitschrift
390	Ausländische Medien
391	Ausländische Tageszeitung
392	Ausländischer Fernsehsender
393	Ausländischer Radiosender

Weitere Akteure

400	Ehemaliger Funktionsträger (z. B. frühere Justizministerin, ehemaliger DFG-Präsident)
999	Sonstige

Liste 2: Argumentaussagen (Kurzversion)

Die einzelnen Aussagen sind *gerichtet* formuliert. Der positive Pol steht immer für eine Aussage, die der Stammzell-/Embryonenforschung positiv gegenübersteht, der negative Pol steht für eine ablehnende Haltung. Bei der Codierung ist deshalb unbedingt darauf zu achten, dass die Aussagen vom Sinn her richtig codiert werden – u. U. müssen sie also ›gedreht‹ werden. Als Codierhilfe kann folgende Überlegung verwendet werden: Was ist eigentlich mit der Aussage gemeint: Spricht sie sich positiv für die embryonale Stammzellforschung (forschungsfreundlich) aus oder negativ dagegen (forschungskritisch)?

Themenfeld Ethik

1 Unspezifische ethische Unbedenklichkeit
2 Beständigkeit ethischer Grenzen
3 Ethische Doppelmoral
4 Instrumentalisierung der Ethik
5 Natürlichkeit der Selektion
6 gestufter Lebensschutz
7 Kein Menschenstatus/Menschsein von Embryonen/ES-Zellen
8 Existenz/fehlende Lebenschance von überzähligen Embryonen
9 Biologismus
10 Gestufte Menschenwürde
11 Moral. Vertretbarkeit künstlich erzeugter Embryonen
12 Positive Zukunftsutopie/Eugenik
13 Instrumentalisierung des Menschen

Themenfeld Gesellschaft/Kultur

20 Unspezifische gesellschaftl. Notwendigkeit
21 Gesellschaftl. Stabilität/Gefährdung der Gesellschaft
22 Ethischer Vorbildcharakter Deutschlands
23 Unsachlicher/unausgewogener (gesellschaftlicher) Diskurs
24 Angemessenheit von öfftl. gesellschaftlicher Kontrolle
25 Vergleichbarkeit mit Menschenversuchen im 3. Reich

Themenfeld Medizin

31 Verpflichtung zum Heilen
32 Möglichkeiten für die Transplantationsmedizin

Themenfeld Forschung

41 allg. Vernachlässigung der Forschungsinteressen
42 Möglichkeiten der Stammzellforschung allgemein
43 Möglichkeit eines Erkenntnis-/Forschungsfortschritts
44 Wiss. Unabhängigkeit/Forschungsfreiheit
45 Verfügbarkeit/Manipulation der Natur
46 Wissenschaftl. Objektivität/Unfehlbarkeit/Unabhängigkeit/Vertrauen in Wissenschaft

47 Wiss. Karriere/Interessengebundenheit
48 ES: unspezifische wiss. Notwendigkeit/Unersetzbarkeit
49 ES: Notwendigkeit vergleichender Forschung
50 ES: Therapiemöglichkeiten/Heilungschancen
51 ES: Brauchbarkeit von ES-Zellen
52 ES: Qualität bestehender Stammzelllinien
53 ES: (weiterer) Embryonenverbrauch/bestehende Stammzelllinien
54 ES: zeitliche Begrenztheit der Forschung

55 AS: Therapiemöglichkeiten/Heilungschancen
56 AS: Brauchbarkeit von AS-Zellen
57 AS: Verfügbarkeit von AS-Zellen
58 tierische SZ: Therapiemöglichkeiten/Heilungschancen durch tierische Stammzellen
59 Tierische SZ: Brauchbarkeit tierischer Stammzellen
60 Tierische SZ: Übertragbarkeit der Tierforschung
61 Tierische SZ: Tierversuche/Tierforschung mit ES-Zellen
62 Tierische SZ: Tierversuche/Tierforschung mit AS-Zellen

63 Forschungsstandort: unspezif. Schaden für die dt. Forschung
64 Forschungsstandort: Ruf der Forschung
65 Forschungsstandort: internationale Isolierung
66 Forschungsstandort: Wettbewerbsfähigkeit
67 Forschungsstandort: Abwanderung von Wissenschaftlern

Themenfeld Wirtschaft

70 Unspezifische wirtschaftl. Notwendigkeit
71 Notwendigkeit der Gewinnerzielung
72 Kommerzielle/finanzielle Abhängigkeit
73 Kommerzialisierung/Ökonomisierung/kommerz. Potenzial
74 Ökonom. Wettbewerbsfähigkeit/Wirtschaftsstandort
75 Wirtschaftsfreiheit

Themenfeld Politik

81 Allgem. polit. Argumente/unspezif. polit. Unbedenklichkeit
82 Polit./staatliche Verantwortung
83 Fähigkeit der Politik/politischer Gremien
84 Politische Regulierung
85 Regulierung in anderen Ländern

86 Instrumentalisierung durch die Politik/polit. Missbrauch

87 Gefährdung der Demokratie

Themenfeld Religion

91 Unspezif. Vereinbarkeit mit dem christl. Glauben

92 (Christliches) Menschenbild

93 Gottesebenbildlichkeit des Menschen

94 Unzeitgemäßheit/Unbrauchbarkeit religiöser/christlicher Prinzipien/ absoluter Maßstäbe

95 Unwissenschaftlichkeit der religiösen Argumentation

96 Schöpfungsauftrag/Verantwortung vor Gott

97 Menschl. Hybris

98 Nichtexistenz eines Schöpfergottes

99 Opfertod Gottes

100 Christl. Rechtsauffassung als (unbrauchbarer) Maßstab

Themenfeld Recht

111 Unspezif. rechtl. Unbedenklichkeit

112 Allg. Rechtsanspruch

113 Vereinbarkeit mit dem ESchG/StZG

114 Brauchbarkeit des ESchG/StZG

115 Diskrepanz zw. ESchG und Abtreibungsregelung/Regelung der künstlichen Befruchtung

116 Vorbildcharakter des dt. ESchG

117 Vereinbarkeit (der Forschung) mit der Verfassung/dem Grundgesetz/ den Grund-/Menschenrechten

118 Vereinbarkeit mit europäischem Recht

119 Rechtl. Abhängigkeit/Lizenzprobleme